블랙홀 옆에서

DEATH BY BLACK HOLE:
And Other Cosmic Quandaries
by Neil deGrasse Tyson

사이언스 클래식 33

DEATH BY BLACK HOLE

블랙홀 옆에서

우주의 기기묘묘함에 대하여

닐 디그래스 타이슨 박병철 옮김

내가 우주에 대하여 경외감을 갖는 이유는

그것이 우리의 생각만큼 기묘하기 때문이 아니라,

우리의 상상을 훨씬 뛰어넘을 정도로 기묘하기 때문이다.

—존 버든 샌더슨 홀데인(John Burdon Sanderson Haldane, 1892~1964년)의

『가능한 세계(*Possible Worlds*)』(1927년)에서

책을 시작하며

이 우주는 사물이나 현상의 단순한 집합체가 아니라, 복잡하게 얽히고설킨 각본에 따라 수많은 배우가 연극을 공연하고 있는 방대한 무대인 것 같다. 그래서 우주에 관한 책을 집필할 때에는 독자들을 무대 뒤편으로 안내하여 세트의 디자인과 각본 등을 미리 보여 주면서 앞으로 진행될 이야기를 스스로 알 수 있게끔 안내하는 기분으로 쓰는 것이 바람직하다. 나는 우주의 운영 원리를 일반 독자들에게 소개하기 위해 이 책을 쓰기 시작했다. 물론 이것은 단순한 사실을 전달하는 것보다 훨씬 어려운 작업이다. 이 과정에서 '시간'도 한 배역으로 출연해 우주의 연출에 따라 다양한 표정을 우리에게 보여 줄 것이다. 나는 이 책이 우주를 더욱 깊이 이해하고자 하는 독자들에게 바람직한 입문서가 되기를 기대한다.

각 장의 순서는 내가 1995년부터 2005년까지 《자연사(*Natural History*)》라는 잡지에 「우주(Universe)」라는 제목으로 기고했던 원고의 순서와 거의 비슷하며, 그 외에 내가 간간이 썼던 글도 최신 과학의 동향을 고려한 약간의 편집을 거쳐 함께 수록되었다.

지루한 일상에서 탈출하여 광활한 우주로 뛰어들고 싶은 독자들에게 이 책이 조금이나마 도움이 될 수 있기를 바란다.

2006년 10월 뉴욕 시에서

닐 디그래스 타이슨(Neil deGrasse Tyson)

감사의 글

나의 공식적인 전문 분야는 별의 특성과 진화 그리고 은하의 구조이다. 그래서 이 책에 수록된 내용의 상당 부분은 내 동료의 예리한 검증을 거쳐야 했다. 나는 매달 한 번씩 원고를 집필할 때마다 동료에게서 다양한 조언을 들었는데, 특히 우주 탐사와 관련된 부분은 그들 덕분에 많이 개선되었다. 그리고 태양계에 관한 내용은 대학원 시절 나의 룸메이트이자 현 MIT의 행성 과학 교수인 리처드 빈젤(Richard P. Binzel, 1958년~)의 조언 덕분에 완성도를 크게 높일 수 있었다. 나는 태양계와 관련된 글을 쓸 때마다 그에게 전화를 걸었고 그는 바쁜 와중에도 나의 자문에 친절히 응해 주었다. 이 자리를 빌려 그에게 깊은 감사를 전하는 바이다.

우주 화학은 은하 그리고 우주론에 정통한 프린스턴 대학교의 천체 물리학 교수 브루스 드레인(Bruce T. Draine, 1947년~), 마이클 스트라우스(Michael G. Strauss, 1958년~), 데이비드 너새니얼 스퍼걸(David Nathaniel Spergel, 1961년~)의 아낌없는 도움 덕분에 나의 지식을 넘어선 내용까지 다룰 수 있었다. 또한 나의 연구 동료이자 영국에서 정통 교육을 받은 프린스턴 대학교 교수 로버트 럽튼(Robert Lupton)은 모르는 것이 없는 만물박사로서 이 책에 수록된 거의 모든 내용에 값진 조언을 해 주었다. 그리고 또 한 사람의 만물박사인 스티븐 소터(Steven Soter, 1943년~)의 도움도 빼놓을 수 없다. 나의 원고를 그에게 보여 주지 않았다면 대중 앞에 자신 있게 내놓지 못했을 것이다.

나는 1995년 내셔널 퍼블릭 라디오(National Public Radio, NPR)에서 인터뷰를 한 적이 있는데 《자연사》의 편집자인 엘런 골든슨(Ellen Goldensohn)이 그 방송을 듣고 내게 처음으로 집필을 부탁했고, 나는 그 자리에서 흔쾌히 수락했다. 그 후로 매달 한 번씩 원고를 쓰면서 몸은 완전히 녹초가 되었지만 덕분에 삶의 활력을 유지할 수 있었던 것 같다. 현재 이 책의 편집을 맡고 있는 애비스 랭(Avis Lang)은 엘런이 하던 일을 이어받아 내가 하고 싶은 말이 글 속에 그대로 반영되도록 노력하고 있다. 엘런과 애비스를 만나지 못했다면 나는 결코 지금과 같은 작가가 되지 못했을 것이다. 그 외에 필립 브랜포드(Phillip Branford), 바비 포겔(Bobby Fogel), 에드 젱킨스(Ed Jenkins), 앤 래 조너스(Ann Rae Jonas), 베스티 러너(Besty Lerner), 모데카이 마크 맥로(Mordecai Mark Mac-Low), 스티브 네이피어(Steve Napear), 마이클 리치몬드(Michael Richmond), 브루스 스투츠(Bruce Stutz), 프랭크 서머스(Frank Summers), 라이언 와이엇(Ryan Wyatt) 등도 원고를 수정하거나 내용을 보충하는 데 많은 도움을 주었다. 특히 《자연사》의 편집장 피터 브라운(Peter Brown)은 이미 발표된 나의 원고를 재사용하는 데 따르는 여러 가지 문제를 해결해 주었다.

책을 탈고하고 주변 사람들에게 감사의 마음을 전하는 이 페이지에 스티븐 제이 굴드(Stephen Jay Gould, 1941~2002년)라는 이름을 빼놓을 수 없다.《자연사》에「이러한 생명관(This View of Life)」라는 제목으로 무려 300여 회에 걸쳐 칼럼을 개제했던 굴드는 잡지를 통해 1995년부터 2001년까지 근 7년 동안 나와 왕래하면서 수많은 대화를 나눴다. 그는 현대 수필의 새로운 형식을 창안한 사람으로, 나의 글이 그의 영향을 받은 것은 너무도 당연한 일이다. 특히 과학의 깊은 역사를 파헤칠 때는 굴드의 방식대로 수백 년 된 고서(古書)를 뒤지면서, 당시 과학자들의 자연관을 머릿속에 그려 보고는 했다. 그가 불과 60세의 나이로 세상을 떠나는 바람에(칼 세이건도 62세에 사망했다.) 과학 커뮤니케이션은 커다란 손실을 감수해야 했다. 이제 완성된 원고를 눈앞에 놓고 삼가 고인의 명복을 비는 바이다.

서문

과학의 태동

지난 세월 동안 우리는 주변 세계를 성공적으로 설명해 주는 물리학 법칙들을 단계적으로 확보해 오면서 인간의 지적 능력을 과신하는 태도도 함께 키워 왔다. 특히 사물이나 자연 현상에 대한 지식이 거의 완벽하다고 느낄 때 인간의 자만심은 하늘을 찌를 듯이 기고만장했다. 노벨상 수상자들을 비롯하여 세계적으로 명성을 떨친 학자들도 여기서 예외는 아니다.

1907년에 노벨 물리학상을 수상했던 앨버트 에이브러햄 마이컬슨(Albert Abraham Michelson, 1852~1931년)은 1894년에 시카고 대학교의 라이어슨 물리학 연구소(Ryerson Physics Lab)에서 다음과 같은 연설을 했다.

> 물리적 세계를 지배하는 중요한 법칙들은 이제 거의 확립되었다. 이들은 이미 철저한 검증을 거쳤으므로 훗날 새로운 법칙이 등장하여 이들을 대신할 가능성은 거의 없다고 본다. …… 앞으로 과학이 할 일은 현재 알려진 물리량들의 소수점 이하 자릿수를 늘려 가는 것뿐이다.[1]

당대 최고의 천문학자이자 미국 천문학회의 공동 창립자였던 사이먼 뉴컴(Simon Newcomb, 1835~1909년)도 현대 과학에 대하여 마이컬슨과 비슷한 자세를 견지하고 있었다. 그는 1888년에 발표한 저서 『별의 메신저(*Sidereal Messenger*)』에 다음과 같이 적어 놓았다. "천문학에 관한 한, 지금 우리는 지식의 한계점에 거의 도달했다."[2] 역시 위대한 물리학자이자 절대 온도의 단위 '켈빈(K, 절대 온도의 단위이다.)'의 주인공인 켈빈 경(Lord Kelvin, 1824~1907년)은 1901년에 "지금 물리학에서 새로운 것이 발견될 가능성은 거의 없다. 이제 남은 것은 측정값을 더욱 정확하게 개선하는 것뿐이다."[3]라고 선언함으로써, 후대 물리학자들에 의해 '섣부른 자만심'의 표상으로 줄곧 인용되는 수모를 당했다. 사실 과학자들이 한창 자신감에 넘치던 시절에도 빛을 매개한다는 에테르(ether)는 여전히 가설상의 존재로 남아 있었고, 수성의 근일점이 조금씩 이동하는 현상도 설명하지 못했다. 그러나 자신감에 넘치던 당시의 과학자들은 이런 것들을 '기존의 법칙을 조금만 수정하면 해결되는 사소한 문제'로 치부했다.

다행히 양자 역학의 창시자인 막스 플랑크(Max Planck, 1858~1947년)는 좀 더 뛰어난 예지력을 갖고 있었다. 그는 1924년에 열린 한 강연석상에

---

1. Barrow, 1988, 173쪽.

2. Newcomb, 1888, 65쪽.

3. Kelvin, 1901, 1쪽.

서 다음과 같은 말을 남겼다.

> 나는 물리학 공부를 처음 시작하면서 훌륭한 스승 필립 폰 욜리(Philipp von Jolly, 1809~1884년)에게 수시로 조언을 구했다. …… 그는 물리학이 거의 완성된 학문임을 강조하면서 "지엽적인 분야로 가면 아직 해결되지 않은 문제가 발견되긴 하겠지만, 전체적인 체계는 거의 완전하게 확립되었다."라고 말했다. 특히 이론 물리학은 지난 수세기 동안 확고한 입지를 지켜 온 기하학처럼 완벽한 체계임을 강조했다.[4]

젊은 플랑크는 스승의 자연관을 의심 없이 받아들였다. 그러나 그는 물질의 에너지 복사 과정을 당시의 물리학 이론으로는 설명할 수 없음을 깨닫고 1900년에 양자 가설을 발표함으로써 물리학의 새로운 장을 열었다. 그 후로 30여 년 동안 물리학자들은 특수/일반 상대성 이론과 양자 역학 그리고 팽창 우주론 등 새로운 발견으로 눈코 뜰 새 없이 바쁜 나날을 보냈다.

천재적인 물리학자이자 타고난 이야기꾼으로 유명했던 리처드 필립스 파인만(Richard Phillips Feynman, 1918~1988년)은 1965년에 발표한 저서 『물리 법칙의 특성(*The Character of Physical Law*)』에 다음과 같이 적어 놓았다.

> 우리가 아직도 '발견의 시대'에 살고 있다는 것은 크나큰 행운이 아닐 수 없다. …… 지금 우리는 자연의 근본적인 법칙들이 한창 발견되고 있는 시대를 살고 있으며 이런 시대는 두 번 다시 오지 않을 것이다. 무언가를 발견하는 것은 항상 흥분되고 경이로운 경험이다. 이런 추세는 앞으로 당분간 지속될

4. Planck, 1906, 10쪽.

것이다.[5]

나는 과학의 끝이 어디이며 언제 찾아올지 그리고 그 끝은 과연 어떤 모습일지 짐작조차 할 수 없다. 심지어는 그 끝이라는 것이 과연 존재하는지도 의문이다. 그러나 인간이라는 종이 우리가 가끔 인정하는 것보다 훨씬 더 어리석다는 사실만은 분명하게 알고 있다. 우주의 비밀을 아직 완전하게 풀지 못한 이유는 과학의 한계 때문이 아니라 인간의 지적 능력에 한계가 있기 때문이다. 인간의 우주 탐사는 이제 막 시작되었을 뿐이다.

확실치는 않지만, 일단은 인간이 지구에서 가장 똑똑한 생명체라고 가정해 보자. 만일 추상적인 수학을 다루는 능력을 똑똑함의 척도로 삼는다면, 인간은 지구 상에서 가장 똑똑할 뿐만 아니라 '유일하게' 똑똑한 존재가 된다.

그렇다면 지구 역사상 최초로 그리고 유일하게 똑똑한 존재로 태어난 인간은 과연 우주의 운영 법칙을 완전하게 알아낼 수 있을까?

진화론적 관점에서 볼 때 침팬지와 인간은 거의 종이 한 장 차이지만, 침팬지를 교육시켜서 삼각 함수 문제를 풀게 만들 수는 없다. 그런데 인간을 침팬지 보듯 바라보는 더욱 뛰어난 종족이 지구 어딘가에 살고 있다면 그들은 과연 우주의 베일을 완전히 벗길 수 있을 것인가?

틱택토 게임(tic-tac-toe, 9개의 정사각형 안에 O나 X를 그려 넣어 같은 모양 3개로 일직선을 먼저 만드는 쪽이 이기는 게임. — 옮긴이)을 좋아하는 사람들은 항상 이기거나 비길 수 있다는 사실을 알고 있을 것이다. O나 X를 처음 그려 넣을 위치만 알고 있으면 된다. 그러나 어린아이들에게 이 게임을 시켜 보

---

5. Feynman, 1994, 166쪽.

면 앞으로 닥칠 상황을 전혀 모르는 채 빈칸을 채우는 데 급급한 모습을 보인다. 체스도 규칙은 매우 단순하지만 게임이 진행될수록 상대방이 말을 움직일 수 있는 경우의 수는 기하 급수적으로 증가한다. 그래서 고등 교육을 받은 사람조차 체스 게임의 끝을 머릿속에 그리지 못한 채, 눈앞에 닥친 위기 상황을 모면하는 데에만 급급한 모습을 보이곤 한다.

인류 역사상 가장 똑똑했던 아이작 뉴턴(Isaac Newton, 1643~1727년)을 떠올려 보자. (이렇게 생각하는 사람은 나뿐만이 아니다. 트리니티 대학에 있는 뉴턴 흉상의 밑에 *"Qui genus humanum ingenio supervit."*라는 라틴 어가 새겨져 있는데, 이 말은 "모든 인류 중 그보다 똑똑한 사람은 존재하지 않았다."라는 뜻이다.) 그런데 정작 뉴턴 본인은 자신의 지적 능력을 다음과 같이 평가했다.

> 내가 이 세상에 어떤 모습으로 비치고 있는지 자세히는 알 수 없지만, 아마도 바닷가에서 둥그런 자갈이나 예쁜 조개를 줍고 다니는 어린 소년쯤으로 보일 것 같다. 그러나 소년이 꿈에도 생각지 못한 진리는 광활한 바다 속에 조용히 숨어 있다.[6]

우주를 지배하는 법칙은 지금까지 일부만 알려졌을 뿐, 아직도 상당 부분이 미스터리로 남아 있다. 인간은 우주에서 벌어지는 체스 게임의 규칙도 모르는 채 말의 움직임을 신기한 눈으로 바라보는 구경꾼인 셈이다. 지금까지 자연을 관찰하면서 나름대로 '체스 게임 규칙 설명서'를 만들어 놓긴 했지만 이것만으로는 도저히 게임에 참여할 수 없다.

이미 알려진 물리 법칙대로 작동하는 사물이나 현상에 대한 지식과 물리 법칙 자체에 대한 지식의 차이는 과학의 끝을 짐작하는 데 매우 중

6. Brewster, 1860, 331쪽.

요한 요소이다. 앞으로 누군가가 목성의 위성인 유로파(Europa)의 얼음층이나 화성의 표면에서 생명체를 발견한다면 인류 역사상 가장 위대하고 획기적인 발견으로 기록될 것이다. 그러나 그곳에 있는 원자들은 지구의 원자들과 동일한 물리 법칙과 화학 법칙을 따른다. 따라서 외계 생명체를 추적하고 분석하는 작업은 기존의 법칙만으로 수행될 수 있다.

그러나 현대 천문학이 아직 알아내지 못한 미지의 영역에서 새로운 현상이 발견된다면 그것을 설명하기 위해 완전히 새로운 물리학 분야가 탄생할 수도 있다.

우리는 우주의 기원으로 알려진 대폭발(big bang, '빅뱅'이라고 하기도 한다. — 옮긴이)을 매우 신뢰할 만한 이론으로 여기고 있지만, 우리로부터 137억 광년 거리에 있는 우주 지평선 너머에 과연 어떤 것들이 존재할지는 누구도 알 수 없다. 그리고 대폭발이 일어나기 전의 우주와 대폭발이 일어난 이유에 대해서는 그저 어설픈 짐작만 할 수 있을 뿐이다. 양자 역학에 따르면 우주가 팽창하는 것은 초창기의 시공간 거품이 단 한 차례 요동친 결과라고 한다. 만일 당시에 거품이 조금이라도 다르게 요동쳤다면 지금과는 전혀 다른 우주로 진화했을 것이다.

대폭발이 일어난 직후에 수천억 개의 은하가 생성된 과정을 컴퓨터로 재현해 보면 현재 망원경으로 관측된 결과와 잘 일치하지 않는다. 거시적 규모에서 우주를 지배하는 법칙은 여전히 우리의 시야를 벗어난 곳에 감춰져 있다는 뜻이다. 우주론 퍼즐의 중요한 조각들이 아직도 제자리를 찾지 못한 것이다.

뉴턴의 운동 법칙과 중력 법칙은 수백 년 동안 최상의 이론으로 물리학의 권좌를 지켜 오다가 알베르트 아인슈타인(Albert Einstein, 1879~1955년)의 상대성 이론에게 그 자리를 내주었다. 이제 중력 현상을 설명하는 최상의 이론은 아인슈타인의 일반 상대성 이론이다. 그리고 원자 규모의 미시 세계에서 일어나는 현상은 양자 역학을 통해 가장 정확하게 서술되고 있다. 그러나 아인슈타인의 중력 이론과 양자 역학을 동일한 대상에 적용하면 커다란 모순이 야기된다. 일반 상대성 이론이나 양자 역학에 무언가 중요한 부분이 빠져 있는 것이다.

물론 다른 가능성도 있다. 일반 상대성 이론과 양자 역학을 모두 포함하는 더욱 방대한 이론이 존재한다면, 여기에 희망을 걸어 볼 수도 있다. 이런 목적으로 탄생한 이론이 바로 끈 이론(string theory)이다. 끈 이론은 물질과 에너지 그리고 근본적인 단계에서 일어나는 모든 상호 작용을 진동하는 고차원 끈의 에너지로 설명하고 있다. 이러한 끈들이 다양한 모드로 진동하면서 우리가 살고 있는 4차원 시공간에 다양한 입자로 나타난다는 것이다. 끈 이론은 물리학에 등장한 지 20년이 넘었음에도 아직 실험을 통한 검증이 불가능한 상태이다. 그래서 일부 물리학자들은 끈 이론에 대하여 회의적인 생각을 품고 있다. 그러나 뚜렷한 대안이 나타나지 않는 한 끈 이론은 우리를 물리학의 끝으로 안내해 줄 유일한 후보로 남을 것이다.

무생물에서 생명체가 탄생한 과정도 아직 미지로 남아 있다. 생명체의 탄생에 관여한 힘은 무엇이며 이 과정이 순조롭게 진행되려면 어떤 환경이 조성되어야 하는가? 지구의 생명체와 비교할 만한 외계 생명체가 없어서 해답을 구하지 못하는 것은 아닐까?

1920년대 에드윈 파월 허블(Edwin Powell Hubble, 1889~1953년)의 선구적 연구 덕분에 지금 우리는 우주가 팽창하고 있다는 사실을 잘 알고 있다. 그러나 반중력을 행사하면서 우주의 팽창을 가속시키는 '암흑 에너지(dark energy)'에 대해서는 알려진 바가 거의 없다.

그동안 얻은 관측 결과와 실험 자료, 이론 등을 아무리 신뢰한다 해도 결국 우주에 작용하고 있는 중력의 85퍼센트는 우리가 전혀 알지 못하는 곳에서 기원한다. 사용할 수 있는 모든 관측 장비를 총동원해도 이 방대한 근원은 여전히 우리의 시야를 벗어나 있다. 한 가지 분명한 것은 이 근원이 전자나 양성자, 중성자 또는 이들과 상호 작용하는 물질이나 에너지로 이루어져 있지 않다는 것이다. 흔히 '암흑 물질(dark matter)'이라 불리는 이 신비의 물질은 현대 천문학이 해결해야 할 최대의 난제임이 분명하다.

양자 역학과 일반 상대성 이론의 충돌이 무마되고 암흑 물질의 정체가 밝혀진다면 과학은 과연 궁극적인 목적지에 도달할 수 있을까? 그때가 되면 샴페인을 터뜨리면서 '우주 정복 기념일'을 자축하게 될 것인가? 내가 보기에 이것은 침팬지가 피타고라스의 정리를 이해하고 기뻐 날뛰는 모습과 크게 다르지 않을 것 같다.

인간을 침팬지에 비유한 것은 지나친 비약일지도 모른다. 아마도 과학의 미래를 결정하는 것은 인간이라는 종의 개인적 능력이 아니라 종 전체가 발휘할 수 있는 집단적 능력일 것이다. 오늘날 인류는 각종 회의와 서적, 대중 매체, 인터넷 등을 통해 새로운 발견을 공유하고 있다. 다윈의 진화론은 자연 선택에 근거를 두고 있지만 인간의 문화는 부모의 획득 형질이 후대에 유전된다는 라마르크의 설을 따르는 것이 분명하다. 이런 식으로 지식이 전수된다면 우주에 대한 지식도 세월이 흐름에 따라 무한히 축적될 것이다.

하나의 발견이 이루어질 때마다 지식의 사다리는 한 칸씩 높아지고 있지만 그 끝은 우리의 시야에서 벗어나 있다. 이 사다리가 완성되려면 앞으로 얼마나 많은 칸이 추가되어야 할지 지금으로서는 알 길이 없다. 우주의 비밀을 벗기는 작업은 어느 하나의 발견으로 끝나지 않고 단계적으로 영원히 계속될 것이다.

차례

1부

우리가 안다는 것

✷

새로운 발견이 이루어질 때마다
우주는 한층 더 복잡하고 장엄한 모습을 우리에게 드러내고
우리는 점차 초감각을 지닌 존재로 진화한다.
이런 식으로 계속 발전하다 보면 언젠가는 우주의 모든 신비를
인간의 '상식'으로 이해할 수 있는 날이 찾아올 것이다.

1장
상식의 진화

인간은 오감을 도구 삼아 자신을 에워싸고 있는 우주를 탐사하면서, 그 행위를 '모험의 과학'이라 불러 왔다.

— 에드윈 허블, 『과학의 특성(*The Nature of Science*)』

인간의 오감 중에서 가장 중요한 것을 하나 고르라고 한다면, 아마도 대부분의 사람은 시각을 꼽을 것이다. 우리의 눈은 집안 거실 건너편의 정보뿐 아니라 우주 저편의 정보까지 수용하는 능력을 갖고 있다. 만일 인간에게 시각적 능력이 없었다면 천문학은 탄생하지도 않았을 것이며 우주 안에서 우리의 위치를 규명하지도 못했을 것이다. 만일 박쥐들이 그들만의 은밀한 비밀을 각 세대에 걸쳐 전수해 왔다고 해도 그것은 밤하늘의 모습과 아무런 상관이 없다. 초음파로 사물을 인지하는 박쥐에게 멀리 떨어져 있는 우주는 아무런 의미가 없기 때문이다.

인간의 오감은 매우 효율적인 실험 도구로서, 놀라울 정도로 예민하고 정확하다. 우리의 귀는 우주 왕복선이 출발할 때 발생하는 굉음부터 수십 센티미터 밖의 모기가 날아가는 소리까지 들을 수 있으며 우리의 촉각은 발등에 떨어진 볼링공의 무게부터 팔뚝 위를 기어가는 수천분의 1그램짜리 벌레의 움직임까지 느낄 수 있다. 또한 일부 사람들은 음식물에 가미된 미량의 후추를 귀신같이 감지해 내는 미각을 갖고 있다. 이와 더불어 우리의 눈은 햇볕이 내리쬐는 광활한 사막에서부터 어둠 속 수백 미터 거리에서 켜지는 성냥불까지 감지할 수 있다.

그러나 인간의 오감이 항상 정확한 것은 아니다. 우리는 바깥 세계로부터 들어오는 자극을 선형 함수가 아닌 로그 함수로 받아들이는 경향이 있다. 예를 들어 소리의 에너지(볼륨)를 10배로 키웠을 때 우리의 귀는 그것을 '10배 더 강한 소리'로 받아들이지 않고 '조금 더 큰 소리'로 인식한다. 다시 말해 우리의 귀는 외부 자극의 증가량을 과소 평가하는 경향이 있다. 빛을 인식하는 기능도 이와 비슷하다. 만일 당신이 개기 일식 때 태양을 바라보고 있다면 달의 그림자가 태양의 90퍼센트를 가려도 하늘이 밤처럼 어두워졌다는 사실을 인식하지 못할 것이다. 이밖에도 별의 밝기를 나타내는 단위나 지진의 세기를 나타내는 진도(震度) 역시 선형적 스케일이 아닌 로그 스케일로 정의되어 있다. 인간의 오감으로 느낄 수 있는 물리량이 로그 스케일로 정의되어 있는 데에는 여러 가지 이유가 있지만 인간의 오감이 외부의 자극을 로그 함수로 받아들인다는 사실도 크게 작용했을 것이다.

*

그렇다면 인간의 오감을 넘어선 영역에도 무언가가 존재하고 있을까? 만일 존재한다면 어떻게 확인할 수 있을까?

우리 인간은 자신과 가까운 주변 환경의 정보를 수집하고 분석하는 데 탁월한 능력을 발휘하지만(낮과 밤을 구별하거나 식사 시간을 인지하는 능력 등) 과학 도구 없이 자연을 이해하는 능력은 형편없이 떨어진다. 바깥 세계에 무엇이 있는지 확인하려면 타고난 감각 기관 이외에 과학적인 탐사 장비의 도움을 받아야 한다. 대부분의 과학 도구는 인간의 오감보다 훨씬 예민하고 정확하게 설계되어 있다.

개중에는 일반인이 도저히 알 수 없는 사실을 알아채거나 보지 못하는 것을 볼 수 있다고 주장하는 사람도 있다. 이러한 능력을 흔히 '육감'이라고 한다. 점쟁이나 독심술사는 신비한 능력을 소유한 대표적인 사람들이다. 그들은 자신의 능력을 과시하면서 사람들을 매료시키는데, 특히 출판인들이나 텔레비전 프로그램 제작자들이 주 대상이다.

초심리학은 과학적으로 설명될 수 없지만 '그런 능력을 보유한 사람이 분명히 존재한다.'라는 전제 아래 명맥을 유지하고 있다. 만일 점쟁이들이 월가(Wall Street)에 진출하여 주식 시장에서 자신의 예지력을 발휘한다면 천문학적인 부(富)를 쌓을 수 있을 것이다. 그런데도 그들은 텔레비전이나 라디오 인터뷰에 간간히 응하는 등 소소한 일에만 관심을 갖고 있다. 점쟁이가 복권이 당첨됐다는 뉴스를 들어 본 적이 있는가? 나는 그 이유가 정말로 궁금하다.

신비적 현상과는 무관하지만 이중 맹검(double-blind, 피실험자나 연구자에게 투약이나 치료 대상을 알리지 않은 채 의료 효과를 조사하는 방법. — 옮긴이)이 계속해서 실패하는 것을 보면 초심리학은 육감이라기보다 난센스에 가까운 것 같다.

현대 과학은 수십 종의 감각 장치를 사용하고 있지만 과학자들은 그것을 '특별한 능력'이 아닌 '특별한 하드웨어'로 간주하고 있다.

하드웨어란 인간의 오감으로 느낄 수 없는 정보들을 수집해 인간이 이해할 수 있는 간단한 차트나 다이어그램 또는 영상으로 바꿔 주는 장치이다. SF 텔레비전 드라마로 커다란 인기를 누리고 있는 「스타 트렉(Star Trek)」을 보면 승무원들이 우주선에서 미지의 행성으로 순간 이동할 때 트리코더(tricorder)라는 장비를 항상 휴대하는 모습을 볼 수 있다. 트리코더는 행성에서 마주치는 모든 생물과 무생물의 기본적 특성을 스캔하고 분석하여 지구인이 알아들을 수 있는 소리로 변환해 주는 환상적인 장치이다.

예를 들어 밝은 빛을 내는 미지의 둥근 물체가 우리 눈앞에 놓여 있다고 가정해 보자. 트리코더 같은 장비가 없다면 이 물체의 화학 성분이나 핵 구성 성분 등을 무슨 수로 알 수 있겠는가? 이 물체가 주변에 전자기장을 형성하고 있는지 또는 강력한 감마선이나 엑스선, 자외선, 마이크로파, 전파 등을 방출하고 있는지, 인간의 오감으로는 도저히 알 수 없다. 뿐만 아니라 이 물체의 세포 조직이나 결정 구조도 확인할 수 없다. 우주 공간에서 이런 물체를 발견한다 해도 과학 도구 없이는 거리와 이동 속도, 회전 속도 등을 알 길이 없다. 물론 여기서 방출되는 빛의 스펙트럼이나 편광 여부도 알 수 없다. 과학 관측이라는 관점에서 볼 때 인간의 오감은 거의 무용지물이나 다름없다.

물체를 분석할 만한 하드웨어도 없고 직접 만지거나 핥아 볼 용기도 없다면 승무원은 우주선을 향해 이런 보고를 하는 수밖에 없다. "선장님, 방금 둥그런 물체를 발견했습니다!" 에드윈 허블에게는 조금 미안한 일이지만 이 장의 서두에 인용된 그의 글은 다음과 같이 수정되어야 할 것 같다.

인간은 오감과 함께 망원경, 현미경, 질량 분석기, 지진계, 자기계, 입자 가속기, 전자기 스펙트럼 감지기 등을 도구 삼아 자신을 에워싸고 있는 우주를 탐사하면서, 그 행위를 '모험의 과학'이라 불러 왔다.

만일 인간이 가시광선 대역을 마음대로 조절할 수 있고 눈의 분해능도 지금보다 훨씬 뛰어나다면 우리에게 보이는 세상은 한마디로 환상 그 자체였을 것이다. 가시광선 대역을 전파의 주파수에 맞추면 하늘은 대낮에도 밤처럼 어두울 것이고, 우리 은하(Milky Way, 밤하늘 은하수이자 우리 태양계가 속해 있는 은하. ―옮긴이)의 중심부와 같이 전파를 방출하는 천체들이 궁수자리의 뒤쪽에서 밝은 빛을 발하고 있을 것이다. 여기서 가시광선 대역을 마이크로파로 이동하면 우주 전체가 밝게 빛나는 장관을 볼 수 있다. 대폭발이 일어나고 약 38만 년이 지난 후 대량으로 방출된 마이크로파의 잔해가 지금도 우주 공간을 가득 메우고 있기 때문이다.

여기서 다시 가시광선 대역을 엑스선으로 이동하면 블랙홀을 볼 수 있고, 감마선 쪽으로 이동하면 우주 전역에 걸쳐 거의 하루에 한 번꼴로 일어나는 초대형 폭발 현장을 생생하게 목격할 수 있다.

인간에게 자기계의 역할을 하는 기관이 있다면 나침반은 결코 발명되지 않았을 것이다. 이 기관으로 지자기의 방향과 세기를 감지하면 북극의 방향이 마치 지평선 너머 마법사 오즈(Oz)의 성처럼 선명하게 나타날 것이다. 그리고 인간의 망막에 스펙트럼 분석기가 달려 있다면 우리가 마시는 공기의 성분을 애써 분석할 필요도 없었을 것이다. 그냥 눈으로 바라보기만 하면 공기의 대부분이 산소 분자로 이루어져 있다는 것을 금방 알 수 있었을 테니 말이다. 뿐만 아니라 우리 은하에 속해 있는 별과 성운도 지구에 있는 것과 동일한 원소로 이루어져 있다는 사실을 이미 수천 년 전에 알았을 것이다.

그리고 우리의 눈이 지금보다 훨씬 크면서 도플러 효과까지 감지할 수 있다면 모든 은하가 우리로부터 멀어져 가는 모습을 줄곧 보아 왔을 것이므로 우주가 팽창하고 있다는 사실을 유인원 시대부터 알고 있었을 것이다.

또한 인간의 눈이 고성능 현미경과 비슷한 분해능을 갖고 있었다면 몸에 난 상처나 음식물 근처에서 인간에게 병을 옮기는 세균과 바이러스가 꾸물거리며 기어가는 모습을 매일같이 보면서 살았을 것이므로 전염병을 비롯한 모든 질병을 신의 분노로 해석하는 사람도 없었을 것이다. 약간의 실험만 거치면 인간에게 좋고 나쁜 세균을 구별할 수 있었을 것이며, 수술 후에 일어날 수 있는 감염 문제도 이미 수백 년 전에 해결되었을 것이다.

인간의 눈이 고에너지 입자를 감지할 수 있다면 먼 거리에 있는 방사능 물질을 판별할 수 있다. 이렇게 되면 비싼 돈을 주고 가이거 계수기(방사선 검출 장비. — 옮긴이)를 살 필요가 없다. 마룻바닥에 서서히 스며드는 라돈 기체를 눈으로 볼 수 있다면 방사능 오염 여부를 판별하기 위해 전문가를 부르는 일도 없을 것이다.

✷

인간의 타고난 감각은 수십 년 동안 다양한 외부 정보를 수용하고 분석하면서 일련의 데이터베이스를 구축한다. 정상적인 성인들은 이 자료에 근거하여 무엇이 상식적이고 무엇이 비상식적인지 자신 있게 주장할 수 있다. 그러나 지난 세기에 이루어진 과학적 발견들은 대부분 인간의 오감을 벗어난 수학 및 하드웨어 영역에서 이루어졌다. 상대성 이론과 입자 물리학 그리고 10차원 또는 11차원의 공간을 배경으로 하는 끈 이론 등이 일반인에게 난센스로 보이는 것은 바로 이런 이유 때문이다. 물론 블랙홀이나 웜홀, 대폭발도 사정은 마찬가지다. 사실 이런 개념들은 과학자의 입장에서도 그다지 피부에 와 닿지 않는다. 타임머신을 타고 19세기로 돌아가서 당시의 과학자들에게 상대성 이론이나 끈 이론을 설명한다면 대부분 말도 안 되는 소리라며 혀를 찰 것이다. 그러나 과학자들은 새로운 발견이 이루어질 때마다 '상식'의 단계를 조금씩 높여 가면서 눈에 보이지 않는 원자 세계나 상상조차 하기 어려운 10차원 공간에 대한 창조적인 사고를 펼쳐 왔다. 독일의 물리학자 막스 플랑크는 20세기 초에 양자 역학을 창시하면서 이와 비슷한 사실을 간파했다.

> 현대 물리학은 인간의 오감을 초월한 곳에도 진리가 존재하며, 경험적 세계에서 가장 가치 있는 보물보다 더욱 값진 진리들이 그곳에서 서로 충돌하면서 온갖 문제를 일으키고 있다는 오래된 가르침을 다시 한번 우리에게 일깨워 주고 있다.[1]

"아무도 없는 숲 속에서 나무가 쓰러진다면 과연 소리가 날 것인가?"라는 쓸데없는 형이상학적 질문에 상식적인 답을 내놓아도 인간의 오감은 그것을 수용하지 못한다. 내가 제시하는 답은 다음과 같다. "아무도 없다면 나무가 쓰러지는 것을 어떻게 알 수 있는가?" 그러나 대부분의 사람은 이런 답에 만족하지 못할 것이다. 이것과 비슷한 질문을 또 하나 던져 보자. "일산화탄소의 냄새를 맡을 수 없다면 그 존재를 어떻게 알 수 있는가?" 답은 이렇다. "그 냄새를 맡았다면 당신은 이미 죽었다." 현대 사회에서 오직 오감만으로 바깥세상을 감지하면서 살아간다면 우리

---

1. Planck, 1931, 107쪽.

의 삶은 당장 위험에 직면하게 될 것이다.

무언가를 알아내는 새로운 방법이 개발되었다는 것은, 바깥세상을 인지하는 '비생물학적' 감각 기관이 새로 개설되었음을 의미한다.

이런 발견이 이루어질 때마다 우주는 한층 더 복잡하고 장엄한 모습을 우리에게 드러내고 우리는 점차 초감각을 지닌 존재로 진화한다. 이런 식으로 계속 발전하다 보면 언젠가는 우주의 모든 신비를 인간의 '상식'으로 이해할 수 있는 날이 찾아올 것이다.

2장
하늘에서와 같이 땅에서도

아이작 뉴턴이 만유인력 법칙을 발견하기 전까지만 해도 "지구에서 성립하는 법칙은 우주 전역에 걸쳐 통용된다."라는 가정을 내세울 만한 근거가 별로 없었다. "지구에는 지구에 어울리는 물체들이 지구의 법칙을 따라 존재하고 있으며, 하늘에는 하늘에 어울리는 만물들이 하늘의 법칙에 따라 운영되고 있다."라는 것이 당시 사람들의 생각이었다. 실제로 그 시대에 활동했던 학자들은 인간의 나약한 능력으로 하늘의 섭리를 이해하는 것이 불가능하다고 믿었다. 뒤에 7부에서 자세히 언급하겠지만 뉴턴이 모든 운동을 '이해 가능하고 예견 가능한 현상'으로 적나라하게 펼쳐 보였을 때 일부 신학자들은 "신이 할 일을 남겨두지 않았다."라며 뉴턴을 신랄하게 비난했다. 뉴턴은 사과를 나뭇가지에서 떨어지게 하는 중력이 날아가는 포사체(抛射體)의 궤적을 결정하며, 달을 지구 주변에 붙잡아 두는 역할도 한다는 것을 증명했다. 또한 뉴턴의 중력 이론은 태양계의 소행성과 혜성의 운동을 정확하게 예견했고, 우리 은하 안에 있는 수천억 개의 별 사이에도 태양계와 동일한 방식으로 중력이 작용한다는 사실을 알아냈다.

물리 법칙의 범용성은 과학적 발견의 가치를 한층 더 높여 준다. 중력 이론은 그 서막에 불과했다. 19세기 천문학자들이 프리즘을 이용하여 빛의 스펙트럼 분석법을 알아낸 후 태양 광선의 스펙트럼을 처음으로 관측했을 때 그들이 느꼈을 희열을 상상해 보라. 스펙트럼은 보기에도 아름다울 뿐만 아니라 광원의 온도와 구성 성분 등 방대한 양의 정보를 담고 있다. 모든 종류의 화학 원소는 스펙트럼 상의 특정 위치에 밝은 선과 검은 선을 번갈아 그리면서 자신의 존재를 드러낸다. 즉 스펙트럼은 화학 원소를 식별하는 '지문'인 셈이다. 그런데 더욱 반가운 것은 태양빛으로부터 얻은 스펙트럼이 실험실에서 얻은 스펙트럼과 정확하게 일치한다는 사실이다. 따라서 프리즘은 화학자들에게 필요한 도구일 뿐만 아니라 멀리 있는 천체의 구성 성분을 알아내는 도구로 사용할 수 있다. 태양은 크기와 질량, 온도, 위치, 외형 등이 지구와 전혀 딴판이지만 수소, 탄소, 산소, 질소, 칼슘, 철 등 지구에서 발견되는 것과 동일한 원소로 이루어져 있다. 그러나 이보다 더욱 중요한 사실은 태양의 스펙트럼 배열을 설명해 주는 물리 법칙이 어떻게 생겼건 간에 이와 동일한 법칙이 무려 1억 5000만 킬로미터나 떨어져 있는 지구에서도 적용된다는 점이다.

이와 같이 물리 법칙의 범용성은 우리에게 엄청난 양의 정보를 제공해 준다. 뿐만 아니라 이것을 역으로 적용하면 전혀 몰랐던 사실을 새롭게 알아낼 수도 있다. 과거의 과학자들은 태양빛의 스펙트럼을 분석하던 중 지구에서 전혀 발견된 적이 없는 새로운 스펙트럼선을 찾아내고 몹시 흥분했다. 그들은 새로운 원소에 어떤 이름을 붙일까 고민하다가, 그리스 어로 태양을 뜻하는 헬리오스(Helios)에 '-um'이라는 접미사를 붙여 헬륨(helium)이라고 명명했다. 그 후 얼마 지나지 않아 지구에서도 헬륨이 발견되었지만 그때 붙여진 이름은 지금도 그대로 통용되고 있다. 이리하여 헬륨은 주기율표에 등록된 원소 중 지구가 아닌 외계에서 발견된 처음이자 유일한 원소로 남게 되었다.

*

앞서 말한 바와 같이 물리학의 법칙은 태양계에도 그대로 적용된다. 그렇다면 은하 건너편에서도 적용될 수 있을까? 우주 반대편으로 가면 어떻게 될까? 아득한 시간이 흐른 뒤에도 여전히 같은 법칙이 적용되고 있을까? 지금부터 그 해답을 단계적으로 알아보자. 일단 지구와 가까운 별은 우리가 알고 있는 원소로 구성되어 있음이 밝혀졌다. 멀리 있는 쌍성(binary stars, 두 별의 질량 중심에 대해 각각 공전하는 2개의 별. '연성'이라고도 한다. ― 옮긴이)은 뉴턴의 중력 법칙을 그대로 따르고 있다. 따라서 이중 은하(binary galaxy)도 같은 법칙을 따를 것이다.

깊은 지층일수록 나이가 많은 것처럼, 우주 공간도 지구에서 멀어질수록 과거로 거슬러 올라간다. 빛의 속도가 유한하여 지구에 도달할 때까지 시간이 걸리기 때문이다. (멀리 있는 별일수록 우리는 더 오랜 과거의 모습을 보고 있는 셈이다.) 관측 가능한 가장 먼 거리에 있는 별의 스펙트럼을 분석한 결과, 이들도 우리가 알고 있는 원소로 이루어져 있음이 밝혀졌다. 그런데 무거운 원소가 가벼운 원소보다 양이 적은 것을 보면 이들이 별의 내부에서 생성된 후 별의 폭발과 함께 우주 전역으로 흩어졌다는 추측이 가능하다. 그러나 원자와 분자의 특성을 설명하는 법칙만은 예나 지금이나 조금도 변하지 않았다.

물론 우주에서 일어나는 현상 중에는 지구에서 겪을 수 없는 것도 있다. 독자들은 수백만 도의 온도에서 밝게 빛나는 플라스마 구름 속을 걸어 본 적도 없고 길을 걷다가 블랙홀을 밟고 비틀거린 적도 없을 것이다. 그러나 중요한 것은 자연 현상의 편재성(遍在性)이 아니라 자연 현상을 서술하는 법칙이 우주 어디서나 동일하다는 사실이다. 우주 공간의 성운에서 날아온 빛의 스펙트럼을 처음으로 분석했을 때 과학자들은 지구에 존재하지 않는 원소를 발견했다. 그러나 이미 만들어진 원소의 주기율표에는 중간에 빠진 부분이 단 하나도 없었으므로(헬륨은 주기율표가 완성되기 전에 발견되었다.), 천문학자들은 새로 발견된 원소에 임시로 '네불륨(nebulium)'이라는 이름을 붙여 놓고 내부 구조를 분석하여 다음과 같은 사실을 알아냈다. 기체 성운의 내부는 밀도가 아주 낮기 때문에 각 원자들은 다른 원자와 충돌하지 않고 꽤 먼 거리를 이동할 수 있다. 이런 환경에서 원자 내부의 전자는 지구에서 볼 수 없는 희한한 움직임을 보이는데, 새로운 스펙트럼이 얻어진 것은 바로 이런 현상 때문이었다. 결국 그들이 얻은 스펙트럼은 전자가 비정상적인 움직임을 보이는 산소 원자로 밝혀졌고 네불륨이라는 이름은 곧 폐기되었다.

우리가 우주 공간을 여행하다가 찬란한 문명을 꽃피운 외계 행성에서 도달했다고 가정해 보자. 물론 그들의 사회 체제나 종교는 우리와 완전 딴판일 것이다. 그들은 결코 영어나 프랑스 어 또는 중국어를 사용하지 않을 것이고, 악수를 하려고 내민 손을 적대감의 표현으로 오해할 수도 있다. 그러나 그들이 발견한 물리 법칙만은 우리가 알고 있는 것과 동일할 것이므로 과학적 언어를 이용하여 우리의 뜻을 전달하는 것이 가장 현명한 선택일 것이다.

1970년대에 우주로 발사된 파이오니어 10, 11호와 보이저 1, 2호에는 실제로 외계 생명체가 이해할 만한 메시지가 탑재되어 있다.(이들은 태양계를 벗어나 외계로 진출한 최초의 우주선이었다.) 파이오니어 호는 태양계의 구조와 은하수에서 지구의 위치 그리고 수소 원자의 구조가 새겨진 금판을 실은 채 지금도 우주 공간을 날아다니고 있으며, 보이저 호는 여기서 한 걸음 더 나아가 인간의 심장 박동 소리와 고래의 노랫소리 그리고 루트비히 판 베토벤(Ludwig van Beethoven, 1770~1827년)에서 척 베리(Chuck Berry, 1926~2017년)에 이르는 다양한 음악을 싣고 있다. 이렇게 '인간적인' 정보들은 지구인의 존재를 알리는데 효과적이긴 하지만, 정작 우주선을 발견한 외계인들이 귀라는 감각 기관을 갖고 있지 않다면 무용지물이 된다. 여기서 잠시 짤막한 농담 하나. 어느 날 보이저 호를 발견한 외계인이 간단한 회신을 NASA(National Aeronautics and Space Administration)로 보내왔다. "지구인 들어라. 다른 건 다 필요 없고, 척 베리 노래나 더 보내 달라!"

*

3부에서 자세히 언급하겠지만 과학자들은 범우주적 법칙뿐만 아니라 영원히 변하지 않는 물리 상수도 여러 개 발견했다. 뉴턴의 중력 방정식에 등장하는 중력 상수 G는 중력의 세기를 결정하는 범우주적 상수로서, 약간의 수학을 거치면 빛의 밝기가 중력 상수 G에 따라 달라진다는 사실을 알 수 있다. 만일 과거에 G의 값이 지금과 조금 달랐다면 태양의 밝기가 지금과 크게 달라져서 지구에 생명체가 출현하지 못했을 것이다. 그러나 지질학적 기록과 과거의 기후 등을 조사해 보면 G의 값은 언제나 일정했음을 알 수 있다. G뿐만 아니라 물리적으로 중요한 상수들은 시간과 장소에 관계없이 언제나 일정한 값을 유지한다.

이것이 바로 우리의 우주가 운영되는 방식이다.

여러 가지 물리 상수 중에서 가장 널리 알려진 것은 아마도 빛의 속도일 것이다. 당신이 이 세상에서 가장 빠른 운송 수단을 타고 아무리 빠르게 이동한다 해도 빛보다 빠를 수는 없다. 왜 그런가? 이와 관련하여 지금까지 수많은 실험이 실행되었지만 빛보다 빠르게 움직이는 물체는 단 한 번도 발견된 적이 없다. 뿐만 아니라 확실하게 검증된 물리 법칙이 이 사실을 뒷받침하고 있다. 사실 모든 물체(또는 모든 종류의 신호)가 빛보다 빠를 수 없다고 단정하는 것은 다소 보수적인 생각일 수도 있다. 과거에도 발명가들과 공학자들의 능력을 과소 평가한 주장들이 보편적으로 받아들여지곤 했다. "인간은 결코 날 수 없다." "비행은 상업성이 전혀 없다." "음속보다 빠르게 이동하는 것은 불가능하다." "원자는 더 이상 분할될 수 없다." "인간은 절대로 달에 갈 수 없다." 불과 100여 년 전만 해도 사람들은 이런 주장을 별 의심 없이 받아들였다. 그런데 이들의 주장에는 공통점이 하나 있다. 물리 법칙을 아무리 들여다봐도, 그것을 금지하는 조항이 없다는 것이다.

그러나 "빛보다 빠르게 움직일 수 없다."라는 주장은 앞에 열거한 주장과 그 성질이 근본적으로 다르다. 이것은 물리학의 기본 원리로서 이미 충분한 실험을 통해 검증된 사실이다. 미래에 우주 고속 도로를 달리는 여행객들은 다음과 같은 안내판을 보게 될지도 모른다.

빛의 속도보다 빠르게 달릴 수 없음: 이것은 권고 사항이 아니라 물리 법칙입니다.

언젠가 나는 "OBEY GRAVITY.", 즉 "중력에 순응하세요."라는 뜻이 적혀 있는 티셔츠를 입고 다녔던 적이 있다. 언뜻 들으면 순응하지 않는 사람을 계도하는 것 같지만 모두 알다시피 지구 위의 삼라만상은 중력에 순응할 수밖에 없다. 물리 법칙의 좋은 점은 그것을 시행하는 집행관이 없어도 잘 지켜진다는 점이다.

자연 현상을 물리적으로 설명할 때에는 여러 개의 물리 법칙을 동시에 적용해야 하는 경우가 대부분이다. 그래서 벌어진 상황을 분석하고 중요한 변수를 추적하려면 슈퍼 컴퓨터를 사용해야 한다. 1994년에 슈메이커레비 9(Shoemaker-Levy 9) 혜성이 목성의 대기층에서 폭발했을 때 과학자들은 이 현상을 예견하고 분석하기 위해 유체 역학과 열역학, 동역학, 중력 등 다방면의 법칙을 총동원했으며, 그 많은 법칙을 유기적으로 연결하기 위해 가장 강력한 슈퍼 컴퓨터를 사용했다. 날씨를 예보하는 것도 이것에 못지않게 복잡하고 어려운 작업이다. 그러나 제아무리 복잡한 물리계라 해도 근본적인 법칙은 항상 적용할 수 있다. 목성의 대적반(Great Red Spot, 목성의 남반구에 있는 붉은색의 거대한 반점. — 옮긴이)에는 최소 350년 동안 엄청난 강풍이 몰아치고 있는데 이 현상을 설명하는 물리 법칙은 지구나 다른 행성에도 똑같이 적용될 수 있다.

*

관측 가능한 물리량 중에는 시간과 장소에 관계없이 항상 일정하게 유지되는 양이 있는데, 이 사실을 보장해 주는 법칙이 바로 '보존 법칙(Conservation Law)'이다. 중요한 보존량으로는 에너지, 선운동량과 각운동량 그리고 전자기적 전하가 있다. 보존 법칙은 입자 물리학에서 우주 전역에 이르기까지 광범위한 영역에 적용되는 법칙이므로 일상적인 규모에서 쉽게 확인할 수 있다.

그러나 우주 만물이 이처럼 완벽하기만 한 것은 아니다. 앞서 지적한 대로 우주 중력의 85퍼센트는 볼 수 없고 만지거나 맛볼 수도 없다. 그 원천으로 추정되는 암흑 물질은 우주 공간에서 중력만 행사하고 있을 뿐 그 존재가 직접적으로 확인된 적은 없다. 만일 암흑 물질이 정말로 존재한다면 지구에서 한 번도 본 적이 없는 성분으로 이루어져 있을 것이다. 그러나 개중에는 암흑 물질 가설을 받아들이지 않는 천문학자도 있다. 뉴턴의 중력 법칙에 몇 가지 요소를 추가하면 새로운 물질을 도입하지 않고서도 망원경으로 관측된 중력 분포를 설명할 수 있다는 것이다.

뉴턴의 중력 법칙을 수정해야 하는 날이 찾아온다고 해도 크게 문제될 것은 없다. 우리는 과거에 이와 비슷한 일을 겪은 적이 있다. 1916년에 아인슈타인은 일반 상대성 원리를 발표하면서 물체의 질량이 지나치게 큰 경우에는 뉴턴의 중력 법칙이 성립하지 않는다고 주장했고 얼마 지나지 않아 그의 주장은 사실로 판명되었다. 이 사례로부터 우리가 배운 교훈은 무엇인가? "물리 법칙에 대한 우리의 믿음은 법칙이 검증된 영역 안에서만 통용된다."라는 사실이다. 적용 범위가 넓어질수록 우주를 서술하는 물리 법칙은 더욱 강력해진다. 뉴턴의 중력 법칙은 일상적인 규모에서 매우 정확하게 들어맞지만, 블랙홀이나 거대한 천체로 가면 일반 상대성 이론을 적용해야 한다. 자신에게 주어진 범위를 넘어가지만 않는다면 모든 물리 법칙은 우주 어디에서나 올바르게 적용될 수 있다.

*

이와 같이 물리 법칙은 범우주적으로 통용되기 때문에 과학자들의 눈에 비치는 우주는 매우 단순한 존재이다. 그러나 우주의 한 점에 불과한 인간은 심리학적 측면에서 볼 때 엄청나게 복잡한 존재이다. 미국 교육 위원회에서는 학생들의 교과 과목을 설정하기 위해 주기적으로 투표를 실시하는데 각 위원들은 사회적 또는 정치적 성향이나 종교에 따라 자신의 투표권을 행사하곤 한다. 동서고금을 막론하고 국가나 민족 사이에 종교와 관련해 야기된 분쟁은 항상 정치적 대립을 수반하기 때문에 평화적으로 해결되기 어렵다. 그러나 물리 법칙은 사람들이 그것을 믿건 안 믿건 간에 정해진 규칙을 따라 모든 곳에 적용된다. 물리 법칙을 제외한 모든 것은 개인적 의견에 불과하기 때문에 그토록 다양한 형태로 표출되는 것이다.

과학자들은 명백한 사실을 놓고 논쟁을 벌이는 일이 거의 없지만, 일반인들은 많은 시간을 이런 논쟁으로 소모한다. 그리고 대부분의 사람은 논쟁을 벌일 때 첨단 지식을 자신의 입맛대로 해석하는 경향이 있다. 그러나 일상적인 논쟁에 물리 법칙이 개입되면 모든 정황이 명백해지고 자칫 장황해지기 쉬운 토론을 간결하게 끝낼 수 있다. 누군가가 영구 기관을 만들었다고 주장하는가? 턱도 없는 소리다. 영구 기관은 기본적으로 열역학 법칙에 위배되기 때문에 별 짓을 다해도 만들 수 없다. 타임머신을 만들어 과거로 거슬러 올라가 어머니를 죽이려고 하는 이가 있는가? 말도 안 되는 소리다. 타임머신은 인과율에 위배된다. 또 누가 결가부좌를 틀고 앉아서 마음을 다스리면 공중으로 떠오를 수 있다고 주장하는가? 그것이 가능하려면 운동량 법칙을 마음대로 조절할 수 있어야 한다. 물론 아래쪽으로 배기 가스를 강하게 분출하거나 눈에 잘 띄지 않는 줄에 매달려 있다면 물리 법칙에 따라 공중으로 떠오를 수 있다. 이런 경우를 제외하고는 더 이상 길게 이야기할 필요가 없다. 물리 법칙은 모든 것에 우선하기 때문이다.

물리 법칙을 알고 있으면 잘못된 지식으로 무장한 사람들을 당당하게 대할 수 있다. 몇 년 전에 나는 패서디나의 한 카페에서 다음과 같은 일을 겪은 적이 있다. 때마침 뜨거운 음료가 마시고 싶어서 크림을 얹은 코코아를 주문했는데 웨이터가 갖고 나온 코코아 잔에는 크림이 보이지 않았다. 내가 크림을 왜 넣지 않았냐고 따졌더니 웨이터는 크림이 코코아 안으로 가라앉아서 보이지 않는 것이라고 항변했다.

사실 거품 크림은 밀도가 아주 작기 때문에 인간이 마실 수 있는 어떤 음료에 섞어도 위로 뜨기 마련이다. 나는 웨이터에게 두 가지 가능성을 제시했다. "주방에서 일하는 직원이 깜빡 잊고 내 코코아에 크림을 넣지 않았거나, 물리학의 법칙이 이 카페에서만 다르게 적용되고 있거나 둘 중 하나가 분명합니다. 나는 전자에 걸 건데, 당신은 어느 쪽에 거시겠습니까?" 웨이터는 못마땅한 표정을 지으며 주방에서 크림 한 스푼을 가져와 직접 실험해 보았고 곧 나는 크림을 얹은 코코아를 마실 수 있었다.

물리 법칙의 범용성을 증명할 때 이보다 좋은 방법이 어디 있겠는가?

3장
눈에 보이는 것이 전부가 아니다

지금까지 얻은 관측 결과를 살펴보면 우주는 우리가 알고 있는 법칙을 잘 따르고 있는 것처럼 보인다. 그런데 나는 가끔 이런 의문을 가질 때가 있다. "혹시 우주는 우리의 지식과 전혀 다르게 운영되고 있는 것은 아닐까? 겉으로는 인간이 알고 있는 법칙을 따르는 척하면서 속으로 엄청난 음모가 진행되고 있지는 않을까?" 아닌 게 아니라 나의 걱정을 뒷받침하는 증거들이 도처에서 발견되고 있다.

현대를 사는 우리는 개인적으로 단 한 번도 확인해 보지 않은 채 지구가 구형 행성임을 당연하게 받아들이고 있다. 그러나 지난 수천 년 사이에 지구에서 살다간 수많은 현자들은 지구가 평평하다는 것을 믿어 의심치 않았다. 지금 당장 당신의 주변을 둘러보라. 위성에서 보내온 자료 이외에 지구가 둥글다는 증거를 찾을 수 있겠는가? 날아가는 비행기에서 내려다봐도 사정은 크게 달라지지 않는다. 그러나 지구의 표면이 평면이 아닌 곡면이라는 것은 분명한 사실이므로 지구의 표면에서 성립되는 기하학적 사실들은 매끄러운 비유클리드 기하학적 곡면 위에서도 똑같이 성립되어야 한다. 곡면 위에서 아주 작은 부분을 취해서 기하학적 특성을 살펴보면 평면의 경우와 거의 다를 것이 없다. 과거에 살던 사람들은 고향에서 멀리 떠나는 일이 거의 없었으므로 "내가 사는 곳이 지구의 중심이고 지평선(세상의 끝)까지의 거리는 모든 방향으로 동일하다."라는 자기 중심적 지구 평면설을 별 거부감 없이 받아들였다. 세계 각국에서 출판된 세계 지도를 보면 거의 예외 없이 특정 국가(지도를 출판한 국가)가 지도의 중심에 놓여 있다.

이제 지구를 벗어나 하늘을 올려다보자. 망원경이 없었다면 별들이 지구에서 얼마나 멀리 떨어져 있는지 짐작조차 못 했을 것이다. 별들은 마치 둥그런 그릇의 안쪽에 접착제로 붙어 있는 것처럼 동일한 궤적을 따라 뜨고 지기를 반복하고 있다. 그렇다면 모든 별이 지구에서 동일한 거리에 있다고 주장할 수도 있지 않을까?

물론 지구에서 별까지의 거리는 별들마다 제각각이고 별들이 박혀 있는 둥그런 그릇 같은 것은 존재하지 않는다. 밤하늘의 별들은 모든 공간에 골고루 퍼져 있는 것처럼 보인다. 과연 그럴까? 맨눈으로 보면 가장 밝은 별은 가장 희미한 별보다 100배 이상 밝다. 그렇다면 가장 희미한 별은 가장 밝은 별보다 100배 이상 먼 거리에 있는 것일까?

아니다. 결코 그렇지 않다.

앞에서 설명한 것 같은 논리가 성립하려면 모든 별의 절대 밝기가 동일하다는 전제부터 내세워야 한다. 그러나 망원경으로 별의 밝기를 측정해 보면 가장 밝은 별과 가장 어두운 별의 광도 차이는 무려 10^{10}배에 달한다. 따라서 가장 밝은 별이 가장 가까운 거리에 있는 것은 아니다. 실제로 밤하늘에 빛나는 별들은 밝기가 모두 다르고 지구로부터 엄청나게 먼 거리에 있다.

은하를 구성하는 모든 별도 우리 눈에 보이는 별처럼 밝은 빛을 발하고 있을까?

아니다.

밝은 별은 그리 흔하지 않다. 평균적으로 볼 때 희미한 별과 밝은 별의 비율은 1,000 대 1이 넘는다. 밝은 별은 빛이 그 먼 거리를 가로질러 지구에 도달해도 여전히 밝게 보일 정도로 엄청난 양의 에너지를 방출하고 있다.

2개의 별이 동일한 밝기로 빛나고 있다고 가정해 보자. 이들 중 하나는 다른 하나보다 (지구로부터) 100배 먼 거리에 있다. 그렇다면 가까운 별은 멀리 있는 별보다 100배 밝게 보일 것인가?

아니다.

빛의 밝기는 거리의 제곱에 반비례하기 때문에 거리가 100배이면 밝기는 100^2배 줄어든다. 여기에 '역제곱 법칙'이 적용되는 것은 순전히 기하학적 이유 때문이다. 하나의 광원에서 빛이 생성되면 빛의 최첨단은 구면파를 형성하면서 사방으로 퍼져 나가게 되는 구의 면적은 반지름, 즉 광원으로부터의 거리에 비례하고(구의 면적 $=4\pi r^2$이라는 공식을 떠올려 보라.) 원래의 밝기가 이 표면적 위에 골고루 퍼져야 하기 때문에 빛의 밝기는 거리의 제곱에 반비례한다.

*

별들은 지구로부터 각기 다른 거리에서 빛을 발하고 있으며 절대적인 밝기도 제각각이다. 따라서 눈에 보이는 밝기만으로 별에서 방출되는 빛의 양을 추정하는 것은 거의 불가능하다. 그러나 아무리 시간이 흘러도 별의 위치는 변하지 않는 것처럼 보인다. 지난 수천 년 동안 우리의 선조들은 별이 하늘에 고정되어 있다고 굳게 믿어 왔다. 구약 성경의 「창세기」 1장 17절에는 "하나님이 …… 별들을 만드시고 그것들을 하늘의 궁창(穹蒼)에 두어 땅에 비추게 하시며……"라는 구절이 등장하고, 클라우디오스 프톨레마이오스(Claudius Ptolemaeus, 100?~170?년)는 기원후 150년경에 출판된 그의 저서 『알마게스트(*Almagest*)』에서 "하늘의 별은 절대로 움직이지 않는다."라고 자신 있게 주장했다.

만일 별들의 위치가 변하고 있다면 지구로부터의 거리도 수시로 달라져야 하므로 별의 크기와 밝기 그리고 별들 사이의 거리도 매년마다 달라져야 한다. 그러나 이런 변화는 지금까지 단 한 번도 관측된 적이 없다. 그렇다면 별들이 정말로 하늘에 고정되어 있는 것일까?

아니다.

인간의 우주 관측 역사는 이런 주장을 자신 있게 펼칠 정도로 오래되지 않았다. 별이 움직인다는 주장을 최초로 펼친 사람은 핼리 혜성으로 유명한 에드먼드 핼리(Edmond Halley, 1656~1742년)이다. 그는 1718년에 별의 '현재' 위치를 기원전 2세기에 그리스의 천문학자 히파르코스(Hipparchus, 기원전 190?~120?년)가 남긴 관측 기록과 비교했다. 핼리는 히파르코스의 기록을 굳게 신뢰하고 있었지만 무려 18세기가 지난 후대의 사람이었으므로 그의 기록을 재검증할 수 있는 위치에 있었다. 그는 현재와 과거의 기록을 일일이 비교한 끝에 대각성(大角星, Arcturus, 목동자리에서 가장 큰 별. — 옮긴이)의 위치가 변했다는 사실을 발견함으로써 '별의 항구성'이라는 오랜 믿음에 종지부를 찍었다. 그러나 이동 거리가 너무 짧아서 100년 이내에 일어나는 움직임은 망원경으로 관측해야 간신히 알 수 있을 정도였다.

하늘에 떠 있는 모든 천체 중에서 움직임이 육안으로 관측되는 것은 단 7개뿐이다. 그중 5개는 태양을 중심으로 공전하고 있는 행성이며 나머지 2개는 태양과 달이다. ('행성(planet)'이라는 이름은 그리스 어로 '방랑자'라는 뜻이다.) 5개의 행성은 수성, 금성, 화성, 목성, 토성으로 달력에 사용되는 각 요일(曜日)의 명칭은 이들의 이름에서 따온 것이다. 고대인들도 우리와 마찬가지로 행성이 다른 별들보다 지구에 더 가깝다고 생각했다. 그러나 그들이 생각했던 행성의 공전 중심은 태양이 아닌 지구였다.

사모스(Samos, 에게 해 동부 그리스 섬. 피타고라스의 고향으로 유명하다. — 옮긴이)의 아리스타르코스(Aristarchus, 기원전 310?~230?년)는 기원전 3세기경에 태양을 중심으로 한 우주 모형을 제안했으나, 당시에는 행성을 비롯한 모든 별이 지구를 중심으로 공전한다는 의견이 지배적이었다. 만일 지구가 움직이고 있다면 우리는 왜 그것을 느낄 수 없는가? 당시 사람들의 반론은 다음과 같이 요약된다.

* 만일 지구가 스스로 회전하거나(자전) 통째로 움직이고 있다면(공전) 하늘에 떠 있는 구름과 새들은 왜 뒤로 처지지 않는가?
* 지구가 움직이고 있다면 한 지점에서 수직 방향으로 뛰어올랐을 때 이전과 다른 지점으로 내려앉아야 하지 않겠는가?
* 만일 지구가 태양을 중심으로 공전하고 있다면 지구에서 별을 바라보는 각도가 연속적으로 변하여 별자리의 형태가 달라져야 하지 않겠는가?

지구 공전 반대론자의 주장에도 설득력은 있다. 처음 두 반론을 해결한 사람은 갈릴레오 갈릴레이(Galileo Galilei, 1564~1642년)였다. 그는 사람이나 물체가 공중에 떠 있어도 대기를 비롯한 모든 만물이 같이 움직이기 때문에 지구의 자전을 느끼지 못한다고 주장했다. 초음속으로 날아가는 비행기의 복도에 서서 위로 점프하면 비행기의 꼬리 쪽에 있는 화장실 문에 부딪히지 않고 처음 점프한 자리에 그대로 내려앉는다. 그리고 세 번째 반론에는 잘못된 것이 없다. 별들은 실제로 이동하고 있다. 다만 그 이동이 너무 미미하기 때문에 고성능 망원경이 있어야만 변화를 감지할 수 있다. 이 효과는 1838년에 독일의 천문학자 프리드리히 빌헬름 베셀(Friedrich Wilhelm Bessel, 1784~1846년)에 의해 처음으로 관측되었다.

프톨레마이오스의 저서 『알마게스트』는 지구 중심적인 우주관으로 가득 차 있다. 물론 여기에는 과학뿐만 아니라 당시의 문화나 종교적 가치관도 커다란 요소로 작용했다. 그 후 1543년에 니콜라우스 코페르니쿠스(Nicolaus Copernicus, 1473~1543년)는 『천구의 회전에 관하여(*De Revolutionibus Orbium Coelestium*)』라는 저서를 통해 우주의 중심이 지구가 아니라 태양임을 처음으로 주장했다. 그런데 당시 신교 신학자였던 안드레아스 오시안더(Andreas Osiander, 1498~1552년)가 코페르니쿠스의 원고를 사전에 읽어 보고 교단에 풍파가 불어 닥칠 것을 염려하여 다음과 같은 서문을 추가했다.

> 지성을 갖춘 사람이라면 태양이 하늘의 중심에 고정되어 있고 지구가 움직인다는 새로운 주장에 적잖은 충격을 받을 것이다. …… 그러나 이 주장이 사실이라는 증거는 어디에도 없으며, 사실일 가능성도 거의 없다. 다만 관측된 사실을 계산으로 재현하기 위해 기존과 다른 가설을 내세운 것뿐이다.[1]

그러나 정작 코페르니쿠스는 책이 출판된 후 불어 닥칠 풍파에 별다

1. Copernicus, 1999, 22쪽.

른 관심을 두지 않았던 것 같다. 그는 책의 서두에 실린 「교황 바오로 3세에게 바치는 헌정사」에 다음과 같이 적어 놓았다.

> 이 책은 지구의 운동과 하늘의 구조에 대하여 혁명적인 내용을 담고 있다. 나는 이 내용을 접한 사람들이 나에게 비난을 퍼부으며 주장을 즉각 철회하라고 강요할 것임을 잘 알고 있다.[2]

그러나 1608년에 네덜란드 안경 제작자 한스 리페르세이(Hans Lippershey, 1570~1619년)가 망원경을 발명했고 이 도구를 사용하여 최초로 하늘을 관측한 갈릴레오는(망원경이 처음 상용화된 분야는 천문학계가 아니라 군대였다. — 옮긴이) 목성의 주변을 공전하고 있는 네 위성과 금성의 특이한 움직임을 발견하였다. 그리고 비슷한 시기에 얻어진 관측 결과들은 한결같이 코페르니쿠스의 태양 중심적 우주관을 뒷받침하고 있었다. 그 후로 사람들은 지구가 우주에서 그다지 특별한 존재가 아니라는 사실을 깨닫게 되었으며 여기에 기초한 코페르니쿠스의 혁명은 공식적으로 영향력을 발휘하기 시작했다.

*

지구가 여러 개의 행성 중 하나에 불과하다면 그들의 운동을 관장하는 태양은 어디에 위치하고 있는가? 태양이 있는 곳이 우주의 중심인가? 그럴 리 없다. 지구가 우주의 중심이라는 착각에서 헤어난 이상 비슷한 착각에 또 빠질 사람은 없다.

---

2. 앞의 책, 23쪽.

만일 태양계가 우주의 중심이라면 하늘의 어느 방향을 바라봐도 별의 개수가 거의 같아야 한다. 그러나 태양계가 우주의 중심에서 벗어나 있다면 특정 방향에 별들이 집중되어 있을 것이다. 우주의 중심은 바로 그 방향에 놓여 있다.

1785년에 영국의 천문학자 프레데릭 윌리엄 허셜(Frederick William Herschel, 1738~1822년)은 눈에 보이는 모든 별의 위치와 지구로부터의 거리를 산출한 끝에 태양계가 우주의 중심이라고 결론지었다. 그 후 100여 년이 지나 네덜란드의 천문학자 야코뷔스 코르넬리위스 캅테인(Jacobus Cornelius Kapteyn, 1851~1922년)은 당시의 최첨단 거리 산출법을 이용하여 은하 안에서 태양계의 위치를 추적했다. 은하수, 즉 우리 은하는 맨눈으로 봤을 때 하늘에 걸친 가느다란 띠처럼 보이지만 망원경으로 보면 수많은 별의 집합임을 알 수 있다. 여기 분포되어 있는 별들을 일일이 분석해 보면 은하수의 띠를 따라서 별의 밀도가 거의 균일하게 나타나고 그 위와 아래쪽으로 갈수록 밀도가 대칭적으로 감소한다. 또한 하늘에서 임의의 방향과 그 반대 방향을 바라보면 별의 밀도가 거의 같다. 캅테인은 근 20년 동안 하늘의 지도를 제작하면서 우리 태양계가 우주 중심의 1퍼센트 이내에 위치하고 있다는 결론을 내렸다. 완전한 중심은 아니지만 이 정도면 '우주적 우월감'을 느끼기에 충분했다.

그러나 우주는 지구인의 자만심을 결코 내버려 두지 않았다.

당시에는 캅테인을 비롯한 대부분의 사람이 전혀 모르고 있었지만 은하수는 그 뒤에 있는 천체를 우리의 시야에서 가리고 있다. 은하수에는 거대한 기체 구름과 다량의 먼지가 섞여 있기 때문에 그 뒤에 있는 천체에서 지구 쪽으로 방출된 빛의 대부분을 흡수해 버린다. 지구에서 바라보았을 때, 우리의 가시 영역에 있는 별의 99퍼센트 이상이 은하수의 구름에 가려 보이지 않는다. 이런 상황에서 지구가 우주 중심의 근처에 있다고 주장하는 것은 나무가 빽빽하게 들어서 있는 밀림 속에서 몇 걸음 걸어간 후 "나무의 수가 모든 방향에서 거의 같으므로 나는 숲의 중심에 도달했다."라고 주장하는 것과 비슷하다.

1920년대에(이때만 해도 빛의 흡수 문제는 물리적으로 규명되지 않고 있었다.) 하버드 대학교 천문대 대장을 지냈던 할로 섀플리(Harlow Shapley, 1885~1972년)는 은하수에서 구상 성단(globular cluster)의 분포를 집중적으로 관측했다. 구상 성단은 수백만 개의 별이 구형으로 밀집되어 있는 천체로서 빛의 흡수가 크게 일어나지 않는 은하수의 위나 아래쪽에서 쉽게 찾을 수 있다. 섀플리는 이러한 거대 성단의 위치로부터 우주의 중심을 추정할 수 있다고 생각했다. 결국 질량의 밀도가 가장 높고 중력이 가장 강하게 작용하는 곳이 우주의 중심일 것이다. 섀플리가 얻은 관측 자료에 따르면 태양계는 구상 성단들이 집중적으로 분포되어 있는 곳에서 멀리 떨어져 있다. 즉 지구는 (관측 가능한) 우주의 중심에서 한참 벗어나 있는 것이다. 그렇다면 이 특별한 장소는 대체 어디쯤 있을까? 섀플리의 계산에 따르면 지구에서 궁수자리(Sagittarius) 방향으로 6만 광년 떨어진 곳에 은하수의 중심이 자리 잡고 있다.

오늘날 섀플리의 예측은 실제보다 2배 큰 것으로 판명되었지만 구상 성단의 중심은 정확하게 들어맞았다. 섀플리가 예측한 구상 성단의 중심은 나중에 발견된 초강력 전파의 방출원과 거의 정확하게 일치한다. (전파의 강도는 기체와 먼지층을 지나면서 감소한다.) 결국 천문학자들은 관측 결과를 종합하여 분석한 끝에 전파의 방출원이 은하수, 즉 우리 은하의 중심이라는 결론을 내리게 되었지만 이렇게 되기까지 "눈에 보이는 것이 전부가 아니다."라는 교훈을 한두 차례 더 곱씹어야 했다.

이로써 코페르니쿠스의 우주관은 또 한 차례 승리를 거두었다. 태양계는 우주의 중심이 아니라 아득하게 떨어진 변방에 불과했다. 그러나 인간의 자존심은 여기서 포기하지 않았다. "그래, 좋다. 지구는 우주의 중심이 아니다. 하지만 지구가 속해 있는 방대한 은하는 우주의 전부이므로 우리는 여전히 '사건의 중심부'에서 살고 있는 셈이다."

그러나 이것도 사실이 아니었다.

밤하늘에 떠 있는 대부분의 은하는 우주의 '섬'에 불과하다. 이 사실은 18세기 여러 학자에 의해 끊임없이 제기되어 왔는데 대표적인 인물로는 스웨덴의 철학자 에마누엘 스베덴보리(Emanuel Swedenborg, 1688~1772년)와 영국의 천문학자 토머스 라이트(Thomas Wright, 1711~1786년), 그리고 독일의 철학자 이마누엘 칸트(Immanuel Kant, 1724~1804년)를 들 수 있다. 특히 라이트는 그의 저서 『우주의 원론(*The Original Theory of the Universe*)』(1750년)에서 은하수처럼 별들이 밀집되어 있는 무한한 우주를 제안했다.

> 우리의 눈에 보이는 우주 공간은 수많은 별과 행성으로 가득 차 있다고 결론지을 수 있다. …… 눈에 보이지 않는 머나먼 공간도 크게 다르지 않을 것이다. …… 하늘에서 발견되는 희미한 점들(Cloudy Spots)이 이와 같은 추측을 뒷받침하고 있다. 이들은 거리가 너무 멀어서 망원경으로 봐도 그 정체를 파악할 수 없지만, 우리가 알고 있는 우주의 경계 바깥에 존재하는 천체일 것으로 추정된다.[3]

라이트가 말하는 '희미한 점들'이란 은하수의 위쪽과 아래쪽에서 볼 수 있는 아득히 먼 은하로서 보통 수천억 개의 별로 이루어져 있다. 나머지 성운들은 크기가 상대적으로 작고 기체 구름으로 덮여 있으며 주로 은하수의 내부에서 발견된다.

---

3. Wright, 1750, 177쪽.

우리 은하가 우주 공간을 표류하는 수많은 은하 중 하나에 불과하다는 것은 과학 역사상 가장 위대한 발견이라 할 수 있다. 물론 이 정도로는 우주의 방대함을 충분히 표현할 수 없지만 18세기만 해도 이것은 폭탄 선언이나 다름없었다. 그러나 뭐니 뭐니 해도 우주에서 인간의 지위를 가장 비참하게 추락시킨 사람은 에드윈 허블이었다. (그의 이름은 허블 우주 망원경으로 잘 알려져 있다. 그러나 허블 우주 망원경을 만든 사람은 허블이 아니다!) 1923년 10월 5일, 허블은 윌슨 산 천문대의 지름 100인치짜리 천체 망원경(당시만 해도 전 세계에서 가장 성능이 좋은 망원경이었다.)으로 가장 큰 성운 중 하나인 안드로메다 은하를 관측하다가 충격적인 사실을 알게 되었다.

그는 안드로메다 은하에서 엄청나게 밝은 빛을 발하는 별을 발견했다. 사실 이런 종류의 별은 훨씬 가까운 거리에서도 발견된 적이 있었고 지구로부터의 거리도 이미 알려져 있었다. 앞에서 말한 대로 일단 별의 종류가 결정되면 그 밝기는 오직 거리에 따라 좌우된다. 허블은 새로 발견된 별에 역제곱 법칙을 적용하여 지구로부터의 거리를 계산했고 그 결과 안드로메다 은하는 그 당시에 알려진 천체와는 비교가 안 될 정도로 먼 거리에 있는 것으로 판명되었다. 안드로메다는 그 자체가 수십억 개의 별로 이루어진 하나의 은하로서 지구에서 약 200만 광년 떨어진 곳에 위치하고 있다. 이로써 지구는 우주의 중심이 아닐 뿐만 아니라 지구가 속해 있는 우리 은하조차도 유일한 은하가 아니었음이 만천하에 드러나게 되었다. 요즘 우리는 우리 은하가 우주 전역에 퍼져 있는 수십억 개의 은하 중 하나에 불과하다는 사실을 잘 알고 있으며 이것 때문에 크게 실망하지도 않는다. 그러나 지구가 우주의 중심이라는 전통적 사고에서 간신히 벗어난 사람이라면 이보다 더 큰 충격을 찾기도 어려울 것이다.

✷

우리 은하가 수없이 많은 은하 중 하나에 불과하다 해도, 우리가 살고 있는 곳이 우주의 중심일 수도 있지 않을까? 전 세계 인류에게 실망감을 안겨 주고 6년이 지난 후 허블은 또 하나의 충격적인 발견을 이루어 냈다. 은하의 운동과 관련된 자료를 면밀히 분석해 보니 거의 모든 은하가 우리 은하로부터 일제히 멀어져 가고 있었던 것이다! 그리고 또 한 가지 특이한 것은 멀리 있는 천체일수록 멀어져 가는 속도도 더욱 빠르게 나타났다는 점이다.

결국 우리는 원하던 자리를 되찾았다. 우주는 팽창하고 있으며 우리 은하가 있는 곳이 팽창의 중심이다. 과연 그럴까?

아니다. 우리는 또다시 바보가 되었다. 모든 것이 우리를 중심으로 멀어져 간다고 해서 우리가 중심에 있는 것은 아니다. 우주론은 1916년에 아인슈타인의 일반 상대성 이론(새로운 중력 이론)이 발표되면서 본격적으로 발전하기 시작했다. 아인슈타인의 우주에서 시간과 공간으로 짠 직물(fabric)은 질량의 존재 여부에 따라 특정한 곡률로 휘어진다. 그리고 시공간이 휘어지면 그에 대한 화답으로 질량(물체)이 움직인다. 이것이 바로 새로운 중력 이론이 중력을 해석하는 방식이다. 일반 상대성 이론을 우주에 적용하면 모든 은하는 팽창하는 우주 공간에 '무임 승차'하여 공간과 함께 이동하고 있다는 결론이 내려진다.

그렇다면 우주에는 팽창의 중심이 따로 있는 것이 아니라, 어떤 은하에서 보더라도 자신을 제외한 모든 은하가 자신으로부터 멀어져 가고 있는 것처럼 보인다는 것이다. 결국 우리가 우주의 중심이라는 자만심은 다시 한번 치명타를 맞은 셈이다. 그러나 다른 시공간에 인간이 아닌 다른 생명체가 살고 있었더라도 그들 역시 우리와 비슷한 착각을 했을 것이다.

그러나 누가 뭐라 해도 우리가 느낄 수 있는 우주는 단 하나뿐이다. 바로 이 하나뿐인 우주에서 우리는 행복한 망상에 빠져 있다. 그런데 물리 법칙 몇 개를 극한까지(또는 그 이상으로) 확장시키면 시공간이 양자적 요동으로 극단적인 혼란을 겪으면서 작고, 무겁고, 뜨겁던 우주의 탄생 시기까지 거슬러 올라갈 수 있다. 이런 가능성을 받아들인다면 우리의 우주조차도 유일한 존재가 아니다. 우주의 중심에서 마지못해 밀려나면서 "그래도 우리 은하는 우주의 중심이다."라고 믿었다가 그마저 포기하고, 우주가 우리를 중심으로 팽창하는가 싶더니 그것도 아니라 하고, 이제는 믿었던 우주마저 유일하지 않다고 하니 인간의 입지는 더 이상 의지할 곳이 없을 정도로 좁아진 것 같다. 교황 바오로 3세가 살아 있다면 이 상황에서 무슨 말을 했을까?

✷

천문학이 발전하면서 인간의 자존심은 구길 대로 구겨졌지만 우리가 볼 수 있는 우주는 확실히 넓어졌다. 에드윈 허블은 1936년에 출판된 저서 『성운의 왕국(*Realm of the Nebulae*)』에서 당시의 상황을 다음과 같이 요약했다. 이 글은 앞으로 우주에서 인간의 입지가 더욱 좁아져도 여전히 유용할 것이다.

> 이리하여 우리의 우주 탐험은 불확실성으로 끝맺게 된다. …… 우리는 가까운 주변에 대해 제법 많은 것을 알고 있지만 거리가 멀어질수록 지식은 급속하게 줄어든다. 이런 식으로 나가다 보면 결국 희미한 경계, 망원경으로 볼 수 없는 한계점에 이르게 된다. 그곳에서 우리는 그림자를 관측하고 온갖 실

수를 범하면서 비현실적인 경계선을 그려 나갈 것이다.[4]

독자들은 지금까지 펼쳐진 마음의 여행에서 무엇을 느꼈는가? 인간은 감정적으로 나약하고 현혹되기 쉬우며 아는 것이 거의 없는 우주의 한 점에 불과하다.

그럼, 오늘도 좋은 하루!

4. Hubble, 1936, 201쪽.

4장
정보의 덫

대부분의 사람은 정보가 많을수록 더 깊이 이해할 수 있다고 생각하는 경향이 있다. 어느 정도까지는 맞는 말이다. 방 건너편에서 이 책을 바라본다면 책이라는 사실은 알 수 있겠지만 내용을 읽을 수는 없다. 가까이 다가오면 글이 보이기 시작할 텐데 아주 가까이 다가와 종이 위에 코를 갖다 댄다고 해서 내용이 더 잘 이해될 리는 없다. 이 정도로 가까워지면 문자마다 잉크가 번진 상태를 볼 수는 있겠지만 단어와 문장, 구절 등 복합적인 정보는 포기해야 한다. 이 상황은 '장님 코끼리 만지기'라는 우화에 잘 표현되어 있다. 다리를 만지면 기다란 호스 같고, 꼬리를 만지면 노끈처럼 느껴지지만 그 누구도 코끼리의 전체적인 형상은 그릴 수 없다.

과학적 연구를 수행하는 사람들은 가까이 접근해야 할 때와 뒤로 물러나서 전체를 조망해야 할 때를 잘 구별해야 한다. 경우에 따라서는 근사적인 서술이 이해를 도울 수도 있지만, 상황을 지나치게 단순화하면 정보를 잃어버릴 수도 있다. 또한 상황이 복잡해지는 것은 문제 자체의 특성일 수도 있지만 정도가 지나치면 전체적인 그림을 망쳐 버릴 수도 있다. 예를 들어 다양한 온도와 압력에서 분자로 이루어진 집합체의 전체적인 형상을 알고자 할 때 개개의 분자를 분석하는 것은 별로 좋은 방법이 아니다. 3부에서 언급하겠지만 단일 입자에는 온도라는 개념이 적용되지 않는다. 온도란 계를 이루는 모든 분자의 평균적인 특성을 나타내는 통계 물리학적 양이기 때문이다. 그러나 생화학에서는 각 분자 간의 상호 작용을 규명해야 다음 단계로 넘어갈 수 있다.

그렇다면 관측과 측정은 어느 정도로 세밀하게 수행되어야 하는가?

*

현재 뉴욕 요크타운 하이트의 IBM 토머스 왓슨 연구소(Thomas J. Watson Research Center)와 예일 대학교에서 연구를 수행 중인 수학자 브누아 망델브로(Benoit Mandelbrot, 1924~2010년)는 1967년에 과학 잡지 《사이언스(*Science*)》를 통해 다음과 같은 질문을 제기했다. "영국 해안선의 길이는 얼마인가?" 여러분은 질문이 간단하므로 답도 간단하다고 생각할 것이다. 그러나 막상 정확한 답을 추적하다 보면 도저히 헤어날 수 없는 미궁에 빠지게 된다.

영국의 해안선은 지난 수백 년 동안 탐험가들과 혼돈 이론학자들(cartographer)에 의해 여러 차례에 걸쳐 측정되었다. 초기에 제작된 지도는 마치 쥐가 먹다 남긴 빈대떡처럼 해안선만 덩그러니 그려져 있었지만 요즘은 위성 측량을 통해 정밀한 지도를 제작할 수 있게 되었다. 그러나 망델브로의 질문에 답을 구하기 위해 위성을 호출할 필요는 없다. 그저 간단한 지도와 한 꾸러미의 실만 있으면 된다. 더넷 헤드(Dunnet Head)에서 리자드 포인트(Lizard Point)까지 해안선을 따라 실을 늘어뜨린 후 모든 해안선이 커버되면 실을 가위로 절단한다. 그다음 자른 실을 곧게 펴서 지도와 나와 있는 자(축척)와 비교하면 해안선의 길이가 곧바로 얻어진다. 숙제 끝! 이것으로 영국 해안선의 길이 측정은 성공적으로 마무리되었다.

잠깐, 정말 그럴까? 결과가 얼마나 정확한지 확인하기 위해 1마일이 2.5인치로 표시된 군사용 지도를 사용해 보자. (축척은 약 25,000:1이다.) 이 정도 축척이면 일반 지도에 나와 있지 않는 굴곡까지 자세하게 나와 있을 것이므로 아까보다 실이 훨씬 많이 소모된다. 각 굴곡의 크기는 작지만 그 수가 워낙 많기 때문이다. 이 작업이 끝나고 나면 아마도 실의 길이는 아까보다 몇 배 이상 길어졌을 것이다. (물론 축척이 커졌으므로 실이 많이 소모되는 것은 당연하다. 그러나 축척이 10배로 커지면 실은 20~30배 이상 소모된다.)

둘 중 어느 쪽이 정답에 가까울까? 자세한 지도를 사용할수록 정답에 가까워질 것이다. 바닷가에 놓여 있는 모든 바위나 돌멩이까지 해안선으로 간주해서 그 테두리를 일일이 측정한다면 아주 정확한 해안선의 길이가 얻어질 것이다. 그러나 지도 제작을 위해 측량을 실시할 때에는 지브롤터(Gibraltar, 스페인 남단의 항구 도시로 중심부의 바위산이 유명하다. — 옮긴이)보다 작은 바위를 무시하는 것이 보통이다. 따라서 정말로 해안선을 측정하고자 한다면 아주 긴 실타래를 들고 해안선을 따라 걸어가는 것이 제일 좋다. 가는 길에 돌출부나 움푹 팬 곳 또는 갈라진 틈이 나타날 때마다 실로 그 테두리를 따라가면 된다. 그러나 조그만 돌멩이나 백사장 사이로 흐르는 작은 개울 등은 무시할 수밖에 없다.

물론 측량은 정확할수록 좋다. 그러나 세세한 돌출부나 움푹 들어간 곳까지 일일이 따라가다 보면 측량값은 대책 없이 커진다. 그렇다면 대체 어느 선에서 끝내야 하는가? 극단적인 예로 해안선을 이루는 모든 분자와 원자, 기본 입자 등의 테두리까지 해안선으로 간주한다면 전체 해안선의 길이는 무한대가 될 것인가? 그렇지는 않다. 망델브로에게 물어본다면 "결정할 수 없다."라고 대답할 것이다. 사실 이 문제는 다른 차원에서 생각해 볼 수도 있다. 해안선을 '1차원적 길이'의 개념으로 간주하는 것은 지나치게 제한적인 생각일지도 모른다.

망델브로의 문제는 수학의 새로운 분야인 '분수 차원(fractional dimension)' 또는 '프랙털 차원(fractal dimension)'을 탄생시켰다. (프랙털은 '깨지다, 분열되다.'라는 뜻의 라틴 어 fractus에서 유래되었다.) 고전 유클리드 기하학에서 차원은 1, 2, 3 등 정수 값을 갖지만 프랙털 차원은 분수가 될 수도 있다. 망델브로는 "일상적인 차원 개념은 너무 단순해서 해안선의 복잡성을 표현할 수 없다."라고 주장했다. 프랙털은 다양한 스케일에서 동일한 패턴이 반복되는 '자기 닮음 패턴(self-similar pattern)'을 표현하는 데 가장 적합한 개념이다. 브로콜리나 양치류 식물의 잎, 눈의 결정 등은 자연에서 발견되는 자기 닮음 도형의 대표적인 사례이다. 그러나 거시적인 규모의 패턴이 더 작은 규모에서 완전히 동일하게 반복되는 이상적인 도형은 자연에 존재하지 않으며 오직 컴퓨터 상에서만 가능하다.

방금 말한 대로 프랙털 도형을 계속 확대해 나가면 동일한 패턴이 계속해서 나타나기 때문에, 이 과정에서 새로운 정보를 얻을 수는 없다. 그러나 사람의 몸을 계속 확대해 나가면 엄청나게 복잡한 세포에 도달하게 되는데 하나의 세포는 거시적인 육체와 전혀 다른 방식으로 운영되고 있기 때문에 다량의 새로운 정보를 얻을 수 있다. 사람의 몸에는 세포를 경계로 하여 완전히 다른 세계가 존재하는 셈이다.

*

우리가 살고 있는 지구는 어떠한가? 2,600년 전에 만들어진 바빌로니아의 점토판에는 지구가 '바다로 둘러싸인 둥그런 원반'으로 묘사되어 있다. 사실 넓은 평원(예를 들면 티그리스 강과 유프라테스 강 유역)의 한복판에 서서 사방을 둘러보면 이 세상은 정말로 둥글고 평평한 원반처럼 보인다.

그러나 고대 그리스 인들(피타고라스와 헤로도토스 등)은 지구 평면설에 의구심을 갖고 지구가 구형일지도 모른다는 일말의 가능성을 조심스럽게 제기했다. 기원전 4세기경에 모든 지식을 체계화했던 위대한 철학자 아리스토텔레스(Aristoteles, 기원전 384~322년)는 지구가 구형임을 입증하는 증거들을 수집하여 체계적으로 정리했는데 그중에는 월식도 포함되어 있었다. 달이 지구의 주변을 공전하다가 달-지구-태양의 순으로 정렬되면 지구의 그림자가 달 표면에 드리워지면서 달의 모습이 시야에서 사라진다. 아리스토텔레스는 수십 년 동안 월식을 관측한 끝에 달에 드리워지는 지구의 그림자가 원형이므로 지구는 평면이 아니라 구형이라는 결론을 내렸다. 사실 지구가 평평한 원형이어도 달에 드리우는 그림자를 설명할 수는 있다. 그러나 지구가 정말로 평평한 원형이라면 달에 드리우는 그림자는 가끔씩 타원이거나 아예 일직선으로 나타나는 경우도 있어야 한다. 그런데 오랜 세월 동안 일어났던 그 모든 월식에서 그림자는 항상 원형으로 나타났으므로 "지구는 모든 각도에서 바라봐도 항상 원이며, 따라서 전체적인 형태는 구형이어야 한다."라고 생각했던 것이다.

이 정도면 사람들을 설득하는 데 부족함이 없는 것 같다. 그렇다면 과연 그로부터 수백 년 이내에 구형 지구를 기반으로 하는 지도가 제작되었을까? 천만의 말씀이다. 구형 지구본이 처음 제작된 것은 유럽에 항해술과 식민지 개척의 바람이 불기 직전인 1490~1492년경이었다.

*

사람들을 설득하는 데 꽤 오랜 세월이 소요되기는 했지만, 어쨌거나 지구는 구형으로 판명되었다. 그러나 과거에도 항상 그래 왔듯이 자연을 자세히 파고들다 보면 의외의 복병이 숨어 있기 마련이다. 뉴턴은 1687년에 출판된 『프린키피아(*Principia*)』에서 "지구는 자전하고 있기 때문에 원심력에 의해 내용물이 바깥쪽으로 쏠리는 경향을 보인다. 따라서 지구는 자전축을 기준으로 좌우 지름이 위아래 지름보다 조금 길다."라고 주장했다. 다시 말해서 구형은 구형인데 위아래로 '조금 납작한' 구형이라는 것이다. 그로부터 반세기가 지난 후 프랑스 과학 학술원은 지구의 가로 지름과 세로 지름을 측정하기 위해 두 팀의 탐험대를 파견했다. 그들은 각각 위도 1도와 경도 1도에 해당하는 거리를 측량해서 서로 비교했는데 결국 위도를 따라 측정한 거리(경도 1도에 해당하는 거리)가 조금 더 긴 것으로 판명되었다. 지구가 위아래로 조금 납작하다는 뉴턴의 예측이 사실로 입증된 것이다.

지구의 자전 속도가 빠를수록 일그러진 정도는 더욱 크게 나타날 것이다. 태양계에서 가장 큰 행성인 목성은 한 번 자전하는 데 지구 시간으로 10시간이 걸린다. 이 정도면 자전 속도가 매우 빠른 편이다. 목성의 좌우 지름은 위아래 지름보다 무려 7퍼센트나 길다. 지구는 크기도 작고 자전 속도도 상대적으로 느려서(하루=24시간) 가로와 세로의 차이가 0.3퍼센트에 불과하다. (지구의 지름은 약 12,740킬로미터이므로 이 차이는 대략 38킬로미터이다.)

정도가 미미하기는 하지만 어쨌거나 지구는 계란형이므로 적도 근처의 해수면 위에 서 있을 때 지구 중심으로부터의 거리가 가장 멀다. 여기서 더 멀리 가고 싶다면 에콰도르에 있는 침보라소 산(Mt. Chimborazo)의 정상에 오르면 된다. 침보라소 산은 해발 6,267미터에 불과하지만 지구 중심으로부터의 거리는 에베레스트 산 정상보다 2킬로미터 멀다.

*

과학자들이 우주 공간에 위성을 띄우기 시작하면서 상황은 더욱 복잡해졌다. 1958년에 발사된 뱅가드 1호(Vanguard 1) 위성이 보내온 자료에 따르면 적도의 북쪽보다 남쪽이 더 불룩하게 튀어나와 있으며 남극점이 북극점보다 지구의 중심에서 더 먼 거리에 있다. 다시 말해서 지구는 서양 배(pear)처럼 생겼다는 뜻이다.

또 한 가지 당혹스러운 것은 지구의 모양이 수시로 변한다는 점이다. 지구 표면의 상당 부분은 바다로 덮여 있는데 달의 인력이 의해 조수 간만 현상이 일어나면서 외형이 조금씩 변하는 것이다. (미미하기는 하지만 태양의 인력도 여기에 한몫 거들고 있다.) 조석력은 바닷물의 분포를 변화시켜서 지구 표면을 달걀 모양으로 만든다. 이것은 삼척동자도 알고 있는 사실이다. 그러나 조석력은 단단한 지구에도 영향을 미쳐서 적도 반지름이 매일 또는 매월 달라지는 원인이 되기도 한다. 이 현상은 바닷물의 이동 및 달의 위상과 밀접하게 관련되어 있다.

따라서 지구는 서양 배처럼 생겼으면서 위아래로 납작한 회전 타원체이다.

앞으로 더욱 정밀한 측량법이 개발되면 무언가가 또 달라질 것인가? 지구 외형의 보정 작업은 과연 끝없이 계속될 것인가? 그럴 것 같지는 않다. 미국과 독일은 2002년에 우주 계획 GRACE(Gravity Recovery and

Climate Experiment)를 공동으로 추진하면서 지구 표면의 지오이드(geoid)를 측정하는 한 쌍의 위성을 쏘아 올렸다. 지오이드란 해류나 조수, 날씨 등의 영향을 무시했을 때 나타나는 지구의 평균 해수면과 그 연장선으로 이루어진 상상의 면으로서 지구 상의 모든 지점에서 중력은 지오이드면에 수직 방향으로 작용한다. 즉 지오이드는 지구의 일그러진 형태와 표면 밀도를 모두 고려해서 만들어진 '진정한 수평면'인 셈이다. 목수들과 측량사들 그리고 수도관을 설계하는 공학자들은 지오이드로 설정된 수평면의 기준을 따르고 있다.

*

지구의 공전 궤도도 자세히 파고 들어가면 복잡한 문제들이 도처에 도사리고 있다. 공전 궤도는 1차원이 아니며, 2차원이나 3차원도 아니다. 지구의 공전은 시간과 공간이 동시에 개입된 다중 차원 세계에서 진행되고 있다. 아리스토텔레스는 지구와 태양 그리고 모든 별이 투명한 천구(天球, crystalline sphere)에 박혀 있으며 지구를 중심으로 천구가 회전하고 있다고 생각했다. 그밖에 또 어떤 아이디어가 필요했겠는가? 지구가 우주의 중심이라는 것은 고대인들에게 너무도 당연한 상식이었다. 그리고 천체의 움직임은 천구의 회전에 의해 나타나는 현상이므로 그 궤적은 당연히 원으로 간주되었다.

이 오래된 믿음에 최초로 반기를 들고 나선 사람은 니콜라우스 코페르니쿠스였다. 그는 1543년에 발표한 대작 『천구의 회전에 관하여』에서 우주의 중심에 지구가 아닌 태양을 갖다 놓음으로써 세상을 놀라게 했다. 그러나 코페르니쿠스는 행성의 공전 궤도가 완벽한 원이라는 데 이견을 달지 않았다. 그로부터 반세기가 지난 후, 독일의 천문학자 요하네스 케플러(Johannes Kepler, 1571~1630년)는 행성의 운동에 관한 세 가지 법칙을 발견했는데(이것은 과학 역사상 '예견 가능한 방정식'의 형태로 표현된 최초의 법칙이었다.), 그중 첫 번째 법칙은 행성의 공전 궤도가 원이 아닌 타원임을 지적하고 있다.

우리의 논의는 지금부터 본격적으로 시작된다.

우선 지구와 달로 이루어진 간단한 계부터 생각해 보자. 두 천체는 공동의 질량 중심점을 기준으로 태양 주변을 공전하고 있으며 질량 중심은 지구의 표면에서 달 쪽으로 약 1만 6000킬로미터 떨어진 곳에 위치하고 있다. 그러므로 케플러의 법칙에 따라 태양을 중심으로 타원 운동을 하는 주체는 지구나 달이 아니라 이들의 질량 중심이다. 그렇다면 지구는 어떤 궤도를 그리는가? 달의 위상에 따라 1년에 13번씩 공중제비를 돌면서 전체적으로는 타원 궤적을 따라가고 있다.

그러나 서로 상대방을 잡아당기고 있는 것은 지구와 달뿐만이 아니다. 태양계를 이루는 모든 행성(그리고 그들의 위성)도 나름대로 중력을 행사하고 있다. 간단히 말해서 모든 천체가 자신을 제외한 모든 천체를 자신이 있는 쪽으로 잡아당기고 있는 것이다. 독자들도 짐작하겠지만 이것은 엄청나게 복잡한 상황이어서 수학적으로 다루기가 결코 쉽지 않다. (자세한 설명은 3부로 미룬다.) 또한 지구와 달이 태양 주변을 돌 때마다 타원 궤도가 조금씩 이동하고 있으며, 그 와중에 달은 나선 궤적을 그리면서 매년 3~5센티미터씩 지구로부터 멀어져 가고 있다. 게다가 태양계에는 궤적이 거의 무질서한 천체도 있다.

이와 같이 태양계의 모든 천체는 중력으로 짜인 안무에 따라 복잡한 발레를 추고 있다. 아마도 이 공연을 이해하면서 즐길 수 있는 존재는 컴퓨터밖에 없을 것이다. 우리는 하나의 고립된 물체가 원운동을 하고 있는 단순한 그림에서 출발하여 이토록 복잡한 태양계에 이르렀다. 앞으로 또 얼마나 복잡한 현상이 나타나서 우리를 놀라게 할지 아무도 알 수 없다.

✷

과학이 진보하는 방식은 이론으로부터 데이터가 얻어지는지 또는 데이터로부터 이론이 만들어지는지에 따라 달라진다. 이론은 우리에게 가야 할 길의 대략적인 방향을 가르쳐 준다. 운이 좋으면 길을 찾을 수도 있지만 경우에 따라서는 그렇지 않을 수도 있다. 길을 제대로 찾았다면 그다음 질문으로 넘어가면 된다. 이론은 없고 관측 도구만 갖고 있다면, 이것을 이용하여 가능한 한 많은 데이터를 수집하는 것이 좋다. 데이터가 쌓이다 보면 모종의 법칙을 암시하는 패턴이 드러날 수도 있기 때문이다. 그러나 목적지에 도달하여 전체를 조망하기 전에는 어둠 속에서 이리저리 찔러보는 행위를 반복할 수밖에 없다.

만일 누군가가 "코페르니쿠스는 틀렸다. 그는 행성의 궤도가 원이라고 했지만 실제로는 타원이다."라고 주장한다면 그는 핵심을 잘못 짚고 있는 것이다. 코페르니쿠스의 핵심은 "태양이 지구의 주변을 도는 것이 아니라 행성이 태양의 주변을 돌고 있다."라는 주장이었다. 그 이후로 천문학자들은 지동설에 입각한 태양계 모형을 꾸준히 수정해서 지금에 이르렀다. 물론 코페르니쿠스가 완전히 옳았다고는 할 수 없지만 적어도 그는 올바른 길을 가고 있었다. 그렇다면 여기서 또 하나의 질문이 떠오른다. "가까이 다가가야 할 때는 언제이며 뒤로 물러서야 할 때는 언제인가?"

✷

어느 서늘한 가을날, 당신은 한적한 대로를 산책하고 있다. 그리고 당신이 있는 곳에서 한 블록 떨어진 거리에는 진한 푸른색 옷을 입은 은발의 신사가 걸어가고 있다. 만일 그가 왼손에 팔찌를 차고 있다 해도 당신의 눈에는 거의 보이지 않을 것이다. 발걸음을 재촉해서 그와의 거리를 10미터쯤으로 좁히면 그의 손가락에 끼워진 반지가 보일 수도 있다. 그러나 이 정도의 거리에서 보석의 종류나 표면의 가공 상태를 알 수는 없다. 굳이 알고 싶다면 돋보기를 들고 그의 곁으로 다가가야 한다. 다행히 그가 인자하고 인내심 많은 사람이라면 보석의 종류는 물론이고 그의 출신 학교와 최종 학력, 졸업 연도 심지어는 그가 다닌 학교의 문장(紋章)까지도 알아낼 수 있다. "가까이 다가가면 더 많은 정보를 얻을 수 있다."라는 가정이 먹혀든 것이다.

신사와 헤어진 당신은 집으로 돌아오는 길에 잠시 미술관에 들러 그림을 감상하기로 했다. 때마침 미술관에는 19세기 말 프랑스에서 유행했던 점묘화가 전시되어 있었다. 3미터 거리에서 그림을 보니 중절모를 쓴 남자와 긴 치마를 입고 대화를 나누는 귀부인, 아이들, 강아지, 반짝이는 물 등 모든 것이 뚜렷하게 잘 보인다. 그런데 이 그림을 가까이 다가가서 보면 수천, 수만 개의 점만 보일 뿐 아까 보았던 형상들은 사라져 버린다. 캔버스에 코를 대고 바라보면 점들의 복잡한 배열과 작가의 환상적인 솜씨가 느껴질 뿐 대체 무엇을 그렸는지 알 수가 없다. 그림을 제대로 감상하려면 멀리 떨어져서 바라봐야 한다. 이것은 산책로에서 은발의 신사를 만났을 때와 정반대의 경우로서 원하는 정보를 얻으려면 적당한 거리를 유지해야 한다.

자연을 관찰할 때에는 어떤 식으로 접근해야 할까? 방금 언급한 두 가지 방법이 모두 동원되어야 한다. 과학자들은 자연 현상을 가까운 곳에서 바라보려고 애를 쓰기도 하고 동물이나 식물 또는 별 등을 먼 거리에서 바라보며 전체적인 상황을 조망하기도 한다. 그런데 두 가지 방법이 모두 애매한 경우도 있다. 가까이 다가가서 많은 데이터를 손에 넣었지만 이들 중 상당수가 오히려 대상을 분석하는 데 방해가 되기도 한다. 이럴 때 뒤로 물러서면 혼란은 가라앉지만 정작 필요한 데이터를 얻으려면 또다시 앞으로 다가가야 한다. 그리고 데이터를 설명하기 위해 어떤 가설을 세울 때마다 사방에서 부작용이 나타나 끊임없이 수정을 가해야 한다. 이런 경우에는 데이터를 분석하는 데 수년 또는 수십 년이 걸릴 수도 있다. 토성의 고리를 발견한 것이 그 대표적인 사례이다.

✷

지구는 생명체가 살아가기에 더 없이 좋은 환경이다 그래서 1609년에 갈릴레오가 망원경을 하늘로 향하기 전까지는 어느 누구도 다른 천체의 표면과 구성 성분, 기후 등에 관심을 갖지 않았다. 갈릴레오는 1610년에 토성을 관측하다가 이상한 광경을 목격했는데 당시에는 망원경의 성능이 형편없었으므로 토성의 좌우에 다른 천체가 따라다니는 것처럼 보였다. 갈릴레오는 최초 발견자의 영예가 도난당하는 것을 방지하기 위해 자신의 관측 결과를 아래와 같이 암호 같은 단어로 기록해 두었다.

smaismrmilmepoetaleumibunenugttauiras

라틴 어로 만들어진 이 단어를 잘 분해해서 번역하면 다음과 같은 뜻이 된다. "나는 3개의 물체로 이루어진 최상의 행성을 발견했다." 그 후 몇 년간 갈릴레오는 토성의 동반자를 집중적으로 관측했다. 그것들은 한때 토성의 귀처럼 보였다가, 때로는 아예 시야에서 사라져 버리기도

했다.

1656년에 네덜란드 물리학자 크리스티안 하위헌스(Christiaan Huygens, 1629~1695년)는 갈릴레오가 사용했던 것보다 해상도가 훨씬 높은 고성능 망원경으로 토성을 관측한 끝에 토성의 귀처럼 생긴 물체가 토성의 주변을 에워싸고 있는 고리라는 사실을 처음으로 알아냈다. 그는 갈릴레오가 했던 것처럼 자신의 발견을 암호로 기록해 놓았다가 3년 후에 출간된 저서 『토성계(*Systema Saturnium*)』을 통해 토성에 고리가 있다는 사실을 세상에 공개했다. 그로부터 20년 후 파리 천문대의 대장이었던 조반니 카시니(Giovanni Cassini, 1625~1712년)는 토성의 고리가 둘로 나뉘어 있음을 발견하여, 그 간격을 '카시니 간극(Cassini division)'이라고 명명했다. 그리고 다시 200년이 지난 후에 스코틀랜드의 물리학자 제임스 클러크 맥스웰(James Clerk Maxwell, 1831~1879년)은 토성의 고리가 단단한 고체가 아니라 토성 주변을 돌고 있는 작은 돌멩이들의 집합이라는 사실을 최초로 발견했다.

19세기 말에 토성의 고리는 모두 7개가 발견되어 A부터 G까지 이름을 붙였다. 그러나 실제로 토성의 고리는 수천 개에 달하고 각각의 고리를 자세히 들여다보면 그 안에 또 수천 개의 작은 고리가 형성되어 있다.

*

20세기 들어 우주 공간으로 탐사선이 발사되면서 토성의 고리를 근거리에서 관측할 수 있게 되었다. 1979년에 발사된 파이오니어 11호와 1980년에 발사된 보이저 1호 그리고 1981년에 발사된 보이저 2호가 토성에 접근해 고리를 분석한 결과 과학자들이 상상했던 것보다 훨씬 복잡한 구조임이 밝혀졌다. 예를 들어 어떤 고리에는 소위 말하는 '목자 위성(shepherd moon)'이 다른 입자에 중력을 행사하면서 마치 양치기가 양떼를 몰고 가듯이 토성의 주변을 공전하고 있는데 고리가 여러 겹으로 나뉜 것은 각 입자마다 중력이 다른 방향으로 작용하고 있기 때문이다.

토성의 고리는 수없이 많은 입자에 밀도파(density wave)와 궤도 공명 그리고 중력이 복합적으로 작용하여 엄청나게 복잡한 계를 이루고 있다. 특히 카시니 우주선이 근거리에서 촬영하여 보내온 영상에는 B 고리에 나 있는 바퀴살 모양의 무늬(보이저 호가 최초로 촬영하여 세상에 알려졌으며 토성 자기장의 효과인 것으로 추정된다.)가 보이지 않는다. 그사이에 어디론가 사라져 버린 것일까? 아니면 너무 가까이 접근하는 바람에 정보가 유실된 것일까?

토성의 고리는 어떤 성분으로 구성되어 있는가? 대부분은 물과 얼음이고 먼지도 일부 섞여 있는데 먼지의 성분은 토성의 가장 큰 위성과 비슷하다. 여러 가지 정황으로 미루어 볼 때 토성은 한때 여러 개의 위성을 갖고 있었던 것으로 추정된다. 이 위성들이 궤도를 벗어나 토성에 접근했다가 토성의 조석력 때문에 산산이 분해되어 지금의 고리에 흡수되었을 가능성이 높다.

그런데 고리를 갖고 있는 행성은 토성만이 아니다. 태양계의 나머지 거대 기체 행성인 목성과 천왕성 그리고 해왕성도 나름대로 고리를 갖고 있다. 그러나 토성의 고리와는 달리 이 행성들의 고리는 주로 암석이나 먼지 등 빛을 반사하지 않는 물질로 이루어져 있기 때문에 1970년대 말에서 1980년대 초에 와서야 발견되었다.

*

행성의 주변은 생명체에게 매우 위험한 공간이다. 앞으로 2부에서 언급하겠지만 긴 꼬리가 달린 혜성이나 잡석 더미를 닮은 소행성들이 우주의 방랑자처럼 수시로 행성을 스쳐 지나가고 있다. 그런데 행성에서부터 특정 거리 이내에서는 행성의 조석력이 이 방랑자들을 한데 묶어 놓는 중력보다 크다. 이 한계 거리는 최초 발견자 에두아르 알베르 로슈(Édouard Albert Roche, 1820~1883년)의 이름을 따서 '로슈 한계(Roche limit)'로 불린다. 로슈 한계 이내로 접근한 혜성이나 소행성은 중력에 의해 산산이 분해되어 행성의 주변에 흩어지고 공전 궤도를 따라 넓고 평평한 고리를 형성하게 된다. 토성의 고리는 이와 같은 과정을 거쳐 탄생한 것으로 추정되고 있다.

나는 토성의 고리를 연구하는 동료에게서 놀라운 소식을 전해 들은 적이 있다. 토성의 고리를 이루고 있는 입자들의 상태가 불안정하여 앞으로 1억 년 이내에 완전히 사라진다는 것이다. 인간의 입장에서 1억 년이면 아주 긴 시간 같지만 천문학적으로는 '눈 깜작할 새'에 불과하다. 내가 가장 좋아하는 행성이 지금의 모습을 잃는다니, 서운한 마음을 금할 길이 없다. 그러나 다행히도 행성과 위성 사이를 떠도는 먼지는 꾸준히 새로 유입되기 때문에, 토성의 고리를 유지하는 데는 별 문제가 없다고 한다. 토성의 고리는 우리 얼굴을 덮고 있는 피부처럼 구성 입자가 사라진다 해도 그 모양을 유지할 것이다.

카시니 우주선이 토성의 고리를 근접 촬영한 사진에는 또 하나의 새로운 뉴스가 담겨 있다. 콜로라도 볼더에 있는 우주 과학 연구소(Space Science Institute) 영상 처리 팀의 팀장이자 토성 고리 전문가인 캐럴린 포르코(Carolyn Porco, 1953년~)의 표현을 빌리자면 "믿기 어려울 정도로 놀라운" 소식이다. 관측된 토성 고리의 상태는 우리의 예상과 일치하지 않으며, 딱히 설명할 방법도 없다. 각 고리의 경계선이 매우 뚜렷하고 구성 입자는 덩어리로 뭉쳐 있으며 카시니 간극은 먼지로 덮여 있는 반면에 A,

B 고리는 거의 순수한 얼음으로 이루어져 있다. 포르코와 그의 동료는 이 자료와 씨름하면서(그리고 과거의 깔끔했던 토성 모형을 그리워하면서) 앞으로 몇 년을 보내게 될 것이다.

5장
궁지에 몰린 과학

지난 1~2세기 동안 혁신적인 아이디어와 새로운 관측 기술이 개발되면서 우리의 우주는 동경의 대상에서 '새로운 발견의 장'으로 변모해 왔다. 그러나 우리에게 아무런 기술이 없다면 어찌될 것인가? 우리에게 주어진 것이 달랑 막대기 하나뿐이라면 과연 그것으로 무엇을 알아낼 수 있을까? 믿어지지 않겠지만, 상당히 많은 사실을 알아낼 수 있다.

약간의 인내심을 발휘하면 막대 하나만으로 우주에서 지구의 위치를 알려 주는 상당량의 자료를 얻을 수 있다. 막대의 재질이나 색상은 아무래도 상관없다. 그저 곧은 막대이기만 하면 된다. 일단 수평선이 잘 보이는 곳에 자리를 잡고 막대의 끝 부분을 땅속에 박는다. 지금 당신은 원시적인 기술을 사용하고 있으므로 망치도 쇠망치가 아니라 돌멩이를 깎아서 만든 돌망치일 것이다. 무엇이건 상관없다. 그저 막대가 휘청거리지 않고 서 있기만 하면 된다.

이것으로 당신의 원시 실험실은 완성된 셈이다.

맑은 날 아침, 해가 떠오를 때 막대의 그림자를 확인한다. 처음에는 그림자가 아주 길었다가 태양의 고도가 높아지면서 차츰 짧아지고 태양이 남중(南中, culmination)하면 그림자가 가장 짧아진다. 그 후 태양이 서쪽으로 지기 시작하면 그림자는 다시 길어질 것이다. 이때 매 시간마다 그림자의 끝이 그리는 궤적을 따라가 보면 시계의 시침을 바라보는 것 못지않게 흥미롭다. (당신은 원시인임을 기억하라.) 정오가 되어 그림자의 길이가 가장 짧아졌을 때 그림자의 방향은 북쪽이나 남쪽을 향하고 있을 것이다. (북반구에서는 북쪽, 남반구에서는 남쪽을 향한다.)

이것으로 당신은 초보적인 해시계를 확보한 셈이다. 막대를 '그노몬(gnomon)'이라고 부른다면 좀 더 학식 있는 사람처럼 보일 것이다. (나는 '막대'라는 이름이 더 좋다.) 인류의 문화가 시작된 북반구에서는 태양의 움직임에 따라 막대의 그림자가 시계 방향으로 돌아간다. 시계바늘이 지금과 같이 '시계 방향'으로 돌아가도록 만들어진 데에는 이와 같은 사연이 숨어 있다.

만일 당신이 초인적인 인내력을 갖고 있고, 1년 중 구름 낀 날이 단 하루도 없었다면 수평선에서 태양이 떠오르는 위치가 매일 조금씩 달라진다는 사실을 쉽게 알 수 있을 것이다. 그리고 1년 중 이틀은 일출 때 그림자의 방향과 일몰 때 그림자의 방향이 완전히 반대로 나타날 것이다. 이런 날에는 해가 정동에서 떠서 정서 방향으로 지며 밤과 낮의 길이가 같다. 이날이 바로 춘분(spring equinox)과 추분(fall equinox)이다. (equinox라는 단어는 '길이가 같은 밤'이라는 뜻의 라틴 어에서 유래되었다.) 춘분과 추분을 제외하면 태양은 1년 내내 수평선의 각기 다른 위치에서 떠오른다. "태양은 동쪽에서 떠서 서쪽으로 진다."라는 격언을 남긴 사람은 아마도 하늘을 주의 깊게 바라보지 않았기 때문에 그런 말을 했을 것이다.

만일 당신이 북반구에서 태양의 일출 및 일몰 지점을 1년 동안 추적한다면 춘분을 지난 후에 이 점들이 동서 라인에 대하여 북쪽으로 서서히 이동하다가 멈춘 후 다시 남쪽으로 이동하는 광경을 목격하게 될 것이다. 이 점은 다시 동서 라인을 지나 남쪽으로 계속 이동하다가 잠시 멈춘 후 북쪽으로 이동하여 원래의 위치로 되돌아오는데 이와 같은 변화는 1년을 주기로 반복된다.

태양이 하늘에 그리는 궤적도 매일 조금씩 달라진다. 하지(summer solstice, solstice는 라틴 어로 '정지된 태양'이라는 뜻이다.)가 되면 태양은 수평선에서 가장 북쪽으로 치우친 지점에서 나타나 가장 높은 고도까지 떠오른다. 그래서 하지는 1년 중 낮의 길이가 가장 길고 밤이 가장 짧은 날이다. 이와는 반대로 태양이 수평선을 따라 가장 남쪽으로 치우친 지점에서 떠오른 날은 하루 종일 태양의 고도가 가장 낮고 밤의 길이가 가장 길다. 이날을 뭐라고 불러야 할까? '동지(winter solstice)'보다 더 적절한 이름을 찾기는 어려울 것이다.

지구 표면의 60퍼센트와 사람의 몸의 75퍼센트는 태양 광선을 수직으로 받는 날이 단 하루도 없다. 적도를 중심으로 약 5,100킬로미터 이내에 사는 사람들만이 '태양이 천정(天頂, zenith. 수직선과 천구가 만나는 점)에 떠 있는 광경'을 1년에 단 두 번 볼 수 있을 뿐이다. (북회귀선이나 남회귀선이 지나는 곳에 살고 있다면 1년에 한 번밖에 볼 수 없다.) 태양이 동쪽에서 떴다가 서쪽으로 진다고 주장했던 사람은 아마도 "정오의 태양은 머리 위에서 빛난다."라는 말도 했을 것 같다.

지금까지 당신은 초인적인 끈기와 막대 하나를 도구 삼아 동서남북 네 방위와 계절의 경계를 상징하는 4개의 날짜를 결정하는 데 성공했다. 그다음 과제는 하루 중 태양이 남중하는 시간과 그다음 날 남중하는 시간 사이의 간격을 측정하는 것이다. 초정밀 시계가 있다면 도움이 되겠지만 당신은 원시인이므로 다른 방법을 찾아야 한다. 허리가 잘록한 유리통에 모래를 채우고 이리저리 뒤집으면서 시간을 측정하면 될 것 같다. 간단히 말해서 모래 시계를 사용하면 된다. 방금 앞에서 말한 시간 간격은 태양이 지구 주변을 한 바퀴 도는 데 걸리는 시간, 즉 1태양일(solar day)에 해당된다. 이 시간을 1년 동안 꾸준히 측정해서 평균을 내면 정확하게 24시간이라는 값이 얻어진다. 그러나 여기에는 달의 인력 때문에 지구의 자전이 느려지는 현상을 보정하기 위한 윤초(閏秒, leap-second)가 포함되어 있지 않다.

다시 막대로 되돌아가 보자. 아직 할 일이 남아 있다. 막대를 단단히 고정시키고 그 뒤쪽에서 하늘을 바라보면 막대의 끝이 하늘의 어딘가를 가리키고 있을 것이다. 어떤 특정한 별이 이 지점을 지날 때 모래 시계를 작동시켜서 다음 날 같은 별이 같은 지점을 지날 때까지 걸리는 시간을 측정한다. 이것이 바로 1항성일(sidereal day)로서 23시간 56분 4초이다. 이와 같이 태양일과 항성일 사이에 약 4분 정도의 오차가 존재하기 때문에 태양의 배경이 되는 별자리가 매일 조금씩 이동하게 되는 것이다. 물론 태양이 떠 있는 낮 시간에는 배경 별자리를 볼 수 없다. 태양빛이 너무 밝아서 별빛이 말 그대로 '무색해지기' 때문이다. 그러나 일출 직후나 일몰 직전, 태양 근처에 나타나는 별자리를 기억해 두고 있으면 매일 같은 시간에 태양의 위치가 조금씩 이동하는 것을 확인할 수 있다.

모래 시계와 막대를 잘 활용하면 또 다른 측정을 할 수 있다. 막대를 땅에 수직으로 세워 두고 매일 정오마다(이것은 모래 시계로 측정하면 된다.) 막대의 그림자 끝의 위치를 기록한다. 이런 측정을 1년 동안 계속하면 그림자 끝의 궤적이 8자 비슷한 모양을 그리게 되는데 이 그림을 유식한

말로 '아날렘마(annalemma)'라고 한다.

이런 그림이 얻어지는 이유는 무엇인가? 다들 알다시피 지구의 자전축은 공전면에 대해서 23.5도 기울어져 있다. 이 때문에 계절의 변화가 생기고 태양이 (북반구에서) 남쪽으로 치우친 일주 운동을 하며, 천구의 적도를 중심으로 태양이 오락가락하면서 1년을 주기로 8자 모양의 궤적을 그리게 된다. 뿐만 아니라 지구의 공전 궤도는 완전한 원이 아니다. 행성의 운동에 관한 케플러의 제2법칙에 따르면 지구가 태양에 가까워질수록 공전 속도가 빨라지고 멀어질수록 느려진다. 그러나 어떤 경우에도 지구의 자전 속도는 거의 변하지 않기 때문에 매일 정오마다 태양은 정확하게 남중하지 않고 그 근처를 오락가락하게 되는 것이다. 하루 단위로 보면 이동 속도는 매우 느리지만 1년을 주기로 보면 남중 지점에 14분 늦게 도달하는 날도 있고 그 반대로 16분 빨리 도달하는 날도 있다. 시계로 측정한 시간과 태양의 위치로 측정한 시간이 일치하는 날은 1년에 단 4일뿐이다. (8자형 궤적은 수직선과 4번 만난다.) 정확한 날짜는 4월 15일, 6월 14일, 9월 2일, 12월 25일이다.

그다음으로 당신과 막대를 복제해서 미리 정해 놓은 지평선 너머 남쪽 지점으로 파견한다. 당신과 당신의 쌍둥이는 같은 날 같은 시간에 막대의 그림자 길이를 측정하기로 약속했다. 만일 두 사람의 측정값이 같다면 "지구는 평평하다."라고 자신 있게 주장할 수 있다. 그러나 측정값이 다르게 나오면 기하학을 이용해서 둥그런 지구의 둘레를 계산할 수 있다. (인간을 복제하다니, 관측자가 원시인이라는 사실을 저자가 깜박 잊은 것 같다. 가까운 친구를 보내는 것으로 생각해 주기 바란다. — 옮긴이)

이 계산을 최초로 수행한 사람은 고대 키레네(Cyrene)의 천문학자이자 수학자였던 에라토스테네스(Eratosthenes, 기원전 276~194년)였다. 그는 이집트의 시에네(Syene, 지금의 아스완 지방. 북위 23.5도로서 북회귀선 상에 위치하고 있다. — 옮긴이)와 알렉산드리아(Alexandria)에 세워 놓은 막대의 그림자 길이를 측정한 후 간단한 비례식을 이용하여 지구의 둘레를 계산했는데(시에네와 알렉산드리아 사이의 거리는 당시 단위로 약 5,000스타디아(stadia)였다. 1스타디움(stadium)은 약 185미터이다.), 그가 얻은 값은 약 4만 6000킬로미터로서 현재 알려진 값(4만 킬로미터)과의 오차는 겨우 15퍼센트에 불과했다. 실제로 '기하학(geometry)'이라는 용어는 그리스 어로 '지구 측량'이라는 단어에서 유래되었다.

지금까지 당신은 막대와 모래 시계를 벗 삼아 몇 년의 세월을 보냈지만 다음에 수행할 관측은 단 1분 만에 끝낼 수 있다. 우선 막대를 땅에 수직 방향으로 단단하게 박는다. 그리고 적당한 크기의 돌멩이를 실의 한쪽 끝으로 묶고 다른 쪽 끝은 막대의 끝에 묶는다. (단 실의 길이가 막대의 길이보다 짧아야 한다.) 다 되었는가? 이것으로 당신은 단진자를 만드는데 성공했다. 실의 길이를 측정한 후 돌멩이를 한쪽으로 잡아당겼다가 슬며시 놓으면 좌우로 반복 운동을 시작할 것이다. 이제 남은 일은 60초 동안 돌멩이가 왕복하는 횟수를 헤아리는 것이다.

당신이 얻은 값은 진자의 진폭(왕복하는 거리)과 거의 무관하고 돌멩이의 무게와는 아무런 관계도 없다. 주어진 시간 동안 왕복 횟수를 좌우하는 요인은 실의 길이와 당신이 살고 있는 행성의 중력뿐이다. 여기에 간단한 방정식을 적용하면 지구 표면에서의 중력 가속도를 계산할 수 있다. 중력 가속도는 당신의 몸무게를 좌우하는 요인이기도 하다. 달의 중력은 지구의 6분의 1밖에 되지 않기 때문에 동일한 단진자를 달로 가져가면 추가 천천히 움직여서 1분당 진동 횟수가 현저하게 줄어든다.

행성의 '맥박'을 측정하는 데 이것보다 좋은 방법은 없다.

*

당신은 지구가 자전한다는 사실을 아직 증명하지 못했다. 지금까지는 태양과 별자리가 예측 가능한 경로를 따라 이동한다는 사실만을 확인했을 뿐이다. 이번에는 지구의 자전을 증명하는 실험을 해 보자. 우선 길이가 10미터쯤 되는 길고 곧은 막대를 조금 기울여서 땅 위에 세운다. 그리고 실의 한쪽 끝에 돌멩이를 묶고 다른 쪽 끝은 막대의 끝에 묶어서 이전과 비슷한 단진자를 만든다. 이제 돌멩이를 한쪽으로 잡아당겼다가 슬며시 놓으면 아주 천천히 왕복운동을 시작한다. (실의 길이가 4배로 길어지면 한 번 왕복하는 데 걸리는 시간은 2배로 늘어난다. — 옮긴이) 연결 부위의 마찰이 작으면 단진자는 꽤 오랜 시간 동안 작동할 것이다.

이때 단진자가 진동하는 방향을 끈기 있게 관찰하면 진동면(움직이는 돌멩이를 포함하는 평면)이 서서히 회전한다는 것을 알 수 있다. 인내력에 자신이 없다면 모든 실험 장비를 들고 북극점으로 갈 것을 권한다. 북극점에서는 진동면의 회전 속도가 가장 빠르기 때문에 금방 확인할 수 있다. (남극으로 가도 된다.) 실제로 북극(또는 남극)에서 이 실험을 수행하면 단진자의 진동면은 24시간 동안 완전히 한 바퀴를 돌게 된다. 이것이 바로 지구가 자전한다는 증거이다. 회전이 없는 북극점에서 단진자의 진동면이 하루에 한 바퀴 돌아갔으므로 지구는 하루에 한 바퀴씩 자전하고 있다. 지구 위의 다른 지점에서도 진동면은 회전하지만 적도에 가까울수록 회전 속도가 느려지다가 적도에 이르면 회전이 전혀 일어나지 않는다. 이 실험은 천체의 일주(一周) 운동이 지구의 자전 때문에 일어난다는 것을 보여 주는 확실한 증거이다. 또한 진동면이 한 바퀴 회전하는 데 걸리는 시간을 알고 있으면 삼각 함수를 적절히 응용해서 현재 당신이 서 있는 지점의 위도를 알아낼 수도 있다.

이 실험을 최초로 수행한 사람은 프랑스의 물리학자 장베르나르레옹 푸코(Jean-Bernard-Léon Foucault, 1819~1868년)였다. 아마도 그는 값싼 도구로

이 사실을 증명한 처음이자 마지막 물리학자였을 것이다. 1851년에 푸코는 "지구의 자전을 보여 주기 위해" 동료를 파리의 판테온으로 초대했다. 오늘날 푸코의 진자는 전 세계의 과학 박물관에 단골 메뉴로 전시되어 있다.

막대와 돌멩이 그리고 실과 모래 시계만으로 이렇게 많은 사실을 알 수 있다면 우리의 선조도 이것을 응용하여 구식 천문대를 건설하지 않았을까? 물론이다. 유럽과 아시아, 아프리카, 라틴 아메리카 등지에는 거대한 바위로 이루어진 구조물이 아직도 남아 있는데 이것은 선사 시대의 천문 관측소이자, 신에게 제사를 드리는 제단이나 기타 문화 행사를 개최하는 공공 장소였던 것으로 추정된다.

예를 들어 하짓날 스톤헨지(Stonehenge, 영국 윌트셔의 솔즈베리 평원에 있는 선사 시대의 거석주군. ― 옮긴이)에 가면 여러 개의 동심원상에 놓여 있는 바위 중 일부가 떠오르는 태양과 일직선상에 놓이는 장관을 볼 수 있다. 다른 바위는 달의 출몰과 관련된 것으로 추정된다. 스톤헨지는 기원전 3100년경에 처음 축조되어 향후 2,000년 동안 다양한 변화를 겪었는데 멀리 떨어진 곳에서 채굴된 거석을 솔즈베리 평원까지 운반한 방법도 커다란 수수께끼로 남아 있다. 80개가 넘는 거대한 사암 기둥은 그 무게만도 하나당 수 톤에 달하며, 현재 위치에서 무려 380킬로미터나 떨어져 있는 프리셀리 산(Mt. Preseli)에서 캐온 것이다. 그리고 무게가 50톤에 달하는 사르센석(sarsen stone, 잉글랜드 중남부에서 볼 수 있는 사암 덩어리. ― 옮긴이)은 32킬로미터 떨어져 있는 말보로 고원(Malborough Downs)에서 채굴되었다.

그동안 수많은 학자가 스톤헨지의 기능과 역사에 관하여 다양한 서적을 발표했는데 역사학자들은 고대인들의 천문학 지식과 무거운 물체의 운반 능력에 감탄을 금치 못하고 있다. 상상력이 풍부한 일부 사람은 스톤헨지가 외계인에 의해 건설되었다고 주장한다.

고대 영국인들은 왜 가까운 곳에서 재료를 구하지 않고 굳이 먼 곳까지 가서 고생을 자초했을까?

정말로 미스터리가 아닐 수 없다. 그러나 돌을 다듬은 솜씨와 의미심장한 배열로 미루어 볼 때 그들은 매우 뛰어난 족속이었음이 분명하다. 스톤헨지는 그동안 여러 차례 수정이 가해졌는데 가장 중요한 보수 공사는 수백 년 동안 진행된 것으로 추정된다. 이 초대형 공사를 사전에 설계하고 준비하는 데만도 수백 년의 세월이 소요되었을 것이다. 무언가를 건설하는 데 500년의 세월이 걸렸다고 상상해 보라. 인류의 역사에서 이렇게 규모가 큰 공사는 찾아보기 어렵다. 그런데 스톤헨지에 함축되어 있는 천문학적 의미는 '막대를 이용한 측정'의 수준을 크게 넘지 않는다. 그럼에도 이토록 거대한 공사를 벌인 것을 보면 천문 관측 이외에 다른 의미가 숨어 있을 가능성이 높다.

스톤헨지와 같은 고대 천문 관측소는 현대인들에게 끊임없는 경외감을 불러일으키고 있다. 천문학을 전공하지 않은 일반인들은 태양과 달 또는 별의 움직임에 대해 아는 것이 별로 없기 때문이다. 텔레비전에서 가끔씩 관련 프로그램을 방영하고 있지만 대부분의 사람은 그런 것을 일일이 챙겨 볼 정도로 한가하지 않다. 그래서 거대한 바위들이 하늘의 별자리를 따라 배열되어 있는 광경을 보면 고대인들이 아인슈타인에 버금가는 천재로 여겨지곤 한다. 그러나 하늘의 운영 방식이 전통 속에 거의 배어 있지 않은 문화권이야말로 내가 보기에 정말로 신기한 문화권이다.

2부

해와 달과 별 그리고 반물질

✷

항상 그렇듯이 하나의 대상을 제대로 이해하려면
그 자체에 대한 정보보다 그것이 파생되어 나온 모체와의 관계와
아직 밝혀지지 않은 비슷한 사례를 파악하는 것이 훨씬 중요하다.
태양계의 경우 비슷한 사례란 다른 태양계의 발견을 의미한다.
만일 다른 태양계가 발견된다면 과학자들은 제일 먼저
그곳의 행성과 방랑자(혜성, 소행성 등)를 우리의 그것과 비교할 것이다.
그래야만 우리의 태양계가 정상적인지
아니면 잘못 운영되고 있는지를 파악할 수 있기 때문이다.

6장

태양의 중심에서 시작된 여행

우리는 하루 중 대부분의 시간을 빛에 의존한 채 살고 있다. 그러나 바쁜 와중에 잠시 일손을 멈추고 태양빛의 근원을 생각해 보는 사람은 거의 없을 것이다. 지금 이 순간에도 태양의 중심부에서 생성된 빛은 약 1억 5000만 킬로미터의 거리를 가로질러 지구 바닷가에서 일광욕을 즐기는 사람의 피부를 사정없이 때리고 있다. 빛은 1초에 30만 킬로미터를 진행할 수 있으므로 태양의 표면에서 방출된 빛이 지구에 도달하기까지는 약 500초가 소요된다. 그러나 태양의 중심부에서 생성된 빛이 태양의 표면에 이르려면 무려 100만 년이나 걸린다.

보통 별의 중심부 온도는 1000만 도 정도인데, 태양의 중심부는 1500만 도에 달한다. 이 고온 상태에서 수소 원자는 단 하나뿐인 전자를 잃어버리고 양성자가 되는데, 이동 속도가 매우 빠르기 때문에 양성자들 사이에 작용하는 반발력을 이기고 서로 충돌하게 된다. 이 과정에서 수소 원자(H)의 원자핵(양성자)이 열핵융합 반응을 일으켜 헬륨 원자(He)를 만들어 낸다. 태양의 내부에서 일어나는 과정은 (중간 과정을 모두 생략하면) 다음과 같다.

4H → He + 에너지.

태양의 내부에서 헬륨 원자핵이 만들어질 때마다 '광자(photon)'라고 불리는 빛의 입자가 함께 생성되고 광자는 감마선(진동수가 가장 큰 빛으로, 가장 높은 에너지를 갖고 있다.)이 될 때까지 에너지를 축적한다. 그 후 감마선이 된 빛은 빛의 속도로 머나먼 여행을 시작한다.

방해 요인이 없으면 빛은 항상 직선으로 진행한다. 그러나 중간에 장애물이 있으면 빛은 산란되거나 잠시 장애물에 흡수되었다가 재방출되고, 그 와중에 빛의 진행 방향과 에너지에 변화가 생긴다. 실제로 태양의 내부에서 광자가 자유 전자나 원자에 부딪히지 않고 직선으로 나아갈 수 있는 평균 시간은 300억분의 1초(30분의 1나노초)에 지나지 않는다. 다시 말해서 태양 내부의 광자는 평균 1센티미터를 진행할 때마다 전자 또는 원자와 충돌하고 있다는 뜻이다.

매번 충돌이 일어날 때마다 광자의 진행 방향은 거의 무작위로 바뀐다. 바깥쪽을 향해 잘 나아가던 광자도 충돌이 일어나면 옆으로 방향을 틀거나 심지어는 왔던 길을 되돌아갈 수도 있다. 이렇게 정처 없이 떠도는 광자가 어떻게 태양을 탈출할 수 있을까? 술에 완전히 취한 사람이 가로등에서부터 비틀거리며 걸어가는 모습을 상상해 보라. 제아무리 갈지자걸음을 걸으며 제멋대로 나아간다고 해도 출발점으로 되돌아오는 일은 거의 없다. 무작위로 발걸음을 내딛을 때마다 가로등과의 거리는 서서히 멀어질 것이다.

술에 만취한 사람이 특정한 수의 걸음을 걸어갔을 때 출발점과 도착점 사이의 거리를 정확하게 알 수는 없지만, 걸음 수가 충분히 많은 경우에는 평균 거리를 확률적으로 예견할 수 있다. 데이터를 분석해 보면 출발점과 도착점 사이의 평균 거리가 걸음 수의 제곱근에 비례한다는 것을 알 수 있다. 예를 들어 여러 명의 취객이 갈지자걸음으로 100걸음씩 걸어갔다면 출발점과 도착점 사이의 평균 거리는 평균 보폭×10이다. 900걸음씩 걸어간 경우에는 평균 보폭×30이 될 것이다. 태양 내부에서 광자의 평균 보폭은 약 1센티미터로 간주할 수 있고 태양의 반지름은 약 700억 센티미터이므로 광자가 태양의 중심에서 표면까지 진행하려면 5×10^{21}걸음을 걸어야 한다. 그런데 앞에서 말한 대로 한 걸음 진행하는 데 걸리는 시간은 300억분의 1초이므로 중심에서 표면으로 나오는 데 약 5,000년이 걸리는 셈이다. 그러나 실제의 태양은 질량 분포가 균일하지 않다. 외부는 대부분 기체로 덮여 있지만 자체 중력 때문에 중심부의 밀도는 매우 높다. 실제로 전체 질량의 90퍼센트가 반지름의 절반 이내에 밀집되어 있다. 뿐만 아니라 광자는 밖으로 진행하는 도중에 어딘가에 흡수되었다가 재방출되면서 추가 시간이 발생한다. 이 모든 효과를 고려했을 때 태양의 중심부에서 생성된 광자가 표면에 도달하려면 무려 100만 년이나 소요된다! 만일 광자가 아무런 방해 없이 직진한다면 단 2.3초 만에 표면에 도달할 것이다.

태양 내부의 광자가 커다란 저항을 극복하고 밖으로 간신히 탈출한다는 이론이 처음 제기된 것은 1920년대 초반이었다. 당시 영국의 천체물리학자 아서 스탠리 에딩턴(Arthur Stanley Eddington, 1882~1944년)은 별의 내부 구조를 선도적으로 연구하여 초보 단계에 머물러 있던 천체 물리학의 위상을 크게 높여 놓았다. 그는 양자 역학이 탄생한 직후인 1926년에 별의 성분을 이론적으로 정리한 『별의 내부 구조(*The Internal Constitution of the Stars*)』를 출판하여 학계의 비상한 관심을 끌었다. (그러나 태양의 내부에서 핵융합 반응이 일어나고 있다는 사실은 그로부터 12년이 지난 후에야 밝혀졌다.) 입심 좋기로 유명한 에딩턴은 이 책의 서두에서 에테르파(aether wave, 광자를 의미한다.)에 대하여 다음과 같이 적어 놓았다.

> 별의 내부는 전자와 원자 그리고 에테르파로 난장판을 이루고 있다. 이들이 추고 있는 복잡한 춤을 이해하려면 가장 최신 버전의 원자 물리학을 도입해야 한다. …… 우리는 어떻게 해서든 난장판을 이론적으로 설명해야 한다! 원자들은 1초당 사방 80킬로미터 거리로 흩어지면서 갖고 있던 전자를 잃어버리고, 원자에서 이탈된 전자는 새로운 안식처를 찾기 위해서 이전보다 수백 배 빠른 속도로 돌아다닌다. 조심하라! 100억분의 1초 간격으로 전자가 스쳐 지나가고 있다. …… 그러다가 …… 전자는 새로운 원자에 들러붙으면서 자유로운 생을 마감하지만 이것도 잠시 뿐이다. 양자적 에테르파가 쳐들어오면 전자는 또다시 원자를 이탈하여 새로운 여행을 시작한다.[1]

에딩턴은 이 문제를 끈질기게 물고 늘어진 끝에 태양에서 방출되는 성분은 에테르파뿐이라는 결론을 내렸다.

> 우리는 이 광경을 바라보면서 스스로에게 묻는다. 과연 이것이 별의 일생을 보여 주는 장엄한 드라마인가? 마치 음악 공연장에 있는 회전 무대를 보는 것 같다. 원자 물리학이 연출하는 요란한 코미디는 우리가 동경하는 심미적

1. Eddington, 1926, 19쪽.

이상향에 별 관심이 없다. …… 원자와 전자는 수시로 위치만 바뀌고 있을 뿐 목적지가 없다. 그 속에서 무언가를 이루는 것은 에테르파뿐이다. 언뜻 보기엔 아무런 목적 없이 돌아다니는 것 같지만, 이들은 아주 서서히 그리고 끈질기게 바깥을 향해 나아가고 있다.[2]

태양 반지름의 바깥쪽 4분의 1에 해당하는 영역에서는 에너지가 격렬하게 흐르고 있는데 물이나 수프가 끓을 때처럼 뜨거운 물질의 방울은 위로 떠오르고 차가운 방울은 가라앉는다. 이때 광자가 차가운 방울을 자신의 주거지로 삼으면 태양의 중심을 향해 수천 킬로미터나 가라앉으면서 지난 수천 년 동안 진행해 왔던 '무작위 걷기'가 허사로 돌아간다. 그러나 뜨거운 방울에 편승하면 대류를 따라 표면을 향해 빠른 속도로 떠오르면서 외부로 탈출할 가능성이 높아진다.

감마선의 여행담은 이것이 전부가 아니다. 태양 중심부의 온도는 1500만 켈빈이고 표면은 약 6000켈빈이므로 온도의 평균 하강률은 1미터당 0.01켈빈이다. 태양의 내부에서 빛의 흡수 및 재방출이 일어날 때마다 에너지가 높은 감마선 광자는 사라지고 그 대신 에너지가 작은 여러 개의 광자가 생성된다. 감마선의 이러한 희생 덕분에 태양은 감마선, 엑스선, 자외선, 가시광선, 적외선 등 다양한 종류의 빛을 방출하고 있다. 하나의 감마선 광자는 수천 개의 엑스선 광자를 낳고 하나의 엑스선 광자는 또다시 수천 개의 가시광선 광자를 낳는다. 다시 말해서 하나의 감마선 광자가 무작위로 진행하며 표면에 도달하는 동안 수백만 개의 가시광선 광자와 적외선 광자가 생성될 수 있다는 뜻이다.

평균적으로 볼 때 태양에서 5억 개의 광자가 방출되면 그중 하나가

---

2. 앞의 책, 19~20쪽.

지구에 도달한다. 언뜻 듣기에는 엄청나게 적은 양 같지만, 태양과 지구 사이의 거리와 지구의 크기를 고려하면 그다지 놀라운 일도 아니다. 나머지 광자들은 지구가 아닌 다른 곳으로 날아간다.

태양의 표면은 기체로 뒤덮여 있기 때문에 어디까지가 태양이고 어디부터 우주 공간인지 구별하기가 다소 모호하다. 그래서 과학자들은 무작위로 움직이는 광자가 마지막 걸음을 내딛고 우주 공간으로 탈출하는 층을 표면으로 간주하는데 이것은 우리의 눈에 보이는 태양의 외곽선과 거의 비슷하다. 최외곽층에서 방출된 광자는 아무런 방해 없이 우주 공간을 여행한 후 지구에 도달하여 온갖 생명체를 먹여 살린다. 일반적으로 파장이 긴 빛은 태양의 내부층에서 생성되고 파장이 짧은 빛은 주로 외곽층에서 생성된다. 그래서 적외선을 이용하여 태양의 지름을 측정하면 가시광선으로 측정한 값보다 항상 작게 나온다. (적외선은 가시광선보다 파장이 길다. — 옮긴이) 책에 명시되어 있지 않더라도 태양의 크기는 가시광선으로 측정한 값을 표준으로 삼는다.

모든 감마선이 저에너지 광자로 전환되는 것은 아니다. 태양 내부에서 방대한 규모의 에너지 대류를 일으키는 에너지의 일부는 압력파를 생성하여 태양 주위를 감싼다. 태양빛의 스펙트럼을 분석해 보면 내부에서 미세한 진동이 일어나고 있음을 알 수 있다. 이것은 지진학자들이 지표의 음파를 분석하여 지진을 예견하는 것과 같은 이치이다. 태양의 진동 패턴은 여러 개의 진동 모드가 섞여 있기 때문에 엄청나게 복잡하다. 태양의 지진을 연구하는 학자들의 가장 큰 과제는 진동 패턴을 기본 단위로 분해하여 진동을 일으키는 내부 원인을 알아내는 것이다. 이것은 피아노의 뚜껑을 열고 입으로 큰 소리를 내질렀을 때, 목소리와 같은 진동수를 갖는 피아노 줄이 진동하는 것과 비슷한 원리이다. (태양의 지진 현상을 일진(日震, helioseismology)이라고 한다. — 옮긴이)

현재 태양의 지진 현상은 '전 지구 일진 관측망(Global Oscillation Network Group, GONG)'에 의해 집중적으로 연구되고 있으며 하와이, 캘리포니아, 칠레 카나리 아일랜드, 인도, 오스트레일리아 등 세계 각지에 흩어져 있는 관측소에서도 태양의 진동을 끊임없이 관측하고 있다. 지금까지 얻어진 관측 결과는 별의 내부 구조에 대한 최근 이론이 옳았음을 강하게 시사하고 있다. 특히 광자의 '무작위 걷기'를 통해 태양 내부의 에너지가 표면층으로 이동하는 현상도 거의 확실하게 입증되었다. 오랫동안 짐작되어 왔던 가설이 관측으로 입증되었다면 그것이 아무리 간단한 관측이라 해도 '역사에 남을 위대한 업적'이 된다.

태양의 내부에서 가장 뛰어난 활약을 펼치고 있는 주인공은 에너지나 물질이 아닌 광자였다. 만일 인간이 태양의 내부로 들어간다면 당장 몸이 으깨지면서 순식간에 증발할 것이다. 그리고 몸을 이루고 있던 원자들은 원자핵과 전자로 분해되어 생명체의 흔적이라곤 전혀 찾아 볼 수 없게 될 것이다. 이런 끔찍한 현실에도 불구하고 누군가가 태양으로 가는 여행 패키지를 개발한다면 불티나게 팔리겠지만 나는 별로 가고 싶지 않다. 그저 태양에서 일어나는 일련의 사건을 알고 있는 것으로 만족한다. 바닷가에 누워 있는 내 몸을 때리는 광자들은 태양의 내부에서 100만 년 동안 산전수전을 다 겪은 후 또다시 1억 5000만 킬로미터를 날아온 위대한 탐험가들이 아니던가. 광자가 지구에 도달하여 무엇을 때리건 간에 그들은 존경받을 자격이 충분히 있다.

7장
행성들의 퍼레이드

인류는 지난 수천 년 동안 별을 배경으로 움직이는 하늘의 방랑자인 행성의 정체를 규명하기 위해 끊임없이 노력해 왔다. 현대 천문학이 많은 사실을 새로 발견했다지만 '행성 연구사'만큼 흥미진진한 역사는 찾기 힘들다. 태양계에 속해 있는 8개의 행성 중 수성(Mercury), 금성(Venus), 화성(Mars), 목성(Jupiter), 토성(Saturn)은 맨눈으로도 볼 수 있기 때문에 원시인들도 그 존재를 알고 있었으며 행성들의 특성을 고려하여 로마 신들의 이름을 따서 붙였다. 예를 들어 이동 속도가 가장 빠른 수성은 로마 신화에 등장하는 신 메르쿠리우스(Mercurius, 사자신(使者神). 웅변가, 상인, 도둑의 수호신으로서, 그리스 신화의 헤르메스에 해당한다. — 옮긴이)의 이름에서 따온 것이다. 메르쿠리우스는 공기 역학적으로 아무런 도움도 되지 않을 것 같은 조그만 날개를 발뒤꿈치나 머리에 달고 있는 것으로 유명하다. 그리고 유서 깊은 하늘의 방랑자 화성은 로마 신화에 나오는 전쟁과 학살의 신 마르스(Mars)의 이름에서 유래되었다. 앞의 목록에는 빠져 있지만 지구도 맨눈으로 볼 수 있다. 그냥 아래쪽을 내려다보면 된다. 그러나 1543년에 코페르니쿠스가 지동설을 주장하기 전까지 지구는 행성으로 간주되지 않았다. 맨눈으로 보이는 행성은 예나 지금이나 하늘을 가로지르는 하나의 점에 불과하다. 행성이 구형 천체임을 알게 된 것은 17세기에 본격적으로 보급된 망원경 덕분이었다. 그리고 20세기에 발사된 우주선 덕분에 천문학자들은 훨씬 가까운 거리에서 행성을 바라볼 수 있게 되었다. 아마도 21세기에는 인간이 행성을 직접 방문하게 될지도 모른다.

*

인간이 망원경으로 행성을 처음 관측한 것은 1609년에서 1610년경이었다. 갈릴레오는 1608년에 네덜란드에서 망원경이 발명되었다는 소식만 듣고 스스로 고성능 망원경을 제작하여 천문 관측에 이용했다. 따라서 갈릴레오는 망원경의 최초 발명자가 아니라 망원경으로 천체를 관측한 최초의 천문학자인 셈이다. 그는 자신이 만든 망원경을 들여다보며 행성이 구형임을 처음으로 발견했고 금성이 달처럼 차고 기운다는 사실도 알게 되었다. 굳이 말하자면 초승금성, 반금성, 보름금성 등의 변화가 진행되는 것이다. (그러나 금성이 차고 기우는 주기는 달의 주기와 전혀 다르다.) 또한 갈릴레오는 목성이 거느리고 있는 위성 중 가장 큰 4개를 발견했다. 이들이 바로 가니메데(Ganymede), 칼리스토(Callisto), 이오(Io), 유로파인데 각 명칭은 주피터의 그리스 신화 버전인 제우스(Zeus)의 주변 인물에게서 따온 것이다.

금성의 움직임과 위상 변화를 이치에 맞게 설명하려면, 금성이 지구가 아닌 태양을 중심으로 공전하고 있음을 받아들여야 한다. 실제로 갈릴레오가 얻은 관측 결과는 코페르니쿠스의 지동설을 강하게 지지하고 있었다.

목성의 위성은 코페르니쿠스의 우주 모형을 입증하는 데 커다란 공헌을 했다. 배율이 20배 남짓한 갈릴레오의 망원경으로 볼 때 그것은 여전히 작은 점에 불과했지만 무언가가 지구 이외의 다른 천체를 중심으로 공전할 수도 있다는 사실을 분명하게 보여 주고 있었다. 과학적 관점에서는 지구가 우주의 중심이 아니라는 것이 너무도 확실했으나 당시 로마 가톨릭 교회의 성직자들과 일반인들의 '상식'은 눈앞에 펼쳐진 새로운 진리를 선뜻 수용할 수 없었다. 그러나 갈릴레오는 자신의 망원경을 꾸준히 들여다본 끝에 "모든 천체는 지구를 중심으로 공전하면서 지구에게 경의를 표하고 있다."라는 종교적 도그마가 진실이 아님을 확신하게 되었고 1610년에 자신이 발견한 내용을 『별의 전령(*Sidereus Nuncius*)』이라는 책으로 출판했다.

그 후 코페르니쿠스의 우주관이 점차 수용되면서 사람들은 하늘의 배열 상태를 '태양계(solar system)'라는 이름으로 부르기 시작했으며, 지구는 맨눈으로 볼 수 있는 6개의 행성 중 하나로 자신의 자리를 찾게 되었다. 그리고 1781년에 영국의 천문학자 윌리엄 허셜이 일곱 번째 행성인 천왕성을 발견하여 태양계가 (태양을 포함해서) 여덟 식구로 늘어났다.

사실 일곱 번째 행성을 최초로 발견한 사람은 영국의 천문학자이자 그리니치 천문대의 초대 소장이었던 존 플램스티드(John Flamsteed, 1646~1719년)였다. 그는 1690년에 지금의 천왕성을 발견했지만 움직임이 눈에 띄지 않아서 평범한 별로 간주하고 황소자리 34(34 Tauri)라는 이름을 붙여 주었다. 그 후 윌리엄 허셜은 밤하늘을 관측하다가 플램스티드의 별이 움직이고 있다는 사실을 발견했다. 그러나 당시만 해도 행성이 또 존재한다는 것은 있을 수 없는 일이었으므로 "새로운 혜성이 발견되었다."라고 발표한 후 자신의 연구를 재정적으로 지원했던 영국 국왕 조지 3세(George III, 1738~1820년)의 이름을 따서 조지움 사이더스(Georgium Sidus, '조지의 별'이라는 뜻이다.)라고 명명했다. 만일 이 이름이 천문학계에 수용되었다면 태양계의 행성 목록은 머큐리, 비너스, 어스(지구), 마스, 주피터, 새턴 그리고 조지가 되었을 것이다. 그러나 학계는 개인적인 아첨으로 간주하여 그 이름을 수용하지 않았고, 후에 'Uranus'(천왕성)라는 이름을 공식적으로 부여했다. 그 후에도 프랑스와 미국의 일부 천문학자는 천왕성을 '허셜의 행성(Herschel's planet)'이라 불렀으나, 1850년에 여덟 번째 행성인 해왕성(Neptune)이 발견되면서 천왕성이라는 이름으로 굳어졌다.

세월이 흐르면서 망원경은 더욱 커지고 성능도 좋아졌지만 행성을 분간할 정도로 향상되지는 않았다. 빛이 천체 망원경의 렌즈에 도달하려면 대기권을 통과해야 하는데 이 과정에서 많은 양이 산란되기 때문이다. 그러나 열정과 끈기로 무장한 천문학자들은 이 열악한 환경에서 목성의 대적반과 토성의 고리, 화성의 얼음층 그리고 수십 개의 위성을 발견했다. 우리는 아직 행성에 대하여 모르는 것이 많지만 천문학자들의 열정이 살아 있는 한 언젠가는 반드시 밝혀질 것이다.

*

미국의 부유한 사업가였던 퍼시벌 로런스 로웰(Percival Lawrence Lowell, 1855~1916년)은 19세기 말에서 20세기 초에 걸쳐 아마추어 천문학자로 이름을 떨쳤다. (그는 구한말에 미국 공사의 사절단으로 한국에 파견되어 근무한 적이 있다. — 옮긴이) 그의 이름은 화성의 운하와 금성의 스포크(spoke, 금성의 표면에 나 있는 검은 줄무늬) 그리고 애리조나 주 플래그스태프에 있는 로웰 천문대에 영원히 각인되어 있다. 그 무렵의 모든 천문학자가 그랬듯이 로웰은 19세기 이탈리아 천문학자 조반니 비르지니오 스키아파렐리(Giovanni Virginio Schiaparelli, 1835~1910년)의 "화성에 카날리(canali)가 있다."라는 발표에 크게 매료되었다.

카날리는 이탈리아 어로 '패인 홈' 또는 '물길'이란 뜻이다. 그러나 로웰은 이 단어를 '운하(canal)'로 잘못 해석하여 화성에 사는 지적 생명체들이 운하를 건설했다고 믿게 되었다. 아닌 게 아니라 스키아파렐리가 발견한 물길(홈)은 지구에 건설된 운하와 규모가 거의 비슷했다. 로웰의 집착은 날이 갈수록 심해져서 나중에는 화성의 운하 지도를 직접 작성하는 지경에까지 이르렀다. 그는 화성인들이 도시를 건설했으나 물이 부족하여 극지방에 있는 얼음층에서 적도에 있는 도시까지 물을 공급하는 운하를 건설했다고 굳게 믿었다. 그리고 그의 주장에 영감을 얻은 작가들은 화성인과 관련된 SF 소설을 쏟아 내기 시작했다.

로웰은 금성에도 관심이 많았다. 금성은 밤하늘에서 가장 밝게 빛나는 천체 중 하나인데 주된 이유는 대기 중의 구름이 다량의 빛을 반사하기 때문이다. 금성은 태양과의 거리가 비교적 가깝기 때문에 일몰 직후의 저녁 하늘과 일출 직전의 새벽 하늘에서 쉽게 찾을 수 있다. 그래서 휘황찬란한 황혼녘에 금성이 뜨는 날 미국 911 구조대는 "지평선 근처에서 밝은 빛을 내며 공중에 떠 있는 UFO를 보았다."라는 신고 전화를 받느라 몹시 분주해진다.

로웰은 금성에서도 바큇살 모양으로 퍼져 나가는 거대한 줄무늬(스포크)를 발견했으나 마땅한 해석을 내리지 못했다. 사실 당시에는 로웰이 화성과 금성에서 발견했다는 무늬를 확인한 사람이 아무도 없었다. 로웰이 사재를 털어 건설한 천문대는 입지 조건이나 망원경 성능이 세계 최고 수준이었기에, 따로 확인할 방법이 없었던 것이다.

망원경의 성능이 개선된 후에도 로웰이 발견했다는 무늬는 발견되지 않았다. 사실 믿어야 한다는 강박 관념이 있으면 논리적이고 정확한 데이터가 없어도 쉽게 믿을 수 있다. 천문학자들은 로웰의 발견이 이와 비슷한 종류의 믿음 때문이었을 것으로 추측만 해 왔는데, 21세기가 되어 그 전모가 알려지게 되었다.

미네소타 주의 세인트 폴(Saint Paul)에서 시력 측정사로 일하고 있던 셔먼 슐츠(Sherman Schultz)는 과학 잡지 《스카이 앤드 텔레스코프(*Sky & Telescope*)》의 2002년 7월호에 실린 기사를 읽고 편집부에 한 통의 편지를 보냈다. 그는 로웰이 생전에 사용했던 관측 기구가 사람 눈의 내부를 들여다보는 의료 기구와 비슷하다고 생각했다. 그 외의 몇 가지 가능성을 지적한 후 슐츠는 로웰이 금성에서 발견했다는 줄무늬가 로웰의 안구에 나 있는 혈관이 그의 망막에 비친 영상일 것이라고 결론지었다. 실제로 안구에 퍼져 있는 핏줄과 로웰이 그린 금성 표면의 줄무늬를 비교해 보면 놀라울 정도로 비슷하다. 결국 로웰은 자신의 눈에 나 있는 혈관의 지도를 그렸던 셈이다. 게다가 로웰은 평소에 혈압이 높았으므로 핏줄의 영상이 더욱 또렷하게 나타났을 것이다. 외계 생명체의 존재를 굳게 믿었던 그가 운하를 닮은 관측 자료에서 그와 같은 결론을 내린 것은 너무도 당연한 일이었다.

로웰이 학계로부터 그나마 약간의 인정을 받은 부분은 해왕성 너머에 있는 행성 X를 발견한 것이었는데 이조차도 1990년대 중반에 천문학자 얼랜드 마일스 스탠디시 주니어(Erland Myles Standish Jr., 1939년~)에 의해 "존재하지 않는 환상의 행성"으로 밝혀졌다. 그러나 로웰이 사망하고 13년이 지난 후, 로웰 천문대의 학자들이 명왕성(Pluto)을 발견함으로써 행성 X를 부활시켰다. 그런데 천문대 측에서 이 놀라운 사실을 발표한 지 일주일도 채 되기 전에 일부 천문학자들이 "명왕성을 아홉 번째 행성으로 인정할 수 없다."라며 이의를 제기하고 나섰다. 미국의 천문학자들은 뉴욕시의 미국 자연사 박물관 로스 센터(Rose Center for Earth and Space)에 전시된 명왕성을 행성이 아닌 혜성으로 명기하기로 결정했다는데 나는 그 현장에 없었기 때문에 자세한 내막은 잘 모르겠다. 현재 명왕성을 태양계에서 퇴출시키려는 사람들은 소행성(asteroid)나 미행성(planetoid, 과거에는 '소행성'이라는 단어와 혼용되었으나 현재는 해왕성 외곽 천체 중 질량이 큰 것을 칭하는 용어로 사용되고 있다. — 옮긴이), 미행성체(planetesimal), 규모가 큰 미행성체, 얼음 미행성체, 작은 행성, 왜소 행성(dwarf planet), 거대 혜성, 카이퍼 대 천체(Kuiper Belt Objects, 해왕성 바깥쪽에서 태양의 주위를 돌고 있는 작은 천체들. — 옮긴이), 해왕성 궤도 통과 천체(trans-Neptunian object, 해왕성보다 먼 궤도를 돌면서 궤도의 일부가 해왕성 궤도를 침범하는 천체. — 옮긴이), 메테인 눈덩이, 미키의 멍청한 사냥개 등 명왕성에 별의별 이름을 갖다 붙이고 있다. 사실 명왕성은 행성치고는 너무 작고 가벼우며, 얼음이 너무 많고 공전 궤도가 지나치게 일그러져 있다. 그리고 최근에 명왕성 너머에서 발견된 3~4개의 천체도 크기와 특성이 명왕성과 거의 비슷하다. (2006년 8월에 체코의 프라하에서 개최된 국제 천문 연맹 정기 총회에서 실시한 투표 끝에 명왕성은 결국 행성의 지위를 잃고 말았다. 투표 결과는 찬성 237표, 반대 157표, 기권 17표였다. — 옮긴이)

*

그동안 흐르는 세월과 함께 관측 기술도 꾸준하게 발전했다. 1950년대에는 전파 망원경이 개발되어 행성의 더욱 자세한 모습을 관측할 수 있게 되었으며, 1960년대에는 사람과 로봇이 지구를 떠나 행성의 가족 사진을 찍어 오기도 했다. 천문학자들은 새로운 사진이 도착할 때마다 무지의 커튼을 조금씩 걷어 낼 수 있었다.

아름다움과 사랑의 여신, 비너스의 이름을 물려받은 금성은 불투명한 대기로 두껍게 덮여 있으며, 대기의 대부분은 이산화탄소로 이루어져 있다. 게다가 지표면의 기압은 지구 해수면 기압의 100배에 달하고 표면 온도는 섭씨 480도나 된다. 지름 40센티미터짜리 페퍼로니 피자를 화성에서 굽는다면 오븐이 전혀 필요 없다. 그저 대기 중에 7초 동안만 노출시키면 된다. (이것은 수학 계산으로 얻은 기댓값이다. 나는 아직 금성에 가 보지 못했다.) 만일 금성으로 우주선이나 기타 관측 장비를 보낸다면 대기를 통과하면서 녹고, 으깨지고, 결국에는 몽땅 증발해 버릴 것이다. 이 척박한 행성의 데이터를 수집하기 위해 굳이 방문하기를 원한다면 고성능 내열복을 착용하는 것은 물론이고 모든 동작을 엄청나게 서둘러야 할 것이다. 조금만 지체하면 금성 대기의 일부로 영원히 남는 수가 있다.

금성이 뜨거운 것은 당연한 결과이다. 대기 중의 이산화탄소가 온실효과를 일으켜서 엄청난 양의 적외선 에너지를 흡수하고 있기 때문이다. 태양에서 날아온 가시광선은 금성 대기의 최외곽에서 거의 대부분 반사되지만 운 좋게 대기를 통과한 빛이 표면의 암석이나 토양에 흡수되면 적외선으로 재방출되어 대기 중에 흡수된다. 이런 과정이 계속 반복되면서 지금과 같은 찜통 행성이 만들어진 것이다.

화성에 살고 있을지도 모를 생명체를 마션(Martian, 화성인)이라 불렀던 것처럼 만일 금성에서 생명체가 발견된다면 베누션(Venutian, 금성인)이라고 불러야 할 것 같다. 그러나 라틴 어의 소유격 변화 규칙에 따르면 비너스(Venus)의 소유격은 버니리얼(Venereal)이며 이것은 천문학자보다 의사들에게 훨씬 더 친숙한 단어이다. (venereal은 영어로 '성병에 걸린' 또는 '성욕을 자극하는'이라는 뜻의 형용사이다. — 옮긴이) 물론 그렇다고 의사들을 비난할 생각은 없다. 성병은 인류 역사상 두 번째로 오래된 직업인 천문학자보다 훨씬 전부터 존재했으니까 말이다.

태양계의 나머지 행성들은 우리와 서서히 친숙해졌다. 1964년에 발사된 우주선 매리너 4호(Mariner 4)는 1965년에 최초로 화성 근처를 지나면서 붉은 행성의 근접 촬영 사진을 전송해 왔다. 그전까지만 해도 화성에 대해 알려진 사실이라곤 외형이 붉은색이고 극지방에 얼음층이 덮여 있으며 표면에 밝고 어두운 줄무늬가 나 있다는 것 정도였다. 화성에 그랜드캐니언보다 훨씬 넓고 깊은 계곡과 거대한 산이 존재하리라고는 아무도 예상하지 못했으며 더욱이 지구에서 가장 큰 화산인 하와이의 마우나케아 산(Mt. Mauna Kea)보다 더 큰 화산이 존재하리라고는 꿈에도 생각하지 못했다.

천문학자들은 근접 사진을 분석하다가 화성의 표면에 물이 흘렀던 흔적을 발견했다. 사진에는 이리저리 굽이치면서 아마존 강보다 길게 나 있는 강의 흔적과 복잡하게 얽혀 있는 지류의 흔적 그리고 삼각주와 범람원의 흔적 등이 선명하게 나타나 있었다. 뿐만 아니라 최근에 화성 탐사선이 채집한 토양에는 광물질이 한때 존재했던 흔적이 남아 있었는데 이 또한 화성에 한때 물이 흘렀음을 입증하는 증거였다. 이와 같이 한때 화성에 다량의 물이 존재했다는 증거는 사방에 널려 있다. 그러나 애석하게도 실제로는 단 한 방울의 물도 발견할 수 없다.

지금까지 수집된 자료를 종합해 보면 과거 화성과 금성에 어떤 대재앙이 닥쳤던 것으로 추정된다. 지구에도 그런 재앙이 찾아올 수 있지 않을까? 지금 인간은 결과를 생각하지 않은 채 환경을 심각하게 오염시키고 있다. 인간이 화성과 금성을 관측하지 않았어도 과연 이런 질문이 제기되었을까? 별로 그럴 것 같지 않다.

*

더 멀리 있는 행성을 자세히 보려면 탐사선을 띄워야 한다. 태양계 바깥으로 진출한 최초의 우주선은 1972년에 발사된 파이오니어 10호였고, 1973년에는 그 쌍둥이격인 파이오니어 11호가 발사되었다. 이들은 2년 동안 태양계를 여행한 후 목성을 지나면서 본격적인 장거리 여행에 돌입했다. 이제 조금 있으면 명왕성보다 2배나 먼 160억 킬로미터 지점을 통과할 예정이다. (2018년 3월 태양에서 140억 킬로미터 떨어진 지점을 훌쩍 넘겼다. — 옮긴이)

처음에 파이오니어 10, 11호는 목성까지 갈 수 있을 정도의 연료만 탑재된 채로 발사되었다. 그런데 어떻게 명왕성을 지나 그 먼 곳까지 갈 수 있었을까? 목적지를 향해 발사된 우주선은 태양계에 존재하는 모든 질량으로부터 중력이라는 힘을 받게 된다. 따라서 타이밍을 적절히 맞추면 마치 새총을 발사하듯이 주변 행성의 궤도 에너지를 얻어 쓸 수 있다. 이 계산을 전문으로 하는 사람들을 궤도 역학자(orbital dynamicist)라 한다.

파이오니어 10, 11호는 목성과 토성을 지나가면서 과거에 천체 망원경으로 촬영했던 것과는 비교가 안 될 정도로 선명한 사진을 전송해 왔다. 그리고 당시 최신의 과학 실험 장비와 고성능 망원경을 탑재하고 1977년에 발사된 보이저 1, 2호는 외행성(outer planet, 태양계에서 궤도가 지구보다 바깥쪽에 있는 행성. — 옮긴이)의 생생한 모습을 촬영함으로써 태양계 전체를 전 세계 사람들의 거실 안으로 옮겨 놓았으며 외행성의 위성들이 행성 못지않게 다양하고 흥미로운 연구 대상임을 일깨워 주었다. 그동안 너무 멀리 있다는 이유로 지구인들의 관심을 끌지 못했던 천체들이 드디어 가시권 안에 들어온 것이다.

이제는 임무를 마치고 토성 대기권에 들어가 불타 사라진 NASA의 궤도 위성 카시니(Cassini)는 1997년 발사되어 2004년 토성에 도착, 이후 토성의 주변 궤도를 돌면서 토성 자체와 고리의 구성 요소와 그리고 위성들을 관측했다. 4단계에 걸친 '중력 쿠션'의 도움을 받아 토성의 궤도 진입에 성공한 카시니는 소형 탐사선 하위헌스(Huygens)를 성공리에 발진시킴으로써 작업의 효율을 한층 더 높였다. 소형 탐사선은 유럽 우주국(European Space Agency, ESA)에서 제작했으며 그 명칭은 토성의 고리를 최초로 발견한 네덜란드의 천문학자(사실은 물리학자에 더 가깝다.) 크리스티안 하위헌스의 이름에서 따온 것이다. 하위헌스는 토성 주변을 돌고 있는 가장 큰 위성 타이탄(Titan)에 착륙하여 탐사 작업을 수행했다. 태양계에서 두꺼운 대기층을 갖고 있는 유일한 위성인 타이탄은 표면에 다량의 유기물 분자가 분포되어 있어서 생명이 탄생하기 전의 지구 환경과 매우 비슷하다. 카시니와 하위헌스는 약 13년동안 토성과 그 주위를 탐사하며 가치있는 과학 자료들을 남겼다. NASA는 목성에 대해서도 동일한 탐사 계획을 준비하고 있는데, 이것이 실현되면 목성을 비롯한 70여개의 위성을 마치 코앞에서 보듯이 관측할 수 있을 것이다.

*

이탈리아의 철학자이자 수도승이었던 조르다노 브루노(Giordano Bruno, 1548~1600년)는 1584년에 출간한 『무한한 우주와 세계에 대하여(*On the Infinite Universe and Worlds*)』에서 "우주에는 무수히 많은 태양이 있고, 각 태양을 중심으로 지구와 닮은 무수한 행성이 공전하고 있다."라며 파격적인 우주 모형을 제안했다. 뿐만 아니라 그는 전지전능한 창조주가 존재한다고 가정한 후 '모든' 지구에 인간과 같은 생명체가 살고 있다고 주장했다. 그러나 당시 가톨릭 교회는 책의 내용을 신성 모독으로 간주하고는 저자인 브루노를 화형에 처했다.

사실 이와 같은 우주 모형을 제안한 사람은 브루노가 처음이 아니었고 마지막도 아니었다. 기원전 5세기 그리스의 데모크리토스(Democritus, 기원전 460?~370?년)에서 시작하여 15세기에 살았던 성직자 쿠사의 니컬러스(Nicholas of Cusa, 1401~1464년)에 이르기까지, 수많은 사람이 기독교 교리와 상반되는 우주관을 피력해 왔으며 18세기 독일의 철학자 이마누엘 칸트와 19세기 프랑스 작가 오노레 드 발자크(Honoré de Balzac, 1799~1850년)도 이와 비슷한 주장을 펼쳤다. 단지 브루노는 그러한 주장이 범죄로 취급되는 불운한 시대에 살았던 것뿐이다.

20세기의 천문학자들은 항성에서부터 '거주 가능 영역(habitable zone)'에 있는 행성에 생명체가 존재할 수도 있다는 가능성을 조심스럽게 제기했다. 별과 너무 가까우면 물이 모두 증발할 것이고 너무 멀면 물이 얼어붙어서 생명체가 살 수 없기 때문이다. 독자들도 익히 알다시피 물은 모든 생명 활동에 반드시 필요한 요소이다. 그리고 이로부터 에너지를 생산해 내려면 적당량의 빛이 꾸준하게 공급되어야 한다.

목성의 위성인 이오와 유로파는 태양 이외의 다른 곳에서 에너지를 얻고 있음이 밝혀졌다. 이오는 태양계 내에서 화산 활동이 가장 격렬한 천체로서 대기 중에 다량이 황이 섞여 있으며 표면 곳곳에 용암이 흐르고 있다. 그리고 유로파의 표면을 덮고 있는 얼음층의 내부에는 수십억 년 된 바다가 존재하는 것으로 추정된다. 목성의 강한 조석력이 이들에게 작용하면 내부로 에너지가 전달되어 얼음이 녹고, 그 결과 태양 에너지와 무관하게 생명이 살아갈 수 있는 환경이 조성된다.

지구의 특정 지역에서도 극한 환경에서 살아가는 호극성 생물(extremophile)이 번성하고 있다. 생명체가 살기 좋은 환경은 대개 상온에서 형성되지만 개중에는 수백 도가 넘는 고온을 선호하는 생명체도 있다. 만일 이들에게 생각하는 능력이 있다면, 인간을 호극성 생물이라고 여길 것이다. 뜨거운 열을 뿜어내는 심해 해수구나 데스밸리(Death Valley, 미국 캘리포니아 주 남동부 아마르고사 산맥과 페너민트 산맥 사이에 끼어 있는 구조곡(構造谷). — 옮긴이), 또는 핵폐기물이 쌓여 있는 곳이 이들에게는 최적의 환경일 수도 있다.

생명체라는 것이 우리가 상상했던 것보다 훨씬 다양한 환경에서 살아갈 수 있음을 깨달은 우주 생물학자들은 기존의 '거주 가능 영역'의 개념을 한층 더 넓혀서 관측 가능한 우주 전역을 탐사하고 있다. 어떤 형태로든 에너지가 공급되는 지역에는 생명체가 존재할 가능성이 있다고 보아야 한다. 현재 태양계의 바깥에서는 브루노가 짐작했던 대로 새로운 행성이 속속 발견되고 있다. 지난 10년 사이에 발견된 행성만 무려 150개가 넘는다.

우리의 선조들이 예견했던 대로 생명체는 어디에나 존재할 수 있다. 다행히도 현대를 사는 우리는 새로운 지식을 기반으로 상상력을 마음껏 펼쳐도 화형을 당할 염려가 없다. 생명은 강인하고 적응력이 강하기 때문에 이들의 거주 가능 영역은 아마도 우주 전역으로 확장되어야 할지도 모른다.

8장

태양계의 방랑자

19세기 이전만 해도 지구 주변에 산재하고 있는 천체의 목록은 수백 년 동안 거의 변하지 않았다. 이 목록에는 태양과 별을 비롯하여 행성과 혜성이 포함되어 있었으며, 간혹 새로운 행성이 한두 개 발견된다 해도 기본적인 우주관은 달라질 것이 없었다.

그러나 1801년이 밝으면서 사정은 크게 달라졌다. 여태껏 한 번도 본 적이 없는 새로운 천체가 발견된 것이다. 천왕성을 발견한 윌리엄 허셜 경의 아들이자 영국의 저명한 천문학자였던 존 허셜(John Herschel, 1792~1871년) 경은 1802년에 이 천체를 '소행성'이라고 명명했다. 그 후 200년 동안 태양계의 가족 앨범에는 엄청난 양의 관측 자료와 사진 들이 추가되었는데 그중 대부분이 소행성과 관련된 내용이었다. 천문학자들은 '태양계의 방랑자'로 통하는 수많은 소행성의 생성지를 추적하고, 구성 성분을 분석하고, 크기와 외형을 관측하고, 궤도를 계산하고, 좀 더 가까운 곳에서 보기 위해 탐사선을 띄워 보내기도 했다. 개중에는 소행성이 다른 행성의 위성이나 혜성과 사촌지간이라고 주장하는 천문학자도 있다. 그리고 지금 이 순간에도 일부 천체 물리학자와 공학자는 지구를 향해 다가오는 소행성의 궤도를 변형시키는 방법을 연구하고 있다. 지구를 위협하는 소행성은 아직 발견된 적이 없지만, 그 수가 워낙 많기 때문에 어느 누구도 지구의 안전을 장담할 수 없는 상황이다.

*

태양계를 떠도는 조그만 천체들을 이해하려면 먼저 커다란 천체들, 특히 행성을 살펴봐야 한다. 1766년에 프러시아의 천문학자 요한 다니엘 티티우스(Johann Daniel Titius, 1729~1796년)는 태양과 각 행성들 사이의 거리를 산출하는 희한한 공식을 찾아냈다. 그런데 몇 년 후에 티티우스의 연구 동료였던 요한 엘레르트 보데(Johann Elert Bode, 1747~1826년)가 티티우스의 이름을 거론하지 않고 그의 공식을 공론화하는 바람이 지금도 이 법칙은 '티티우스-보데의 법칙'으로 불리고 있으며, 심지어는 아예 '보데의 법칙'으로 불리기도 한다. 어쨌거나 이들의 공식은 당시에 알려져 있었던 행성(수성, 금성, 지구, 화성, 목성, 토성)과 태양 사이의 거리를 매우 정확하게 예견하고 있다. 1781년에 일곱 번째 행성인 천왕성이 발견될 때에도 티티우스-보데의 법칙이 커다란 역할을 했다. 이 법칙은 물리 법칙이 아니라 수열 공식이다. 이 수열에 따르면 거리$=0.4+(0.3\times2^n)$이다. n 자리에 $-\infty$, 1, 2, 3, 4, …을 대입해서 나온 값이, 태양에서부터 각 행성에 이르는 거리와 같다는 것이다. 이 법칙은 우연히 맞아떨어진 것일까? 아니면 무언가 심오한 원리가 숨어 있는 것일까?

사실, 티티우스-보데의 법칙은 몇 가지 문제점을 안고 있다.

문제점 1 여덟 번째 행성인 해왕성은 공식에서 예견하는 거리보다 훨씬 가까운 곳에 있다. 티티우스-보데의 법칙에서 예견한 해왕성 자리는 실제 명왕성 자리에 가깝다. **문제점 2** 일부 사람들이 아홉 번째 행성이라고 주장하는 명왕성은 티티우스-보데 공식의 예측값보다 훨씬 가까운 거리에 있다. (뉴욕 시의 미국 자연사 박물관 로스 센터에는 명왕성이 "혜성의 왕(king of comet)"으로 소개되어 있다. 별 볼일 없는 행성으로 남는 것보다 훨씬 명예롭지 않은가?)

이들의 공식에 따르면 태양으로부터 2.8천문단위(AU, 1천문단위는 태양과 지구 사이의 평균 거리로서 약 1억 5000만 킬로미터이다.)의 거리에 또 하나의 행성이 존재해야 한다. 이것은 화성과 목성 사이의 특정 지점에 해당되는 거리인데, 티티우스-보데의 공식이 알려지던 무렵에는 그 근방에서 아무런 천체도 발견되지 않았다. 그러나 천왕성을 발견하는 데 티티우스-보데의 공식이 큰 역할을 했으므로 여기서 영감을 얻은 18세기의 천문학자들은 일단 2.8천문단위 지점을 찾아보기로 했다. 그리고 1801년 1월 1일에 이탈리아의 천문학자이자 팔레르모 천문대(Palermo Obeservatory)의 설립자인 주세페 피아치(Giuseppe Piazzi, 1746~1826년)가 그 거리에서 무언가를 발견하여 사람들을 놀라게 했으나 이 새로운 천체는 어느새 태양 뒤로 자취를 감추고 말았다. 그로부터 정확하게 1년 후 천문학자들은 독일의 수학자 카를 프리드리히 가우스(Carl Friedrich Gauss, 1777~1855년)의 천재적인 계산에 힘입어 피아치가 발견했던 천체를 하늘의 다른 곳에서 재발견했고 이 사실이 알려지면서 사람들은 흥분을 감추지 못했다. "수학과 망원경이 합작하여 새로운 천체를 발견하다." 이것은 수학의 승리이자 천문학의 승리이기도 했다. 피아치는 로마 신화에 등장하는 신의 이름을 행성에 붙이는 당시의 관례를 따라 자신이 발견한 천체를 농업의 신 이름을 따 '세레스(Ceres)'라고 부르기로 했다.

그러나 세레스의 궤도와 거리 그리고 밝기를 더욱 자세하게 관측한 결과, 행성이라고 부르기에는 너무 작은 천체임이 밝혀졌다. 그 후 3년 사이에 팔라스(Pallas)와 주노(Juno) 그리고 베스타(Vesta)라 불리는 3개의 작은 행성이 세레스와 비슷한 거리에서 추가로 발견되었으나 허셜의 '소행성'이라는 용어가 공식적으로 사용된 것은 그로부터 수십 년이 지난 후의 일이었다. 현대식 망원경으로 행성을 관측하면 뚜렷한 원형으로 보이지만 당시의 망원경으로는 행성과 별을 구별할 수 없었으므로, 새로 발견된 천체도 움직임 빼고는 외형상 별과 거의 다를 것이 없었다. 그 후 꾸준한 관측을 통해 새로운 소행성이 줄줄이 발견되었고, 19세기 말에는 태양으로부터 2.8천문단위의 거리에서 발견된 소행성이 무려 464개에 이르렀다. 소행성들은 태양으로부터 거의 균일한 거리에서 마치 벌통 주변을 맴도는 벌떼처럼 공전하고 있었으므로 이들이 밀집되어 있는 지역을 '소행성대(asteroid belt)'라고 부르게 되었다.

지금까지 발견된 소행성은 수만 개에 달하며 매년 수백 개의 소행성이 추가로 발견되고 있다. 전체적으로는 높이와 너비가 평균 약 0.8킬로미터인 소행성이 100만 개 이상 발견되었다. 로마 신들의 대인 관계가 제아무리 활발했다 해도 1만 명 이상의 친구를 사귀기는 어려웠을 것이다. 그래서 언제부터인가 천문학자들은 새로 발견된 행성에 신의 이름을 붙이는 관례를 포기하고 유명한 배우나 화가, 철학자, 극작가 등의 이름을 붙여 나갔고 이마저 여의치 않게 되자 도시, 국가 공룡, 꽃 계절 등 오만가지 이름을 동원하기 시작했다. 심지어는 소행성에 일반인의 이름을 붙이는 경우도 있다. 1744 해리엇(1744 Harriet), 2316 조안(2316 Jo-Ann), 5051 랄프(5051 Ralph) 등이 그 사례인데 이름 앞에 붙은 숫자는 소행성의 궤도가 확인된 순서를 의미한다. 캐나다 출신의 아마추어 천문학자이자 혜성 사냥꾼의 원조인 데이비드 레비(David Levy, 1948년~)도 여러 개의 소행성을 발견했는데 우리가 "우주를 지구에 재현한다."라는 목적으로 2억 4000만 달러를 들여 로스 센터에 과학 박물관을 개관한 직후, 자신이 발견한 소행성 중 하나에 '13123 타이슨'이라는 이름을 붙여 주었다. 내 이름이 소행성에 붙었다는 소식에 깊이 감명 받아서 곧바로 13123 타이슨의 관련 자료를 뒤져 보았더니 다행히 그것은 주대(main belt)에 속해 있는 소행성으로서 지구와 충돌할 위험이 전혀 없는 '온순한' 천체였다. 누구든 자신의 이름이 소행성에 붙었다면 그것이 지구와 충돌하여 인류를 멸망시킬 위험은 없는지 확인하고 싶을 것이다.

*

지름이 930킬로미터나 되는 세레스는 소행성 중에서 가장 클 뿐만 아니라 외관이 구형인 유일한 소행성이다. 다른 소행성들은 덩치가 훨씬 작고 모양도 불규칙적이다. 세레스는 소행성의 챔피언으로서 전체 소행성 질량의 4분의 1을 혼자 차지하고 있다. 그리고 지금까지 발견된 소행성과 '있을 것으로 추정되는' 소행성의 질량을 모두 더해도 달의 5퍼센트밖에 되지 않는다. 따라서 태양으로부터 2.8천문단위의 거리에 행성이 존재한다는 티티우스-보데의 의견은 약간 과장된 것이었다.

대부분의 소행성은 암석으로 이루어져 있다. 그러나 개중에는 100퍼센트 금속인 것도 있고, 금속과 암석이 혼합된 것도 있다. 또한 대부분의 소행성은 화성과 목성 사이에 존재하는 주대에 속해 있다. 소행성은 태양계가 형성되던 초기에 행성이 만들어지고 남은 잔해로 추정된다. 그러나 이런 식으로는 100퍼센트 금속으로 이루어진 소행성의 출처를 설명할 수 없다. 모든 정황을 올바르게 이해하려면 커다란 천체(행성)들의 형성 과정부터 알아야 한다.

태양계의 행성들은 별이 폭발하면서 사방으로 흩어진 먼지와 기체 구름에서 형성되었다. 초기에 기체 구름이 응축되면서 생성된 원시 행성(protoplanet)은 주변의 물체들을 중력으로 끌어들여 점차 덩치를 키워 나갔는데 이 과정에서 두 가지 현상이 두드러지게 나타났다. 하나는 전체적인 형태가 구형으로 진화한 것이고 또 하나는 내부의 열 때문에 원시 행성의 중심부가 액체 상태로 유지되어 철, 니켈, 코발트, 금, 우라늄 등의 금속이 중심부로 가라앉은 것이다. 이와 동시에 수소, 탄소, 산소, 규소 등과 같이 가벼운 물질은 표면으로 떠올랐다. (긴 단어를 전혀 두려워하지 않는) 지질학자들은 이 과정을 '분화(differentiation)'라고 부른다. 따라서 지구와 화성, 또는 금성과 같은 행성의 중심부는 금속으로 분화되었다. 이들의 맨틀과 지각은 대부분 암석으로 이루어져 있으며 중심부의 핵보다 훨씬 큰 부피를 차지하고 있다. 이런 행성이 식은 후에 다른 행성과 충돌하여 산산이 부서지면 그 조각들은 원래의 행성이 돌던 궤도와 거의 비슷한 궤도를 돌게 된다. 조각의 대부분은 두터운 바위층에서 쪼개져 나온 암석이고 일부는 중심부로 가라앉은 금속일 것이다. 실제로 소행성을 관측해 보면 암석형 소행성과 금속형 소행성의 비율이 멀쩡한 행성의 암속과 금속 성분비와 거의 동일하게 나타난다. 사실 금속 덩어리는 우주 공간에서 저절로 만들어질 수 없다. 철 덩어리를 이루고 있는 개개의 철 원자는 행성의 모태인 기체 구름 속에 흩어져 있고 기체 구름의 대부분은 수소와 헬륨이기 때문이다. 철 원자들이 한곳에 집중되려면 원시 행성의 내부에서 분화 과정을 반드시 거쳐야 한다.

*

그런데 천문학자들은 주대에 속한 소행성들이 대부분 암석으로 이루어져 있다는 것을 어떻게 알았을까? 소행성이 빛을 반사하는 정도, 즉 반사율을 관측하면 알 수 있다. 다들 알다시피 소행성은 스스로 빛을 발하지 않는다. 이들은 오직 태양빛을 흡수하고 반사할 뿐이다. 그렇다면 1744 해리엇 소행성은 적외선을 반사하는가? 아니면 흡수하는가? 가시광선이나 자외선의 경우에는 어떤가? 각 물질은 서로 다른 진동수 대역의 빛을 흡수하거나 방출하고 있다. 소행성에서 반사된 빛의 스펙트럼을 세밀하게 분석해 보면 태양빛이 얼마나 변했는지 알 수 있고 이로부터 소행성의 표면 성분을 추정할 수 있다. 또한 성분이 알려지면 빛의 반사율을 알 수 있으므로 반사된 광량으로부터 소행성의 크기도 알아낼 수 있다. 일반적으로 소행성을 관측하면 밝기가 제일 먼저 눈에 들어온다. 개중에는 크고 희미한 것도 있고 작으면서 밝게 빛나는 것도 있다. 그러나 소행성의 구성 성분을 알지 못하는 한 밝기만으로 크기나 거리를 알아낼 수는 없다. 초기에 천문학자들은 스펙트럼 분석법을 통해 소행성을 '탄소가 많은 C형'과 '규산염이 많은 S형' 그리고 '금속 성분이 많은 M형'으로 분류했다. 그러나 관측 기구의 성능이 향상되면서 종류는 수십 가지로 늘어났고 26개밖에 안 되는 알파벳은 금방 동나고 말았다. 뿐만 아니라 소행성의 종류가 이렇게 다양하다는 것은 하나의 행성이 충돌로 분해되면서 지금의 소행성이 되었다는 기존의 이론에 문제가 있음을 시사하고 있다.

만일 당신이 소행성의 구성 성분을 알아냈다면 "밀도도 안 것이나 마찬가지다."라는 자신감을 가질 것이다. 그런데 이상하게도 암석으로 이루어진 소행성의 크기와 질량으로부터 밀도를 계산해 보면 암석의 밀도보다 작은 값이 얻어진다. 그렇다면 소행성은 단단한 물체로 이루어져 있지 않은 것일까? 암석 이외에 대체 어떤 물질이 소행성을 이루고 있다는 것일까? 모르긴 몰라도 얼음은 아닌 것 같다. 소행성 벨트는 태양과 충분히 가깝기 때문에 설혹 얼음(물, 암모니아, 이산화탄소 등 암석보다 밀도가 낮은 얼음)이 있어도 이미 옛날에 증발해 버렸을 것이다. 아마도 암석 조각과 온갖 종류의 파편이 일제히 움직이면서 망원경에 하나의 덩어리처럼 보인 것일지도 모른다.

1993년 8월 28일, 우주 탐사선 갈릴레오가 소행성대 근처를 지나가면서 길이 56킬로미터짜리 소행성 이다(Ida)를 촬영하여 지구로 전송했다. 그리고 천문학자들은 반년 가까이 사진을 분석한 끝에 이다의 중심으로부터 96킬로미터 떨어진 곳에서 지름 0.8킬로미터짜리 초소형 달을 발견했다! 댁틸(Dactyl)이라 명명된 이 천체는 천문 관측사상 최초로 발견된 소행성의 위성이었다. 이런 위성은 과연 몇 개나 될까? 소행성이 1개의 위성을 거느릴 수 있다면 수백, 수천 개의 위성도 거느릴 수 있을까? 일부 소행성은 하나의 암석 덩어리가 아니라 여러 개의 작은 암석이 나란히 움직이고 있는 것은 아닐까?

현재 천문학계의 의견은 "그렇다."라는 쪽으로 기울고 있다. 심지어 일부 천체 물리학자들은 소행성을 '잡석 덩어리(rubble piles)'로 부르고 있다. (역시 천체 물리학자들은 다음절로 된 용어를 좋아하는 것 같다.) 가장 극단적인 사례로 일컬어지는 지름 240킬로미터짜리 사이키(Psyche) 소행성은 표면이 금속으로 덮여 있어서 빛을 밝게 반사하고 있지만, 전체적인 밀도를 계산해 보면 내부의 70퍼센트는 빈 공간이다.

✷

태양계를 떠도는 방랑자는 소행성대의 주대에만 있는 것이 아니다. 지구와 충돌할 가능성이 있는 소행성과 혜성 그리고 수많은 행성형 위성이 태양계의 곳곳을 누비고 있다. 이들 중 '우주의 눈덩이'라 불리는 혜성은 크기가 보통 수 킬로미터 이내이며 얼어붙은 기체와 얼음, 먼지 그리고 다양한 입자로 구성되어 있다. 사실 혜성은 '얼음으로 덮인 소행성'에 가깝다. 단지 그 얼음이 완전히 증발하지 않는다는 것뿐이다. 그렇다면 혜성과 소행성의 차이는 무엇인가? 이들의 성분은 '출생지'와 '출생 후 거쳐 온 경로'에 따라 결정된다. 뉴턴이 1687년에 『프린키피아』를 통해 중력 법칙을 발표하기 전까지만 해도 사람들은 혜성이 '길게 찌그러진 궤도를 따라 움직이는 태양계의 한 식구'라는 사실을 전혀 알지 못했다. 태양계의 한 구석에서(또는 카이퍼 대에서) 형성된 얼음 덩어리가 태양을 중심으로 크게 찌그러진 궤적을 그리며 목성 궤도 근처를 지나갈 때 수증기와 기타 기체로 이루어진 기다란 꼬리가 지구의 하늘에서 관측되는데, 이것이 바로 우리가 '혜성(comet)'이라고 부르는 천체이다. 이런 식으로 혜성이 태양계의 내부를 여러 차례(수백 번 또는 수천 번) 방문하고 나면 표면을 덮고 있는 얼음이 완전히 증발하여 중심부의 암석만 남게 된다. 현재 태양계에서 지구를 위협하는 소행성 중 일부는 이와 같은 과정을 거쳐 소멸된 혜성일 수도 있다.

지구로 떨어지는 대부분의 유성은 소행성처럼 암석으로 이루어져 있고 가끔 금속 성분이 발견되기도 한다. 따라서 이들의 고향은 소행성 벨트일 가능성이 높다. 그러나 소행성을 집중적으로 연구하는 행성 지질학자들은 모든 유성이 소행성의 주대에서 생성된 것은 아니라고 주장하고 있다.

할리우드 영화에 자주 등장하는 것처럼 소행성이 지구와 충돌할 가능성은 얼마든지 있다. 그런데 불과 45년 전만 해도 사람들은 이 사실을 심각하게 받아들이지 않았다. 1963년에 천문지질학자 유진 메를 슈메이커(Eugene Merle Shoemaker, 1928~1997년)는 미국 애리조나 주의 윈슬로

(Winslow) 근처에 있는 배린저 운석공(Barringer Meteorite Crater)을 연구한 끝에 "이것은 화산이나 기타 지질학적 힘 때문에 생긴 게 아니라 5만 년 전에 외계에서 날아온 운석이 지표면과 충돌하면서 남긴 흔적이다."라는 충격적인 사실을 발표함으로써 지구 멸망의 또 다른 시나리오가 가능해졌다.

6부에서 다루겠지만 슈메이커가 배린저 운석공의 비밀을 밝힌 후로 사람들은 이와 비슷한 사건이 또 발생할 가능성에 촉각을 곤두세우기 시작했다. 1990년대에 발사된 우주 탐사선들은 지구 근처를 배회하는 혜성과 소행성들의 궤도가 지구의 공전 궤도와 교차할 가능성을 계속 추적하고 있는데, NASA는 사람들의 동요를 막기 위해 "지구 근처를 지나갈 가능성이 있는 천체를 탐사할 뿐이다."라는 완곡한 표현을 사용하고 있다.

*

목성은 멀리 있는 소행성 및 그와 유사한 천체들에게 막강한 영향력을 행사하고 있다. 목성에서 공전 궤도 방향으로 60도 각도를 이루는 지점과 그 반대쪽으로 60도 각도를 이루는 지점에서는 태양과 목성의 중력이 균형을 이루기 때문에 이 지역에 소행성이 밀집되어 있다. 약간의 기하학을 이용하면 소행성들이 목성과 태양으로부터 각각 5.2천문단위만큼 떨어져 있음을 확인할 수 있다. 이 지점을 '라그랑주 점(Lagrangian point)'이라고 하고, 여기에 속박되어 있는 소행성들을 '트로이 소행성(Trojan asteroid)'이라고 하는데 자세한 내용은 다음 장에서 설명할 예정이다.

목성은 지구로 다가오는 혜성의 궤도를 변형시키는 역할도 하고 있다. 대부분의 혜성은 명왕성보다 훨씬 멀리 떨어져 있는 카이퍼 대에 속해 있는데 이중 과감하게 목성에 접근하는 혜성은 강력한 중력에 휘말리면서 궤도에 커다란 변화가 생긴다. 목성이 없었다면 지구는 혜성의 공격을 여러 차례 받았을 것이다. 실제로 태양계의 바깥에 혜성이 밀집되어 있는 오르트 구름(Oort Cloud, 덴마크의 천문학자 얀 오르트(Jan Oort, 1900~1992년)가 최초로 가설을 제기하여 그의 이름이 붙었다.)은 목성에 의해 궤도 변형을 일으키는 카이퍼 대의 혜성들로 구성되어 있을 가능성이 높다. 오르트 성운의 혜성들 중에는 그 궤도가 가장 가까운 별의 절반에 달하는 것도 있다.

행성의 위성은 어떤가? 화성의 달인 포보스(Phobos)와 데이모스(Deimos)는 감자처럼 울퉁불퉁하게 생긴 것이 꼭 소행성을 닮았다. 반면에 목성은 얼음으로 덮여 있는 여러 개의 위성을 거느리고 있다. 그렇다면 이들을 혜성으로 분류해야 할까? 명왕성의 위성 중 하나인 카론(Charon)은 명왕성과 크기가 거의 비슷하며, 둘 다 얼음으로 덮여 있다. 따라서 이들은 '행성과 위성'이라기보다 '이중 혜성(double comet)'에 가깝다고 할 수 있다. 물론 명왕성은 지구인들이 자신을 어떤 이름으로 부르건 개의치 않을 것이다.

*

그동안 쏘아 올린 우주 탐사선들은 10여 개의 혜성과 소행성을 관찰하면서 소중한 정보를 지구로 전송해 오고 있다. 이 임무를 수행한 최초의 우주선은 승용차 크기만 한 미국의 니어 슈메이커(NEAR Shoemaker, NEAR는 Near Earth Asteroid Rendezvous의 약자이다.)였는데 우연히도 2001년 밸런타인데이 바로 전날(2월 13일)에 '에로스(Eros)'라는 소행성을 방문하여 세간의 화제가 되었다. 시속 6.4킬로미터의 속도로 에로스에 착륙한 니어 슈메이커 호는 놀랍게도 모든 기계 장치가 완벽하게 작동해서 지구에 있는 관제사들을 감탄시켰다. 이때 전송해 온 정보 덕분에 행성 지질학자들은 지름 33.8킬로미터짜리 에로스 소행성이 잡석 덩어리가 아니라 분화되지 않은 채 단단하게 굳은 천체임을 확인할 수 있었다.

그 후 발사된 스타더스트(Stardust) 호는 혜성의 핵을 에워싸고 있는 대기(이것을 '코마(coma)'라고 한다.)와 먼지 구름을 파고들어 한 다발의 미립자를 채취하는 데 성공했다. 이 우주 계획의 목적은 우주 공간에 떠도는 먼지의 성분을 손상 없이 채취해서 성분을 분석하는 것이었는데 NASA는 에어로젤(aerogel)이라는 기발한 물질을 개발하여 입자 포획 장치로 사용했다. 에어로젤은 마른 실리콘을 스펀지처럼 꼬아 놓은 물질로서 초음속으로 움직이는 입자가 여기에 충돌하면 서서히 속도가 감소하다가 멈추게 된다. 고속의 먼지 입자는 야구 글러브나 그 비슷한 도구와 충돌한다면 갑자기 멈추면서 증발해 버릴 것이다. 스타더스트는 에어로젤로 채취한 샘플을 캡슐에 저장하여 지구로 보냈고 이 캡슐은 2006년 1월 15일 유타 주 사막에서 성공적으로 수거되었다.

유럽 우주국도 혜성과 소행성을 탐사하고 있다. 총 12년에 걸친 임무를 띠고 발사된 로제타(Rosetta) 호는 하나의 혜성을 2년 동안 집중적으로 관측한 후 소행성 주대로 이동하여 1~2개의 소행성을 추가로 관측할 예정이다.

최근 발사된 우주 탐사선은 태양계의 생성 및 진화 과정과 태양계의 구성 물질 그리고 소행성의 충돌 때문에 생명체가 지구로 전이되었을 가능성과 지구 근처에 있는 천체들의 구체적인 크기와 모양, 강도 등을 파악하기 위해 지금도 곳곳을 누비고 있다. 항상 그렇듯이 하나의 대상을 제대로 이해하려면 그 자체에 대한 정보보다 그것이 파생되어 나온 모체와의 관계와 아직 밝혀지지 않은 비슷한 사례를 파악하는 것이 훨씬 중요하다. 태양계의 경우 비슷한 사례란 다른 태양계의 발견을 의미한다. 만일 다른 태양계가 발견된다면 과학자들은 제일 먼저 그곳의 행성과 방랑자(혜성, 소행성 등)를 우리의 그것과 비교할 것이다. 그래야만 우리의 태양계가 정상적인지 아니면 잘못 운영되고 있는지를 파악할 수 있기 때문이다.

9장
5개의 라그랑주 점

지구 궤도를 벗어나 우주 공간을 여행한 최초의 유인 우주선은 아폴로 8호였다. 그런데 이것은 우주 탐사의 새로운 지평을 연 획기적인 사건이었음에도 불구하고 세간에 별로 알려지지 않았다. 탑승했던 승무원이 새턴 5호(Saturn 5) 로켓의 최종 3단계 분사 장치를 가동시키는 순간 사령선은 초속 11.2킬로미터로 가속되면서 달을 향해 힘차게 날아가기 시작했다. 이때 지구의 궤도를 벗어나기 위해 전체 연료의 절반이 소모되었다. (아폴로 8호는 달에 착륙하지 않고 달의 주변을 10회 선회한 후 지구로 귀환했다. — 옮긴이)

3단계 연료가 점화된 후에는 방향을 조절할 때 빼고 엔진을 사용할 일이 거의 없다. 약 40만 킬로미터에 달하는 전체 여정 중 90퍼센트 지점에 도달했을 때 사령선은 진행 방향의 반대로 작용하는 지구의 중력이 약해지는 것을 감안하여 서서히 속도를 늦췄다. 그런데 달과 가까이 접근할수록 달의 인력은 점차 강해지기 때문에 지구의 중력과 달의 중력이 정확하게 상쇄되는 평형점이 어딘가에 존재한다. 그래서 사령선이 이 근처를 지날 때 속도가 다시 한번 빨라지기 시작했다. 달의 중력이 사령선을 가속시킨 것이다.

중력만을 고려한다면 이 평형점은 단 하나밖에 존재하지 않을 것이다. 그러나 지구와 달은 '공통 질량 중심'에 대해서 서로 공전하고 있으며 이 질량 중심은 두 천체의 중심을 연결한 직선상에 놓여 있다. 그리고 임의의 물체가 원운동을 할 때에는 운동 반지름의 크기와 속도에 상관없이 항상 중심으로부터 멀어지는 방향으로 힘이 작용하는데 이 힘을 '원심력(centrifugal force)'이라 한다. 독자들은 자동차를 타고 급회전을 할 때나 놀이 공원에서 회전하는 놀이 기구를 탈 때 몸에 작용하는 원심력을 종종 느꼈을 것이다. 옛날 놀이 공원에는 가장자리에 벽을 두른 커다란 회전 접시가 있었다. 여기에 사람을 태우고 접시를 빠르게 회전시키면 사람들은 하나같이 벽에 등을 대고 비명을 지르곤 했다. 회전 속도가 빠를수록 사람의 몸은 벽을 향하여 더욱 강하게 밀착되고 속도가 최고조에 이르면 몸을 움직이는 것조차 어려워진다. 마치 회전 접시 전체를 세로로 세워 놓고 무언가가 위에서 짓누르는 듯한 착각이 들 정도이다. 나는 어린 시절 이 기구를 탔을 때 원심력이 너무 강해서 손가락도 움직일 수 없었다. 마치 내 몸이 벽을 강한 힘으로 짓누르는 듯한 느낌이었다.

놀이 기구의 벽에 등을 기대고 얼굴을 옆으로 돌리면 입에서 나온 구토물이 접선 방향으로 날아가는 광경을 보게 될 것이다. 또는 구토물이 벽에 들러붙을 수도 있다. 얼굴을 옆으로 돌리지 않는다면 구토를 하기도 어려울 것이다. 원심력이 구토물의 분출을 방해하는 방향으로 작용하기 때문이다. (이 정도로 사람을 괴롭히는 놀이 기구는 아직 본 적이 없다. 아마도 법에 저촉되기 때문인 것 같다.)

원심력은 한 번 움직이기 시작한 물체가 등속 직선 운동을 계속하려는 성질(관성) 때문에 나타나는 힘이다. 따라서 원심력은 실제로 존재하는 힘이 아니지만 존재하는 것으로 가정하면 다양한 계산을 수행할 수 있다. 18세기 프랑스의 위대한 수학자였던 조제프 루이 라그랑주(Joseph Louis Lagrange, 1736~1813년)는 이런 식의 계산을 통해 지구와 달의 중력과 원심력이 정확하게 평형을 이루는 5개의 지점을 찾아냈다. 이것이 바로 8장의 끝 부분에서 잠시 언급된 '라그랑주 점'이다.

라그랑주의 첫 번째 점(L1이라 한다.)은 순수한 중력 평형점에서 지구 쪽으로 조금 이동한 곳에 위치하고 있다. 이곳에 놓인 물체는 중력 중심의 주변을 달과 같은 주기로 공전하게 되며 외부에서 강제로 힘을 가하지 않는 한 지구와 달을 연결한 선을 벗어나지 않는다. 모든 힘이 상쇄되기는 하지만 이 지점은 다소 불안정한 평형점이다. L1에 놓인 물체를 옆으로 조금 이동시키면 3개의 힘이 협동해서 물체를 원래의 위치로 되돌려 놓지만 이 물체를 지구 쪽으로(또는 지구의 반대쪽으로) 조금 이동시키면 그 방향으로 계속 이동해 평형점을 영원히 벗어나 버린다. 이것은 뾰족한 산꼭대기에 놓인 공을 어느 한쪽으로 밀 때 나타나는 현상과 비슷하다. 한 번 구르기 시작한 공은 결코 원위치로 되돌아오지 않는다. 이런 점을 물리학 용어로 '불안정 평형점(unstable equilibrium)'이라고 한다.

라그랑주의 두 번째 점 L2와 세 번째 점 L3도 지구와 달을 연결한 직선상에 놓여 있지만 L2는 달 쪽에 가깝고 L3은 지구 쪽에 가깝다. L1과 마찬가지로 L2와 L3에서도 3개의 힘(지구의 중력, 달의 중력, 원심력)이 평형을 이루고 있으며 이 지점에 놓인 물체는 L1의 경우와 마찬가지로 달의 공전 주기와 동일한 주기로 지구-달의 질량 중심 주변을 공전하게 된다.

L1을 날카로운 산꼭대기에 비유했던 것처럼 L2와 L3도 산꼭대기와 비슷한 불안정 평형점이다. 그러나 L2와 L3은 산꼭대기가 날카롭지 않고 비교적 평평한 편이다. 그래서 당신을 태운 우주선이 이 지점에 있을 때 무언가가 지구나 달 쪽으로 우주선을 밀었다 해도 약간의 연료만 소모하면 원위치로 되돌아 올 수 있다.

L1, L2, L3도 나름대로 의미가 있지만 가장 중요한 라그랑주 점은 L4와 L5이다. 이들 중 하나는 지구와 달의 중심을 잇는 선에서 오른쪽으로 멀리 벗어나 있고 다른 하나는 왼쪽으로 멀리 벗어나 있다. 그리고 지구-달-L4와 지구-달-L5는 각각 이등변 삼각형의 꼭짓점을 이룬다.

L1, L2, L3와 마찬가지로 L4와 L5에서도 모든 힘은 평형을 이룬다. 그러나 불안정한 평형을 유지하고 있는 다른 라그랑주 점과 달리 L4와 L5는 안정된 평형점이다. 즉 이 지점에 놓인 물체를 임의의 방향으로 밀어도 멀리 벗어나지 않고 다시 제자리로 돌아온다. 이것은 계곡 바닥에 놓인 공을 산등성이로 아무리 밀어 올려도 다시 굴러 떨어지는 것과 같은 이치이다.

라그랑주 점과 정확하게 일치하지 않고 그 근방에 놓여 있는 물체는 평형점을 중심으로 진동하게 되는데 이 현상을 '칭동(秤動, libration)'이라고 한다. (지구 상의 한 지점에서 축하주(libration)를 마시고 눈앞이 흔들거리는 현상과 혼동하지 않도록 주의!) 이것은 언덕을 굴러 내려온 공이 계곡 바닥에서 오락가락하는 현상과 비슷하다.

L4와 L5는 궤도학적으로 흥미를 끌 뿐만 아니라 우주 공간에 식민지를 개척할 수 있는 특별한 지점이기도 하다. 우주 도시 건설에 필요한 자재를 일단 이 지점에 갖다 놓으면 분실될 염려가 없기 때문에 추가 자재를 싣고 다시 돌아와서 느긋하게 식민지를 건설할 수 있다. (지구인뿐만 아니라 달이나 다른 행성에 사는 우주인들도 이와 동일한 건설 계획을 추진할 수 있다.) L4와

L5는 모든 힘이 균형을 이루는 '안정 평형점'이므로 건설 자재를 아무리 많이 갖다 놓아도 다른 곳으로 이동하지 않는다. 이 장점을 잘 활용하면 크기가 수십 킬로미터에 이르는 우주 정거장도 건설할 수 있다.

그리고 우주 정거장 전체를 빠른 속도로 회전시켜서 지구 중력과 동일한 원심력을 만들어 내면 이곳의 거주민들은 지구에서 살 때와 동일한 중력을 느끼며 동일한 생체 리듬을 유지할 수 있다. (24시간을 주기로 낮과 밤이 바뀌도록 인공 조명도 설치해야 한다.) 우주 개발에 모든 열정을 쏟아 붓고 있는 키스 헨슨(Keith Henson, 1942년~)과 캐럴린 헨슨(Carolyn Henson, 1946년~)은 이런 목적으로 1975년 8월에 'L5 협회(L5 Society)'를 설립했는데, 이 단체는 프린스턴 대학교의 물리학자이자 우주 개발에 각별한 관심을 갖고 있는 제라드 키친 오닐(Gerard Kitchen O'Neill, 1927~1992년) 덕분에 세상에 알려지게 되었다. 오닐은 1976년에 발표한 그의 저서 『우주의 식민지(*The Higher Frontier: Human Colonies in Space*)』에서 우주 공간에 인간의 거주지를 개척하자는 주장을 펼쳐 세간의 관심을 끌었다. 그 후 1987년에 L5 소사이어티는 전미 우주 연구소(National Space Institute)와 통합되어 '전미 우주 협회(National Space Society)'라는 이름으로 활동을 계속하고 있다.

칭동 지점에 거대한 구조물을 건설한다는 아이디어는 1961년에 발표된 아서 찰스 클라크(Arthur Charles Clarke, 1917~2008년)의 소설 『달 먼지 폭포(*A Fall of Moondust*)』에서 처음으로 등장했다. 행성의 특수한 궤도에 대해서 잘 알고 있었던 클라크는 지구의 자전 주기(24시간)와 동일한 속도로 공전할 수 있는 위성의 정지 궤도를 1945년에 4쪽에 걸쳐 최초로 계산함으로써 이 분야에 이름을 남겼다. 이 궤도에 떠 있는 위성은 지구에서 볼 때 하늘에 정지해 있는 것처럼 보이기 때문에(그래서 '정지 궤도'라고 부른다.) 라디오를 비롯한 전파 통신의 중개자로 가장 이상적이라 할 수 있다. 현재 지구의 정지 궤도에는 수백 개의 통신 위성이 각자 위치를 지키며 다양한 임무를 수행하고 있다.

이 마술 같은 지점은 과연 어디에 위치하고 있을까? 저궤도에 떠 있는 허블 우주 망원경(Hubble Space Telescope)이나 국제 우주 정거장(International Space Station, ISS)은 지구를 한 바퀴 도는 데 약 90분이 소요되고 이들보다 훨씬 멀리 있는 달은 지구를 한 바퀴 공전하는 데 1개월이 걸린다. 따라서 이들 사이 어딘가에는 지구를 한 바퀴 도는 데 24시간이 소요되는 궤도가 분명히 존재할 것이다. 간단한 계산을 통해 이 궤도가 지표면에서 약 3만 5400킬로미터 상공에 있다는 것을 알 수 있다.

사실 지구-달로 이루어진 계에는 특별한 것이 전혀 없다. 태양-지구로 이루어진 계에도 5개의 라그랑주 점이 존재한다. 그중에서 특히 L2 지점은 천체 물리학적 위성들이 가장 선호하는 지점이다. 태양-지구계의 라그랑주 점은 지구 시간으로 1년에 한 번씩 태양-지구의 질량 중심 주변을 공전하고 있다. 지구에서 태양의 반대쪽으로 160만 킬로미터 떨어진 지점에 있는 L2에 천체 망원경을 설치하면 지구의 방해를 받지 않고 항상 별을 관측할 수 있다. 현재 저궤도에 떠 있는 허블 우주 망원경은 시야의 절반이 지구에 가려지기 때문에 원하는 시간에 원하는 별을 관측하기 어렵다는 문제점을 안고 있다. 대폭발의 증거인 우주 배경 복사를 관측할 목적으로 2001년 6월에 발사된 WMAP 위성(Wilkinson Microwave Anisotropy Probe, 데이비드 토드 윌킨슨(David Todd Wilkinson, 1935~2002년)은 전 프린스턴 대학교 교수로서 이 프로젝트의 공동 연구자였다.)은 2002년에 L2 지점에 도착한 후로 지금까지 배경 복사와 관련된 데이터를 부지런히 수집하고 있다. 태양-지구계 L2의 불안정 평형점은 지구-달계의 L2보다 비교적 넓은 편이어서 100년 동안은 이 지점에 머물 수 있을 것으로 추정된다.

현재 NASA는 허블 우주 망원경의 뒤를 이을 후보로서 1960년대

NASA의 최고 책임자 제임스 에드윈 웹(James Edwin Webb, 1906~1992년)의 이름을 딴 제임스 웹 망원경(James Webb Telescope)을 제작하고 있는데 이것도 완성되면 L2 지점에 띄울 예정이다. 방금 말한 대로 L2 평형점은 물리적으로 불안정하기는 하지만 평형을 유지하는 영역이 비교적 넓기 때문에(수만 제곱킬로미터) 제임스 웹 망원경이 투입된 후에도 다른 위성이나 관측 장비가 들어갈 공간은 충분하다.

NASA에서 발사한 또 하나의 위성 제네시스(Genesis) 호는 태양-지구계의 L1 지점 근처에서 칭동하고 있다. (L1은 지구에서 태양 쪽으로 160만 킬로미터 나아간 곳에 있다.) 2001년 8월 태양 탐사의 임무를 띠고 발사된 제네시스 호는 이 지점에서 줄곧 태양을 바라보며 태양풍에 날려 온 원자와 분자 등 원시 태양의 구성 성분을 채집해 왔고 과학자들은 혜성 탐사선 스타더스트가 보내온 자료와 함께 수집된 자료를 분석하고 있다. 이 프로젝트가 완료되면 태양계를 형성한 먼지 구름의 정체가 좀 더 분명하게 드러날 것이다.

앞서 언급한 대로 L4와 L5는 안정된 평형점이다. 따라서 우주의 온갖 쓰레기가 이곳에 집중되어 지구인의 우주 개발 계획에 지장을 줄 수도 있다. 실제로 라그랑주는 태양-목성계의 L4, L5 지점에 우주의 이물질이 몰려 있을 것으로 추정했는데 그로부터 100년이 지난 1905년에 이 지점에서 최초의 트로이 소행성이 발견되었다. 현재 태양-목성계의 L4와 L5 점에서 발견된 소행성은 수천 개에 달하며 이들은 목성을 앞서가거나 뒤따라가면서 목성과 동일한 주기로 태양 주변을 공전하고 있다. 목성이나 태양이 사라지지 않는 한 이 소행성들은 마치 견인 장치에 매달린 것처럼 지금의 궤도를 영원히 유지할 것이다. 물론 태양-지구계와 지구-달계의 L4와 L5에도 우주 쓰레기가 축적되어 있지만 충돌을 염려할 정도는 아닌 것으로 확인되었다.

라그랑주 점에서 출발하여 다른 라그랑주 점이나 다른 행성으로 이동할 때 중력을 적절히 이용하면 연료를 크게 절약할 수 있다. 행성의 표면에서 우주선을 쏘아 올릴 때에는 수직 방향으로 작용하는 중력을 극복하기 위해 연료의 대부분을 써 버리지만 라그랑주 점에서 우주선을 발사하는 경우에는 해안에 정박한 배가 출발할 때 서서히 미끄러져 나가는 것처럼 소량의 연료만으로 목적을 달성할 수 있다. 그래서 요즘 과학자들은 라그랑주 점을 우주 식민지로 개척하는 것보다 '태양계로 진출하는 입구'로 개발할 것을 권고하고 있다. 태양-지구계의 라그랑주 점에서 화성까지의 거리는 지구-화성 사이 거리의 반밖에 되지 않을뿐더러 출발 시 소모되는 연료도 크게 줄일 수 있기 때문에 여러모로 효율적이라는 것이다. 미래에는 태양계의 곳곳에 흩어져 사는 친구와 친척을 방문할 때 각 행성의 라그랑주 점을 연료의 중간 공급지로 활용하게 될지도 모른다. 언뜻 듣기에는 SF 소설 같지만 원리를 따지고 보면 그다지 불가능한 이야기도 아니다. 만일 지구 상에 주유소가 전혀 없다면 당신의 자동차는 새턴 5호에 맞먹는 양의 연료를 싣고 다녀야 한다. 그러면 자동차의 대부분은 연료가 차지하게 될 것이고 연료의 대부분은 '아직 소모되지 않은(연료 탱크에 들어 있는) 연료'를 실어 나르는 데 소비된다. 이 얼마나 비효율적인가! 우리 지구인들은 자동차를 이런 식으로 운용하지 않는다. 우주 여행이 자동차 여행처럼 일반화되면 우주 정거장(주유소)도 반드시 필요할 것이고 그때가 되면 라그랑주 점은 숨은 잠재력을 십분 발휘하게 될 것이다.

10장
물질과 반물질

누군가가 나에게 물리학에서 가장 장황하고 코믹한 분야를 꼽으라고 한다면 나는 주저 없이 입자 물리학을 꼽을 것이다. "음전하를 띤 뮤온과 뮤온 중성미자 사이에 중성 벡터 보손(boson)이 교환된다."라는 희한한 소리를 입자 물리학 말고 또 어떤 분야에서 들을 수 있겠는가? 뿐만 아니라 "야릇 쿼크(strange quark)와 맵시 쿼크(charm quark)가 글루온(gluon)을 교환하고 있다."라는 등 깊이 들어갈수록 표현은 점입가경이다. 그 많은 입자에 붙어 있는 희한한 이름만으로도 머리가 아플 지경인데 모든 입자는 각자의 파트너에 해당하는 반입자(antiparticle)까지 갖고 있다. 특히 반입자들만으로 이루어진 물질을 반물질(antimatter)이라 한다. 반물질은 SF 소설의 단골 메뉴로 등장하고 있지만 사실은 허구가 아닌 현실 세계에 존재하는 물질이다. 물질과 반물질이 만나면 에너지를 방출하면서 무(無)로 사라져 버린다.

물질과 반물질은 참으로 특이한 관계를 맺고 있다. 이들은 순수한 에너지로부터 동시에 탄생할 수도 있고, 둘이 합쳐지면 마치 동반 자살이라도 하듯이 갖고 있는 질량을 몽땅 에너지로 전환하고 함께 소멸된다. 1932년에 미국의 물리학자 칼 데이비드 앤더슨(Carl David Anderson, 1905~1991년)은 전자의 반입자인 양전자(positron, 전자의 반입자. 양전하를 띠고 있다는 것만 빼고는 모든 물리적 성질이 전자와 동일하다.)를 최초로 발견하여 반입자 연구의 첫 장을 장식했다. 그 후로 세계 각지의 입자 가속기에서 수많은 종류의 반입자를 발견해 왔으나, 순수하게 반입자만으로 원자(사실은 반원자)를 만들어 낸 것은 극히 최근의 일이다. 독일 윌리히(Jülich)에 있는 핵물리학 연구소의 발터 욀러트(Walter Oelert, 1942년~)가 이끄는 국제 연구팀은 반양성자의 주변에 반전자가 속박되어 있는 반수소 원자(antihydrogen atom)를 만들어 내는 데 성공했다. 이들의 연구는 스위스 제네바에 있는 입자 물리학의 메카, 유럽 입자 물리 연구소(European Organization for Nuclear Reasearch, CERN이라는 이름으로 더 유명하다.)에서 이루어졌다.

방법은 아주 간단하다. 입자 가속기를 이용하여 반전자와 반양성자를 한 다발씩 생성한 후 적절한 온도와 밀도 하에서 이들을 섞어 놓고 알아서 결합해 주기를 기다리면 된다. 욀러트 팀은 첫 실험에서 이 방법으로 9개의 반수소 원자를 만드는 데 성공했다. 그러나 일상적인 물질을 이루고 있는 원자들과 비교할 때, 반원자의 수명은 너무나도 짧았다. 이때 만들어진 반수소 원자는 40나노초(1억분의 4초) 만에 일상적인 원자와 만나면서 장렬하게 소멸되었다.

반전자의 발견을 평가한다면 '현대 이론 물리학의 승리'라는 한마디로 요약할 수 있다. 영국 출신의 물리학자 폴 에이드리언 모리스 디랙(Paul Adrian Maurice Dirac, 1902~1984년)이 반전자의 존재를 이론적으로 예견했기 때문이다. 디랙은 전자의 에너지를 서술하는 방정식을 유도한 후 두 가지 가능한 해("양의 해"와 "음의 해")를 제안했는데 이 가운데 양의 해는 이미 알려져 있는 전자의 특성과 일치했다. 그러나 음의 해는 이론상으로만 존재할 뿐, 여기 대응되는 입자가 현실 세계에 존재하지 않는 것처럼 보였다. 방정식의 해가 2개 존재하는 것은 흔히 있는 경우이다. 가장 간단한 예를 들어 보자. "자신을 제곱했을 때 9가 되는 수는 무엇인가?" 답은 3인가, 아니면 −3인가? 둘 다 옳은 답이다. 3×3=9이고 (−3)×(−3)=9이기 때문이다. 물론 방정식의 모든 해에 현실 세계의 사건이 일일이 대응한다는 보장은 없다. 그러나 물리 현상을 수학적으로 서술한 모형에 아무런 하자가 없는 한 방정식을 교묘하게 다루는 것은 우주 자체를 교묘하게 다루는 것만큼 유용하다. (뿐만 아니라 다루기도 훨씬 쉽다!) 디랙의 반물질에서 알 수 있듯이, 물리학을 수학으로 풀다 보면 '확인 가능한 예측'이 등장하게 되고 이 예측을 실험으로 확인할 수 없다면 이론 자체를 폐기해야 한다. 어떤 물리적 결과가 얻어지건 간에 수학적 모형은 당신이 내린 결론의 논리적 타당성을 뒷받침하고 있다.

*

1920년대에 집중적으로 개발된 양자 물리학은 원자 및 그 이하의 미시 세계에서 일어나는 현상을 설명하는 이론이다. 디랙은 그 무렵에 새로 확립된 양자 법칙을 이용하여 '다른 세계'에 존재하는 도깨비 전자가 가끔씩 전자의 모습을 한 채 우리가 사는 세계로 튀어나오고 있으며 그 결과 음에너지의 바다에 구멍이 생긴다고 가정했다. 그리고 이 구멍을 관측하면 양전하를 띤 반전자(또는 양전자)가 관측된다고 주장했다.

아원자 입자는 관측 가능한 여러 가지 특성을 갖고 있는데 이중 어떤 특성이 정반대의 값을 가질 수도 있다면 반입자가 바로 그 반대 값을 갖는다. 물론 그 외의 특성은 원래의 입자(파트너)와 완전히 동일하다. 가장 분명한 사례로 전기 전하를 들 수 있다. 서로 반입자의 관계에 있는 양전자와 전자는 전기 전하만 서로 부호가 반대이고 다른 물리적 특성들은 쌍둥이처럼 똑같다. 양성자(proton)과 반양성자(antiproton)도 전하만 반대이고 다른 특성들은 완전히 같다.

믿거나 말거나 전기 전하가 아예 없는 중성자(neutron)도 반입자 짝을 갖고 있다. 이 입자의 이름은 (이미 짐작했겠지만) 반중성자(antineutron)이다. 반중성자는 중성자와 마찬가지로 전하가 0이지만 0을 이루는 구성 방식이 중성자와 정반대이다. 중성자를 이루는 3개의 쿼크(quark)의 전하는 −1/3, −1/3, 2/3인 반면 반중성자를 이루는 3개의 쿼크는 각각 1/3, 1/3, −2/3의 전하를 갖고 있다. 이들을 모두 더하면 0이지만 역시 반입자답게 구성 요소의 전하가 정반대이다.

반물질은 엷은 공기 속에서 갑자기 튀어나오는 것처럼 보인다. 강한 에너지를 갖고 있는 한 쌍의 감마선이 적절한 환경에서 상호 작용을 교환하면 느닷없이 전자-양전자 쌍이 탄생한다. 즉 다량의 에너지가 미세한 질량으로 전환된 것이다. 이 과정에서 에너지와 질량의 상호 관계는 1905년에 아인슈타인이 발표했던 그 유명한 공식에 따라 결정된다.

$$E=mc^2.$$

이 식을 일상 언어로 변환하면 다음과 같다.

에너지 = (질량) × (빛의 속도)^2.

그래도 선뜻 이해가 안 가는 독자들을 위해 좀 더 평범한 단어로 바꿔 보자.

에너지 = (질량) × (엄청나게 큰 수)^2.

디랙의 해석에 따르면, 감마선이 음의 에너지 영역에 있는 전자 하나를 걷어차서 이 세계에 일상적인 전자가 생성되고 음의 에너지 영역에는 전자 구멍이 생긴다. 이 과정은 역으로 일어날 수도 있다. 즉 입자와 반입자가 충돌하면 감마선을 방출하면서 사라진다. 이때 사라진 입자는 '구멍을 메우러' 되돌아갔다고 생각할 수 있다. 참고로 감마선은 인체에 해롭기 때문에 가능하면 피하는 것이 좋다. 증거를 직접 보고 싶은가? 그렇다면 「두 얼굴의 사나이」 헐크가 초록색 거인으로 변한 과정을 떠올려 보라. 그는 인간의 잠재 능력을 끄집어내는 실험을 하다가 불의의 사고로 감마선을 과다하게 쬐는 바람에 그 지경이 되었다!

만일 당신이 집에서 어떻게든 한 뭉치의 반입자를 가내 수공업으로 만드는 데 성공했다면 당장 문제가 발생할 것이다. 애써 만든 반물질을 대체 어떻게 보관해야 하는가? 밀폐된 용기 속에 넣겠다고? 어림없는 소리다. 이 세상의 모든 용기는 입자로 이루어져 있고 반입자는 입자와 만나는 즉시 감마선을 방출하면서 사라져 버리기 때문이다. 그래서 물리학자들은 강한 자기장이 걸려 있는 빈 공간에 반입자를 보관한다. 호리병 모양으로 형성된 자기장 속에 전하를 띤 입자(또는 반입자)를 집어넣으면 자기장이 보호벽 역할을 하면서 입자와의 접촉을 막아 준다. 이 '자기 호리병'은 (제어된) 핵융합 실험에서 1억 도까지 달궈진 기체 입자를 보관할 때도 요긴하게 사용된다. 그러나 반입자가 아닌 반원자를 만들었다면 자기 호리병도 다 소용없다. 반원자는 원자와 마찬가지로 알짜 전하가 0이기 때문에 자기장 속에 가둘 수 없다. 따라서 양전자(반전자)와 반양성자를 따로 자기 호리병에 보관하는 수밖에 없다.

*

물질과 반물질을 소멸시켜서 에너지를 얻으려면 최소한 무(無)의 상태에서 반물질을 생성할 수 있을 정도의 에너지가 투입되어야 한다. 텔레비전 드라마 시리즈 「스타 트렉」을 보면 물질과 반물질을 쌍소멸시킬 때 생성되는 에너지로 우주선을 추진하는 장면이 자주 등장하는데 제작진들이 이 사실을 알고 있는지 궁금하다. 어쨌거나 커크 선장이 물질-반물질 추진 장치의 출력을 더 높이라고 명령하면 스코티는 이렇게 대답하고는 한다. "그러면 엔진이 배겨 내지 못합니다!"

이론적으로는 다를 이유가 없지만 수소 원자와 반수소 원자의 물리적 특성이 정말로 동일한지는 아직 확인되지 않았다. 확인해야 할 특성은 여러 가지가 있지만 그중에서 다음 두 가지 사항이 가장 중요하다. (1) 반양성자에게 붙들려 있는 양전자는 기존의 양자 역학 법칙을 그대로 따르고 있는가? (2) 반원자는 과연 기존의 중력과 다른 반중력(antigravity)을 행사할 것인가? 원자 스케일에서 입자들 사이에 작용하는 중력은 엄청나게 약하기 때문에 입자의 운명은 주로 원자 간의 힘과 핵력에 좌우된다. 따라서 중력 효과를 관찰하려면 테이블이나 의자와 같이 거시적인 크기의 반물질을 만들 수 있을 만큼 충분한 양의 반원자가 확보되어야 한다. 반물질 당구공으로 진행되는 반당구 경기는 일상적인 당구 경기와 동일한 양상으로 진행될 것인가? (물론 당구대와 큐도 반물질로 되어 있다.) 반당구공이 바닥으로 추락할 때, 기존의 당구공과 동일한 가속도로 떨어질 것인가? 반항성(별)의 주변을 공전하는 반행성은 일상적인 태양계와 같은 법칙을 따를 것인가? 철학적인 관점에서 볼 때 나는 거시적 크기의 반물질이 일상적인 물질과 동일한 특성(중력, 충돌 문제)을 갖고 있다고 생각한다. 만일 이것이 사실이라면 거대한 반은하가 우리 은하와 충돌하려고 다가올 때 그것이 은하인지, 혹은 반은하인지 미리 알 방법이 없다. 충돌이 일어나기 시작하면 물질이 에너지로 사라지는지, 아니면 사방으로 다시 튀는지를 관측하여 물질-반물질의 여부를 확인할 수 있겠지만 그때가 되면 이미 탈출은 물 건너간 후일 것이다. 그러나 다행히도 우리가 살고 있는 우주에서 이런 끔찍한 사건이 일어날 가능성은 별로 없다. 예를 들어 태양 크기만 한 반항성(반입자수=약 10^{57}개)이 비슷한 크기의 별과 충돌하면서 소멸한다면 1억 개의 은하에 속해 있는 모든 별이 방출하는 빛을 더한 만큼의 빛이 한 순간에 방출된다. 그런데 인류가 천문 관측을 시작한 이후로 지금까지 이런 엄청난 빛이 관측된 적은 단 한 번도 없었다. 그러므로 이 우주에는 일상적인 물질이 반물질보다 훨씬 많다고 할 수 있다. 다시 말해서 은하 간 여행을 할 때 반물질을 만나 소멸될 위험은 거의 없다는 뜻이다.

이 우주는 아직도 심각한 불균형 상태에 있다. 우주가 처음 생성되던 무렵에 모든 반입자는 자신의 파트너인 입자를 찾아 결합하면서 에너지가 되었다. 그러나 지금 남아 있는 입자들은 반입자 파트너가 없어도 나름대로 행복한 것 같다. 이 불균형을 해소할 만한 '반물집 집합소'가 우주 어딘가에 숨어 있는 것일까? 우주의 초창기에 물리 법칙이 '물질 > 반물질'이라는 부등식을 허용했던 것일까? 아니면 우리가 모르는 법칙이 따로 적용된 것은 아닐까? 이 의문은 영원히 풀리지 않을지도 모른다. 아무튼 미래의 어느 날 당신 집 앞마당에 착륙한 우주인이 인사를 나누려고 손(또는 다른 촉수)을 내민다면 당장 응하지 말고 일단 야구공이 나 돌멩이를 그의 손에 쥐어 주는 것이 좋다. 만일 야구공이 폭발하면서 사라진다면 우주인의 몸은 반물질로 이루어져 있다는 뜻이므로 무조건 도망가는 것이 상책이다. 물론 아무 일도 일어나지 않으면 당신의 이름은 역사에 길이 남을 것이다!

3부

자연의 작동 방식

✷

만화에 등장하는 생물학자나 화학자 또는 공학자는
예외 없이 하얀 실험용 가운을 입고 있다.
가슴 부위의 주머니에 펜까지 꽂혀 있으면 더욱 그럴 듯하다.
천체 물리학자들도 펜이나 연필을 자주 사용하지만
우주선을 만들 때 빼고는 흰 가운을 거의 입지 않는다.
그들의 실험실은 우주 공간이기 때문에
소행성이나 운석이 떨어지지 않는 한 옷을 더럽힐 일이 없다.
언뜻 생각하기에는 꽤나 깔끔하고 폼 나는 직업 같지만
사실 천문학만큼 막연한 학문도 드물다.
옷을 더럽히지 않으면서 대상을 어떻게 연구한다는 말인가?
천체 물리학자들은 수십, 수백 광년이나 떨어져 있는 천체의 성분을
무슨 수로 알아내는 것일까?

11장

'한결같음'의 중요성

대부분의 사람은 "한결같다."라는 말을 들으면 부부 사이의 정절이나 재정적인 안정을 떠올릴 것이다. 개중에는 "변화야말로 우리 인생에서 가장 한결같이 일어나는 사건이다!"라며 반론을 펼치는 사람도 있을 것 같다. 그런데 우주도 나름대로 한결같은 특성을 갖고 있다. 자연에 존재하는 어떤 특정한 양은 예나 지금이나 동일한 값을 유지하고 있으며 바로 이것이 과학이라는 학문을 가능케 하는 원동력이다. 시간이 흘러도 변하지 않는 값을 '상수(constant)'라고 하는데 이중에는 물리적으로 심오한 의미를 띠는 것도 있고 수학을 통해 도입된 '단순한 숫자'도 있다. 물론 후자에 속하는 상수도 우주의 작동 방식을 부분적으로 반영한다.

상수 중에는 그 특성이 국소적이고 제한적이어서 단 하나의 객체나 특정 그룹에만 적용되는 것도 있다. 그러나 근본적인 상수는 우주 전역의 시간과 공간, 물질, 에너지 등에 공통적으로 적용되기 때문에 과학자들은 우주의 과거와 미래를 이해하고 예견할 수 있다. 지금까지 발견된 근본적 상수는 그리 많지 않은데 가장 중요한 세 가지를 꼽는다면 진공에서 빛의 속도와 뉴턴의 중력 상수 그리고 양자 역학과 하이젠베르크의 불확정성 원리에 등장하는 플랑크 상수를 들 수 있다. 그 외에 각 기본 입자의 질량과 전기 전하도 근본적 상수에 속한다.

우주 안에서 어떤 원인과 결과가 반복된다면 그 과정 속에 상수가 개입되어 있을 가능성이 높다. 그러나 원인과 결과를 관측할 때에는 변하는 것과 변하지 않는 것을 잘 구별하여 무엇이 원인인지를 잘 분석해야 한다. 1990년대에 독일에서는 황새 개체수의 증가율과 신생아의 증가율이 거의 동일하게 나타났다. 그렇다고 해서 황새가 아기들을 각 가정에 배달해 주었을까? 별로 그럴 것 같지 않다.

그러나 상수가 확실하게 존재하고 그 값을 측정하는 데 성공했다면 아직 발견된 적이 없는 장소나 사물 또는 자연 현상을 예측할 수 있다.

*

우주에서 변하지 않는 물리량을 최초로 발견한 사람은 독일의 수학자(가끔은 신비주의자로 불리기도 한다.) 요하네스 케플러이다. 그는 근 10년 동안 알 수 없는 말만 늘어놓다가 1618년에 엄청난 사실을 발견했다. 행성이 태양 주변을 한 바퀴 도는 데 소요되는 시간을 제곱한 값이, 그 행성과 태양 사이의 평균 거리를 세제곱한 값에 항상 비례한다는 것이다! 이 놀라운 법칙은 태양계의 행성들뿐만 아니라 은하의 중심을 축으로 회전하는 모든 별과, 은하의 중심부를 축으로 회전하는 모든 은하에도 똑같이 적용된다. 그런데 당시 케플러는 모르고 있었지만 여기에는 어떤 상수가 깊이 개입되어 있었다. 그로부터 70년이 지난 후 뉴턴의 중력 법칙이 발견되면서 케플러의 법칙에 중력 상수가 관여하고 있다는 사실이 밝혀졌다. 독자들이 학교에서 가장 먼저 배운 상수는 아마도 원주율일 것이다. 순수하게 수학적인 의미를 갖고 있는 이 상수는 18세기 초부터 그리스 문자 π(파이)로 표기되어 왔다. 다들 알다시피 π는 원의 둘레와 지름 사이의 비율을 의미한다. 다시 말해서 주어진 원의 지름에 π를 곱하면 동일한 원의 둘레(원주)가 얻어진다는 뜻이다. 그런데 희한하게도 π는 원과 타원의 면적과 특정 입체 도형의 부피, 단진자의 주기, 끈의 진동, 전기 회로 등을 계산할 때에도 빠지지 않고 등장한다.

π는 자연수가 아니라 무리수이다. 그래서 π를 십진법으로 나타내면 소수점 이하의 숫자가 아무런 규칙도 없이 무한하게 진행된다. 0부터 9까지 모든 숫자가 적어도 한 번 이상 등장할 때까지 π의 값을 나열하면 3.14159265358979323846264338327950이다. 당신이 어느 시대에 살았건 어디에 살고 있건 국적이나 나이가 어찌되었건 종교가 무엇이건 민주당을 지지하건 공화당을 지지하건 간에, 당신이 계산한 π는 이 우주에 살고 있는 다른 누군가가 계산한 π와 정확하게 같다. 인간은 지금까지 국경을 초월한 적이 단 한 번도 없었고 앞으로도 그렇겠지만, π와 같은 상수는 국경과 아무런 상관이 없다. 바로 이런 이유 때문에 많은 사람이 "외계인과 대화를 나눌 일이 생겼을 때 범우주적 언어로 수학을 사용하자."라고 주장하는 것이다.

앞서 말한 대로 π는 무리수이다. π는 2/3나 18/11과 같이 분자와 분모가 모두 정수인 분수로 나타낼 수 없다. 그러나 무리수의 존재를 알지 못했던 고대의 수학자들은 π를 25/3(바빌로니아, 기원전 2000년경)나 256/81(이집트, 기원전 1650년경)로 표기했다. 그 후 기원전 250년경에 그리스의 수학자 아르키메데스(Archimedes, 기원전 287?~212?년)는 수많은 기하 작도를 거친 후 "원주율의 정확한 값은 알 수 없지만, 223/71과 22/7 사이 어딘가에 있다."라고 결론지었다.

성경에 등장하는 π 값은 다소 부정확하다. 솔로몬 왕의 궁전을 건축하는 장면에서 "또 바다를 부어 만들었으니 그 지름이 10큐빗(cubit)이요, 그 모양이 둥글며 …… 주위는 30큐빗 줄을 두를 만하며 ……."(「열왕기상」 7장 32절)라는 구절이 등장한다. 지름이 10인데 둘레를 30이라고 했으니 π를 3으로 간주했다는 뜻이다. 그로부터 약 3,000년이 지난 1897년에 미국 인디애나 주 의회는 지름과 둘레의 비율을 4의 5분의 4로 결정한다는 판결을 내렸다. 법으로 정한 원주율이 3.2라는 뜻이다.

9세기에 활동했던 이라크의 위대한 수학자 무하마드 이븐무사 알콰리즈미(Muhammad ibn Musa al-khwarizmi, 780?~850?년. 흔히 말하는 '알고리듬(algorithm)'은 그의 이름에서 유래된 용어이다.)와 17세기 영국의 뉴턴 등 수많은 수학자가 π의 정확도를 높이기 위해 꾸준히 노력했다. 물론 현대에 등장한 컴퓨터는 이들의 업적을 단숨에 뛰어넘었다. 21세기에 들어 π의 값은 소수점 이하 1조 자리까지 계산되었는데 이 정도면 원주율이 무리수라는 데 별 이견이 없을 줄 안다. π를 물리학에 적용할 때는 소수점 이하 10~20자리로 충분하지만 일부 π 마니아들은 "정말로 숫자가 무작위로 나오는지 확인하겠다."라는 일념으로 지금도 유효 자릿수를 늘려 가고 있다. (2016년 11월 현재 소수점 이하 22조 4591억 5771만 8361자리까지 계산되었다. — 옮긴이)

*

뉴턴도 π의 계산에 일조했지만 수학과 물리학에 남긴 그의 업적에 비하면 그야말로 새 발의 피에 불과하다. 그는 세 가지 운동 법칙과 중력 법칙을 발견함으로써 고전 물리학의 원조가 되었다. 1687년에 『자연 철학의 수학적 원리(*Philosophiae Naturalis Principia Mathematica*)』(줄여서 『프린키피아』라고도 한다.)라는 제목으로 출판된 그의 이론은 이후 250년 동안 물리학의 권좌를 굳건하게 지켰다.

뉴턴의 『프린키피아』가 출판되기 전까지만 해도 과학자들은 눈에 보이는 것을 기술하는 데 급급했고 지금 벌어지고 있는 현상이 앞으로도 같은 방식으로 계속되리라는 희망을 갖고 있었다. 그러나 뉴턴의 운동 법칙이 알려진 후에는 모든 상황에서 힘과 질량, 가속도의 상호 관계를 기술할 수 있게 되었다. '예측 가능성'이 드디어 과학의 영역에 도입된 것이다. 과학뿐만 아니라 인간의 삶도 과학의 힘을 빌려 부분적으로 예측할 수 있게 되었다.

뉴턴의 제2법칙은 제1, 제3법칙과 달리 방정식의 형태를 취하고 있다.

$$F=ma.$$

이 방정식을 일상적인 언어로 해석하면 다음과 같다. "질량(m)이 있는 물체에 힘(F)을 가하면, 그 물체는 가속 운동(a)을 한다." 이번에도 선뜻 이해가 가지 않는 독자들을 위해 좀 더 평이한 문장으로 바꿔 보자. "물체에 강한 힘을 가할수록 가속도가 커진다." 힘의 세기가 2배로 증가하면 가속도 역시 2배로 커진다. 이때 물체의 질량은 방정식에서 일종의 '상수' 역할을 한다. 이 상수가 없으면 "가속도는 힘에 비례한다."라는 사실만 알 수 있을 뿐 물체에 특정한 세기의 힘이 가해졌을 때 가속도의 구체적인 값을 알 수 없다.

그런데 물체의 질량이 상수가 아니라면 어떻게 될까? 예를 들어, 로

켓은 날아가는 동안 계속해서 연료를 소모하기 때문에 질량이 꾸준하게 감소한다. 이제 누군가가 물체에 질량을 더하거나 빼지 않아도 물체의 질량이 스스로 변하고 있다고 가정해 보자. 아인슈타인의 특수 상대성 이론에서는 이런 현상이 실제로 일어난다. 뉴턴의 우주에서는 물체의 질량이 '영구 불변의 상수'로 취급되지만 아인슈타인의 상대론적 우주에서는 물체의 질량이 얼마든지 변할 수 있다. 물론 물체의 정지 질량(rest mass, 뉴턴의 질량과 같은 개념)은 상대성 이론에서도 불변이지만 움직이는 물체는 추가 질량이 발생하여 전체 질량이 커지는 것이다. 아인슈타인의 세계에서는 가속도의 증가에 대한 저항이 질량의 증가로 나타난다. 그러나 상대론적 효과는 물체의 속도가 거의 광속에 가까워야 눈에 띄게 나타나기 때문에 과학 역사상 가장 뛰어난 천재라는 뉴턴도 이 사실을 인지하지 못했다. 아인슈타인은 자신이 찾아낸 이론 속에서 근본적인 상수(빛의 속도)가 핵심적인 역할을 한다는 것을 잘 알고 있었다.

*

대부분의 물리 법칙이 그렇듯이 뉴턴의 운동 법칙도 지극히 평범하고 단순하다. 그러나 중력(만유인력) 법칙은 다소 복잡한 구석이 있다. 두 물체(대포알과 지구, 지구와 달, 2개의 원자, 2개의 은하 등) 사이에 작용하는 중력의 세기는 이들의 질량과 둘 사이의 거리에만 의존한다. 좀 더 정확하게 말하자면 중력은 두 물체의 질량의 곱에 비례하고 둘 사이의 거리의 제곱에 반비례한다. (또는 거리의 역제곱에 비례한다.) 이 비례 관계는 자연의 독특한 행동 방식을 말해 주고 있다. 특정 거리만큼 떨어져 있는 두 물체 사이에 중력 F가 작용한다고 했을 때 거리가 2배로 멀어지면 중력은 $F/4$가 되고, 3배로 멀어지면 $F/9$로 줄어든다.

그러나 이 정보만으로는 중력의 정확한 값을 계산할 수 없다. '비례' 한다는 관계 이외에 어떤 상수가 추가로 제시되어야 한다. 이것이 바로 그 유명한 중력 상수 *G*이다. 중력 방정식에 익숙한 사람들은 이 상수를 "큰 *G*(big *G*)"라는 애칭으로 부르고 있다.

뉴턴은 물체의 질량과 거리에 따라 중력이 어떻게 달라지는지 알아냈지만 중력 상수 *G*만은 결정할 수 없었다. *G*의 값을 알아내려면 중력 방정식에서 상수 *G*를 제외한 모든 값을 알고 있어야 하는데 뉴턴이 살던 시대에는 거의 불가능한 일이었다. 2개의 대포알과 이들 사이의 거리는 쉽게 측정할 수 있지만 이들 사이에 작용하는 중력은 너무 작은 값이어서 17세기의 실험 장비로는 도저히 관측할 수 없었다. 그렇다면 지구와 대포알 사이의 중력을 관측할 수도 있지 않을까? 물론이다. 이들 사이의 중력이란 곧 대포알의 무게를 의미하므로 간단한 저울만 있으면 쉽게 측정할 수 있다. 그러나 이 경우에는 지구의 질량을 측정해야 하는 새로운 문제에 직면하게 된다. 뉴턴의 중력 법칙이 『프린키피아』를 통해 발표된 후로 *G*의 값이 알려지기까지는 100여 년의 세월을 더 기다려야 했다. 1798년에 영국의 화학자이자 물리학자였던 헨리 캐번디시(Henry Cavendish, 1731~1810년)는 신뢰할 만한 방법으로 뉴턴의 중력 상수 *G*를 측정하는 데 성공했다.

캐번디시는 납으로 지름 5센티미터짜리 공을 2개 만들어서 아령처럼 연결한 후 중심부에 가느다란 실을 묶어서 수직으로 매달았다. (아령은 수평 방향으로 누워 있다.) 그리고 이 모든 장치를 밀폐된 용기 속에 집어넣고 용기의 아래쪽 한구석에 납으로 만든 지름 30센티미터짜리 구를 조심스럽게 갖다 놓았다. 그러면 납으로 된 구와 아령 사이에 중력이 작용하면서 아령을 매달고 있는 줄이 꼬인다. 이런 식으로 측정한 *G* 값은 세제곱미터/킬로그램·제곱초($m^3/kg \cdot s^2$) 단위로 0.00000000006754였다.

중력은 너무도 약한 힘이어서 측정하기가 결코 쉽지 않다. 밀폐된 용기 안에서 공기가 조금만 이동해도 중력보다 훨씬 큰 영향을 미치기 때문에 매사에 세심한 주의를 기울여야 한다. 19세기 말에 헝가리의 물리학자 로란드 외트뵈시(Loránd Eötvös, 1848~1919년)는 캐번디시의 실험 장비를 개선하여 좀 더 정확한 G 값을 얻어 내는 데 성공했다. 그런데 이 실험은 난이도가 너무 높아서 오늘날에도 재현하기가 쉽지 않다. 외트뵈시는 초인적인 끈기와 섬세함을 발휘했지만 그 결과는 캐번디시의 값에 유효 숫자 몇 개를 추가하는 것뿐이었다. 2000년에 시애틀에 있는 워싱턴 대학교의 옌스 군트라흐(Jens Gundlach)와 스티븐 메르코비츠(Stephen Merkowitz)는 새로운 실험 방법을 고안하여 G 값을 측정했는데 그 결과는 0.000000000066742였다. 이들의 회고에 따르면 중력을 측정하는 일은 세균의 몸무게를 측정하는 일과 비슷한 난이도라고 한다. (최근의 G 측정값으로는 2007년 제프리 픽슬러(Jeffrey Fixler)의 0.00000000006693과 2014년 가브리엘레 로지(Gabriele Rosi)의 0.000000000066719가 있다. — 옮긴이)

일단 G 값을 알고 있으면 지구의 질량 등 중력과 관계된 모든 양을 계산할 수 있다. 사실 캐번디시의 실험도 지구의 질량을 측정하는 것이 주된 목표였다. 군트라흐와 메르코비츠가 얻은 G 값으로 계산한 지구의 질량은 약 5.9722×10^{24}킬로그램이다.

*

20세기에 발견된 물리 상수의 대부분은 원자 규모에서 작용하는 힘과 관련되어 있다. 앞으로 차차 알게 되겠지만 원자 세계는 고전적 정확성이 아닌 '확률'의 지배를 받고 있다. 이 분야에서 가장 중요한 상수는 1900년에 독일의 물리학자 막스 플랑크가 처음 도입한 플랑크 상수이다. 흔히 *h*로 표기되는 이 상수는 훗날 양자 역학에서 핵심적인 역할을 하게 되지만 플랑크는 양자 역학과 다소 거리가 있는 '물체의 온도와 복사 에너지 사이의 관계'를 연구하다가 *h*의 존재를 발견했다.

물체의 온도는 그 물체를 구성하고 있는 원자와 분자의 운동 에너지를 나타내는 척도이다. 물론 여기에는 통계적 과정이 개입되어 있기 때문에 개중에는 평균보다 빠르게 움직이거나 느리게 움직이는 입자도 일부 섞여 있다. 이들의 에너지는 외부를 향해 빛의 형태로 방출되는 데 물체의 온도가 높을수록 빛의 강도가 강해진다. 뜨겁게 달궈진 물체가 빛을 발하는 것은 바로 이런 이유 때문이다. 그런데 문제는 이때 방출되는 빛의 강도가 빛의 진동수에 따라 달라진다는 것이다. 다시 말해서 적외선이나 자외선은 소량만 방출되고 가시광선 근처의 빛이 가장 강하게 방출된다. (온도가 높아지면 '가장 많이 방출되는 빛의 진동수'는 높은 진동수 쪽으로 이동한다.) 왜 그럴까? 이것은 19세기 말의 물리학자들에게 던져진 가장 커다란 수수께끼였다. 특히 그들은 고에너지 영역(진동수가 큰 영역)에서 방출되는 빛의 양을 설명해 주는 이론을 찾기 위해 안간힘을 쓰고 있었다.

플랑크는 여러 가지 가능성을 분석한 끝에 다음과 같은 결론을 내렸다. "복사 에너지 스펙트럼의 분포를 단 하나의 방정식으로 서술하려면 에너지가 더 이상 나눌 수 없는 미세한 알갱이의 형태로 방출된다고 정해야 한다." 바로 '양자(quanta)' 개념이 탄생하는 순간이었다.

플랑크가 상수 *h*를 도입하여 복사 에너지 분포를 만족스럽게 설명한 후, *h*는 다른 물리학 분야에서 수시로 등장하기 시작했다. 특히 빛의 양자적 성질을 설명하려면 *h*가 반드시 도입되어야 한다. 빛은 진동수가 클수록 더 많은 에너지를 실어 나른다. 그래서 에너지가 가장 큰 감마선은 생명체에게 가장 치명적이며, 진동수가 가장 낮은 전파는 우리의 몸을 수시로 때리고 있지만 아무런 해도 입히지 않는다. 높은 진동수의 빛이 우리에게 해로운 이유는 단 한 가지, "에너지가 높기 때문이다." 그러면 빛의 진동수와 에너지는 어떤 관계인가? 그 답도 아주 간단하다. 그냥 비례하는 관계이다. 그렇다면 빛의 에너지와 진동수 사이의 비례 관계를 연결해 주는 비례 상수는 무엇인가? 그 상수가 바로 플랑크 상수 *h*이다! 중력 상수 *G*가 작은 값이라고 생각하는 사람은 현재 알려진 *h*의 값을 한 번 감상해 보기 바란다! 그 값은 세제곱미터/킬로그램·제곱초 단위로 0.00000000000000000000000000000000000066260693이다!

1927년에 독일의 물리학자 베르너 카를 하이젠베르크(Werner Karl Heisenberg, 1901~1976년)가 제창했던 불확정성 원리(uncertainty principle)에도 플랑크 상수 *h*가 등장한다. 불확정성 원리는 측정 과정에서도 도저히 극복할 수 없는 범우주적 한계를 말해 주는 원리로서 위치와 속도, 에너지와 시간 등 불확정성 관계에 있는 물리량들이 동시에 정확하게 측정될 수 없음을 천명하고 있다. 다시 말해서 한 쌍의 물리량 중 하나(예를 들어 입자의 위치)의 값을 정확하게 결정할수록 나머지 물리량(입자의 속도)의 값을 결정하기가 어려워진다는 뜻이다. 이때 정확도의 한계를 결정하는 것이 바로 플랑크 상수이다. 일상적인 규모에서는 불확정성 원리의 영향을 거의 받지 않지만 원자 규모의 세계에서는 모든 입자의 운명이 이 원리에 좌우된다고 해도 과언이 아니다.

✷

다소 모순적으로 들릴 수도 있고 독자들의 기대에 어긋나기도 하겠지만 최근 수십 년 동안 진행된 연구에 따르면 물리적 상수는 영원히 같은 값을 유지하지 않는 것 같다. 1938년에 영국의 물리학자 폴 디랙은 뉴턴의 중력 상수 *G*가 우주의 나이에 비례해 작아진다는 설을 주장했고 지금도 일부 물리학자들은 가변적인 상수를 필사적으로 찾고 있다. 우리가 알고 있는 우주적 상수는 시간에 따라 변할 수도 있고 장소에 따라 달라질 수도 있다. 후자의 경우라면 기존의 방정식을 새로운 영역에 적용함으로써 가변성의 여부를 확인할 수 있을 것이다. 이들의 연구는 머지않아 어떤 결론에 도달할 것이므로 지금 당장 상수가 변한다고 부산을 떨 필요는 없다. 만일 상수의 가변성이 확인된다면 그날 바로 헤드라인 뉴스로 발표될 것이다.

12장
속도의 한계

우리 주변에서 총알보다 빠르게 이동할 수 있는 물체는 그리 흔치 않다. 기껏해야 우주 왕복선이나 초음속 전투기 그리고 슈퍼맨 정도이다. 그러나 빛보다 빠르게 움직이는 물체는 아예 존재하지 않는다. (여기서 말하는 빛의 속도란 진공 중에서 측정한 속도를 의미한다.) 빛은 엄청나게 빠른 속도로 움직이지만 무한히 빠르지는 않다. 빛의 속도가 유한하기 때문에 천체물리학자들은 우주에서 멀리 있는 곳일수록 먼 과거의 모습을 보여 준다는 사실을 잘 알고 있다. 광속의 정확한 값을 알고 있으면 우주의 나이를 어느 정도 정확하게 추산할 수 있다.

이 개념은 우주에만 적용되는 것이 아니다. 당신이 아침 식사를 하고 있을 때 식탁 맞은편에서 반찬투정을 하고 있는 당신 아이들의 모습이 눈에 들어왔다. 그 모습이 '현재'의 모습이라고 생각하는가? 아니다. 지금 당신의 눈에 보이는 아이의 모습은 10억분의 1초 전의 모습이다. 아이의 몸에서 반사된 빛이 당신의 눈에 들어올 때까지 이 정도의 시간이 걸리기 때문이다. 별로 실감이 나지 않는다면 아이들이 안드로메다 은하에서 당신에게 인사하는 모습을 상상해 보라. 그 아이가 "아빠, 아침 먹었어요?"라고 물었다면 그것은 오늘 아침 식사가 아니라 200만 년 전의 아침 식사를 묻는 것이다.

진공 중에서 빛의 속도는 약 299,792킬로미터/초(소수점 이하 반올림)이다. 이 정도로 정확한 값을 얻기 위해 과학자들은 지난 수세기 동안 각고의 노력을 경주해 왔다. 그러나 관측 장비가 초보적인 수준이었던 먼 옛날에도 빛은 사람들에게 오만 가지 궁금증을 야기했다. 빛은 영상을 받아들이는 인간의 눈이 갖고 있는 특성인가? 아니면 물체에서 방출되는 것인가? 빛은 입자 덩어리인가? 아니면 파동인가? 빛은 단순히 '생성'되는 것인가? 아니면 이곳에서 저곳으로 '전달'되는 것인가? 만일 전달되는 것이라면 얼마나 빠르게, 그리고 얼마나 멀리 전달되는가?

✷

기원전 5세기 중반에 그리스의 시인이자 철학자 그리고 과학자였던 엠페도클레스(Empedocles, 기원전 495?~430?년)는 빛의 속도가 유한할지도 모른다는 심증을 갖고 있었다. 그러나 빛의 속도를 측정하는 실험은 그로부터 2,000여 년이 지난 17세기 초에 갈릴레오가 최초로 시도했다.

갈릴레오가 사용했던 광속 측정법은 1638년에 출판한 그의 저서 『새로운 두 과학(*Dialogues Concerning Two New Sciences*)』에 실려 있다. 어두운 밤에 두 사람이 랜턴을 들고 각기 다른 산봉우리에 올라간다. 이들이 휴대하고 있는 랜턴은 점멸 상태를 아주 빠른 속도로 바꿀 수 있도록 고안되어 있다. 두 사람은 충분히 먼 거리에 있지만 둘 사이에 아무런 방해물도 없기 때문에 상대방의 랜턴이 켜지면 곧바로 볼 수 있다. 이제 첫 번째 사람이 랜턴을 켜면 두 번째 사람이 그 빛을 보는 즉시 자신의 랜턴을 켠다. 그리고 다른 곳에 있는 제3의 관측자는 첫 번째 랜턴이 켜진 직후부터 두 번째 랜턴이 켜질 때까지 걸린 시간을 측정한다. 갈릴레오는 이 실험을 약 1.6킬로미터 거리에서 단 한 차례 실시한 후 다음과 같이 적어 놓았다.

> 이 실험으로는 두 번째 랜턴이 곧바로 켜졌는지 아니면 그사이에 짧은 시간 간격이 존재하는지는 확인하기 어려웠다. 곧바로 켜지지 않았다 해도 소요된 시간이 매우 짧은 것만은 분명하다. 빛은 두 산봉우리 사이를 거의 '찰나의 시간'에 주파하는 것 같다.[1]

갈릴레오의 설명은 일견 그럴듯하게 들리지만 사실 두 사람의 거리가 너무 가까웠고 시간을 측정하는 도구도 빛을 따라잡기에는 역부족이었다. (아마도 갈릴레오가 창안했던 진자 시계를 사용했을 것이다.)

그로부터 수십 년이 지난 후 덴마크의 천문학자 올레 뢰머(Ole Rømer, 1644~1710년)는 목성에 가장 가까운 위성인 이오의 공전 궤도를 관측하다가 이상한 사실을 발견했다. 1610년 1월에 갈릴레오가 자신이 제작한 망원경으로 목성의 가장 큰 위성 4개를 발견한 후로 천문학자들은 위성의 궤도를 관측하는 데 열을 올리고 있었다. 그들은 수년 동안 이오를 관측한 끝에 평균 공전 주기(이오가 목성의 뒤로 숨었다가 한 바퀴 돌아서 다시 목성

---

1. Galileo, 1954, 43쪽.

의 뒤로 숨을 때까지 걸리는 시간)가 42.5시간임을 알아냈다. 그런데 뢰머는 지구가 목성에 가장 가까울 때 이오의 주기가 11분가량 짧아지고 지구가 목성에서 가장 멀 때는 이오의 주기가 11분 길어진다는 새로운 사실을 발견했다.

지구와 목성의 거리에 따라 이오의 주기가 다르게 나타난다면 제일 먼저 지구의 중력에 의한 영향을 의심해 볼 만하다. 그러나 지구가 이오에 중력적 영향을 미치기에는 둘 사이가 너무 멀다. 그래서 뢰머는 "지구와 목성 사이의 거리에 따라 이오의 표면에서 반사된 빛이 지구에 도달하기까지 걸리는 시간이 달라지기 때문에 이오의 공전 주기가 달라진 것처럼 보인다."라는 결론을 내렸다. 이로부터 계산된 빛의 속도는 초속 약 20만 9000킬로미터인데, 현재 알려진 값과 비교하면 오차가 거의 30퍼센트나 되지만 최초로 계산된 값치고는 꽤 정확한 편이다. 게다가 갈릴레오의 "찰나의 시간에 주파하는 것 같다."라는 두루뭉술한 표현에 비하면 혁신적인 진보가 아닐 수 없다.

1725년, 영국 왕립 천문대 세 번째 대장이었던 제임스 브래들리(James Bradley, 1693~1762년)는 광속의 유한성에 관한 모든 논쟁을 잠재울 만한 대발견을 이루어 냈다. 그는 용자리 감마별(Gamma Draconis, 엘타닌(Eltanin))을 관측하던 중 별의 위치가 계절에 따라 변한다는 사실을 발견했다. 그는 망원경과 함께 3년의 세월을 더 보낸 후에 지구의 움직임과 빛의 속도가 결합하여 그와 같은 현상을 만들어 낸다는 결론을 내렸다. 브래들리의 발견은 오늘날 '광행차(aberration)'라는 이름으로 알려져 있다.

예를 들어 당신이 비오는 날 교통 체증이 심각한 도로에서 버스에 타고 있다고 가정해 보자. 지루해진 당신은 마침 갖고 있던 커다란 시험관을 손에 쥐고 팔을 창밖으로 내밀어서 빗물을 채집하기로 했다. 바깥에 바람이 불지 않는다면 빗물은 수직 방향으로 떨어질 것이다. 이런 경우에 빗물을 가능한 한 많이 모으려면 시험관을 수직 방향으로 들고 있어야 한다. 시험관 입구를 통과한 빗물은 곧바로 시험관의 바닥으로 떨어질 것이다.

그러던 중 어느덧 교통 체증이 풀리면서 버스가 제법 빠른 속도로 달리기 시작했다. 이럴 때 버스 창문에 떨어진 빗물은 수직 방향이 아닌 비스듬한 방향으로 흘러내린다는 것을 독자들은 경험을 통해 알고 있을 것이다. 이런 경우에 빗물을 효율적으로 받아 내려면 창문에 흐르는 빗물과 같은 방향으로 시험관을 기울여야 한다. 버스의 속도가 빠를수록 기울이는 각도도 커진다.

이제 달리는 버스를 지구에 대응시키고 시험관은 망원경에, 빗물은 별빛에 각각 대응시켜 보자. (별은 거의 움직이지 않으므로 별빛을 빗물에 대응시켜도 크게 문제될 것은 없다.) 그러면 규모만 커졌을 뿐 상황은 이전과 동일하므로 망원경에 별빛을 모으려면 별의 실제 위치보다 약간 기울어진 방향으로 망원경을 조준해야 한다. 브래들리는 이 방법을 이용하여 두 가지 사실(빛의 속도가 유한하다는 것과 지구가 태양 주변을 공전하고 있다는 사실)을 실험으로 입증한 최초의 천문학자가 되었다. 그가 계산한 빛의 속도는 초속 약 300,947킬로미터였다.

*

19세기 말까지만 해도 물리학자들은 빛이 음파와 같은 파동이라고 하늘같이 믿고 있었다. 그런데 음파는 공기라는 매질을 통해 전달되므로 빛이 파동이라면 빛을 매개하는 물질이 있어야 한다. 아무것도 없는 진공 상태에서 전달되는 파동을 상상할 수 있겠는가? 그래서 물리학자들은 이 미지의 매개 물질에 '에테르'라는 이름을 붙여 놓고 누군가가 그 존재를 확인해 주기를 기다렸다. 이 과제에 최초로 도전장을 던진 사람은 물리학자 앨버트 마이컬슨과 화학자 에드워드 윌리엄스 몰리(Edward Williams Morley, 1838~1923년)였다.

마이컬슨은 이 실험을 수행하기 전에 간섭계(interferometer)를 발명한 사람으로 알려져 있었다. 간섭계는 입사된 빛을 서로 직각인 두 방향으로 분리하여 일정 거리만큼 진행하게 한 후 거울에 반사시켜서 분리 지점으로 다시 되돌아왔을 때 나타나는 간섭 현상을 분석하는 장치이다. 마이컬슨과 몰리는 다음과 같은 생각을 떠올렸다. "간섭계를 이용하면 두 줄기 빛의 속도 차이를 매우 정확하게 측정할 수 있다. 따라서 간섭계는 에테르의 존재를 확인하는 데 더없이 적절한 도구이다." 간섭계를 통과하면 빛은 두 줄기로 갈라진다. 이중 한 줄기는 지구의 공전 방향과 같은 방향으로 진행하고 나머지 한 줄기는 이와 직각 방향으로 진행하도록 실험 장치를 설치한다. 그러면 첫 번째 빔의 속도는 '에테르 속을 헤쳐 나가는' 지구의 운동에 영향을 받을 것이고 두 번째 빔도 영향을 받긴 하겠지만 첫 번째 빔만큼 심각하지는 않을 것이다.

마이컬슨과 몰리는 당장 실험에 착수했다. 이 논리는 이론상 아무런 하자가 없었으므로 이들은 에테르의 존재를 최초로 확인한 과학자가 되기 위해 장소와 계절을 바꿔 가며 실험에 몰두했다. 그러나 같은 실험을 아무리 반복해도 속도의 차이는 관측되지 않았다. 두 갈래로 갈라진 빔은 어떤 상황에서도 항상 '동시에' 간섭계로 되돌아왔다. 지구의 움직임이 빛의 속도에 아무런 영향도 주지 않은 것이다. 이는 곧 빛의 매개체인 에테르가 아예 존재하지 않는다는 뜻이다. 빛은 어떠한 매개체나 마술의 도움 없이 스스로 이동하고 있었다.

마이컬슨과 몰리의 실험이 실패로 끝난 후 에테르의 개념은 폐기될 위기에 처했다. 그러나 마이컬슨은 여기에 굴하지 않고 자신이 고안한 장비로 빛의 속도를 측정하여 초속 299,982킬로미터라는 매우 정확한 값을 얻어 냈다.

✷

1905년이 밝을 무렵 빛에 관한 연구는 완전히 새로운 국면으로 접어들었다. 아인슈타인이라는 무명의 젊은 물리학자가 마이컬슨과 몰리의 실험이 실패할 수밖에 없었던 이유를 기발한 논리로 설명한 것이다. 그는 진공 중에서 빛의 속도가 변하지 않는 범우주적 상수이며 빛을 발하는 광원이나 그것을 관측하는 관측자가 임의의 속도로 움직이고 있어도 빛의 속도는 변하지 않는다고 주장했다.

아인슈타인의 주장이 사실이라면 어떤 결론이 내려지는가? 당신이 우주선을 타고 우주 공간을 여행하고 있다고 상상해 보라. 지금 우주선은 광속의 절반(즉 $c/2$)이라는 무지막지한 속도로 나아가고 있다. 그런데 앞에서 UFO 비슷한 물체가 어른거리는 것 같아서 자세히 보기 위해 우주선 첨단에 있는 전조등을 켰다. 이 상황을 제2의 관측자가 바깥에서 관측하고 있었다면 그가 바라본 빛의 속도는 얼마인가? 고전적으로 생각하면 당연히 $3c/2$(즉 $c+c/2$)가 되어야 할 것 같지만 아인슈타인의 주장에 따르면 여전히 c이다. 제2의 관측자가 어떤 속도로 움직이고 있건 간에 그리고 당신이 타고 있는 우주선이 어떤 속도로 움직이건 간에, 빛의 속도는 항상 c로 불변이라는 것이다. 제2의 관측자뿐만 아니라 우주 안에 있는 어떤 관측자의 눈에도 빛의 속도는 항상 초속 299,792킬로미터이다. 빛을 우주선의 반대쪽으로 발사하거나 측면 방향으로 발사한 경우에도 여전히 동일한 속도로 관측된다. (물론 뒤쪽으로 발사된 빛의 속도는 c가 아니라 $-c$이다. — 옮긴이)

이해가 가는가? 정상적인 사고 방식을 가진 사람이라면 이해가 갈 리 없다. 이것은 누가 봐도 비상식적인 결과이다.

일단은 상식적으로 생각해 보자. 달리는 기차에서 앞쪽으로 총알을 발사했을 때 땅 위에 서 있는 A가 관측한 총알의 속도는 원래 총알의 속도에 기차의 속도를 더한 값이다. 총알을 기차의 뒤쪽으로 발사했다면 A의 눈에 보이는 총알의 속도는 원래 총알의 속도에서 기차의 속도를 뺀 값이 될 것이다. 관측 대상이 총알이라면 이것은 분명한 사실이다. 그러나 아인슈타인의 상대성 이론에 따르면 빛은 이와 같은 규칙을 따르지 않는다!

물론 아인슈타인은 옳았다. 그리고 그의 이론은 엄청난 파장을 몰고 왔다. 시간과 장소에 관계없이 우주선에서 관측한 빛의 속도가 누구에게나 동일하다면 몇 가지 중요한 사실이 유도된다. 우선 우주선의 속도가 증가하면 다른 사람이 볼 때 우주선과 그 안에 포함된 모든 사물의 길이가 진행 방향으로 짧아진 것처럼 보인다. 뿐만 아니라 다른 관측자의 눈에는 당신의 시계가 느리게 가는 것처럼 보인다. 얼마나 느려질까? 당신의 '짧아진' 자와 '느리게 가는' 시계로 빛의 속도를 관측했을 때 정확하게 기존의 값이 나오도록 하는 만큼 느려진다. 마치 이 우주가 '항상 동일한 광속이 얻어지도록' 고도의 음모를 꾸며 놓은 것 같다.

*

새로운 관측 방법이 개발되면서 광속의 소수점 이하 숫자는 점차 늘어 갔다. 어느 정도 정확한 값이 알려진 후에는 빛의 속도가 다른 물리량을 정의하는 척도로 등장하게 되었다.

속도의 단위는 항상 시속 50마일 또는 초속 800미터 등 거리와 시간의 조합으로 이루어진다. (정확하게 말하면 거리/시간이다.) 아인슈타인이 특수 상대성 이론 연구를 시작하던 무렵에 '1초'라는 시간 단위는 비교적 정확하게 정의되어 있었으나 1미터(m)의 거리 단위는 그야말로 중구난방이었다. 1미터는 1791년에 '파리를 지나는 경도를 따라 북극점에서 적도까지 측정한 거리의 1000만분의 1'로 처음 정의되었다. 1889년에는 백금-이리듐 합금으로 만든 샘플을 얼음이 녹는 온도에서 측정한 길이를 1미터로 정의하고 프랑스 세브르에 있는 국제 도량형국(Bureau international des poids et mesures, BIPM)에 보관했다. 그 후 1960년에는 1미터의 기준이 좀 더 정확하게 바뀌었다. 수많은 논란을 거친 후에 진공 중에서 교란되지 않은 크립톤-86(^{86}Kr) 동위 원소가 에너지 준위 $2p^{10}$에서 $5d^{5}$로 전이할 때 방출되는 빛의 파장의 1,650,763.73배를 1미터로 정의한 것이다. 과정이 다소 장황하기는 하지만 정의 자체만 놓고 보면 과거의 정의보다 훨씬 정확해졌다.

그러나 다시 세월이 흐르면서 과학자들은 빛의 속도가 1미터의 기준보다 훨씬 정확하게 측정될 수 있다는 사실을 알게 되었다. 그래서 1983년에 국제 도량형 총회(General Conference on Weights and Measures)에서는 가장 최근에 관측된 빛의 속도인 초속 299,745,458미터를 '빛의 속도'로 정의했다. (다시 한번 강조하건대 이것은 관측값을 발표한 것이 아니라 빛의 속도를 '정의'한 것이다.) 이렇게 하면 1미터는 광속의 정의 속에 자연스럽게 포함되어 빛이 진공 속에서 1초 동안 진행하는 거리의 299,792,458분의 1이 된다. 앞으로 측정 기술이 더욱 발달하여 누군가가 빛의 속도에 소수점 이하 자리를 추가한다 해도 1983년에 정의된 광속은 더 이상 변하지 않고 1미터의 기준이 달라질 것이다.

그렇다고 크게 걱정할 것은 없다. 광속의 측정값이 달라져 봐야 아주 미미한 차이일 것이므로 학교에서 쓰는 자의 눈금이 달라지는 불상사는 없을 것이다. 당신이 평균 체격의 유럽 인이라면 키는 여전히 1.8미터 내외일 것이고 미국인이라면 1리터의 연료로 SUV 차량이 갈 수 있는 거리는 여전히 형편없이 짧을 것이다.

*

천체 물리학에서 빛의 속도는 거의 신성 불가침이지만 그 값이 항상 일정한 것은 아니다. 빛이 공기나 물, 유리, 다이아몬드 등을 통과할 때는 진공을 통과할 때보다 속도가 느려진다.

그러나 진공 속에서 빛의 속도는 항상 일정하다. 진정한 상수라면 시간, 장소, 이유를 불문하고 언제 어디서나 항상 불변이어야 한다. 물리학자들과 천문학자들은 대폭발 이후 137억 년 동안 변한 것과 변하지 않은 것을 골라내기 위해 지금도 무진 애를 쓰고 있다. 특히 그들은 빛의 속도와 플랑크 상수 그리고 원주율 π와 전자의 전하량으로 결정되는 '미세 구조 상수(fine structure constant)'의 정확한 값을 측정하는 데 각별한 노력을 기울여 왔다.

미세 구조 상수는 원자의 에너지 준위에서 일어나는 변화의 크기를 좌우하는 상수로서 별과 은하를 관측하여 얻은 스펙트럼에 절대적인 영향을 미친다. 멀리 있는 천체일수록 우리에게 먼 과거의 모습을 보여 주고 있으므로 관측을 통해 미세 구조 상수의 변천사를 확인할 수 있다. 물리학자들은 몇 가지 이유에서 플랑크 상수나 전자의 전하량, 그리고 원주율 π가 변하지 않는 것으로 믿고 있다. 따라서 만일 미세 구조 상수가 변한다면 이것은 곧 빛의 속도가 변했음을 의미한다.

천체 물리학자들은 빛의 속도가 불변이라는 가정을 하고 우주의 나이를 계산하고 있다. 따라서 우주의 나이에 따라 빛의 속도가 변한다면 학계에 커다란 파문이 일어날 것이다. 그러나 2006년 1월에 얻은 최근 관측 결과에서도 미세 구조 상수가 변한다는 증거는 발견되지 않았다.

13장

행성의 궤도

스포츠에서 대부분의 구기 종목은 둥그런 공을 상대방의 골대에 넣는 것이 목표이다. 그래서 경기 중에는 공이 시도 때도 없이 포물선을 그리며 허공을 날아다닌다. 야구, 크리켓, 풋볼, 골프, 라크로스(lacrosse, 그물 모양의 라켓을 사용하는 하키 비슷한 게임. — 옮긴이), 축구, 테니스, 수구 등 구기 종목 선수들이 공을 차거나 때리거나 던지면 공은 땅에 도달하기 전까지 포물선 운동을 하게 된다.

물론 공기 저항은 날아가는 공의 궤적에 적지 않은 영향을 미친다. 그러나 운동을 유발한 원인이 무엇이건 간에, 모든 투사체가 허공에 그리는 경로의 기본적인 형태는 뉴턴의 중력 법칙으로 서술할 수 있다. 뉴턴은 1687년에 『프린키피아』를 통해 운동 법칙과 중력 법칙을 발표했고 그로부터 몇 년 후에 라틴 어로 출간한 『세상의 체계(*The System of the World*)』에서는 수평 방향으로 물체를 빠르게 던졌을 때 나타나는 현상을 구체적으로 서술했다. 다들 알다시피 돌멩이를 빠른 속도로 던질수록 수평 도달 거리는 길어진다. 속도가 충분히 빠르면 눈앞에 보이는 수평선을 넘어갈 것이다. 뉴턴은 다음과 같은 사실을 지적하고 있다. "돌멩이를 충분히 빠른 속도로(수평 방향으로) 던지면 땅에 닿지 않은 채 지구를 한 바퀴 돌아와서 당신의 뒷머리를 때린다." 만일 당신이 순발력을 발휘해서 재빠르게 피했다면 돌멩이는 계속해서 지표면을 따라 움직일 것이다. 다시 말해서 돌멩이는 '궤도 운동'을 하게 된다.

물체의 속도가 시속 2만 8900킬로미터 근처이면 지구 상에서 저궤도(low Earth orbit, LEO) 운동을 할 수 있다. 이 경우에 지구를 한 바퀴 도는 데 소요되는 시간은 약 90분이다. 세계 최초의 유인 우주선 보스토크 1호는 유리 알렉세예비치 가가린(Yury Alekseyevich Gagarin, 1934~1968년)을 태우고 지구의 대기권 위를 돌았는데 발사 후 이 속도에 이르지 못하여 한 바퀴를 완전히 돌지 못한 채 착륙해야 했다.

뉴턴은 또 하나의 중요한 사실을 지적했다. 임의의 구형 물체가 자신의 주변에 행사하는 중력은 그 물체의 모든 질량이 중심의 한 점에 모여 있는 경우와 동일하다는 것이다. 지표면에 서 있는 두 사람이 공을 던지고 받을 때 공이 그리는 궤적도 궤도 운동의 일부분이다. 단 이 경우에는 물체의 궤도가 지표면과 만난다는 것이 다를 뿐이다. 1961년에 머큐리 계획으로 탄생한 미국의 첫 유인 우주 탐사선 프리덤 7호(Freedom 7)가 앨런 바틀릿 셰퍼드(Alan Bartlett Shepard, 1923~1998년)를 태우고 15분 동안 궤도 비행을 하면서 그린 궤적은 타이거 우즈(Tiger Woods, 1975년~)의 티샷이나 알렉스 로드리게스(Alex Rodriguez, 1975년~)의 홈런 타구가 그리는 궤적과 근본적으로 동일하다. 이러한 궤적들 모두는 공전 궤도의 일부를 그린 후 지표면에 도달한다는 공통점을 갖고 있다. 만일 그 자리에 지표면이 없다면 야구공이나 골프공은 지구의 중심에 대하여 완전한 공전 궤도를 그릴 것이다. 중력은 날아가는 물체가 야구공이건 우주선이건 신경 쓰지 않지만 NASA의 입장에서는 매우 중요한 문제이다. 프리덤 7호의 비행은 대기가 희박한 고도에서 이루어졌으므로 공기 저항을 거의 받지 않았다. 그래서 당시 미국의 언론은 셰퍼드를 '미국 최초의 우주인'으로 선언했다.

*

부분 궤도 운동은 탄도 미사일을 발사할 때에도 매우 중요하게 취급되는 문제이다. 손으로 던진 수류탄이 허공에 그리는 궤적과 마찬가지로 발사대를 떠나 탄도 미사일은 오로지 중력에 따라 그 궤적이 결정된다. 이런 종류의 대량 살상 무기는 지구 둘레의 반을 45분에 주파하는 빠른 속력으로 수천 킬로미터를 날아갈 수 있다. 만약 탄도 미사일이 매우 무겁다면, 그 물체는 하늘에서 떨어지는 것 자체로 보통 폭탄보다 훨씬 큰 위력을 발휘할 것이다.

세계 최초의 탄도 미사일은 제2차 세계 대전 중 베르너 폰 브라운(Wernher von Braun, 1912~1977년)이 이끄는 독일의 과학자들이 나치의 지휘하에서 개발한 V-2 로켓이었다. (V는 Vergeltungswaffen의 머리글자로서 '보복용 무기'라는 뜻이다. 독일은 전쟁 기간 동안 무려 3,200발의 V-2를 발사하여 영국과 벨기에 등지에 막대한 피해를 입혔다.) 총알을 뻥 튀겨 놓은 듯한 외형에 커다란 보조익이 달린 V-2는 훗날 제작된 우주선의 모태가 되었다. 독일이 연합군에게 패한 후 미국으로 건너온 폰 브라운은 우주 개발팀을 진두 지휘하면서 1958년에 미국 최초의 인공 위성 익스플로러 1호(Explorer 1)를 성공리에 발사했다. 그 후 폰 브라운은 갓 출범한 미국 항공 우주국(NASA)에 합류하여 역사상 가장 강력한 로켓인 새턴 5호의 개발에 성공함으로써 달에 사람을 보내겠다는 미국인의 꿈을 실현시켜 주었다.

수백 개의 인공 위성이 지구의 주변을 돌고 있는 와중에 지구는 또 태양 주변을 공전하고 있다. 1543년에 코페르니쿠스가 당대의 걸작 『천구의 회전에 관하여』를 통해 지동설을 주장할 때 그는 지구를 비롯한 5개의 행성(수성, 금성, 화성, 목성, 토성)이 정확하게 원궤도를 그린다고 생각했다. 당시 코페르니쿠스는 모르고 있었지만, 행성이 정확하게 원을 그리는 것은 매우 드문 경우이며, 태양계에는 이런 행성이 하나도 없다. 행성의 정확한 궤도를 최초로 알아낸 사람은 독일의 수학자이자 천문학자인 요하네스 케플러였는데(그는 행성의 운동과 관련된 3개의 법칙을 발견하여 1609년, 1619년 두 번에 걸쳐 책으로 출판했다.), 그가 발견한 첫 번째 법칙은 모든 행성이 태양을 중심으로 타원 궤적을 그린다는 것이었다. 타원은 "납작해진 원"으로서 납작한 정도는 이심률(eccentricity, *e*)이라는 수학적 양으로 나타낸다. 이심률이 0이면 완전한 원이고 1에 가까울수록 납작한 정도가 심해진다. 따라서 행성 궤도의 이심률이 클수록 다른 행성의 궤도를 침범할 가능성이 높아진다. 혜성의 궤도는 이심률이 아주 커서 태양계의 안과 밖을 종횡무진 누비고 다니지만 지구나 금성 등 비교적 '얌전한' 행성들은 이심률이 거의 0에 가깝다. 명왕성은 태양계의 행성 중 이심률이 가장 커서 공전 궤도가 해왕성과 교차하기 때문에 행성이라기보다 혜성에 가깝다고 할 수 있다.

*

납작한 궤도의 극단적인 사례로는 미국에서 중국을 연결하는 지하

통로를 들 수 있다. 상당수의 미국인은 지구에서 미국의 정반대 지점에 중국이 있다고 알고 있는데, 사실 미국과 중국은 구면 상에서 기하학적 대점(對點)에 있지 않다. 지표면에 위치한 두 대점을 직선으로 연결하면 지구의 중심을 지나가게 된다. 그렇다면 미국의 대점은 어디일까? 지구본을 조금만 돌려 보면 인도양이라는 것을 쉽게 알 수 있다. 몬태나 주의 셸비(Shelby)에서 땅을 수직으로 계속 파고 들어가다 보면 인도양의 케르구엘렌(Kerguelen) 군도에 도달한다.

자, 지금부터가 재미있는 부분이다. 수직 터널이 완공된 후 당신이 셸비에서 터널 입구로 뛰어들었다고 가정해 보자. 그러면 당신의 몸은 지구의 중심에 도달할 때까지 꾸준하게 가속될 것이다. 물론 중심 부근에 가까워지면 온도가 너무 높아서 몸뚱이가 증발해 버리겠지만 이런 '사소한 문제'는 잠시 덮어 두기로 하자. 지구 중심에서는 중력이 0이며 이 지점을 통과할 때 속도가 가장 빠르다. 일단 중심을 통과하면 당신의 몸은 점차 느려지다가 반대쪽 지표면에 도달하는 순간 속도가 0으로 감소한다. 이때 케르구엘렌 군도에서 누군가가 당신을 잡아 주지 않는다면 반대쪽 셸비를 향해 똑같은 운동을 반복하게 된다. 언뜻 보기엔 별로 상관이 없어 보이지만 지구의 중심 터널을 지구 자체의 중력으로 왕복 운동하는 것도 엄연한 궤도 운동이며, 우주 왕복선처럼 90분 만에 출발점으로 되돌아올 수 있다.

궤도의 이심률이 임곗값을 넘어서면 출발점으로 되돌아올 수 없다. $e=1$이면 궤도는 타원에서 포물선으로 변형되고 e가 1보다 커지면 쌍곡선 궤도를 그린다. 가까운 벽에 캠핑용 랜턴을 적절한 각도로 비추면 포물선과 쌍곡선을 쉽게 그릴 수 있다. 다[illegible] 벽에 수직 방향으로 랜턴을 비췄을 때 나타나는 형상은 원이다. 이 상태에서 랜턴의 각도를 조금 기울이면 원이 납작해지면서 타원의 되고 각도가 커질수록 타원의 이심률이 커진다. 그러다가 (랜턴을 벽에 붙인 상태에서) 랜턴과 벽이 평행해지면 포물선이 되고 여기서 각도를 조금 더 증가시키면 쌍곡선이 나타난다. (이로써 친구들과 야영을 갔을 때 선보일 놀이가 하나 더 늘었다!) 포물선이나 쌍곡선 궤도를 돌고 있는 물체는 속도가 아주 빠르며 출발점으로 되돌아오지 않는다. 만일 이런 혜성이 지구의 관측자에게 발견된다면 그것은 우주 저편에서 생성되어 태양계를 편도 여행 중인 방랑객임이 분명하다.

*

뉴턴의 중력 이론은 물체의 위치나 질량, 구성 성분, 크기 등에 상관없이 두 물체 사이에 작용하는 인력의 방향과 크기를 말해 주고 있다. 예를 들어 이 법칙을 이용하면 지구-달계의 과거와 현재 그리고 미래를 정확하게 계산할 수 있다. 그러나 여기에 제3의 물체가 개입되면 문제가 엄청나게 복잡해진다. (인간 관계도 둘보다는 셋이 훨씬 복잡하다!) 흔히 '3체 문제(three body problem)'라고 불리는 이 난제를 해결하려면 컴퓨터의 도움을 받는 수밖에 없다.

그러나 3체 문제가 의외로 쉽게 해결되는 경우도 있다. 세 번째 물체가 다른 두 물체에 비해 아주 작다면 방정식에서 그 존재를 아예 무시하면 된다. 이와 같은 근사법을 이용하면 세 물체의 운동을 거의 정확하게 서술할 수 있다. 물론 이것은 결코 속임수가 아니다. 우주에는 이런 식으로 이해할 수 있는 계가 도처에 존재한다. 태양과 목성 그리고 목성의 조그만 위성으로 이루어진 3행성계의 운동이 그 대표적인 사례이다. 그리고 목성의 전방 8억 킬로미터와 후방 8억 킬로미터 지점에서 태양을 중심으로 공전하고 있는 바위들, 즉 2장에서 말한 트로이 소행성들도 태양과 목성의 중력만으로 모든 움직임을 예견할 수 있다.

최근 들어 3체 문제의 또 다른 특수 사례가 이론적으로 발견되었다. 질량이 동일한 3개의 물체가 일렬로 늘어서서 8자 궤도를 따라 움직이고 있다고 상상해 보자. 자동차 경기장에 가면 두 길이 만나는 지점에서 충돌 사고를 자주 볼 수 있지만 세 물체가 8자 궤도를 도는 경우에는 교차점에서 중력이 절묘한 조화를 이루어 충돌 사고가 일어나지 않는다. 게다가 이 운동은 다른 3체 문제와 달리 하나의 평면 위에서만 진행된다. 그러나 애석하게도 우리 우주에서 이렇게 이상적인 계를 찾기란 결코 쉽지 않다. 우리 은하 안에 있는 수천억 개의 별 중에서 3개가 한 조를 이루어 8자 궤도를 도는 경우는 아마 단 하나도 없을 것이다. 우주 전체를 뒤진다면 잘 해야 1~2개 정도 발견될 것 같다. 8자 궤도는 수학적으로 흥미를 끄는 문제일 뿐 현실 세계에서는 거의 찾아보기 어려운 사례이다.

앞에서 예로 들었던 특수한 경우를 제외하고 3개 이상의 물체가 서로 중력을 행사하는 대부분의 경우 물체의 궤도는 바나나처럼 휘어지는 경향을 보인다. 중력을 행사하는 모든 물체의 정보와 뉴턴의 운동 법칙 및 중력 법칙을 컴퓨터에 입력하여 '가상 중력계'를 가동시키면 이 같은 현상을 확인할 수 있다. 다들 알다시피 태양계는 태양과 행성 그리고 여러 개의 위성과 소행성으로 이루어진 다중 시스템으로서 이들 사이에 중력이 연속적으로 작용하고 있다. 그래서 뉴턴조차도 이 복잡한 계의 앞날을 연필과 종이만으로 계산할 수 없었다. 그는 태양계가 와해되거나 우주 밖으로 뿔뿔이 흩어지는 참사를 원치 않았으므로 "전능한 신이 태양계를 굽어 살피고 있다."라는 다소 비과학적인 해설을 달아 놓았다. (이 문제는 6부에서 다시 언급할 것이다.) 그로부터 약 100년 후에 피에르시몽 드 라플라스(Pierre-Simon de Laplace, 1749~1827년)는 자신의 명저인 『천체 역학 개론(*Traité de mécanique céleste*)』을 통해 태양계의 중력 방정식 해를 발표했는데, 이것은 완벽한 해가 아니라 '섭동(攝動) 이론(perturbation theory)'이라는 새로운 수학 테크닉을 사용하여 얻은 근사적 해였다. 즉 중력을 유발하는 근원이 단 하나뿐이라는 가정 하에 1차 해를 구한 후 비교적 작은 중력을 유발하는 2차, 3차 요인들을 나중에 고려하여 원래의 해를 수정해 나가는 식이다. 라플라스는 이 방법을 이용하여 우리의 태양계가 안정적이며 이를 설명하기 위해 새로운 물리 법칙을 도입할 필요가 없다는 것을 증명했다.

과연 그럴까? 6부에서 다시 언급하겠지만 현대 물리학은 앞으로 수억 년 후에 태양계가 혼돈 상태에 빠진다고 예견하고 있다. 수성은 태양으로 추락하고 명왕성은 태양계를 완전히 이탈하는 등 총체적인 혼란이 야기된다는 것이다. 뿐만 아니라 우리의 태양계에는 아직 한 번도 발견된 적이 없는 수십 개의 행성이 더 존재할 수도 있다. 이들의 궤도가 하도 비정상적이어서 아직 지구인의 망원경에 잡히지 않았지만 언젠가 이들이 (우리가 말하는) 태양계로 되돌아오면 어떤 혼란이 야기될지 아무도 알 수 없다.

*

탄도 운동을 하는 모든 물체는 지구로 '낙하'하고 있다. 뉴턴의 돌맹이는 예외 없이 지표면을 향해 자유 낙하를 한다. 궤도 운동을 하는 위성들도 사실은 자유 낙하를 하고 있지만 지구의 표면이 자유 낙하하는 물체의 추락 속도와 딱 맞아떨어지도록 휘어져 있기 때문에(지구는 구형이다!) 지표면에 닿지 않고 궤도 운동을 계속할 수 있는 것이다. 우주 공간에 떠 있는 국제 우주 정거장도 지구를 향하여 자유 낙하하고 있다. 물론 달도 마찬가지다. 궤도 운동이란 "중력을 행사하는 주체와 충돌하지 않으면서 영원히 자유 낙하를 하는 상태"를 의미한다. 이런 물체들은 지구의 저궤도를 90분마다 한 번씩 공전하고 있다.

여기서 더 높이 올라가면 궤도 운동의 주기가 길어진다. 앞서 말한 대로 고도 3만 5800킬로미터에서 지표면에 추락하지 않고 궤도 운동을 하려면 지구의 자전 속도와 동일한 빠르기로 진행하면 된다. 이곳에 떠 있는 통신 위성들은 지구에서 볼 때 '한 점'에 고정되어 있으므로 더욱 빠르고 안정적인 대륙 간 통신을 구현할 수 있다. 여기서 다시 고도 38만 6000킬로미터인 지점까지 올라가면 달의 궤도와 만나게 되는데 달의 공전 주기는 약 27.3일이다.

자유 낙하하는 물체의 공통점은 '무게'를 전혀 느끼지 않는다는 것이다. 당신이 건물 옥상에서 뛰어내렸을 때 당신의 몸과 당신이 지니고 있는 모든 물건은 동일한 가속도로 떨어진다. 또는 줄이 끊어진 엘리베이터 안에서 저울 위에 서 있다면 저울의 눈금은 정확하게 0을 가리킬 것이다. 당신의 몸과 저울 그리고 엘리베이터가 모두 동일한 가속도로 움직이는 상황에서는 저울을 누르는 힘이 전혀 존재하지 않기 때문이다. 그래서 우주 공간을 여행 중인 우주선의 승무원들은 자신의 체중을 느끼지 않는다.

그러나 우주선이 갑자기 속도를 높이거나 회전 운동을 하면(또는 대기 중에서 공기 저항을 받으면) 자유 낙하 상태를 벗어나면서 무게가 느껴지기 시작한다. SF 소설을 좋아하는 독자들은 우주선이 적절한 빠르기로 회전할 때 지구에서와 똑같은 '무게'가 느껴진다는 사실을 잘 알고 있을 것이다. 회전 운동에서 발생하는 원심력이 지표면에서의 중력과 똑같아지도록 회전 속도를 조절하면 된다. 인간의 신진 대사는 중력과 밀접하게 연관되어 있기 때문에, 우주 정거장에 파견된 승무원이 장기간 체류하려면 인공 중력을 반드시 만들어 내야 한다.

뉴턴의 궤도 운동을 응용한 또 다른 사례로 '새총 효과(slingshot effect)'라는 것이 있다. 우주 과학자들은 목적지까지 도달하기에 턱도 없이 부족한 연료를 실은 채 우주선을 발사하는 일이 종종 있는데 이런 우주선은 목성과 같이 '움직이는 거대 중력원'의 도움을 받아 추진력을 보충하기 때문에 연료가 부족해도 목적지에 도달할 수 있다. 목성의 진행 방향 쪽으로 목성을 향해 추락하면서 에너지의 일부를 취한 후, 목성을 스쳐 지나가면 마치 하이알라이(jai alai, 스페인, 중남미, 필리핀에서 인기 있는 구기 종목으로 핸드볼과 비슷하다. — 옮긴이) 공처럼 빠른 속도로 날아가게 된다. 행성들이 적절한 위치에 있으면 토성이나 천왕성을 지날 때에도 이것과 비슷한 방법으로 에너지를 취할 수 있다. 직접 겪어 보지 않으면 실감이 안 나겠지만 여기서 얻는 이득은 결코 하찮은 것이 아니다. 적절한 타이밍에 우주선이 목성을 스쳐 지나가면 속도를 거의 2배까지 끌어올릴 수 있다.

과학자들은 우리 은하의 중심에 초대형 블랙홀이 존재하는 것으로 믿고 있다. 이 근처를 지나는 별은 거의 광속에 가까운 속도로 가속되는데 우주 안에서 이 정도의 위력을 발휘할 수 있는 천체는 오직 블랙홀뿐이다. 이동 중인 별이 블랙홀에 잡아먹히지 않고 아슬아슬하게 스쳐 지나가면, 목성을 스쳐 지나가는 탐사선처럼 속도가 엄청나게 증가한다. 지금 이 순간에도 수백 개 또는 수천 개의 별이 이런 극적인 장면을 연출하고 있다. 더욱 놀라운 사실은 대부분의 은하 중심에서 이와 같은 현상이 관측된다는 것이다. 그래서 천체 물리학자들은 대부분의 은하 중심에 블랙홀이 존재한다는 결론을 내렸다.

맨눈으로 볼 수 있는 가장 먼 천체인 안드로메다 은하는 나선 모양의 팔을 갖고 있는 나선 은하(spiral galaxy)이다. 그런데 지금까지 얻어진 관측 자료에 따르면 우리 은하와 안드로메다 은하는 서로 가까워지고 있다.

미래의 어느 날 두 은하가 충돌하면 그 속에 포함된 모든 천체는 우주의 먼지가 되어 산산이 흩어질 것이다. 그러나 이것은 60억~70억 년 후에 일어날 사건이므로 당분간은 잊고 살아도 무방하다.

어쨌거나 두 블랙홀이 충돌하면 일찍이 볼 수 없었던 대장관이 연출될 것이다. 아마도 우리의 후손 중에는 이 장면이 가장 잘 보이는 위치를 선점한 후 '재난 대피 및 은하 충돌 관람'이라는 명목으로 표를 파는 똑똑한 이도 있을 것 같다.

14장

천체의 밀도

초등학교 5학년 때 장난을 좋아하던 한 친구가 내게 이런 문제를 낸 적이 있다. "깃털 1톤하고 납덩이 1톤이 있다면 어느 쪽이 더 무겁겠니?" 물론 나는 바보가 아니었으므로 그의 장난에 말려들지 않았다. 그러나 우리의 삶과 우주를 이해하는 데 '밀도(density)'라는 개념이 얼마나 유용한지는 그로부터 한참 후에야 알게 되었다. 다들 잘 알고 있겠지만 밀도는 물체의 질량을 부피로 나눈 값이다. 그러나 밀도라고 해서 반드시 물체의 특성과 관련된 것은 아니다. '맨해튼 땅의 1제곱킬로미터당 거주하는 사람의 수'나 '1가구당 벌어들이는 1년 소득'도 밀도 개념으로 이해할 수 있다.

우주의 밀도는 장소에 따라 천차만별이다. 중성자들이 빽빽하게 들어서 있는 펄서(pulsar, 전파를 방출하는 작은 천체의 하나. 그 정체는 중성자별이다. — 옮긴이)를 한줌 퍼 와서 저울에 올려놓으면 코끼리 5000만 마리의 무게와 맞먹는다. 그리고 마술쇼에서 토끼가 허공으로 사라졌을 때 "공기 속에는 이미 1세제곱미터당 10,000,000,000,000,000,000,000,000개(10^{25}개)의 원자가 들어 있다."라고 말해 주는 사람은 없다. 실험실에서 사용되는 최고 성능의 진공 펌프는 공기 속에 포함된 원자의 수를 1세제곱미터당 10,000,000,000개(100억 개)까지 낮출 수 있다. 행성들 사이의 우주 공간에는 1세제곱미터당 10,000,000개(1000만 개), 별들 사이의 우주 공간에는 1세제곱미터당 50만 개로 줄어든다. 그러나 이 정도면 아직 빽빽한 편이다. 은하와 은하 사이의 우주 공간으로 나가면 10세제곱미터당 단 몇 개의 원자만이 존재할 뿐이다.

우주에서 밀도가 가장 높은 곳은 가장 낮은 곳보다 무려 10^{44}배나 높다. 우주에 존재하는 모든 만물을 오직 밀도만으로 분류해 보면 각 천체의 특징이 확연하게 드러난다. 예를 들어 블랙홀이나 펄서 그리고 백색 왜성(white dwarf)과 같이 밀도가 높은 천체는 표면 중력이 엄청나게 강해서 외부의 물질을 쉽게 빨아들일 수 있다. 그리고 은하의 도처에 깔려 있는 기체 구름도 밀도가 매우 높아서 새로 탄생하는 별의 모태가 된다. 별이 형성되는 과정은 아직 완전하게 알려지지 않았지만 기체 입자들이 자체 중력으로 수축되면서 구형으로 뭉친다는 것만은 확실하다.

*

천체 물리학, 특히 행성의 물리적 특성을 연구하는 과학자들은 소행성이나 달의 밀도로부터 전체적인 구성 성분을 추정하고 있다. 어떻게 그럴 수 있을까? 태양계의 각 행성은 밀도가 천차만별이다. 물의 밀도를

1이라고 했을 때 얼음과 암모니아, 메테인, 이산화탄소(혜성의 주성분) 등의 밀도는 1보다 작고, 행성과 소행성의 내부를 구성하고 있는 암석이나 금속의 밀도는 2~5 정도이다. 그리고 행성과 소행성의 내핵(중심부)에서 발견되는 철, 니켈 등의 금속은 밀도가 8이나 된다. 따라서 평균 밀도가 이 사이에 있는 행성들에는 일상적인 구성 성분이 섞여 있는 것으로 추정된다. 지구로 눈을 돌리면 좀 더 많은 것을 알아낼 수 있다. 지구의 내부를 관통하는 지진파의 속도는 중심에서 표면까지 밀도의 변화와 밀접하게 관련되어 있는데 지금까지 얻어진 관측 자료에 따르면 지구 중심부의 밀도는 약 12 근처이고 표면의 밀도는 약 3이며 지구 전체의 평균 밀도는 5.5로 추정된다.

밀도 방정식에는 해당 물체의 밀도와 질량 그리고 크기가 모두 등장한다. 따라서 이들 중 2개의 값을 알고 있으면 나머지 하나의 값도 알 수 있다. 예를 들어 태양과 비슷한 페가수스자리 51번 별(51 Pegasus)의 질량을 알고 있으면 이로부터 페가수스자리 51번 별이 거느리고 있는(또는 거느리고 있을 것으로 추정되는) 행성의 궤도를 계산할 수 있는데 행성의 주성분이 기체인지, 또는 고체인지에 따라 크기는 얼마든지 달라질 수 있다. "무겁다." 또는 "가볍다."라고 말할 때 사람들은 은연중에 무게가 아닌 밀도를 비교하고 있다. 깃털을 잔뜩 모아 놓으면 한 덩어리의 납보다 무거울 수 있지만 그렇다고 해서 "깃털이 쇠보다 무겁다."라고 주장하는 사람은 없다. 납이 깃털보다 무겁다는 것은 누구나 아는 사실이다. 그러나 이 주장이 의미를 가지려면 밀도라는 개념이 도입되어야 한다. 즉 "납은 같은 부피의 깃털보다 무겁다."라고 말해야 물리적으로 완벽한 문장이 되는 것이다. 밀도를 구체적으로 언급하지 않으면 혼란이 일어날 수도 있다. 크림은 우유보다 가볍고(밀도가 낮고), 여객선 퀸 메리 2호는 물보다 가볍다. (밀도가 낮다.) 만일 이 문장이 틀렸다면 모든 배는 당장 바다

속으로 가라앉아야 할 것이다.

✷

밀도와 관련된 이야기 한 토막. 중력이 작용하는 곳에서 더운 공기가 위로 올라가는 것은 주변의 찬 공기보다 밀도가 낮기 때문이다. 이와 반대로 차가운 공기는 주변의 더운 공기보다 밀도가 높기 때문에 가라앉는데 이런 현상은 우주에서도 일어날 수 있다.

고체화된 물(쉬운 말로 '얼음'이라고 한다.)은 액체 상태의 물보다 밀도가 낮다. 만일 현실이 그 반대였다면 추운 겨울날 호수나 강은 위쪽이 아니라 바닥부터 얼어붙어서 물고기들이 떼죽음을 당할 것이다. 다행히도 차가운 물이 위쪽으로 올라와 먼저 얼어붙기 때문에 물고기들은 얼음으로 차단된 따뜻한 물속에서 여유 있게 헤엄칠 수 있다.

또한 양어장의 물탱크에서 배를 드러내고 둥둥 떠 있는 죽은 물고기들은 살아 있는 물고기들보다 밀도가 낮다.

태양계의 다른 행성들과 달리 토성의 밀도는 물의 밀도보다 낮다. 다시 말해서, 토성보다 큰 욕조에 물을 채운 후 토성을 통째로 담그면 물 위에 뜬다는 뜻이다. 그래서 나는 아이들이 목욕할 때 고무 인형보다 고무 토성을 갖고 노는 것이 훨씬 재미있고 교육적이라고 생각한다.

블랙홀이 주변의 물체를 집어삼키면 사건 지평선(event horizon, 빛이 빠져나올 수 없는 블랙홀 주변의 한계선)의 반지름도 질량에 비례하여 커진다. 이는 곧 "블랙홀의 질량이 증가하면 사건 지평선 내부의 평균 밀도가 감소한다."라는 것을 의미한다. 지금까지 알려진 바에 따르면 블랙홀을 이루는 물질들은 중심부의 작은 점 안에 거의 무한대에 가까운 밀도로 밀집되어 있다.

밀도와 관련된 또 하나의 미스터리가 있다. 뚜껑을 따지 않은 다이어트 펩시콜라 캔은 물 위에 뜨지만 뚜껑을 따지 않은 일반 펩시콜라 캔은 물속으로 가라앉는다. 밀도가 낮아서 다이어트가 된다는 뜻일까? 자세한 내막은 나도 모르겠다.

*

여기, 여러 개의 구슬이 들어 있는 상자가 있다. 여기서 구슬의 개수를 2배로 늘리면 밀도도 2배로 높아지지만 구슬의 개수를 2배로 늘리면서 상자의 부피도 2배로 키우면 밀도는 변하지 않는다. (분수의 분자와 분모에 똑같이 2를 곱하면 원래의 분수와 같아진다.) 그러나 우주에는 질량과 부피의 비율로 밀도를 정의했을 때 예상 밖의 결과가 얻어지는 물체도 있다. 깃털이 들어 있는 상자의 무게를 단 후 깃털의 양을 2배로 늘리면 질량은 2배로 커지지만 밑바닥에 깔린 깃털이 납작해지기 때문에 부피는 2배로 커지지 않는다. 따라서 이런 경우에는 밀도가 증가하게 된다. 자체 무게로 납작해지는 모든 물체는 이와 같은 특성을 갖고 있다. 물론 지구의 대기도 예외는 아니다. 지표면으로부터 5킬로미터 이내에 전체 대기 입자의 2분의 1이 응축되어 있다. 대기는 생명체에게 없어서는 안 될 고마운 존재지만 천문학자들에게는 망원경의 시상(視像)을 어지럽히는 방해꾼일 뿐이다. 대부분의 천문 관측소가 산꼭대기에 위치하고 있는 것은 바로 이런 이유 때문이다.

지표면에서 위로 올라갈수록 대기는 희박해진다. 지표로부터 수천 킬로미터 상공으로 올라가면 대기의 밀도가 행성들 사이의 우주 공간과 비슷해진다. 우주 왕복선과 허블 우주 망원경 그리고 다양한 위성들은 수백 킬로미터 상공에서 지구를 공전하고 있으므로 대기의 저항을 피할 수 없다. 그래서 주기적으로 추진력을 가해 주지 않으면 점차 속도를 잃다가 결국 지구로 추락하게 된다. 특히 태양의 활동이 왕성해지는 시기(11년마다 한 번씩 찾아온다.)에는 대기의 상층부에 다량의 복사 에너지가 유입되면서 대기권의 높이가 수천 킬로미터나 높아지기 때문에 인공위성의 속도가 평소보다 빠르게 감소한다.

✷

실험실에서 인공적으로 만들어진 진공까지는 아니더라도 일반인들이 느낄 때 '아무것도 없는' 상태에 가장 가까운 것이 바로 공기이다. 아리스토텔레스는 이 세계가 네 종류의 원소, 즉 흙, 불, 물, 공기로 이루어져 있다고 생각했다. 그 외에 제5원소(quint-essence)라고 불리는 다섯 번째 원소도 있었는데 이것은 공기보다 가볍고 불보다 신비하며 하늘을 이루는 구성 물질로 간주되었다.

대기의 희박함을 느끼기 위해 우주 공간으로 날아갈 필요는 없다. 지구의 대기만 분석해도 공기라는 것이 얼마나 희박한 존재인지 실감할 수 있다. 해발 0미터 고도부터 시작해 측정한 공기의 무게는 1제곱센티미터당 약 1킬로그램이다. 즉 해수면에서 밑면적이 1제곱센티미터이고 높이가 수천 킬로미터(대기권의 높이)인 공기 기둥을 잘라 내 저울에 달아 보면 약 1킬로그램의 무게가 나간다는 뜻이다. (엄밀히 말해서, 무게는 1킬로그램이 아니라 '1킬로그램·중'이다. 킬로그램은 무게가 아닌 질량의 단위이다. — 옮긴이) 참고로 밑면적이 1제곱센티미터인 물기둥으로 1킬로그램을 만들려면 10미터의 높이만 있으면 된다. 물론 비행기가 날아다니는 상공이나 산꼭대기에서 공기 기둥을 잘라 내면 높이가 줄어들기 때문에 무게도 줄어들 것이다. 세계 최고 성능의 천체 망원경이 설치되어 있는 하와이의 마우나케아 화산 꼭대기(해발 4,205미터)에서 공기의 무게를 측정하면 1제곱센티미터당 약 0.7킬로그램이다. 그래서 이곳에 상주하는 과학자들은 두뇌의 원활한 활동을 위해 간간이 산소를 들이마셔야 한다.

해발 160킬로미터 이상으로 올라가면 공기가 매우 희박해진다. 이런 환경에서 공기 입자들은 다른 입자와 충돌할 때까지 비교적 먼 거리를 이동할 수 있는데 그 와중에 외부에서 유입된 입자와 부딪히면 일시적으로 들뜬 상태(excited state)가 되었다가 다시 바닥 상태(ground state)로 떨어지면서 고유한 색상의 스펙트럼을 방출한다. 특히 태양풍을 타고 날아온 양성자나 전자가 공기 입자와 충돌하면 휘황찬란한 동영상이 하늘에 연출되는데 이것이 바로 오로라(aurora, 극광)의 정체이다. 오로라가 처음으로 관측되었을 때 과학자들은 그와 동일한 현상을 실험실에서 재현하려고 시도했지만 번번이 실패했다. 당시에는 원자의 '들뜬 상태'에 대한 이해가 부족했기 때문이다. 지표면 근처에서는 원자들 사이의 충돌이 빈번하게 일어나서 오로라와 같은 빛을 방출할 겨를이 없는 것이다.

신비한 빛을 만들어 내는 것은 지구의 대기뿐만이 아니다. 천체 물리학자들은 지난 오랜 세월 동안 코로나(corona)의 정체를 밝혀내지 못하고 있었다. 코로나란 개기 일식(皆旣日蝕) 때 검은 태양의 둘레에서 태양 반지름의 몇 배에 걸쳐 밝게 빛나는 부분을 말한다. 현재 알려진 바에 따르면 수천 도에 달하는 태양의 표면에서 대부분의 원자가 이온화되고, 원자에서 탈출한 전자들이 기체처럼 떠다니면서 코로나를 형성한다.

'희박'하다는 말은 주로 기체를 서술할 때 사용된다. 그러나 태양계의 명물인 소행성대에도 희박하다는 말을 적용할 수 있다. SF 영화나 소설에서는 소행성대가 매우 위험한 장소인 것처럼 묘사되어 있지만(집채만 한 바위가 소나기처럼 쏟아지는 공간에서 주인공을 태운 우주선이 절묘하게 피해 가는 장면을 본 적이 있을 것이다.) 현실은 전혀 그렇지 않다. 소행성을 모두 합해 봐야 달의 질량의 2.5퍼센트(또는 지구 질량의 81분의 1)밖에 되지 않는다. 게다가 전체 질량의 75퍼센트가 단 4개의 소행성에 집중되어 있고 나머지 25퍼센트에 해당하는 자잘한 소행성들이 폭 160킬로미터, 길이 24억 킬로미터짜리 궤도에 흩어져서 태양 주변을 공전하고 있다.

✷

혜성의 꼬리는 가늘고 희박하지만 우주 공간을 여행하면서 크게는 1,000배까지 밀도가 증가한다. 혜성의 꼬리는 흡수된 태양 에너지를 재방출하거나 태양빛을 반사하면서 자신의 모습을 선명하게 드러낸다. 혜성 연구의 원조격인 하버드-스미스소니언 천체 물리학 연구소의 프레드 로런스 휘플(Fred Lawrence Whipple, 1906~2004년)은 혜성의 꼬리를 두고 "최소한의 재료로 최상의 효과를 내는 모범적 사례"라고 간결하게 서술했다. 무려 8000만 킬로미터에 걸쳐 길게 늘어져 있는 혜성의 꼬리를 지구 대기의 밀도와 비슷한 값으로 압축시키면 불과 2세제곱킬로미터 안에 모두 담을 수 있다. 혜성에서 맹독성 시안 기체(CN)가 처음 발견되었을 무렵 천문학자들이 때맞춰서 "1910년에 혜성이 태양계 안으로 진입한다."라고 발표하는 바람에 사람들은 공포에 휩싸였고 이틈을 노린 사기꾼들이 시안 기체 중독을 방지한다는 알약을 팔아서 거금을 챙기기도 했다.

열핵 에너지의 보고인 태양의 중심부는 밀도가 매우 높지만 부피로 따지면 전체의 1퍼센트에 불과하다. 태양의 평균 밀도는 1.4 정도로서 지구의 4분의 1에 해당한다. 태양을 한 숟가락 떠서 욕조에 담그면 가라앉긴 하겠지만 쇳덩어리처럼 빠르게 가라앉지는 않을 것이다. 태양은 지난 50억 년 동안 핵융합 반응을 일으키면서 수소를 헬륨으로 바꿔 왔다. 이제 얼마 지나지 않아 수소가 동나면 헬륨끼리 핵융합 반응을 일으켜 탄소 원자가 만들어질 것이다. 이 과정을 겪으면서 태양은 1,000배 이상 밝아지고 표면 온도는 지금의 절반으로 떨어진다. 어떤 물체의 밝기가 증가하면서 온도가 떨어지려면 덩치가 커지는 수밖에 없다. 앞으로 5부에서 자세히 설명하겠지만 앞으로 태양은 덩치가 커지면서 지구를 완전히 삼키게 될 것이다. 이때가 되면 태양의 평균 밀도는 현재 밀도의 100억분의 1로 줄어든다. 물론 지구의 표면을 덮고 있는 바닷물은 몽땅 증발하고 생명체도 멸종할 것이다. 태양의 외부 대기는 물론 희박하겠지만 그것이 지구의 공전을 방해해 속도가 줄어들 것이고, 결국 지구는 나선을 그리며 태양으로 빨려 들어갈 것이다.

*

현재 인류는 태양계를 넘어 우주로 진출하고 있다. 지금까지 태양계를 벗어난 우주선은 파이오니어 10, 11호와 보이저 1, 2호뿐이다. 이들 중에서 속도가 가장 빠른 보이저 2호는 2만 5000년 후에 태양에서 가장 가까운 별에 도달할 것이다. 대부분의 우주 공간은 그야말로 '텅 비어 있다.' 그러나 혜성의 희박한 꼬리가 장관을 연출하는 것처럼 근처에 별이 있으면 기체 구름도 쉽게 관측될 수 있다. (기체 구름의 밀도는 주변 공간보다 수백, 수천 배나 높다.) 여기서 날아온 빛이 처음 관측되었을 때 과학자들은 스펙트럼의 정체를 파악하지 못해 네불륨이라고 이름 붙여 주었다. 그 후 1800년대 말에 드미트리 이바노비치 멘델레예프(Dmitri Ivanovich Mendelyev, 1834~1907년)가 이 세상에 존재하는 모든 원소를 망라한 주기율표를 완성했으나 네불륨이 끼어 들어갈 자리는 남아 있지 않았다. 과연 네불륨은 지금까지 발견된 적이 없는 새로운 원소였을까? 그러나 진공 상태를 만드는 기술이 발전하면서 네불륨의 스펙트럼은 특별한 상태에 있는 산소 원자로부터 방출되는 빛으로 판명되었다.

은하는 수천억 개의 별(항성)을 비롯하여 먼지와 기체, 행성 그리고 온갖 천체의 잔해들로 이루어져 있다. 은하의 경계를 이탈하면 상상조차 하기 어려운 우주적 공허 속으로 진입하게 된다. 이곳에서 각 변의 길이가 20만 킬로미터인 정육면체 안에 들어 있는 원자의 수는 가정용 냉장고 안에 들어 있는 원자의 수와 비슷하다. 지구에 살고 있는 우리는 물질의 존재에 익숙하지만 사실 대부분의 우주 공간은 거의 진공이나 다름없다.

그러나 '완벽한 진공'은 존재하지도 않고 인공적으로 만들 수도 없다. 2부에서 언급한 대로 완벽한 진공에서도 입자와 반입자 쌍이 수시로 나타났다가 사라지고 있다. 다만 이 입자들의 수명이 너무 짧아서 관측되지 않는 것뿐이다. 이들로부터 생성되는 '진공 에너지(vacuum energy)'는 반중력적 압력을 발휘하여 우주 팽창을 엄청난 속도로 가속시키고 있다. 물론 우주가 팽창할수록 우주 공간은 더욱 희박해진다. 그 너머에는 또 어떤 것들이 있을까?

일부 철학자들은 우주의 '바깥'에 공간이나 물질이 존재하지 않는다고 주장한다. 이 가상의 영역을 '밀도 0 영역'이라고 부를 수도 있겠지만, 공간 자체가 존재하지 않는다면 밀도라는 개념도 적용할 수 없다. 공간이 없다면 과연 무엇이 있을까? 사냥개가 찾지 못한 토끼들이 그곳에 모여 마음 편하게 살고 있지는 않을까?

15장

무지개를 넘어서

만화에 등장하는 생물학자나 화학자 또는 공학자는 예외 없이 하얀 실험용 가운을 입고 있다. 가슴 부위의 주머니에 펜까지 꽂혀 있으면 더욱 그럴 듯하다. 천체 물리학자들도 펜이나 연필을 자주 사용하지만 우주선을 만들 때 빼고는 흰 가운을 거의 입지 않는다. 그들의 실험실은 우주 공간이기 때문에 소행성이나 운석이 떨어지지 않는 한 옷을 더럽힐 일이 없다. 언뜻 생각하기에는 꽤나 깔끔하고 폼 나는 직업 같지만 사실 천문학만큼 막연한 학문도 드물다. 옷을 더럽히지 않으면서 대상을 어떻게 연구한다는 말인가? 천체 물리학자들은 수십, 수백 광년이나 떨어져 있는 천체의 성분을 무슨 수로 알아내는 것일까?

모든 비밀은 빛 속에 들어 있다. 일단 천체가 빛을 발하면 그로부터 위치와 밝기를 알 수 있지만 빛에는 그 이상의 정보가 담겨 있다. 물체가 빛을 발할 때 그 속의 원자들은 엄청나게 바쁜 삶을 살고 있다. 조그만 전자들은 끊임없이 빛을 흡수하거나 방출하고 있으며 원자들끼리 격렬하게 충돌하면서 튀어 나온 전자는 빛을 산지사방(散之四方)으로 산란시킨다. 이때 방출된 빛에는 원자나 분자의 고유한 성질이 고스란히 담겨 있으므로 빛의 스펙트럼을 분석하면 광원의 정체를 파악할 수 있다.

1666년에 아이작 뉴턴은 백색광을 프리즘에 통과시키면 여러 개의 단색광으로 분리된다는 사실을 알아낸 후 눈에 보이는 색상에 빨간색, 주황색, 노란색, 초록색, 파란색, 남색, 보라색이라는 이름을 붙였다. (물론 이것은 한국식 이름이고, 뉴턴이 명명한 것은 red, orange, yellow, green, blue, indigo, violet이었다. 우리는 이 순서를 '빨주노초파남보'로 외우지만 영어권에 사는 사람들은 이 순서를 각 색 이름의 첫 자를 따서 'Roy G. Biv.'라는 가상의 이름으로 외우고 있다. — 옮긴이) 그 후 뉴턴은 프리즘을 통해 갈라진 빛을 제2의 프리즘으로 다시 모았을 때 원래의 백색광이 나타난다는 사실도 발견했다. 화가가 사용하는 물감은 무지개 색을 모두 합쳤을 때 검은색이 되지만 빛은 그 반대였던 것이다. 그리고 뉴턴은 프리즘을 통해 갈라진 단색광이 더 이상 분리될 수 없다는 사실도 알아냈다. 통상적으로 말하는 무지개는 일곱 가지 색을 갖고 있지만 실제로 백색광을 분리한 스펙트럼에는 무수히 많은 단색광이 연속적으로 분포되어 있다. 단지 인간의 눈이 그 많은 색상을 구별하지 못할 뿐이다. 이 사실이 알려지면서 천체 관측 분야는 새로운 시대를 맞이하게 되었다. 그동안 무심히 흘려보냈던 빛 속에 엄청난 양의 정보가 숨어 있었던 것이다!

*

뉴턴 시대의 관측 장비로 태양의 스펙트럼을 분석해 보면 일곱 가지 색과 함께 특정 부분에 검은색 줄이 나 있는 것을 볼 수 있다. 이 부분은 빛이 도달하지 않은 영역으로서, 1802년에 이 사실을 처음 발견한 영국의 화학자 윌리엄 하이드 울러스턴(William Hyde Wollaston, 1766~1828년)은 단순히 "각 색상들 사이의 경계선"이라고 생각했다. 그 후 스펙트럼 분석과 광학 기계의 개발에 앞장섰던 독일의 물리학자 요제프 폰 프라운호퍼(Joseph von Fraunhofer, 1787~1826년)는 스펙트럼에 나타나는 검은 선에 대하여 새로운 해석을 내렸다. (사람들은 프라운호퍼를 '현대 분광학의 아버지'라 부르고 있지만 나는 그가 '현대 천체 물리학의 아버지'였다고 생각한다.) 그는 어떤 불꽃에서 발생한 빛을 프리즘에 통과시켜서 얻은 스펙트럼이 태양 광선에서 얻은 스펙트럼과 비슷하다는 사실을 발견했다. 뿐만 아니라 이것은 밤하늘에서 가장 밝게 빛나는 카펠라(마차부자리(Auriga)의 1등성. — 옮긴이)를 비롯한 여러 항성의 스펙트럼과도 비슷한 형태를 띠고 있었다.

1800년대 중반에 화학자 구스타프 키르히호프(Gustav Kirchhoff, 1824~1887년)와 로베르트 분젠(Robert Bunsen, 1811~1899년, 분젠 버너의 창시자로 유명하다.)은 사설 실험실을 차려 놓고 타는 물체에서 발생하는 빛의 스펙트럼을 얻은 후 이미 알려진 원소의 스펙트럼과 일일이 비교한 끝에 루비듐(Rubidium, Rb)과 세슘(Cesium, Cs) 등 새로운 원소를 여러 개 발견했다. 스펙트럼에 나타나는 검은 선은 원소마다 위치가 다르기 때문에 '원소의 지문'과 같은 역할을 한다. 우주에서 두 번째로 풍부한 원소인 헬륨도 태양 광선의 스펙트럼을 분석하다가 발견되었다. 당시 과학자들은 헬륨이 태양에만 존재하는 원소라고 생각했으므로 태양을 뜻하는 '헬리오스'에 '-ium'이라는 접미사를 붙여서 '헬륨'이라고 명명했다.

*

원자와 전자가 스펙트럼선을 만들어 내는 구체적인 과정은 그로부터 약 50년 후에 양자 역학이 본격적으로 연구되면서 알려지기 시작했다. 하지만 그전에도 개념적인 연구는 상당히 진척되어 있었다. 뉴턴의 중력 법칙이 실험실에 한정된 물리학을 태양계까지 확장시켰던 것처럼 프라운호퍼는 실험실로 한정되어 있던 화학의 무대를 우주 전역으로 넓혀 놓았다. 우주가 어떤 원소로 이루어져 있으며 어떤 온도와 압력에서 원자들이 분광기에 모습을 드러내는지 역사상 처음으로 알 수 있게 된 것이다.

안락 의자에 앉아 공상을 즐기면서 난해한 말만 늘어놓는 철학자들은 과학의 급속한 발전을 따라가지 못했다. 여기서 잠시 프랑스의 실증주의 철학자 오귀스트 콩트(Auguste Comte, 1798~1857년)가 1835년에 발표한 『실증 철학 강의(*Cours de la Philosophie Positive*)』의 한 구절을 읽어 보자.

> 지금까지 별을 관측하면서 얻은 자료들은 결코 단순한 진리로 요약될 수 없으므로 …… 아무 짝에도 쓸모가 없다. 인간은 별의 화학적 성분을 결코 알아낼 수 없을 것이다. …… 과학자들은 별의 온도와 관련된 여러 가지 학설을 늘어놓고 있지만, 정작 별의 온도가 얼마인지는 영원히 알아내지 못할 것이다.[1]

그로부터 7년이 지난 1842년에 오스트리아의 물리학자 크리스티안 요한 도플러(Christian Johann Doppler, 1803~1853년)는 파동을 생성하는 파원이 움직이고 있을 때 파동의 진동수가 변하는 현상을 발견했는데 이것이 바로 그 유명한 '도플러 효과(Doppler effect)'이다. 즉 파원이 이동할 때

1. Comte, 1853, 16쪽.

파원의 뒤쪽은 파장이 길어지고(진동수가 작아지고), 파원의 앞쪽은 파장이 짧아진다. (진동수가 커진다.) 이 효과는 파원의 속도가 빠를수록 크게 나타나며 모든 종류의 파동에 똑같이 적용된다. 따라서 만일 당신이 파원으로부터 방출되는 파동의 진동수를 이미 알고 있는데 정작 관측된 진동수가 이 값과 다르다면 파원이 어떤 속도로 멀어져 가고 있는지(또는 다가오고 있는지) 알 수 있다. 도플러는 1842년에 발표한 논문에 다음과 같이 적어 놓았다.

> 멀지 않은 미래에 천문학자들은 이 효과(도플러 효과)를 이용하여 별의 움직임을 관측할 수 있게 될 것이다. …… 지금 당장은 상상하기 어렵겠지만 …… 언젠가는 반드시 현실로 다가올 것이다.[2]

도플러 효과는 음파와 광파(빛) 등 모든 파동에서 한결같이 나타나는 현상이다. (이 효과가 '마이크로파 레이더 총'에 적용되어 제한 속도보다 빠르게 달리는 운전자들에 벌금을 부과하는 수단으로 사용되고 있다는 것을 도플러가 알면 어떤 표정을 지을지 궁금하다.) 그 후 도플러는 1845년까지 달리는 기차 위에 악기 연주자를 태우고 음정의 변화를 관측하는 실험을 꾸준하게 수행했다.

*

1800년대 말에 분광 사진기를 비롯한 현대식 장비가 일반화되면서 천문학은 새로운 중흥기를 맞이하게 된다. 천체 물리학이 하나의 학문 분야로 자리를 잡은 것도 이 무렵이었다. 1895년에 창간된 학술지

2. Schwippell, 1992, 46~54쪽.

《천체 물리학 저널(*Astrophysical Journal*)》은 20세기 천체 물리학을 선도했고 1962년부터는 "분광학 및 천체 물리학 국제 논평(International Review of Spectroscopy and Astronomical Physics)"이라는 부제를 달고 출간되었다. 지금도 우주 관측과 관련된 대부분의 논문은 스펙트럼 분석과 직간접적으로 연관되어 있다.

별빛의 스펙트럼을 얻으려면 일반적인 사진기보다 훨씬 많은 빛을 모아야 한다. 그래서 천체를 관측할 때에는 하와이에 있는 지름 10미터짜리 케크(Keck) 망원경과 같은 초대형 장비가 동원된다. 우리에게 스펙트럼을 분석하는 능력이 없다면 우주에서 무슨 일이 진행되고 있는지 전혀 알 수 없을 것이다.

천체 물리학자들은 각 천체의 구조와 진화 과정에 관한 거의 모든 지식을 스펙트럼으로부터 추론해 내고 있다. 그러나 연구 대상을 놓고 다양한 추론을 하다 보면 스펙트럼 분석은 부수적 도구로 전락하기 십상이다. 대상이 지나치게 복잡한 경우에는 유사한 사례를 들거나 비유적 표현을 사용해 이해를 도모할 수 있다. 생물학자들은 DNA 분자를 설명할 때 "2개의 나선형 고리"라는 표현을 자주 사용한다. 두 고리는 여러 개의 가로대를 통해 서로 연결되어 전체적으로 '꼬인 사다리' 모양을 하고 있다. 우리는 고리를 상상할 수 있으며 이들이 사다리 모양으로 연결된 모습도 쉽게 떠올릴 수 있다. 이런 식으로 생물학자들의 비유적 표현을 따라가다 보면 DNA의 외형을 머릿속에 그릴 수 있게 되는 것이다. 이때 각 단계의 설명은 분자의 실제 형태를 조금씩 변형시킨 것으로서 이들이 하나로 결합되면 문제의 난이도와 상관없이 머릿속에 특정한 영상이 떠오른다.

다시 본론으로 돌아가자. 별들이 멀어지는 속도를 어떻게 알 수 있을까? 그 원리를 이해하려면 다섯 단계의 추상화 과정을 거쳐야 한다.

0단계: 별

1단계: 별의 모습

2단계: 별에서 방출되는 빛

3단계: 별에서 방출되는 빛의 스펙트럼

4단계: 별에서 방출되는 빛의 스펙트럼에 나타난 검은 선

5단계: 별에서 방출되는 빛의 스펙트럼에 나타난 검은 선의 패턴 이동

0단계에서 1단계로 가는 것은 아주 쉽다. 직접 카메라로 찍거나 누군가가 찍어 놓은 사진을 재활용할 수도 있다. 그러나 5단계에 이르면 머릿속이 혼란스러워지거나 갑자기 졸음이 엄습해 올 것이다. 바로 이런 이유 때문에 우주에서 새로운 사실이 발견될 때마다 스펙트럼이 얼마나 중요한 역할을 해 왔는지 일반인들은 잘 모르고 있다. 관련 내용을 효율적으로 쉽게 설명하다 보면 어쩔 수 없이 원래의 대상에서 멀어지게 된다.

역사 박물관에 입장하면 전시장에 진열되어 있는 바위나 뼈, 도구, 화석 등이 제일 먼저 눈에 띈다. 이런 것들은 '0단계 표본'으로서 자세한 분석을 하지 않아도 대상의 특성을 파악할 수 있다. 그러나 천체 물리학 박물관에는 별이나 퀘이사(quasar, 준성체)의 실물을 전시할 수 없다. 퀘이사 근처로 가면 박물관은커녕 지구조차도 증발해 버릴 것이다.

그래서 천체 물리학은 아름답고 충격적인 사진이나 그림 등 주로 1단계 표본을 제시한다. 현대 천문학의 총아라고 할 수 있는 허블 우주 망원경은 지금도 지구 상공 610킬로미터를 선회하면서 우주의 장관을 고해상도 컬러 사진에 담아 전송하고 있다. 그런데 문제는 이 사진을 보는 사람들이 아름다운 장관에 매혹되어 주로 시적인 감상을 떠올린다는 점이다. "아, 우주는 정말 방대하고 아름답구나! 이에 비하면 지구 한구석에 살고 있는 나는 얼마나 작고 초라한 존재인가!" 제법 철학적이기는

하지만 이런 감상은 우주의 구조를 이해하는 데 아무런 도움도 되지 않는다. 우주의 작동 원리를 제대로 이해하려면 0단계에서 5단계까지 순차적으로 밟아 나가야 한다. 신문이나 잡지에 실린 우주의 사진은 언제 봐도 아름답고 웅장하지만 우주에 관한 지식은 사진이 아닌 스펙트럼을 분석하면서 쌓이는 것이다. 나는 독자들이 0 또는 1단계뿐만 아니라 5단계까지 경험해 볼 것을 적극 권하고 싶다. 이 과정을 겪다 보면 논리적 사고 방식과 지적인 이해도 자연스럽게 따라올 것이다.

*

성운이나 은하의 가시광선 대역만 보여 주는 아름다운 사진을 감상하는 것과 기체 구름 속에 숨어 있는 전파 스펙트럼을 분석하는 것은 완전히 다른 일이다. 은하의 곳곳에 퍼져 있는 기체 구름은 새로 태어날 별의 모태이자 보육원의 역할을 하고 있다.

큰 질량을 가진 별이 폭발하는 위치는 사진을 통해 알 수 있다. 그러나 이 죽어 가는 별의 가시광선 및 엑스선 스펙트럼을 분석하면 무거운 원소들이 퍼져 있는 위치를 비롯하여 지구의 구성 성분까지 추정할 수 있다. 우리는 별들 사이에서 살고 있지만, 동시에 별들도 우리 속에 살고 있는 것이다.

아름다운 나선 은하 사진이 실려 있는 포스터를 들여다보는 것과 은하의 스펙트럼에서 도플러 효과를 분석하는 것도 완전히 다른 일이다. 이 분석에 따르면 은하를 구성하는 1000억 개의 별이 뉴턴의 중력 법칙을 따라 초속 200킬로미터로 회전하고 있으며 은하 전체는 광속의 10분의 1에 달하는 속도로 지구로부터 멀어져 가고 있다. 이는 우주가 팽창하고 있다는 뜻이다. 제아무리 뛰어난 천문학자라도 은하의 사진만 들여다보고 우주가 팽창한다는 사실을 추론하는 것은 절대 불가능하다.

또한 태양계에 가까운 곳에서 밝기와 온도가 태양과 비슷한 별을 관측하는 것과, 초고감도 도플러 효과 감지기를 이용하여 그 별 주변에서 행성들을 발견하는 것도 완전히 다른 일이다. 지금까지 태양계 바깥에서 발견된 행성은 200여 개에 이른다. (2018년 2월 1일 기준 태양계 바깥에서 발견된 행성은 3,728개이다. — 옮긴이)

우주의 변방에서 퀘이사를 발견하는 것과 퀘이사의 스펙트럼을 철저히 분석하여 관측 가능한 우주의 전체적인 구조를 추정하는 것도 전혀 다른 일이다. 퀘이사에서 방출되는 빛은 지구에 도달할 때까지 기체 구름 등 수많은 장애물들을 거치는데 이 과정에서 스펙트럼에 다양한 변화가 초래된다.

원자가 자기장 속에 진입하면 구조적으로 약간의 변화를 겪게 된다. (그렇지 않다면 자기 유체 역학(magnetohydrodynamics)을 연구하는 학자들은 당장 할 일이 없어질 것이다!) 자기장 속에 있는 원자들로부터 얻은 스펙트럼을 분석해 보면 이 변화를 분명하게 감지할 수 있다.

또한 도플러 효과에 아인슈타인의 상대성 이론을 적용하면 우주 팽창 속도가 변하는 양상과 우주의 나이 그리고 앞으로 다가올 우주의 미래까지 예측할 수 있다.

다소 역설적으로 들리겠지만 지금까지 우리는 우주에 대하여 깊은 바다 속의 생태계나 지구 내부의 지질학적 구조보다 훨씬 구체적이고 방대한 지식을 쌓아 왔다. 과거의 천문학자들은 원시적인 망원경으로 하늘의 겉모습밖에 볼 수 없었지만 현대의 천체 물리학자들은 고성능 천체 망원경과 분광학의 첨단 기술을 이용하여 우주로 한없이 나아가고 있다. 언젠가는 지구의 연구실에 앉아서 멀리 있는 별을 '만질 수 있는' 날이 반드시 찾아올 것이다.

16장

우주의 창

1부에서 말한 바와 같이 인간의 눈은 신체 기관 중에서 가장 발달한 부분이라 할 수 있다. 눈은 초점 거리를 자유자재로 바꿀 수 있고 다양한 밝기에 적응할 수 있으며, 수많은 색상을 구별할 수 있다. 하지만 적외선이나 자외선 대역으로 들어가면 인간은 곧바로 장님이 된다. 인간의 귀는 어떤가? 박쥐는 인간의 가청 주파수보다 10배 이상 높은 초음파를 감지하면서 어두운 동굴 속을 자유롭게 날아다닌다. 그리고 인간의 후각이 개와 비슷한 수준이었다면 공항 검색대에 탐지견 대신 사람이 투입되었을 것이다.

모든 발견의 역사는 인간의 타고난 감지 능력을 확장시키려는 욕망에 뿌리를 두고 있다. 우주를 관측하고 새로운 사실을 발견하는 행위도 마찬가지다. 1960년대 초에 (구)소련과 NASA는 달과 행성을 정복하기 위한 탐사선을 우주 공간에 띄우기 시작했고(여기 탑재된 모든 장비는 컴퓨터로 제어되었으므로 따지고 보면 거대한 '로봇'이었던 셈이다.) 이때 사용된 기술은 지금도 우주 개발의 표준으로 남아 있다. 우주 공간에서 활약하는 로봇은 여러 가지 면에서 인간보다 뛰어난 장점을 갖고 있다. 인간은 생명체이기 때문에 우주 공간에서 생명 활동을 유지하기 위해 막대한 비용을 지출해야 하지만 로봇을 사용하면 이와 관련된 비용이 전혀 들지 않는다. 로봇은 먹지도 자지도 않을뿐더러 거추장스러운 우주복을 입을 필요도 없다. 뿐만 아니라 로봇은 주어진 임무를 가장 효율적으로 수행할 수 있도록 언제든지 수정되고 보완될 수 있으며, 뜻밖의 사고가 났을 때 부분적으로 망가지기는 하겠지만 결코 죽지는 않는다. 그러나 컴퓨터는 인간의 호기심과 번뜩이는 영감을 흉내 낼 수 없고 무언가를 바라보다가 예기치 않은 발견을 우연히 이루어 내는 '인간적인' 능력도 없다. 아직 컴퓨터는 입력된 프로그램에 따라 움직이는 멍텅구리에 불과하다. 이 한계를 극복하지 못하는 한 컴퓨터는 이미 예견된 발견을 현장 답사로 확인하는 보조 기구에 머물 수밖에 없다.

인간의 보잘 것 없는 오감 중에서 감지 가능 영역이 가장 크게 확장된 것은 단연 시력이다. 과거의 인간은 가시광선밖에 볼 수 없었지만 지금은 첨단 장비를 이용하여 전자기파의 모든 스펙트럼을 직간접적으로 볼 수 있게 되었다. 19세기 말에 독일의 물리학자 하인리히 루돌프 헤르츠(Heinrich Rudolf Hertz, 1857~1894년)는 일련의 실험을 통해 과거에 전혀 다른 종류로 간주되었던 복사(radiation)를 하나의 체계로 통합했다. 전파와 적외선, 가시광선과 자외선 등은 모두 하나의 빛에서 각기 다른 에너지를 갖고 파생된 사촌지간이었던 것이다. 헤르츠가 발견한 모든 빛을 낮은 에너지 순으로 나열하면 전파-마이크로파-적외선-가시광선('빨주노초파남보'로 대변되는 무지개 색상이 여기 해당된다.)-자외선-엑스선-감마선으로 이어지는 연속 스펙트럼이 생성된다.

엑스선처럼 물체를 투시하는 슈퍼맨의 초능력도 오늘날에는 별 볼일 없게 되었다. 물론 슈퍼맨은 힘이 장사여서 초대형 망원경을 직접 들어 옮길 수 있겠지만 현대의 천체 물리학자들은 전자기파의 모든 스펙트럼 대역을 볼 수 있으므로 슈퍼맨보다 훨씬 뛰어난 능력을 보유하고 있는 셈이다. 만일 천체 물리학자들이 가시광선 대역밖에 볼 수 없었다면 인간은 '무지한 소경'으로 남았을 것이다. 대부분의 우주 현상은 가시광선이 아닌 다른 창문을 통해 그 모습을 드러내고 있기 때문이다.

*

전파나 마이크로파 등 우주에서 날아오는 가시광선 이외의 빛을 감지하려면 인간의 망막과 전혀 다른 감지기를 사용해야 한다.

1932년에 벨 연구소의 직원이었던 칼 구스 잰스키(Karl Guthe Jansky, 1905~1950년)는 라디오 안테나를 이용하여 지구 밖에서 날아온 전파를 인류 역사상 최초로 감지했다. 그것은 은하수의 중심부에서 방출된 매우 강력한 전파였는데 만일 인간의 가시 영역이 전파에 국한되어 있다면 밤하늘에서 찬란하게 빛나는 은하수의 중심을 맨눈으로 볼 수 있었을 것이다.

특수 제작된 장비를 이용하면 전파를 소리로 바꿀 수 있다. "아니, 빛을 소리로 바꾼다고? 그게 가능한가?"라고 묻기 전에 잠시 방안을 둘러보라, 어딘가에 라디오가 있지 않은가? 특수 장비란 바로 이 라디오를 말한다. 빛의 감지 영역을 확장시킨 결과 가청 영역도 함께 확장된 것이다. 전파를 비롯한 모든 형태의 에너지는 적절한 과정을 거쳐 원뿔 모양의 스피커를 진동시킬 수 있다. 그런데 신문 기자들은 이 간단한 사실을 잘못 이해하는 경우가 종종 있다. 예를 들어 천문학자들이 "토성에서 날아온 전파가 수신되었다."라고 말하면, "토성에서 방출된 전파 중 일부가 지구에 도달했는데 변환 장치를 이용하면 음성 신호로 들을 수도 있다."라는 뜻이다. 그런데 기자들은 이것을 "토성에서 방출된 음성 신호가 지구의 천문학자들에게 감지되었다. 아마도 토성에 사는 생명체가 지구인들에게 무언가를 말하려는 것 같다."라는 뜻으로 오해하곤 한다.

요즘은 잰스키가 사용했던 것보다 훨씬 뛰어난 전파 감지기가 널리 공급되어 있고, 그 덕분에 천체 물리학자들은 은하수를 넘어 우주 전역을 탐사할 수 있게 되었다. 그러나 전파 감지 기술이 처음 도입되던 무렵에는 천문학자들조차도 "보는 것이 곧 믿는 것이다."라는 선입견을 극복하지 못하여 전파가 감지된 곳을 기존의 광학 망원경으로 확인한 후에야 비로소 새로운 발견을 인정하곤 했다. 다행히 전파를 방출하는 대부분의 천체는 가시광선의 일부도 같이 방출하기 때문에 구식 망원경을 이용해서 전파 망원경이 발견한 내용을 검증할 수 있었다. 전파 망원경이 천문학에 도입된 후로 과학자들은 우주의 변방에서 엄청난 빛을 발산하는 신비의 천체 퀘이사(quasar, 전파를 방출하는 준성체. quasi-stellar radio source를 줄여서 만든 단어이다.)를 발견하는 등 실로 다양한 발견을 이루어냈다.

기체로 뒤덮여 있는 은하를 관측하면 수소 원자에서 방출된 전파를 어렵지 않게 감지할 수 있다. (우주의 90퍼센트는 수소 원자로 이루어져 있다.) 전파 망원경을 여러 개 연결하여 해상도를 향상시키면 은하를 덮고 있는 수소 구름의 다양한 형태를 선명한 그림으로 감상할 수 있다. 은하의 지도를 그리는 작업은 15~16세기의 지도 제작법과 크게 다르지 않다. 다만 현대의 천체 물리학자들은 인간이 갈 수 없는 곳의 정보를 취합하여 스케일이 훨씬 큰 지도를 제작한다는 것뿐이다.

*

인간의 눈이 마이크로파를 볼 수 있을 정도로 예민하다면 고속 도로의 주변에 숨어서 과속 차량을 단속하는 경찰이 당신의 차를 향해 스피드건을 조준했을 때 총구에서 뿜어져 나오는 마이크로파를 선명하게 볼 수 있을 것이다. 뿐만 아니라 마이크로파를 전송하는 전화 송신탑 주변에서도 밤마다 휘황찬란한 빛을 볼 수 있다. 그러나 마이크로파로 음식을 데우는 오븐(전자레인지)의 빛은 볼 수 없을 것이다. 문에 달려 있는 망이 마이크로파의 유출을 막아 주기 때문이다. 이 장치가 없다면 오븐을 바라보는 당신의 눈은 음식과 함께 요리될 것이다!

우주 관측에 마이크로파 망원경이 본격적으로 사용되기 시작한 것은 1960년대 말부터였다. 마이크로파 망원경은 별들 사이의 차갑고 빽빽한 기체 구름을 관측하는 데 매우 효율적이다. 이 구름들은 장차 한 곳으로 뭉쳐서 별로 진화할 것이다. 기체 구름 속에 섞여 있는 무거운 원소들은 복잡한 분자로 결합하여 마이크로파의 스펙트럼에 흔적을 남기는데 지구에서 발견된 동일 분자와 비교하면 그 정체를 완벽하게 규명할 수 있다.

우주 공간에서 발견되는 분자들 중 우리와 친숙한 목록을 나열해 보면 대충 다음과 같다.

NH_3(암모니아)

H_2O(물)

다음의 분자들은 인체에 치명적이다.

CO(일산화탄소)

HCN(사이안화수소)

개중에는 병원을 떠올리게 하는 분자들도 있다.

H_2CO(폼알데하이드)

C_2H_5OH(에틸알코올)

그러나 다음의 분자식을 보면 아무런 생각도 나지 않을 것이다.

N_2H^+(다이아제닐륨)

CHC_3CN(사이안화다이아세틸렌)

이밖에 130여 종의 분자가 발견되었는데 그중에는 단백질의 구성 성분인 글라이신(glycine, 아미노아세트산)도 있다. 따라서 우주 어딘가에 생명체가 존재하거나 앞으로 존재하게 될 가능성은 얼마든지 있는 셈이다.

그러나 뭐니 뭐니 해도 마이크로파 망원경이 이루어 낸 가장 위대한 업적은 대폭발의 잔해인 마이크로파 배경 복사(microwave background radiation)을 발견한 것이다. 대폭발로 우주가 탄생하던 무렵에는 공간 전체가 초고온 상태였으나 그 후로 계속 팽창하면서 지금은 거의 0켈빈에 가까울 정도로 차갑게 식었다. 그러나 대폭발의 거대한 에너지는 지금도 마이크로파의 형태로 우주 전역에 남아 있는데 이것을 배경 복사라 한다. (이 장의 뒷부분에서 다시 언급하겠지만 0켈빈은 자연에 존재할 수 있는 가장 낮은 온도이며 이보다 더 낮은 온도는 원리적으로 불가능하다. 0켈빈을 섭씨로 환산하면 섭씨 −273도이다.) 1965년에 벨 연구소의 물리학자 아노 앨런 펜지어스(Arno Allan Penzias, 1933년~)와 로버트 래스번 윌슨(Robert Rathbun Wilson, 1914~2000년)은 전파 망원경에 잡히는 잡음을 추적하다가 우연히 배경 복사를 발견하여 1978년에 노벨상을 받았다. 지금도 배경 복사는 우주 전역에 골고루 퍼져 있으면서 말없이 대폭발을 증명하고 있다.

펜지어스와 윌슨의 발견은 흔히 "잉어를 잡으려다 고래를 낚은" 운 좋은 사례로 기억되고 있다. 이들은 안테나로 수신되는 신호를 분석하다가 정체 불명의 잡음을 발견했는데 안테나의 내부에 묻어 있는 새의 배설물을 말끔히 닦아낸 후에도 그 잡음은 사리지지 않았다. 그 후 주변 사람들의 도움을 받아 잡음의 정체를 추적한 끝에 우주 배경 복사라는 사실을 알게 되었다.

*

전자기파의 스펙트럼에서 가시광선의 붉은색을 벗어나면 적외선 영역으로 들어선다. 적외선은 눈에 보이지 않지만 햄버거를 광적으로 좋아하는 사람들은 패스트푸드점에서 프렌치프라이를 데울 때 적외선 램프가 사용된다는 사실을 잘 알고 있을 것이다. 물론 이 램프에서는 가시광선도 방출되지만 일반적으로 음식은 가시광선보다 적외선을 훨씬 잘 흡수한다. 만일 사람의 눈이 적외선을 볼 수 있다면 밤에 모든 조명이 꺼진 일반 가정집에서 밝은 빛을 볼 수 있을 것이다. 실내 온도보다 높은 온도를 유지하는 모든 물체(방금 끈 다리미, 온수 파이프, 사람의 피부 등)에서 적외선이 방출되고 있기 때문이다. 물론 이 광경이 가시광선을 보는 것보다 아름답지는 않겠지만 겨울에 집에서 열이 밖으로 새는 부분을 쉽게 찾을 수 있을 것이다.

어린 시절 나는 밤에 실내등을 끄면 침실 옷장에 숨어 있는 귀신을 적외선으로 찾을 수 있다고 생각했다. 물론 이것이 가능하려면 귀신도 사람처럼 따뜻한 피가 흐르고 있어야 한다. 그러나 지금 생각해 보면 침실 귀신은 파충류를 닮았기 때문에 차가운 피가 흐를 것 같다. 따라서 적외선만으로 사물을 파악한다면 침실 귀신과 벽을 구별하기 어려울 것이다.

적외선은 별의 모태인 기체 구름을 관측할 때에도 매우 유용하다. 갓 탄생한 별은 대부분 기체와 먼지로 뒤덮여 있는데 이 구름이 별에서 방출된 가시광선의 대부분을 흡수하고 적외선을 재복사하기 때문에 일반 광학 망원경으로는 보이지 않는다. 가시광선은 별들 사이에 퍼져 있는 먼지 구름에 대부분 흡수되지만 적외선은 먼지 구름을 비교적 쉽게 통과한다. 그래서 적외선 망원경을 사용하면 먼지와 기체가 사방에 흩어져 있는 우리의 은하를 좀 더 분명하게 관측할 수 있다. 또한 지구의 표면을 적외선 사진기로 촬영하면 난류의 흐름이 선명하게 드러나서 해류로 인한 기후의 변화를 정확하게 예측할 수 있다.

6,000켈빈의 태양 표면에서 방출되는 빛에는 적외선도 포함되어 있지만 가시광선이 가장 많이 포함되어 있기 때문에 지구에서 주로 낮에 활동하는 생명체(물론 인간도 포함된다.)의 눈은 가시광선 대역의 빛에 가장 민감하게 반응하도록 진화해 왔다. 만일 가시광선 대역과 인간의 눈이 볼 수 있는 빛의 대역이 일치하지 않았다면 지금과 같은 시야를 확보하지 못했을 것이다. (가시광선(可視光線)이라는 단어 자체에 '눈으로 볼 수 있는 빛'이라는 의미가 들어 있기 때문에 앞의 문장은 조금 어색한 감이 있다. 이 책에서는 가시광선을 '눈에 보이는 빛'이 아니라 '빛의 특정 진동수 대역'을 칭하는 단어로 사용하고 있다. — 옮긴이)
가시광선은 대부분의 물체를 통과하지 못하지만 유리나 공기 속은 자유롭게 지나갈 수 있다. 그러나 자외선은 유리를 통과하지 못한다. 따라서 우리의 눈이 자외선만 볼 수 있다면 유리나 벽돌담이나 똑같아 보일 것이다.

태양보다 3~4배 뜨거운 별들은 엄청난 양의 자외선을 방출하고 있다. 다행히도 이런 별들은 가시광선도 방출하기 때문에 굳이 자외선 망원경을 사용하지 않아도 관측할 수 있다. 단 지구로 쏟아지는 엑스선과 감마선 등 대부분의 자외선은 대기의 오존층에 흡수되기 때문에 뜨거운 별을 관측하려면 대기 위에 떠 있는 위성이나 허블 우주 망원경을 사용해야 한다. 고에너지 스펙트럼 분석은 비교적 최근에 부각되기 시작한 분야이다.

✷

20세기의 첫 해인 1901년에 독일의 물리학자 빌헬름 콘라트 뢴트겐(Wilhelm Conrad Röntgen, 1845~1923년)은 엑스선을 발견하여 제1회 노벨 물리학상을 수상하는 영예를 안았다. 우주에서 날아오는 자외선과 엑스선은 신비로 가득 찬 블랙홀의 존재를 강하게 시사하고 있다. 블랙홀은 중력이 너무 강하여 빛조차도 빠져 나오지 못하기 때문에 망원경으로는 그 존재를 직접 확인할 수 없다. 그러나 블랙홀 주변에 있는 뜨거운 별이(태양보다 20배 이상 뜨거워야 한다.) 블랙홀의 엄청난 중력에 휘말려서 나선을 그리며 빨려 들어가고 있다면 그로부터 다량의 자외선과 엑스선이 방출된다. 지금까지 알려진 모든 블랙홀은 이와 같이 간접적으로 관측된 것이다.

무언가를 발견했다고 해서 그것을 반드시 이해한다는 보장은 없다. 마이크로파 배경 복사를 처음 발견했을 때도 그랬고, 지금은 감마선 폭발이 정체 불명의 사건으로 남아 있다. 6부에서 다시 언급하겠지만 천문학자들은 우주에 떠 있는 감마선 망원경을 이용하여 하늘에 골고루 퍼져 있는 고에너지 감마선을 발견했는데 그 출처는 아직 밝혀지지 않고 있다.

관측의 범위를 원자 세계로 확장시키면 중성미자(neutrino, 뉴트리노)를 탐색자로 사용할 수 있다. 2부에서 설명한 바와 같이 그 성질을 종잡을 수 없는 중성미자는 양성자가 중성자와 양전자(전자의 반입자)로 붕괴될 때마다 생성되는데 이 과정은 태양의 중심부에서 매 초마다 약 100×10억×10억×10억×10억 회(10^{38}회)씩 일어나고 있다. 태양의 중심부에서 생성된 중성미자는 아무런 방해도 받지 않고 순식간에 태양을 탈출하여 산지사방으로 흩어진다. 만일 중성미자를 잡아내는 '중성미자 망원경'을 만들 수 있다면 태양의 중심부에서 진행되고 있는 핵융합 과정을 적나라하게 볼 수 있을 것이다. (가시광선을 잡아내는 일반 망원경으로는 결코 볼 수 없는 광경이다.) 그러나 애석하게도 중성미자는 다른 물질과 상호 작용을 거의 하지 않기 때문에 잡아내기가 거의 불가능하다. 정상적인 망원경이라면 신호를 반사하거나 굴절시켜서 한 점에 모을 수 있어야 하는데 중성미자는 모든 물질을 그냥 통과해 버리기 때문에 '신호'의 역할을 하지 못하는 것이다. 중성미자 망원경이 절대 불가능한 것은 아니지만 지금 당장은 막연한 희망 사항일 뿐이다.

우주에서 초대형 사고가 터지면 중력파가 발생한다. 아인슈타인은 1916년에 일반 상대성 이론을 발표하면서 중력파의 존재를 처음으로 예견했다. 잔잔한 호수에 돌멩이를 던지면 파문이 퍼져 나가듯이 우주의 한 지점에서 거대한 폭발이나 이에 준하는 대형 사고가 발생하면 시공간에 주름이 생가면서 중력파가 퍼져 나간다. 그러나 애석하게도 아직 발견된 사례는 없다. 캘리포니아 공과 대학(Caltech)의 물리학자들은 길이 4킬로미터짜리 L자 모양 진공 파이프를 이용해 중력파 감지를 시도하고 있다. 파이프에 중력파가 도달하면 빛의 진행 거리에 변화가 생기면서 L자 중 한쪽의 길이가 다른 쪽의 길이와 아주 조금 달라지는 데 이 차이는 레이저빔을 통해 관측되도록 세팅되어 있다. 라이고(LIGO, Laser Interferometer Gravitational-wave Observatory)라는 이름으로 알려진 이 장치는 1억 광년 떨어진 곳에서 별의 충돌로 인해 발생한 중력파까지 감지할 수 있을 정도로 예민하다. 미래에는 별의 충돌이나 폭발 또는 붕괴 때문에 발생한 중력파가 수시로 감지될지도 모른다. 여기서 한 걸음 더 나아가면 우주 배경 복사의 커튼을 젖히고 시간이 시작되는 시점까지 거슬러 올라갈 수도 있다. (2015년 2월과 2016년 2월, 그리고 2017년 1월에 LIGO에서 중력파가 감지되어 세간의 화제가 되었다. 이로써 아인슈타인이 예견했던 중력파는 명확한 실체로 확인되었으며, 전자기파(자외선, 가시광선, 적외선) 외에 천체를 관측하는 또 하나의 수단으로 떠올랐다. — 옮긴이)

17장

우주의 색

밤하늘에서 우리 눈의 색상 인지 세포를 자극할 정도로 강한 빛을 발하는 천체는 그리 많지 않다. 붉은색의 화성과 베텔게우스(Betelgeuse, 오리온의 왼쪽 겨드랑이에 있다.) 그리고 푸른색의 리겔(Rigel, 오리온자리의 1등성으로 오리온의 오른쪽 무릎에 위치하고 있다.)은 색깔이 있는 빛을 방출하고 있지만 이들을 제외한 나머지는 거의 흑백에 가깝다. 다들 알다시피 맨눈으로 보는 밤하늘은 색상과 거리가 멀다.

대형 망원경으로 바라보면 밤하늘은 비로소 고유의 색상을 드러낸다. 별들은 기본적으로 세 가지 색(붉은색, 흰색, 푸른색)을 띠고 있다. 별들 사이에 퍼져 있는 기체 구름은 구성 성분과 촬영 방식에 따라 다양한 색을 띨 수 있지만, 별의 색은 오직 온도에 따라 결정된다. 차가운 별은 붉은색으로 보이고 미지근한 별은 흰색으로 보인다. 그리고 뜨거운 별은 푸른색으로 보이고, 아주 뜨거운 별도 푸른색으로 보인다. 온도가 1500만 도나 되는 태양의 중심부는 무슨 색일까? 푸른색이다. 천체 물리학자가 볼 때 '붉게 데워진' 음식과 '붉게 달아오른' 연인들은 아직 더 뜨거워질 수 있는 여지가 충분히 남아 있다.

천체 물리학의 법칙과 인간의 생리적 기능은 초록색 별의 존재를 금지하고 있다. 그렇다면 노란색 별은 어떨까? 대부분의 SF 소설과 일부 천문학 서적을 보면 태양이 노란색으로 묘사되어 있다. 대부분의 독자들도 태양이 노랗다는 데 별다른 이견을 달지 않을 것이다. 그러나 전문 사진 작가들은 태양이 푸르다는 사실을 잘 알고 있다. 그들은 대낮에 찍은 하늘 사진의 색상을 보정할 때 '태양은 푸른색이다.'라는 기준을 사용한다. 카메라 플래시가 푸른색 빛을 발하는 것도 태양빛과 비슷한 효과를 내기 위한 조치이다. 반면에 창고에서 대부분의 시간을 보내는 예술가들은 태양이 흰색이라고 주장할 것이다.

일출이나 일몰 때 태양이 오렌지색 계열의 노란색이라는 데에는 이견의 여지가 없다. 그러나 해가 중천에 뜨면 햇빛이 통과하는 대기의 두께가 얇아져서 산란이 적게 일어나기 때문에 노란색이 강하게 부각되지 않는다. 독자들도 잘 알다시피 노란색 광원에서 방출된 빛으로 사물을 비추면 대부분 노란색으로 나온다. 따라서 태양이 정말로 노란색이라면 들판에 쌓인 눈도 노란색으로 보여야 할 것이다.

*

천체 물리학자들의 온도 감각은 일반인들과 사뭇 다르다. 그들은 절대 온도 1,000~4,000켈빈인 물체를 붉은색으로 간주하고 "차갑다."라는 표현을 주저 없이 사용한다. (절대 온도에서 273을 빼면 섭씨 온도가 된다. 따라서 온도가 수천 도를 넘어가면 절대 온도나 섭씨 온도나 별 차이가 없다. — 옮긴이) 그러나 고성능 백열 전구는 온도가 3,000도에 가까움에도 불구하고 거의 흰색으로 보인다. 1,000도 이하의 물체들이 방출하는 빛에는 가시광선의 강도가 현격하게 줄어든다. 기체 구름이 구형으로 뭉친다 해도 이 정도 온도에서는 별이 될 수 없다. 이런 천체는 가시광선을 거의 방출하지 않기 때문에 갈색으로 보일 리가 없는데도 '갈색 왜성(brown dwarf)'이라는 이름으로 불리고 있다.

'블랙홀'이라는 이름을 들으면 검은 물체를 떠올리는 사람도 있겠지만 사실 블랙홀은 완전한 검은색이 아니다. 스티븐 윌리엄 호킹(Stephen William Hawking, 1942~2018년)의 이론에 따르면 블랙홀은 서서히 증발하면서 사건 지평선 근처에서 소량의 빛을 방출하고 있다. 이때 방출되는 빛의 종류는 블랙홀의 질량에 따라 달라진다. 블랙홀의 질량이 작을수록 증발 속도가 빨라져서 감마선과 가시광선의 형태로 에너지를 모두 방출하고 장렬한 최후를 맞이한다.

✷

현대 과학을 소개하는 텔레비전 프로그램이나 잡지 등은 종종 잘못된 색상을 사용하고 있다. 일기 예보에서 비가 많이 오는 지역과 적게 오는 지역을 특정 색상으로 구별하듯이 천체 물리학자들은 우주 각지의 밝기를 임의의 색으로 표현하고 있는데, 예를 들면 밝은 곳을 붉은색으로 칠하고 어두운 곳을 푸른색으로 칠하는 식이다. 그러나 이들이 제시한 색은 실제의 색과 아무런 관계도 없다. 운석의 경우에는 각 부위의 화학적 구성 성분이나 온도 분포를 일련의 특정 색상으로 구별하기도 한다. 그리고 컬러로 그려진 나선 은하에서 지구로 다가오는 부분을 푸른색으로, 멀어져 가는 부분을 붉은색으로 칠해 놓은 것은 도플러 효과의 청색 이동과 적색 이동을 상징적으로 표현한 것이다.

마이크로파 배경 복사의 분포를 나타낸 지도에서 어떤 부분은 평균보다 온도가 높다. 따라서 평균이 유지되려면 평균보다 온도가 낮은 지역도 있어야 한다. 이들 사이의 온도차는 10만분의 1도 정도이다. 이 미세한 차이를 어떻게 표현해야 할까? 뜨거운 부분을 푸른색, 차가운 부분을 붉은색으로 표현하거나 그 반대로 표현할 수도 있다. 배경 복사에 색을 입혀 놓으면 현실감이 떨어지지만 온도차를 나타내는 데에는 이보다 좋은 방법이 없다.

독자들은 적외선 망원경이나 전파 망원경으로 촬영한 우주의 영상에 총천연색을 입혀 놓은 그림을 본 적이 있을 것이다. 이런 경우에는 주로 붉은색과 초록색 그리고 파란색이 사용되는데(빛의 삼원색인 RGB(red, green, blue)에 해당한다.), 이들을 적절히 섞으면 눈에 보이지 않는 천체의 컬러 사진을 만들 수 있다.

이와 같이 과학자들은 색의 고유한 이름을 일반인들이 생각하는 것과 전혀 다른 의미로 사용하고 있다. 따라서 천체 물리학자들이 어떤 색상을 구체적으로 언급했다고 해서 굳이 그 색과 관련된 이미지를 떠올리려고 노력할 필요는 없다. 그들이 말하는 색상으로부터 실제의 색을 떠올리는 방법은 따로 있다. 그러나 일반인들은 그 방법을 잘 모르기 때문에(감지기의 감도를 고려하고 다중 필터로 걸러진 빛의 광도에 로그를 취하는 등 복잡한 과정을 거쳐야 한다.) 우주의 색에 대해서 잘못된 인식을 갖기 쉽다.

*

미국의 천문학자이자 화석에 광적인 관심을 보였던 퍼시벌 로웰은 인간의 변덕스러운 색상 인지 능력 때문에 엉뚱한 결론에 도달했다. 그는 1800년대 말과 1900년대 초 사이에 화성 표면의 정밀 지도를 제작했는데 이 작업이 가능하려면 빛의 전달을 방해하는 대기가 항상 건조하고 요동이 없어야 한다. 그래서 로웰은 1894년에 날씨가 건조하기로 유명한 애리조나 주 마스 힐(Mars Hill, 화성의 언덕) 꼭대기에 로웰 천문대를 건설하고 화성을 집중적으로 관측했다. 화성의 표면에는 철 성분이 많아서 거의 붉은색으로 보인다. 로웰은 그곳에서 초록색 흔적을 여러 개 발견하고 극도로 흥분하여 "과거에 화성인들이 극지방을 덮고 있는 빙관을 녹여서 대도시와 촌락 그리고 농장 등지에 소중한 물을 보급하기 위해 건설했던 인공 운하의 흔적"이라고 강하게 주장했다.

지금 나는 로웰의 관음증적 성향을 탓하려는 것이 아니다. (타이슨은 화성 관측을 관음증에 비유하고 있는데, 이것은 로웰에 대한 개인적 감정일 뿐 관측 행위 자체를 비난하려는 의도는 아닐 것으로 믿는다. — 옮긴이) 일단 그가 주장했던 초록색 운하의 정체부터 살펴보자. 지금은 잘 알려진 사실이지만 로웰은 광학적 환영을 운하로 착각했다. 인간의 두뇌는 아무런 질서가 없는 대상에서도 시각적 질서를 만들어 내는 능력이 있다. 하늘의 별자리가 그 대표적인 사례이다. 별들은 아무런 규칙 없이 무작위로 늘어서 있지만 우리의 선조들은 그 무질서 속에서 사람, 동물, 악기 등 구체적인 영상을 떠올렸다. 로웰의 두뇌도 이런 식으로 작용하여 화성 표면에 나 있는 무질서한 무늬 속에서 인공적인 운하를 떠올렸던 것이다.

로웰에게 착각을 불러일으켰던 요인은 이것뿐만이 아니다. 일반적으로 노란색-붉은색 옆에 회색 물체가 놓여 있으면 초록색-파란색 계열로 보이는 경향이 있다. 이 현상은 1839년에 프랑스의 화학자 미셸 유진 슈브릘(Michel Eugène Chevreul, 1786~1889년)이 처음으로 발견했다. 화성의 표면은 전체적으로 흐릿한 붉은색이고 회갈색 영역이 부분적으로 섞여 있는데 이것이 로웰의 눈에 푸른 기운을 띤 초록색으로 보였던 것이다.

그러나 우리의 두뇌는 왜곡된 색상을 원래대로 보정하는 능력도 갖고 있다. 예를 들어 나무가 빽빽하게 들어선 열대 우림 속에서 땅에 도달하는 빛은 거의 초록색으로 여과되기 때문에 하얀 종이도 초록색으로 보일 것 같지만 그렇지 않다. 우리 두뇌가 주변 상황을 인지하여 초록색으로 보이는 효과를 억제하기 때문에 숲 속에서 책을 읽어도 글씨는 검고 종이는 하얗게 보인다.

또 다른 예로 밤길을 걷다가 어떤 집의 유리창 앞을 지날 때 실내에 텔레비전이 켜져 있고 그 외의 조명이 모두 꺼져 있다면 벽은 연한 푸른색 기운을 띠게 될 것 같지만 사실은 그렇지 않다. 우리의 두뇌가 텔레비전에서 방출되는 빛의 효과를 인지하여 색상의 왜곡을 방지해 주기 때문이다. 이와 같은 생리학적 보정 효과 때문에 앞으로 화성 식민지에 파견될 거주민들의 눈에도 화성의 표면이 온통 붉은색으로 보이지는 않을 것이다. 1976년에 바이킹 호가 화성에 성공적으로 착륙한 후 희미한 사진을 전송해 왔을 때 NASA의 과학자들은 일반인들의 상상에 부합되도록 깊은 계곡에 붉은색을 덧칠하여 언론에 공개했다.

*

20세기 중반에 캘리포니아 샌디에이고의 외곽 지역에서 밤하늘을 체계적으로 촬영하는 역사적인 관측이 실행되었다 '팔로마 천문대 천문관측(Palomar Observatory Sky Survey)'이라는 이름으로 잘 알려진 이 프로젝트는 우주에 관한 방대한 자료를 수집하여 천문 관측의 토대를 마련하는 목적으로 실행되었으며, 각 천체를 동일한 노출 상태에서 푸른색에 예민한 필름과 붉은색에 예민한 필름(코닥 흑백 필름)으로 두 번씩 촬영했다. (이 프로젝트를 계기로 코닥 사의 연구 개발팀은 최첨단 기술을 확보하게 되었다.) 붉은색에 예민한 필름으로 선명하게 잡힌 천체를 푸른색에 예민한 필름으로 촬영하면 거의 보이지 않기 때문에 동일한 천체를 이중으로 촬영한 자료를 모아 두면 향후 천체 관측의 기준으로 삼을 수 있다.

렌즈의 지름이 240센티미터인 허블 우주 망원경은 지구 상에 설치된 대형 망원경보다 훨씬 작지만 우주 공간에 떠 있기 때문에 대기의 영향을 받지 않고 언제든지 천체 관측이 가능하다는 장점을 갖고 있다. 허블 우주 망원경이 촬영한 사진 중 가장 유명한 '허블 헤리티지(Hubble Heritage)' 시리즈는 우주 관측의 위대한 유산으로 남아 있다. 천체 물리학자들이 컬러 영상을 얻어내는 과정은 일반 사진의 인화 과정보다 훨씬 복잡하다. 일단 그들은 일반 가정에서 쓰는 것과 똑같은 디지털 CCD(change-coupled device) 카메라를 사용한다. 단지 일반인들보다 10여 년 먼저 사용해 왔다는 점이 다를 뿐이다. 그러나 빛을 잡아내는 감지기는 일반 사진기와 비교가 되지 않을 정도로 예민하고 정교하다. 그리고 빛이 CCD에 도달하기 전에 수십 가지 방법으로 빛을 여과시킨다. 일반적인 컬러 사진의 경우 적, 녹, 청 필터를 사용하여 3개의 영상을 연속적으로 얻은 후 하나로 합치면 온전한 색상이 구현된다. 그다음 적절한 소프트웨어를 사용하여 적-녹-청 영상을 적절한 비율로 조합하면 최종 영상이 얻어지는데 이는 인간의 눈과 두뇌에서 색을 인지하는 과정과 거의 비슷하다. 만일 사람 눈의 지름이 240센티미터라면 맨눈으로 바라본 영상은 허블 우주 망원경이 찍은 영상과 동일할 것이다.

어떤 천체가 원자와 분자의 양자 역학적 특성을 따라 특정한 파장의 빛만 강하게 방출한다고 가정해 보자. 이 파장을 미리 알고 있다면 광대역 RGB 필터 대신 특정 필터를 사용하여 매우 선명한 사진을 찍을 수 있다. 목성의 대적반이 대표적인 사례이다. (솔직히 말해서 나는 망원경으로 목성의 대적반을 본 적이 한 번도 없다.) 실제로 대적반을 촬영하면 희미하게 나오는 경우가 대부분인데 이때 붉은색 파장을 걸러내는 필터를 사용하면 깨끗한 영상을 얻을 수 있다.

은하 속에서 별이 형성되는 영역 근처에 있는 산소 원자들은 초록색 빛을 방출한다. (앞서 말한 대로 과거의 천문학자들은 이것을 네불륨이라는 새로운 원소로 생각했다.) 허블 우주 망원경은 내부에 장착된 초록색 필터를 이용하여 이 광경을 촬영해 왔는데 과거에 동일한 대상을 RGB 필터로 촬영한 사진과 비교해 보면 비슷한 점을 찾기가 어려울 정도이다. 물론 우리가 원하는 영상(예를 들면 산소 구름 등)만을 골라서 보고자 한다면 특정 필터를 사용해서 찍은 사진이 훨씬 정확하다.

그런데 허블 우주 망원경이 보내온 사진의 색상은 어디까지 신뢰할 수 있을까? 이 점에 대해서는 아직도 논란이 분분하다. 허블 우주 망원경은 과연 우주의 '진짜' 색상을 촬영하고 있을까? 일단 엉뚱한 색이 섞여 있지 않다는 것만은 분명하다. 허블이 보내온 사진은 천체 물리학적 대상이나 현상에서 방출되는 빛을 실제의 색으로 표현하고 있다. 그러나 순수주의자들은 '인간의 눈으로 인지되는 색'만이 진정한 색이라고 주장한다. 특정한 필터를 써서 빛을 걸러낸 사진은 진정한 색상을 담고 있지 않다는 것이다. 그러나 만일 사람 눈의 망막을 좁은 파장 대역에 맞출 수 있다면 허블 우주 망원경을 통해 본 색상과 맨눈으로 본 색상은 다를 것이 없다. 그리고 앞 문장에서 제시한 가정은 "만일 사람 눈의 지름이 240센티미터라면……"이라는 가정과 크게 다르지 않다.

우주의 모든 천체가 방출하는 가시광선을 하나로 모으면 어떤 색으로 보일까? 다시 말해서 우주를 단 하나의 색으로 표현한다면 어떤 색에 가장 가까울 것인가? 다행히도 달리 할 일이 없는 사람들이 끈기 있게 계산을 수행하여 모범 답안을 제시해 놓았다. 그동안 과학자들은 우주의 색을 아쿠아마린색(남청색)과 연한 터키옥색(청록색)의 중간쯤으로 생각하고 있었는데 존스 홉킨스 대학교(Johns Hopkins University)의 칼 글레이즈브룩(Karl Glazebrook, 1965년~)과 이반 밸드리(Ivan Baldry)는 20만 개의 은하를 대상으로 엄청난 양의 계산을 수행한 끝에 어두운 베이지색(또는 '우주 라떼(cosmic latte)'라고도 한다.)이라는 결론에 도달했다.

컬러 사진기를 발명한 사람은 19세기 영국의 천문학자 존 허셜 경이었다. 그 후로 천문학자들은 온갖 오해를 불러일으키면서도 일반인들의 눈을 즐겁게 해 주고자 우주를 찍은 영상에 휘황찬란한 색조를 입혀 왔고 이 작업은 앞으로도 영원히 계속될 것이다.

18장
우주 플라스마

극히 일부이기는 하지만 의학과 천체 물리학에서 동일한 전문 용어를 사용하는 경우가 있다. 사람의 두개골에 안구가 위치하는 두 구멍인 안와(眼窩)를 orbit(천문학에서는 궤도)이라고 하고 가슴 중앙부에 있는 복강신경 얼기를 solar plexus(과거 해부학 용어로는 '태양 신경총'이라고 했다.)라고 한다. 안구에는 수정체, 즉 lens(천문학에서는 렌즈)가 달려 있다. 그러나 우리의 몸에 '퀘이사'나 '은하'는 없다. 그런데 orbit과 lens는 의학과 천체 물리학에서 의미가 거의 비슷한 반면 plasma는 전혀 다른 의미로 사용되고 있다. 혈장(blood plasma)을 수혈하면 꺼져 가는 생명을 살릴 수 있지만 온도가 수백만 도에 달하는 천체 물리학적 플라스마 덩어리에 접근하면 몸뚱이가 순식간에 증발해 버린다.

천체 물리학적 플라스마는 우주의 도처에 존재하고 있지만 교과서나 대중 서적에 소개되는 일은 거의 없다. 일반 교양 과학 서적에서 플라스마는 고체, 액체, 기체 중 어디에도 속하지 않는 '제4의 상태'로 소개된다. 플라스마 속의 원자와 분자는 기체 속에서와 같이 자유롭게 움직일 수 있으며 자기장을 잡아 두거나 전기를 흐르게 할 수 있다. 플라스마 속에 있는 대부분의 원자는 몇 가지 역학적 원인 때문에 전자를 잃어버린 상태이며 플라스마는 온도가 높고 밀도가 낮아서 원자에서 이탈한 전자들이 원래의 원자로 귀속되는 경우는 극히 드물다. 또한 플라스마는 전자(음전하)의 개수와 양성자(양전하)의 개수가 같기 때문에 전기적으로 중성을 유지한다. 그러나 플라스마의 내부에서는 전류와 자기장이 수시로 요동치고 있기 때문에 독자들이 고등학교 시절에 배운 이상 기체(ideal gas)와는 전혀 다른 방식으로 행동한다.

*

전기장과 자기장이 걸려 있는 곳에서는 중력의 효과가 거의 무색해진다. 양성자와 전자 사이에 작용하는 전기적 인력은 중력의 인력보다 무려 10^{40}배 이상 크다. 테이블 위에 종이 클립을 놓고 자석을 가까이 가져가면 클립이 자석에 달라붙는다는 것은 어린아이들도 익히 알고 있는 사실이다. 그러나 이 현상을 다음과 같이 생각해 보라. 자기력은 클립과 자석 사이에 작용하는 힘이고 클립의 중력은 지구와 클립 사이에 작용하는 힘이다. 그런데 클립이 자석에 붙어 따라 올라온다는 것은 기껏해야 손바닥보다 작은 자석-클립 사이의 자기력이 지구-클립 사이의 중력보다 강하다는 뜻이 아닌가! 전기력과 중력의 차이를 보여 주는 또 한 가지 예를 들어 보자. 우주 왕복선의 코 부분에서 1세제곱밀리미터 안에 들어 있는 전자를 모두 수거하여 분사구 쪽에 붙여 놓으면 전기적 인력 때문에 엔진을 풀가동해도 이륙하지 못한다. 이륙은커녕 그 자리에서 꼼짝도 못할 것이다. 그리고 아폴로 우주선의 승무원이 달의 먼지에서 소량의 전자를 채취해서 지구로 가져온다면(단 전자가 속해 있던 원자는 달에 그대로 두고 온다면), 이 전자들과 달에 남겨진 원자(더 정확하게는 원자핵)들 사이에 작용하는 전기적 인력은 달과 지구 사이의 중력보다 강하다.

지구에서 볼 수 있는 플라스마의 사례로는 불꽃과 번개, 별똥별의 꼬리 그리고 거실의 카펫에 손을 비빈 후 문고리를 잡았을 때 느껴지는 전기 충격 등을 들 수 있다. 전기 방전은 물체의 특정 부위에 전자가 정원 초과 상태에 있다가 갑자기 공기 중으로 이탈하는 현상이다. 또한 지구 전역에는 매 시간마다 수천 개의 번개가 내리치고 있다. 굵기 1센티미터의 공기 기둥에 1볼트의 번개가 지나가면 온도가 순간적으로 수백만 도까지 올라가면서 강한 빛을 방출한다.

행성들 사이를 떠도는 작은 운석 덩어리 중 일부가 지구의 인력에 끌려 대기권으로 들어오면 공기와의 마찰 때문에 강한 불꽃을 일으키면서 타오르는데 이것이 바로 하늘에서 떨어지는 별똥별의 정체이다. 임무를 마치고 지구로 귀환하는 우주 왕복선도 대기권에 진입할 때 별똥별과 똑같은 과정을 겪는다. 승무원을 태운 우주선이 시속 28,900킬로미터(초속 8킬로미터)의 궤도 속도로 땅에 착륙하는 끔찍한 대형 사고를 미연에 방지하려면 우주선의 운동 에너지를 어딘가에 소모해야 한다. 다행히도 우주선의 앞부분이 공기와 마찰을 겪으면서 운동 에너지의 상당 부분이 열로 전환되고 선체를 덮고 있는 고성능 단열재가 화재를 방지해 주기 때문에 별똥별처럼 재가 되어 사라지는 불상사는 일어나지 않는다. (그러나 단열재의 일부가 손상되면 그 틈으로 열이 새 들어와 대형 사고가 일어날 수도 있다. 2003년 2월에 컬럼비아 호가 대기권 진입 도중 폭발한 것도 왼쪽 날개 부위의 단열재 손상이 주원인이었다. — 옮긴이) 우주선이 대기를 통과하는 몇 분 동안은 엄청난 열이 발생하여 선체 표면의 모든 분자가 이온화되고 승무원들은 일시적으로 플라스마 통 속에 갇힌 신세가 된다. 이 순간에는 어떠한 신호도 플라스마 벽을 통과할 수 없기 때문에 관제 센터와의 통신도 일시적으로 두절된다. 이 상태를 흔히 '블랙아웃(blackout)'이라고 하는데 우주 탐사 프로젝트 기간을 통틀어서 관제사들이 승무원의 안전을 확인할 수 없는 가장 긴장된 순간이기도 하다. 착륙선의 속도가 느려지면 온도가 서서히 하강하면서 플라스마 상태도 소멸된다. 이때가 되면 분리된 전자들이 원래의 집(원자)로 돌아와 정상적인 상태가 되고 일시적으로 두절되었던 통신도 곧바로 회복된다.

*

지구에서는 플라스마를 거의 찾아볼 수 없지만 우주로 나가면 눈에 보이는 물체의 99.99퍼센트가 플라스마 상태에 있다. 물론 여기에는 밝게 빛나는 별과 기체 구름도 포함된다. 기체 구름도 플라스마 상태이며, 그 형태와 밀도는 근처에서 발생한 자기장에 따라 크게 달라진다. 플라스마는 자기장을 묶어 두거나 자신의 상태에 맞게 변형시키는 능력을 갖고 있다. 태양의 활동이 11년을 주기로 변하는 것도 플라스마와 자기장이 결합해서 나타나는 현상이다. 태양 적도 부근의 기체는 남극과 북극 부근의 기체보다 조금 빠르게 회전하고 있는데 이 차이 때문에 태양 내부에 갇혀 있는 자기장에 변형이 일어나 흑점과 섬광, 홍염 등 불규칙적인 표면 활동이 진행되고 있다.

태양은 전자, 양성자, 헬륨 원자핵 등 매초마다 수백만 톤의 하전 입자를 밖으로 뱉어내고 있다. 이 현상은 흔히 '태양풍'으로 알려져 있는

데 강도는 내부 상황에 따라 수시로 달라진다. 혜성의 꼬리가 항상 태양의 반대쪽을 향하는 것도 플라스마 상태로 불어오는 태양풍 때문이다. 지구의 남극이나 북극 지방으로 날아온 태양풍이 대기 속의 분자와 충돌하면 하늘에 오로라가 나타나는데 이것은 지구뿐만 아니라 간한 자기장과 대기를 갖고 있는 모든 행성에서 공통적으로 나타나는 현상이다. 플라스마의 온도 및 그 속에 들어 있는 원자나 분자의 종류에 따라 일부 자유 전자들은 원자와 재결합하면서 특정 파장의 빛을 방출한다. 즉 오로라가 그토록 아름다운 빛을 발할 수 있는 것은 전자들이 원자 속의 다양한 자리(전문 용어로는 에너지 준위)를 찾아가면서 현란한 빛을 내뿜고 있기 때문이다. 밤거리의 네온사인과 형광등 그리고 선물 가게의 세일을 강조하는 둥그런 플라스마 구(球) 등도 이와 동일한 원리로 작동한다.

현재 궤도에 떠 있는 다양한 관측 위성 덕분에 우리는 태양풍의 상황을 마치 일기 예보처럼 접할 수 있게 되었다. 내가 텔레비전 저녁 뉴스에 처음 출연한 것도 플라스마 덕분이었다. 그때 나는 태양에서 지구로 날아오는 플라스마의 생성 과정과 지구에 미치는 영향 등을 인터뷰 형식으로 설명했는데 아마도 그 방송을 본 사람들은 태양풍이 지구에 무해하다는 것을 어느 정도 이해했을 것이다. 지구의 자기장이 태양풍의 직격탄을 막아 주고 있으므로 크게 걱정할 일은 아니다. 심지어 나는 그 방송에서 "기회가 있으면 북극으로 가서 오로라의 아름다운 모습을 직접 감상해 보라."라고 권하기까지 했다.

*

개기 일식 때 태양의 둘레에서 태양 반지름의 몇 배나 되는 구역에 걸쳐 밝게 빛나는 부분을 코로나라고 한다. 코로나는 온도가 500만 도에 가까운 플라스마로 이루어져 있으며 태양 대기의 가장 바깥쪽 부분을 형성하고 있다. 사실 이 정도의 온도에서는 강한 엑스선이 방출되지만 가시광선 대역을 벗어나 있으므로 우리의 눈에는 보이지 않는다. 가시광선만으로 판단한다면 코로나의 밝기는 태양 자체 밝기의 100만분의 1에 불과하기 때문에 개기일식 때가 아니면 관측이 거의 불가능하다.

지구 대기의 전리층에서는 전자들이 원자로부터 완전히 분리되어 있다. 간단히 말해서 전리층은 지구 전체를 덮고 있는 거대한 '플라스마 외투'인 셈이다. 태양에서 날아오는 특정 진동수의 전파와 방송국에서 송출하는 AM 전파는 전리층에서 반사된다. 라디오 방송이 먼 거리까지 전달될 수 있는 것은 바로 이러한 특성 때문이다. 일반적으로 AM 전파는 수백 킬로미터까지 송신이 가능하며, 단파(short wave) 방송은 지평선을 넘어 수천 킬로미터까지 도달할 수 있다. 그러나 FM 라디오와 텔레비전 방송은 진동수가 훨씬 큰 신호를 송출하기 때문에 전리층을 투과하여 우주 밖으로 나갈 수 있다. (물론 이 신호는 광속으로 퍼져 나간다.) 만일 이 신호를 도청하는 외계인이 있다면 그들은 지구의 텔레비전에 나오는 탤런트나 FM 라디오에 등장하는 가수들의 이름은 꿰차고 있어도 AM 라디오 토크쇼의 사회자는 전혀 모를 것이다.

플라스마는 대체로 생명체와 친하지 않다. 「스타 트렉」의 등장 인물 중에서 가장 위험한 일을 하는 사람은 아마도 새로운 행성을 방문했을 때 밝게 빛나는 플라스마 덩어리를 분석하는 사람일 것이다. (내 기억에 따르면 이런 일을 하는 사람은 항상 붉은 셔츠를 입었던 것 같다.) 사람의 몸이 플라스마 덩어리와 접촉하면 그 자리에서 당장 증발해 버린다. 그런데도 「스타 트렉」에서 단 한 건의 사고도 발생하지 않는 것을 보면 25세기에 우주를 여행하는 사람들은 이미 철저한 교육을 통해 플라스마 취급 방법을 잘 알고 있는 것 같다. 그러나 21세기를 살고 있는 우리에게 플라스마는 여전히 위험한 물질임을 명심해야 한다.

✷

열핵융합 반응기의 중심부에서는 플라스마 상태에 있는 수소 원자핵(양성자)들이 빠른 속도로 충돌하면서 더 무거운 헬륨 원자핵으로 변하고 있다. 이 과정에서 발생하는 막대한 에너지로 전기를 생산한다면 지구에 닥친 심각한 에너지 위기를 해결할 수도 있을 것 같다. 그런데 한 가지 문제는 장치를 가동하기 위해 투입된 에너지가 결과물로 얻어진 에너지보다 적다는 것이다. 일단 핵융합 반응이 일어날 정도로 수소 원자핵을 빠르게 가속시키려면 수천만 도까지 온도를 올려야 한다. 이 온도에서는 전자가 에너지를 주체하지 못하여 원자에서 떨어져 나와 자유롭게 돌아다닌다. 즉 전형적인 플라스마 상태가 되는 것이다. 그런데 수천만 도로 달궈진 수소 원자 플라스마를 대체 어디에 보관해야 할까? 이 온도를 견뎌 낼 수 있는 용기를 과연 만들 수 있을까? 마이크로파를 막아 낸다는 '타파웨어'는 어떨까? 어림도 없는 소리다. 플라스마를 담는 즉시 녹아서 증발해 버릴 것이다. 우리에게 필요한 것은 녹거나 증발하지 않고 분해되지도 않는 용기이다. 2부에서 잠시 소개되었던 '자기 호리병' 속에 가둬 두면 플라스마가 용기의 벽(사실은 벽이 아니라 자기장이다.)을 뚫고 나올 수 없으므로 보관이 가능할 수도 있다. 따라서 핵융합 반응을 제어하여 유용한 에너지를 얻어 내려면 플라스마와 자기장의 상호 작용을 제대로 이해하고 적절한 자기장 용기를 만들 수 있어야 한다.

지금까지 알려진 플라스마 중 가장 신비한 것은 뉴욕 주 롱아일랜드의 브룩헤이븐 국립 연구소(Brookhaven National Laboratory)에서 구현된 쿼크-글루온 플라스마이다. 원자에서 전자가 제거된 플라스마와 달리 쿼크-글루온 플라스마는 분수 전하를 띤 쿼크와 양성자-중성자의 결합을 매개로 하는 글루온으로 이루어져 있다. 여기서 주목할 것은 대폭발이 일어나고 몇 초가 지났을 때 우주 전체가 쿼크-글루온 플라스마 상태에 있었다는 점이다. 이 무렵에 우주는 반지름 27미터짜리 구에 불과했으며 이후 약 40만 년 동안 플라스마 상태가 계속되었다.

이 시기까지 우주의 온도는 수십억 도에서 수천 도까지 식었다. 그사이에 빛은 플라스마로 가득 찬 우주 속의 자유 전자들로 인해 사방으로 산란(scattering)되었는데 이것은 빛이 태양의 내부나 반투명 유리 속을 통과할 때 일어나는 현상과 비슷하다. 빛이 반투명한 물질 속을 통과할 때는 산란 과정을 반드시 거친다. 우주의 온도가 수천 도까지 내려갔을 때 모든 전자가 원자핵과 결합하면서 수소 원자와 헬륨 원자가 탄생했다.

모든 전자가 원자핵과 결합하면 플라스마 상태는 더 이상 지속될 수 없다. 중심부에 블랙홀을 품고 있는 퀘이사가 탄생하기 전까지 우주는 수억 년 동안 이와 같은 상태를 유지했다. 기체 구름이 수축하여 퀘이사가 되기 전에 다량의 자외선이 방출되는데 이 빛은 원자를 이온화시킨다. 그 덕분에 우주는 퀘이사가 탄생하기 전까지 한동안 플라스마가 없는 고요한 상태를 유지할 수 있었다. 소위 '우주의 암흑기(Dark Age)'라고 불리는 이 시기는 이전에도 없었으며 그 후에도 두 번 다시 찾아오지 않았다. 우주가 암흑기를 보내는 동안 소리 없이 작용하는 중력으로 인해 물질이 한곳에 집중되기 시작했고 이 플라스마 구는 제1세대 별의 모태가 되었다.

19장
불과 얼음

콜 포터(Cole Porter, 1891~1964년)는 1948년에 브로드웨이 뮤지컬 「키스 미 케이트(Kiss Me Kate)」(셰익스피어의 희극 『말괄량이 길들이기』의 줄거리를 빌려서 만든 코미디 뮤지컬)의 삽입곡 「너무 뜨거워(Too Darn Hot)」를 작곡하면서 무더운 날씨를 몹시 원망했다. 그러나 당시의 온도는 기껏해야 화씨 95도(섭씨 35도)를 넘지 않았다. 내 생각에는 포터의 노래 가사를 쾌적한 구애 행위의 온도 상한선으로 잡아도 큰 무리는 없을 것 같다. 여기에 찬물 샤워를 하는 에로틱한 장면을 결부시키면 옷을 입지 않은 상태에서 인간이 쾌적함을 느끼는 온도의 범위가 얼마나 좁은지 실감할 수 있다. 가장 쾌적한 실내 온도에서 위아래로 20도 이상 벗어나면 구애고 뭐고 당장 그 자리를 피하고 싶을 것이다.

그러나 우주의 온도는 쾌적함과는 거리가 멀다. 조금만 덥거나 추워도 짜증을 내는 인간과 100,000,000,000,000,000,000,000,000,000,000도(10³²도, 또는 10만×10억×10억×10억 도)라는 온도가 어떻게 공존할 수 있겠는가? 대폭발이 일어난 직후에 우주는 이 정도로 뜨거웠고 훗날 별과 행성 그리고 입자 물리학자가 될 모든 에너지와 물질 공간은 쿼크-글루온 플라스마 형태로 팽창했다. 그 후 수십억 년에 걸쳐 우주가 식는 동안에는 '존재한다.'라고 말할 수 있는 것이 전혀 없었다.

대폭발과 동시에 맹렬하게 팽창하기 시작한 우주는 1초가 지났을 때 열역학 법칙에 따라 온도가 100억 도까지 내려갔고, 원자보다 작았던 공간은 현재 태양계의 1,000배까지 커졌다. 그리고 3분 후에는 10억 도까지 식으면서 가장 단순한 원자핵이 만들어지기 시작했다. 그 후로 지금까지 우주는 계속 팽창하면서 온도도 꾸준하게 하강하고 있다.

현재 우주 공간의 평균 온도는 절대 온도 2.73도(섭씨 -270.27도)이다. 이 장에서 지금까지 언급된 모든 온도의 단위는 켈빈(절대 온도)이다. 켈빈은 섭씨 온도와 눈금 간격은 같지만 음의 값을 갖지 않는다. 0켈빈은 문자 그대로 0이며 그 이하의 온도는 존재하지 않는다.

절대 온도의 개념을 창시한 켈빈 경(스코틀랜드의 공학자로 절대 온도의 단위 K는 그의 이름 Kelvin의 첫 글자를 딴 것이다.)의 본명은 윌리엄 톰슨(William Thomson, 1824~1907년)이다. 그는 1848년에 "더 이상 낮출 수 없는 가장 낮은 온도"라는 개념을 처음으로 도입했다. 그 후로 지금까지 온도와 관련된 수많은 실험이 수행되었지만 절대 온도 0도, 즉 0켈빈에 이른 사례는 단 한 건도 없었다. 2003년에 MIT의 물리학자 볼프강 케털리(Wolfgang Ketterle, 1957년~)는 실험실에서 0.0000000005켈빈('500피코켈빈(picokelvin)'이라고 읽으면 좀 더 유식하게 보인다.)을 구현함으로써 0켈빈에 가장 가깝게 접근한 사례로 기록되었다.

우주 공간에서는 엄청나게 넓은 온도 영역에 걸쳐 오만가지 현상이 진행되고 있다. 현재 우주에서 가장 뜨거운 장소 중 하나는 붕괴가 진행되고 있는 푸른 초거성의 중심부인데 초신성이 되어 폭발을 일으키기 직전까지 가면 온도가 1000억 켈빈까지 상승한다. 참고로 태양 중심부의 온도는 1500만 켈빈이다.

내부에서 불길이 끓고 있는 천체도 표면 온도는 상대적으로 낮다. 예를 들어 청색 초거성의 표면 온도는 약 2만 5000켈빈에 불과하다. 그러나 이 정도면 푸른빛을 내기에 충분하다. 표면 온도가 약 6,000켈빈인 태양도 백색광을 내뿜고 있지 않은가. 주기율표에 등록되어 있는 원소들을 이 온도까지 달구면 모두 녹아서 증발해 버릴 것이다. 금성의 표면 온도는 740켈빈으로서 우주선을 착륙시키면 순식간에 계란 프라이처럼 튀겨질 것이다.

태양에서 48억 킬로미터 떨어져 있는 해왕성의 표면 온도 60켈빈과 비교할 때 물의 어는점인 273.15켈빈은 엄청 따뜻한 온도이다. 해왕성의 제1위성인 트리톤(Triton)의 표면은 질소 얼음으로 덮여 있고 온도는 40켈빈에 불과하다. 이 정도면 태양계에서 가장 추운 곳이라 할 만하다. 지구에 사는 생명체의 체온은 어느 정도일까? 사람의 평균 체온은 섭씨 37도이며, 절대 온도로는 310켈빈이다. 기상 관측이 시작된 이래로 지구의 역대 최고 기온은 331켈빈이고(섭씨 58도, 1922년 리비아의 알 아지지아(Al 'Aziziya)에서 기록되었다.), 최저 기온은 184켈빈이다. (섭씨 −89도, 1983년 남극 대륙의 보스토크 기지(Base Vostok)에서 기록되었다.). 물론 인간은 이런 극단적인 온도에서 생존할 수 없다. 사하라 사막에서 태양열을 피하지 못하면 고열에 시달리게 되고, 극지방에서 방한복과 식량이 없으면 금방 저체온증이 찾아온다. 그런가 하면 고온성 세균이나 저온성 세균과 같은 호극성 생물은 인간이 견딜 수 없는 온도에서 멀쩡하게 살아가고 있다. 300만 년 전에 형성된 시베리아의 영구 동토층에서 살아 있는 효모균이 발견된 사례도 있다. 또한 알래스카의 동토층에서 생명 활동을 중단한 채 3만 2000년을 견뎌 온 세균이 얼음을 녹이자 다시 살아서 유유히 헤엄을 쳤다는 보고도 있다. 지금 이 순간에도 끓는 진흙과 온천 그리고 해저 화산에서는 온갖 종류의 세균이 생명 활동을 유지하고 있다.

복잡한 생명체도 척박한 환경에서 살아남을 수 있다. 완보동물(緩步動物)이라 불리는 조그만 무척추동물은 환경이 자신의 생존에 불리해졌을 때 스스로 신진 대사를 멈추는 능력을 갖고 있는데 424켈빈(섭씨 151도)에서는 이 상태로 몇 분 동안 버틸 수 있고, 73켈빈(섭씨 -200도)에서는 며칠 동안 버틸 수 있다. 이 정도 적응력이면 해왕성에서도 살아남을 수 있는 수준이다. 미래의 어느 날 해왕성 탐사 계획이 수립된다면 사람 대신 효모균이나 완보동물을 보내는 편이 더 나을 것 같다.

*

일반인 중에는 열과 온도를 혼동하는 사람이 많을 줄로 안다. 열이란 물체를 구성하는 모든 분자의 운동 에너지의 총량을 말한다. 물론 분자들은 물체 속에서 획일적으로 움직이지 않는다. 개중에는 엄청나게 빠른 속도로 움직이는 분자도 있고 거북처럼 느린 분자도 있다. 이들의 평균 에너지를 나타내는 양이 바로 온도이다. 예를 들어 방금 타 놓은 따끈한 커피 한 잔의 온도는 수영장 물의 온도보다 높지만 총에너지는 수영장 물이 커피 한 잔보다 훨씬 크다. 90도짜리 커피 한 잔을 30도짜리 수영장에 부었다고 해서 수영장 물의 온도가 갑자기 60도로 올라가지는 않는다. 그리고 두 사람이 한 침대에 누우면 열은 2배로 많아지지만 평균 온도는 달라지지 않는다. 만일 체온까지 2배로 올라간다면 인류는 옛날에 멸종했을 것이다.

17~18세기의 과학자들은 열이 연소(燃燒) 현상과 밀접하게 연관되어 있다고 생각했다. 그들은 가연성 물체 속에 '플로지스톤(phlogiston)'이라는 가상의 물질이 존재하며 이것이 물체에서 제거될 때 연소가 일어난다고 믿었다. 벽난로에서 장작이 탈 때 공기가 플로지스톤을 빼앗아가고 그 결과가 재로 남는다는 것이다.

18세기 말에 프랑스의 화학자 앙투안로랑 라부아지에(Antoine-Laurent Lavoisier, 1743~1794년)는 플로지스톤 이론을 칼로리 이론(caloric theory)로 대치했다. 그는 열을 '칼로리'라고 부르면서 화학 원소의 하나로 분류했으며 "칼로리는 눈에 보이지 않고 맛, 냄새, 질량이 없는 유체로서 연소나 마찰을 통해 물체 사이를 이동한다."라고 주장했다. 그러나 열의 개념이 확립된 것은 19세기에 촉발된 산업 혁명과 함께 열역학(thermodynamics)이라는 분야가 등장한 후의 일이었다.

✷

열은 뛰어난 과학자들이 깊은 사고를 통해 확립해 놓은 과학적 개념이다. 하지만 온도는 지난 수천 년 동안 수많은 경험을 통해 일상적인 개념으로 자리 잡아 왔다. 두말할 것도 없이 뜨거운 물체는 온도가 높고 차가운 물체는 온도가 낮으며 구체적인 값은 온도계로 측정할 수 있다.

온도계의 최초 발명자는 갈릴레오로 알려져 있으나 물체의 온도를 측정하는 원시적인 기구를 처음으로 발명한 사람은 1세기 알렉산드리아의 헤론(Heron, 10?~70?년)이었다. 그는 자신의 저서인 『기체 장치(*Pnuematica*)』를 통해 "기체를 달구거나 식히면 부피가 변한다."라는 사실을 주장하면서 기체의 온도를 재는 도구로 '온도 측정기(thermoscope)'를 도입했다. 그 후 『기체 장치』는 고대에 출간된 다른 서적들과 마찬가지로 르네상스를 거치면서 라틴 어로 번역되었고, 1594년 갈릴레오가 이 책을 읽은 후 좀 더 개선된 온도 측정기를 발명하게 된 것이다. (망원경을 처음 발명한 사람도 갈릴레오가 아니었다. 그는 이미 발명된 망원경의 성능을 개선한 것뿐이다.) 그리고 이 시기에 온도계를 발명한 사람은 갈릴레오뿐만이 아니었다.

온도계에서 가장 중요한 부분은 눈금 단위이다. 18세기 초에는 일상적인 현상이 약수가 많은 정수 온도로 표현되도록 온도의 단위를 정하는 이상한 관습이 있었다. 예를 들어 아이작 뉴턴은 온도를 0도(눈이 녹는 온도)에서 12도(인간의 체온)로 나눌 것을 제안했고(12의 약수는 2, 3, 4, 6이다.), 덴마크의 천문학자 올레 뢰머는 0에서 60도로 나누었다. (60의 약수는 2, 3, 4, 5, 6, 10, 12, 15, 20, 30이다.) 뢰머의 단위에서 0도는 얼음과 소금 그리고 물을 섞은 혼합물이 녹는 온도였고 60은 물이 끓기 시작하는 온도였다.

1724년에 독일의 기계 전문가 다니엘 가브리엘 파렌하이트(Daniel Gabriel Fahrenheit, 1686~1736년. 1714년에 수은 온도계를 발명했다.)는 뢰머의 단위를 더욱 세분하여 물이 끓는 온도를 240도, 물이 어는 온도를 30도 그리고 사람의 체온을 90도로 정했다. 그 후 몇 단계의 수정을 거쳐 사람의 체온을 96도로 정함으로써 '배수 온도'의 또 다른 승자로 등극했다. (96의 약수는 2, 3, 4, 6, 8, 12, 16, 24, 32, 48이다.) 이것이 화씨 온도이다. 이 단위에 따르면 물의 어는점은 32도이다. 그 후 정밀한 측정을 수행한 결과 사람의 평균 체온은 정수로 떨어지지 않고 물의 끓는점도 240도가 아닌 212도임이 밝혀졌다.

이와는 별도로 1742년에 스웨덴의 천문학자 안데르스 셀시우스(Anders Celsius, 1701~1744년)는 10진법에 기초한 온도 단위를 제안하여 사람들의 호응을 얻었는데 지금과는 반대로 처음에는 물이 어는 온도를 100도, 끓는 온도를 0도로 정했다. (천문학자들이 단위를 거꾸로 정의한 것은 이것이 처음도 아니고 마지막도 아니었다.) 이것이 섭씨 온도이다. 그 후 섭씨 온도계를 제작하던 어떤 장인이 '사람들의 편의를 생각하여' 눈금의 순서를 뒤집은 것으로 추정된다. 아무튼 지금은 물의 어는점=0도, 끓는점=100도로 정의되어 아무런 문제없이 사용되고 있다.

*

섭씨와 화씨 단위의 '0도'는 사람들에게 오해를 불러일으키기 쉽다. 20년 전 내가 대학원생이었던 시절에 겨울 방학을 맞이해서 뉴욕 시에 있는 부모님 집에 머문 적이 있었다. 날씨가 몹시 추웠던 어느 날, 라디오에서 고전 음악 방송을 듣고 있었는데 헨델의 수상 음악의 한 악장이 끝나고 그다음 악장으로 넘어가기 전에 진행자가 바깥 온도를 알려 주었다. "지금 기온은 (화씨) 5도입니다." "4도로 내려갔습니다." "다시 3도로 내려갔습니다." 이런 식으로 날씨를 생중계하다가 온도가 계속 내려가자 난감한 어투로 중얼거렸다. "큰일입니다. 이런 추세가 지속되면 남는 온도가 하나도 없을 것 같네요!"

이와 같은 오해를 줄이기 위해 국제 학계에서는 절대 온도 단위를 사용하고 있다. '열이 가장 적은 상태'는 섭씨 0도나 화씨 0도가 아니라 절대 온도 0켈빈에 해당되기 때문이다. 절대 온도가 아닌 기타 온도 단위에서 0의 위치는 아무렇게나 정해도 상관없지만 거기에 '무(無)'의 개념을 적용할 수는 없다.

켈빈 경 이전에도 과학자들은 기체가 식을 때 부피가 줄어든다는 사실을 잘 알고 있었으며 분자의 에너지가 최저인 상태의 온도를 섭씨 −273.15도(화씨 −495.67도)로 정의하여 사용하고 있었다. 그리고 그 무렵에 행해진 일련의 실험들은 "일정한 압력 하에서 기체의 온도가 섭씨

−273.15도까지 내려가면 부피가 0으로 줄어든다."라는 것을 시사하고 있었다. 그런데 부피가 0인 기체는 현실적으로 존재할 수 없기 때문에 섭씨 −273.15도는 '어떤 방법으로도 도달할 수 없는 저온의 한계'로 인식되었다. '절대 온도 0도'란 바로 이 한계 온도를 의미한다. 이보다 적절한 온도가 또 어디 있겠는가?

*

전체적으로 볼 때 우주는 기체와 비슷하다. 기체를 강제로 팽창시키면 온도가 내려간다는 것쯤은 독자들도 기본 상식으로 알고 있을 것이다. 우주의 나이가 갓 50만 년쯤 되었을 때 우주의 온도는 약 3,000켈빈이었다. 현재 우주 공간의 평균 온도는 3켈빈이 채 되지 않는다. 지금의 우주는 꾸준한 팽창을 겪으면서 어린 시절보다 수천 배 이상 커졌고 온도는 수천 배 낮아졌다.

지구에서 어떤 물체의 온도를 잴 때는 온도계를 물체의 특정 부위에 삽입하거나 온도계와 물체를 어떻게든 접촉시켜야 한다. 이렇게 측정 대상과 온도계가 서로 맞닿으면 온도계의 분자들이 대상 물체의 분자들과 동일한 에너지에 도달하게 된다. 온도계를 공기 중에 놓아두면 공기 분자가 온도계의 분자와 끊임없이 충돌하면서 특정 온도를 가리킨다.

지구에서 태양이 내리쬐는 곳의 기온은 그늘진 나무 밑의 기온과 거의 같다. 그럼에도 더운 날 사람들이 나무 밑을 찾는 이유는 그늘이 태양의 복사 에너지를 가려 주기 때문이다. 복사 에너지는 공기 중에 거의 흡수되지 않고 우리의 피부에 직접 도달하기 때문에 그늘이 없는 곳에서 있으면 주변 공기의 온도보다 뜨겁게 느껴진다. 그러나 공기가 없는 진공 중에서는 온도계를 때릴 분자가 아예 존재하지 않으므로 "공간의 온도는 얼마인가?"라는 질문은 의미를 상실한다. 진공 속에서 온도계와 접촉할 물체가 전혀 없고 빛도 도달하지 않는다면 온도를 측정할 대상이 없으므로 '온도계 자체의 온도' 이외에는 온도를 계측하는 것 자체가 불가능하다.

대기가 거의 없는 달의 낮 기온은 약 400켈빈(섭씨 127도)이다. 그러나 몇 걸음 걸어서 바위 그늘 밑에 숨거나 밤이 찾아오면 온도는 40켈빈(섭씨 −233도)까지 떨어진다. 온도 조절 장치가 부착된 옷을 입지 않고 달에서 낮 시간을 버티려면 제자리에서 쉬지 않고 빙글빙글 돌아야 한다. 이렇게 하면 태양을 향한 쪽은 데워지고 반대쪽은 차가워질 것이므로 평균 온도를 유지할 수 있다.

*

추운 겨울에 태양의 복사 에너지를 좀 더 효율적으로 흡수하려면 되도록 검은 옷을 입는 것이 좋다. 검은 옷은 열을 잘 흡수하기 때문이다. 온도계의 경우도 마찬가지이다. 모든 에너지를 완벽하게 흡수하는 이상적인 온도계를 우리 은하와 안드로메다 은하 중간의 텅 빈 지점에 갖다 놓는다면 눈금은 2.73켈빈(섭씨 −270.27도)을 가리킬 것이다. 이것이 바로 우주 공간의 평균 온도이다.

대부분의 우주론 연구자들은 우주가 앞으로도 영원히 팽창할 것으로 믿고 있다. 우주의 부피가 2배로 커지면 (절대) 온도는 절반으로 떨어진다. 여기서 부피가 또 2배로 커지면 온도는 또다시 절반으로 떨어진다. 이런 식으로 수조 년이 흐르면 모든 기체는 별을 만드는 데 소모되고 별들은 더 이상 핵융합 반응을 일으키지 못할 것이다. 그리고 우주의 온도는 꾸준히 하강하여 절대 영도(0켈빈)로 향할 것이다.

4부

생명의 의미

✷

이제 조금 있으면 다양한 분자를 소유한
행성과 혜성이 만들어질 것이고
이들이 하나의 닫힌계를 이루는 태양계도 탄생할 것이다.
별에 빨려 들어가지 않은 분자들은
자신의 덩치를 마음껏 부풀려 나갈 수 있다.
물론 덩치만 커지는 것이 아니라 구조도 더욱 복잡해질 것이다.
과연 어디까지 복잡해질 수 있을까?
장차 생물학이라는 학문이 탄생할 정도로 복잡해진다!

20장

먼지에서 먼지로

맨눈으로 바라본 은하수는 하늘을 가로지르는 구름 같은 띠 속에 검은 반점이 박혀 있는 형태이다. 간단한 쌍안경이나 가정용 천체 망원경으로 은하수를 바라보면 검은 반점은 여전히 검은 반점일 뿐이지만 밝은 부분에서는 무수히 많은 별과 성운이 그 모습을 드러낸다.

1610년에 갈릴레오가 저술한 『별의 전령』에는 망원경으로 관측한 하늘의 모습과 은하수의 형태가 상세하게 기록되어 있다. (그는 자신이 제작한 천체 망원경을 여전히 '망원경(spyglass)'이라고 불렀다.) 망원경에 들어온 하늘의 모습에 크게 흥분한 갈릴레오는 다음과 같이 인상적인 글을 남겼다.

망원경으로 바라본 은하수는 그 모습이 너무도 선명하여 지난 세월 동안 철학자들이 제기해 왔던 수많은 논쟁을 일거에 날려 버렸다. 은하는 성단에 분포되어 있는 수많은 별의 집합체일 뿐이다. 망원경으로 이들 중 어느 부분을 바라보건 간에 헤아릴 수 없을 정도로 많은 별이 눈앞에 나타난다. 대부분의 별은 크고 선명하지만 개중에는 여러 개의 작은 천체가 밀집되어 있어서 정체가 불분명한 것도 있다.[1]

물론 갈릴레오의 관심은 "헤아릴 수 없을 정도로 많은 별"이었다. 왜 사람들은 별이 없는 검은 공간에 관심을 갖지 않는 것일까? 그 공간은 "진공을 넘어 무한의 세계로 진입하는" 우주의 구멍일지도 모른다.

은하수에 나 있는 검은 반점의 정체는 그로부터 300년이 지난 후에야 비로소 규명되었다. 그것은 우주 공간을 가리고 있는 기체와 먼지 구름으로, 뒤쪽에 있는 별에서 방출된 빛이 이곳에서 차단되어 지구의 망원경에 도달하지 않았던 것이다. 또한 기체와 먼지로 이루어진 이 구름은 별의 고향이자 각 태어난 별을 양육하는 보육원이라는 것도 같은 시기에 밝혀졌다. 그런데 멀리 있는 별의 거리를 고려해도 대부분 실제보다 어둡게 보이는 이유는 무엇일까? 이 문제는 미국의 천문학자 조지 케리 컴스톡(George Cary Comstock, 1855~1934년)에 의해 처음 제기되었다. 네덜란드의 천문학자 야코뷔스 코르넬리위스 캅테인은 1909년에 『우주 공간에서 별의 흡수에 관한 연구(*On the Absorption of Light in Space*)』라는 제목으로 발표한 두 편의 연구 논문을 통해 "구름이나 먼지 등 '성간 물질(interstellar medium)'은 별빛을 산란시킬 뿐만 아니라 붉은색 빛보다 푸른색 빛을 더 많이 흡수한다."라고 주장했다. 은하수의 별들이 가까운 별들보다 대체로 붉게 보이는 것은 바로 이와 같은 '선택적 흡수'의 결과라

1. Van Helden, 1989, 62쪽.

는 것이다.

*

대부분의 사람은 집안에서 날아다니는 다양한 먼지에 익숙해져 있다. 하지만 그 먼지의 주성분이 사람의 피부에서 떨어져 나온 죽은 세포라는 사실을 아는 사람은 별로 없다. (애완동물을 기르는 집이라면 다량의 비듬도 포함되어 있을 것이다.) 그러나 우주 공간을 표류하는 성간 물질은 인간의 피부 세포가 아니라 적외선이나 마이크로파를 방출하는 다양한 분자들로 이루어져 있다. 1960년대에 마이크로파 망원경이 발명되고 1970년대에 적외선 망원경이 천문 관측에 본격적으로 도입되면서, 베일에 싸여 있던 성간 물질의 화학 성분이 조금씩 드러나기 시작했다. 그 후로 천문학자들은 수십 년에 걸친 관측 자료를 종합하여 별의 탄생과 관련된 흥미로운 사실을 알아낼 수 있었다.

은하수에 퍼져 있는 기체 구름이 항상 별로 진화하는 것은 아니다. 실제로는 '무엇이 되어야 할지 모른 채' 갈팡질팡하는 구름이 훨씬 많다. (지구에서는 천체 물리학자가 이런 부류에 속할지도 모르겠다.) 우리는 우주 공간의 기체 구름이 자체 중력으로 응집되어 별로 진화한다고 알고 있다. 그러나 구름 속에서 일어나는 회전과 난류는 '별이 되어야 할 운명'을 거부하고 있다. 독자들이 고등학교 시절에 배운 일상적인 기체의 압력도 이와 같은 방식으로 작용한다. 뿐만 아니라 거대한 규모의 자기장도 기체의 응축을 방해한다. 자기장은 기체의 내부를 관통하여 하전 입자들을 붙잡아 놓음으로써 자체 중력으로 인한 붕괴를 방해하고 있다. 만일 별의 존재를 아무도 모르고 있다면 과학자들은 별이 존재할 수 없는 이유를 조목조목 들어 가며 '무성(無星) 우주론'을 강력하게 주장할지도 모른다.

은하수, 즉 우리 은하에 속한 수천억 개의 별과 마찬가지로 기체 구름도 은하의 중심에 대하여 회전 운동을 하고 있다. 별들은 방대한 바다 같은 공간에 떠 있는 작은 점(그 사이의 거리는 수 광초(light second)이다.)이며 이들은 밤바다를 항해하는 외로운 배처럼 서로 스쳐 지나가고 있다. (사실 별들 사이의 간격은 꽤 멀기 때문에 스칠 정도는 아니다.) 그러나 별과 달리 기체 구름의 스케일은 엄청나게 크다. 100광년 거리에 걸쳐 있는 기체 구름의 질량은 태양 100만 개의 질량과 비슷하다. 기체 구름이 은하 속을 이동하다가 다른 기체 구름과 충돌하면 내용물이 섞이면서 흩어지지만 상대 속도와 충돌 각도 등이 적절하게 들어맞으면 마시멜로처럼 하나로 합쳐질 수도 있다.

기체 구름의 온도가 100켈빈(섭씨 −173도) 이하로 내려가면 구성 원자는 서로 충돌하면서 들러붙는다. 다시 말해서 원자들이 화학 반응을 일으킨다는 뜻이다. 이런 식으로 원자들이 집단을 형성하면 가시광선을 방출하면서 그 뒤에 있는 별빛을 가리게 된다. 원자 뭉치가 계속 성장하여 단일 뭉치에 들어 있는 원자의 수가 100억 개쯤에 이르면 그 너머에서 날아오는 가시광선을 흡수한 뒤 적외선의 형태로 에너지를 방출하기 시작한다. 그러나 원자 뭉치가 가시광선을 흡수하면 광원에서 멀어지는 쪽으로 구름을 떠미는 힘이 작용한다.

구름은 구성 입자들 사이의 중력 때문에 안으로 수축되면서 별로 진화한다. 그런데 이것은 참으로 역설적인 상황이 아닐 수 없다. 별의 중심부에서 핵융합 반응이 일어나려면 온도가 1000만 켈빈까지 상승해야 하는데 이 모든 과정은 앞서 말한 대로 엄청나게 차가운 기체 구름(100켈빈)에서 시작되기 때문이다.

그다음에 진행되는 과정에 대해서는 대략적인 이야기밖에 할 수 없다. 천체 물리학자들도 이 부분에서는 대충 말을 얼버무리는 경향이 있다. 물리학 및 화학 법칙에 입각하여 거대한 구름 덩어리에서 일어나는 모든 역학적 과정을 예측하는 것은 보통 어려운 작업이 아니다. 뿐만 아니라 기체 구름이 뭉쳐서 별이 되었을 때 지름이 거의 수십억 배(10^9배)로 줄어들고 밀도가 수조 배(10^{12}배)로 커지는 과정도 설명할 수 있어야 한다. 역학 문제는 입자의 수가 3개만 되어도 풀기가 어려운데 수백억~수천억 개의 입자에 물리 법칙을 일일이 적용한다고 상상해 보라. 제아무리 뛰어난 슈퍼 컴퓨터라 해도 인간의 성급한 마음을 만족시키기는 어렵지 않겠는가?

*

그럼에도 확실하게 주장할 수 있는 사실이 하나 있다. 기체 구름에서 밀도가 가장 높고 온도가 10켈빈 근처인 영역은 별다른 저항 없이 자체 중력으로 수축되면서 중력 에너지가 열에너지로 바뀌고 있다. 이런 부분은(머지않아 별의 중심부로 진화한다.) 온도가 빠르게 증가하기 때문에 근처에 있는 대부분의 먼지 덩어리는 분해되어 사라진다. 기체의 온도가 1000만 켈빈까지 상승하면 양성자(수소 원자핵)들은 서로의 전기적 척력을 극복하고 강한 핵력(줄여서 강력(strong force)이라고도 한다.)에 의해 결합하기 시작하는데, 이 과정을 '열핵융합 반응(thermonuclear fusion)'이라고 한다. 양성자들이 융합되면 헬륨 원자핵이 만들어진다. 그런데 이렇게 탄생한 헬륨 원자핵의 질량은 결합하기 전 각 양성자의 질량을 더한 것보다 작다. 다시 말해서 질량의 일부가 사라지는 것이다. 대체 어디로 사라진 것일까? 물리학에 관심 있는 독자들은 잘 알고 있겠지만, 그 유명한 아인슈타인의 질량-에너지 공식 $E=mc^2$을 따라 에너지로 전환된다. 여기서 E는 에너지이고 m은 사라진 질량, c는 빛의 속도이다. 열이 바깥쪽으로 퍼져 나감에 따라 기체는 빛을 발하고 한때 질량의 형태로 존재했던 에너지는 드디어 중심부를 탈출하게 된다. 물론 뜨거운 기체는 아직 기체 구름의 극히 일부에 불과하지만 이 단계가 되면 "새로운 별이 탄생했다."라고 선언해도 무방하다.

별의 질량은 태양의 10분의 1에서 수백 배에 이르기까지 그야말로 천차만별이다. 그 이유는 아직 불분명하지만 거대한 기체 구름 속에는 차가운 부분이 여러 개 존재하는데 이들은 거의 동시에 탄생하여 별로 진화한다. 질량이 큰 별 하나가 탄생하면 질량이 작은 수천 개의 별도 함께 탄생한다. 그러나 이들의 원형인 기체 구름에서 별의 탄생에 관여하는 부분은 전체의 1퍼센트에 불과하며 나머지는 여전히 기체 구름으로 남는다. 이 정도면 개가 꼬리를 흔드는 것이 아니라 "꼬리가 개를 흔든다."라고 말할 만하다. 기체 구름의 극히 일부만이 별로 진화하는 이유는 무엇일까? 이 의문은 반드시 해결해야 할 과제이다.

*

별이 가져야 할 최소한의 질량은 쉽게 계산할 수 있다. 질량이 태양의 10분의 1보다 작으면 중심부의 온도가 1000만 켈빈에 이르지 못한다. 수축하는 기체의 중력에 의한 에너지가 함량 미달이기 때문이다. 이런 경우에는 별이 아닌 갈색 왜성이 탄생하는데 이들은 자체 에너지원이 없기 때문에 수축될 때 발생한 에너지만으로 연명하면서 시간이 흐를수록 점차 희미해진다. 갈색 왜성의 외부를 둘러싸고 있는 기체층은 온도가 매우 낮아서 커다란 분자들이 그대로 남아 있다. (정상적인 별의 외부 기체는 너무 뜨거워서 큰 분자를 분해시킨다.) 갈색 왜성은 너무 희미해서 관측이 어렵기 때문에 행성 관측과 비슷한 방법으로 찾아야 한다. 갈색 왜성이 두 가지 이상의 종류로 분류된 것도 극히 최근의 일이다. 그렇다면 별이 가질 수 있는 질량의 최댓값도 있을까? 물론이다. 이것도 어렵지 않게 계산할 수 있다. 별의 질량이 태양의 약 100배를 초과하면 방출되는 빛이 너무 강해서 더 이상의 질량을 취할 수 없다. 빛의 강한 압력이 주변의 기체 구름을 바깥쪽으로 밀어내기 때문이다. 질량이 매우 큰 별은 자신의 주변에 남은 기체 구름을 남김없이 밀어내고 밀려난 구름은 다른 곳에서 수십 개의 조그만 별로 진화한다. (물론 앞에서 언급한 '최소한의 질량'보다는 커야 한다.)

오리온의 허리띠(Orion's belt, 오리온자리의 허리 부분에 한 줄로 들어선 세 별)의 바로 아래쪽에 위치한 거대 성운(Great Nebula)은 별의 씨앗을 잉태하고 있는 기체 구름의 대표적인 사례이다. 이곳에서는 하나의 거대 성단 안에서 수천 개의 별이 탄생하고 있으며 사각형을 이루는 4개의 별도 이런 과정을 거쳐 탄생했다. 허블 우주 망원경으로 갓 태어난 별을 관측하다 보면 그 근처에서 행성으로 진화할 원반형 먼지 구름을 발견하는 경우가 있다. 이들은 별의 원료였던 기체 구름에서 분리된 것으로 새로 태어난 별과 함께 새로운 태양계를 형성한다.

새로 태어난 별은 한동안 아무도 귀찮게 하지 않고 조용한 삶을 영위하다가 근처를 지나가는 구름의 중력에 의해 은하 속으로 뿔뿔이 흩어진다. 이들 중 질량이 작은 별은 연료를 효율적으로 사용하기 때문에 수명이 거의 영원하다. 그리고 우리의 태양과 같이 질량이 중간 정도인 별은 먼 훗날 덩치가 수백 배 큰 적색 거성이 되어 장렬하게 삶을 마감하고 이 과정에서 외부를 덮고 있던 얇은 기체층이 우주 공간으로 흘러나오면서 지난 100억 년 동안 핵융합 반응을 일으켜 왔던 연료가 소진되었음을 사방에 알린다. 이 기체는 근처를 지나는 다른 기체 구름에 흡수되어 새로운 별의 탄생에 기여하게 된다.

질량이 아주 큰 별은 그리 흔하지 않지만, 우주의 운명은 이들에 의해 좌우된다. 이들은 모든 천체 중 가장 밝은 빛(태양빛의 100만 배 이상)을 방출하기 때문에 상대적으로 수명이 짧은 편이다. (수백만 년 정도이다.) 독자들도 이제 곧 알게 되겠지만, 질량이 큰 별의 내부에서는 무거운 원소들이 순차적으로 생성되고 있다. 맨 처음 단계에서는 수소를 원료 삼아 헬륨 원자핵이 생성되고 그 후로 탄소, 산소 등 무거운 원자핵들이 일련의 핵융합 반응을 통해 만들어지는 것이다. 이런 별은 나중에 초신성이 되어 수명을 다하게 되는데, 마지막 순간에 일으키는 거대한 폭발은 잠시 동안 은하 전체를 환하게 비출 정도로 강력하다. 초신성의 폭발과 함께 사방으로 흩어진 잔해는 기체 구름에 섞여서 새로 태어난 별이나 행성의 모태가 된다. (따라서 인간의 몸을 이루고 있는 모든 원소도 과거에 수명을 다한 어떤 별에서 만들어진 것이다!) 초신성이 폭발하면 강한 충격파가 초음속으로 기체 구름을 통과하면서 기체와 먼지를 압축시키는데 부분적으로 밀집도가 높은 부분은 나중에 별로 진화할 가능성이 높다.

다음 장에서 언급하겠지만, 초신성은 장차 별과 행성 그리고 생명체로 진화하게 될 무거운 원소들을 우주 공간의 기체 구름 속에 심어 놓았으므로 우주에서 일어나는 모든 사건의 근원이라고 할 수 있다. 새로운 별이 탄생할 수 있는 것은 앞서 간 별들이 풍부한 화학 원소를 우주에 남겨 놓았기 때문이다.

21장
별 속의 용광로

새로운 과학적 발견은 사회와 격리된 채 홀로 연구에 몰두하는 외로운 학자들의 전유물이 아니지만 대중 매체나 베스트셀러에 항상 소개되는 것도 아니다. 과학사를 바꾼 위대한 발견 중에는 수학적 논리가 너무 복잡해서 수십 년 동안 수많은 사람의 손을 거쳐 간신히 완성된 것도 있다. 이런 내용을 단 몇 권의 책에 소개하는 것은 거의 불가능하다. 그래서 과학적으로 매우 중요한 발견임에도 불구하고 일반인에게 거의 알려지지 않는 경우가 종종 있다.

누군가가 나에게 "20세기에 이루어진 위대한 발견 중 일반인에게 가장 알려지지 않은 것은 무엇인가?"라고 묻는다면 나는 주저 없이 초신성의 발견을 꼽을 것이다. 초신성의 폭발과 함께 흩어진 잔해들이 우주 만물을 이루는 근본적인 재료를 공급하고 있기 때문이다. 이 사실을 최초로 알아낸 사람은 마거릿 버비지(Magaret Burbidge, 1919년~)와 제프리 버비지(Geoffrey R. Burbidge, 1925~2010년), 윌리엄 앨프리드 파울러(William Alfred Fowler, 1911~1995년) 그리고 프레드 호일(Fred Hoyle, 1915~2001년)이었다. 이들은 1957년에 「별의 내부에서 진행되는 원소의 합성(*The Synthesis of the Elements in Stars*)」이라는 제목의 논문을 저명한 학술지인 《리뷰스 오브 모던 피직스(*Reviews of Modern Physics*)》에 발표했다. 특히 이 논문은 지난 40년 동안 뜨거운 논쟁을 불러일으켰던 '별의 에너지원과 원소의 변화'에 대한 해답을 구체적으로 제시함으로써 현대 천문학의 새로운 지평을 열었다.

우주 핵화학은 매우 혼란스러운 분야로서 의견이 분분하기는 1957년이나 지금이나 마찬가지이다. 이 분야를 연구하는 학자들은 머릿속에 항상 동일한 질문을 떠올리고 있다. '주기율표에 등록되어 있는 원소들은 다양한 온도와 압력 하에서 어떤 반응을 보이는가? 이들은 고온에서 하나로 합쳐지는가? 아니면 분리되는가? 이 과정은 어떤 식으로 진행되는가? 원소들이 합쳐지거나 분리될 때 에너지가 방출되는가? 아니면 흡수되는가?'

주기율표에는 100여 종의 원소들이 조그만 네모 칸 속에 암호 같은 기호로 표기되어 있을 뿐이지만 사실 여기에는 엄청난 양의 정보가 담겨 있다. 가장 먼저 알 수 있는 사실은 우주에 존재하는 모든 원소를 원자핵 속의 양성자가 하나씩 증가하는 순서로 나열할 수 있다는 것이다. 가장 가벼운 원소인 수소의 원자핵은 양성자 하나로 이루어져 있고 두 번째로 가벼운 헬륨의 원자핵은 2개의 양성자를 포함하고 있다. 적절한 온도와 밀도 그리고 압력이 주어지면 수소와 헬륨만으로 주기율표의 모든 원소를 만들어 낼 수 있다.

두 입자가 강한 상호 작용(핵력)을 교환하려면 얼마나 가깝게 접근해야 할까? 이것은 '충돌 단면적(collision cross-section)'이라는 물리량으로 정량화될 수 있는데 핵화학 분야에서 가장 중요한 문제는 바로 이 값을 정확하게 계산하는 것이다. 트레일러에 실린 채 통째로 이사를 가는 집이나 시멘트 혼합기 등 커다란 물체의 충돌 단면적은 쉽게 계산할 수 있지만 눈에 보이지 않는 작은 입자들의 충돌 단면적을 계산하는 것은 결코 만만한 일이 아니다. 핵반응의 얼개와 반응률을 신뢰성 있게 예측하려면 원자 규모에서 충돌 단면적을 구체적으로 알고 있어야 한다. 그리고 이 과정에서 약간의 불확정성만 개입되어도 결과에 엄청난 오차가 초래되기 때문에 각별한 주의가 요구된다. 마치 한 도시를 지하철로 여행하면서 손에는 다른 엉뚱한 도시의 지하철 노선도를 들고 다니는 것과 비슷한 상황이 되는 것이다.

과학자들은 우주에서 신비한 핵반응이 일어날 수 있는 가장 그럴듯한 장소로 별의 내부를 지목했다. 특히 영국의 천체 물리학자 아서 에딩턴 경은 1920년에 발표한 논문 「별의 내부 구조(The Internal Constitution of the Stars)」를 통해 이 우주에서 하나의 원소가 다른 종류의 원소로 변환되는 장소는 캐번디시 연구소(Cavendish Laboratory, 영국 제일의 원자 및 핵물리학 연구소)뿐만이 아니라고 주장했다.

> 과연 이와 같은 변형이 가능할 것인가? 단언하긴 어렵지만 부정하기는 더욱 어렵다. …… 캐번디시 연구소에서 가능한 일이라면 태양의 내부에서도 얼마든지 일어날 수 있다. 누군가가 나서서 강력하게 주장한 적은 없지만 별들이 가벼운 원소를 복잡하고 무거운 원소로 변환시키는 용광로의 역할을 하고 있다는 아이디어는 우리의 상상력을 자극하기에 충분하다.[1]

1. Eddington, 1920, 18쪽.

1920년대에 양자 역학의 체계가 확립되면서 물리학자들은 원자와 원자핵에 대하여 자신들이 얼마나 무지했는지 절실하게 깨달았다. 그러나 에딩턴의 논문은 양자 역학이 확립되기 몇 년 전에 발표되었다. 그는 뛰어난 예지력을 발휘하여 별의 내부에서 열핵융합 반응이 진행되고 있으며 이 과정에서 수소가 헬륨으로, 헬륨은 더 무거운 원소로 변환되고 있다는 새로운 시나리오를 완성했다.

> 수소나 헬륨보다 무거운 원소들이 다른 원소로 변환될 때에는 방출되는 에너지가 적고 심지어는 에너지가 흡수되는 경우도 있지만 그렇다고 해서 별의 에너지원을 수소 원자로 한정지을 필요는 없다. 나의 의견을 요약하면 다음과 같다. 모든 종류의 원소는 수소 원자로부터 만들어질 수 있다. 지금 우주에 존재하는 모든 원자는 과거의 어느 시점에 이와 같은 과정을 거쳐 생성되었다. 이런 사건이 일어날 수 있는 가장 그럴듯한 장소는 아마도 별의 내부일 것이다.[2]

지구를 비롯한 우주 전역에서 지금까지 발견된 혼합 원소들을 분석하면 원소의 진화 과정을 다른 방법으로 설명할 수 있다. 양자 역학이 체계를 갖춘 직후인 1931년에(중성자는 아직 발견되기 전이다.) 천체 물리학자 로버트 데스코트 앳킨슨(Robert d'Escourt Atkinson, 1898~1982년)은 자신이 발표한 논문 초록에 다음과 같이 적어 놓았다. "별의 에너지와 원소의 합성에 관한 이론 …… 별의 내부에서는 일련의 과정을 통해 모든 화학 원소가 가벼운 것부터 순차적으로 생성되고 있다."[3]

---

2. 앞의 글, 18쪽.

3. Atkinson, 1931, 250쪽.

이와 비슷한 시기에 핵화학자 윌리엄 드레이퍼 하킨스(William Draper Harkins, 1873~1951년)는 연구 논문을 통해 다음과 같은 사실을 지적했다. "우주에는 무거운(원자량이 큰) 원소보다 가벼운 원소가 더 많이 존재하며 원자량이 짝수인 원소가 홀수인 원소보다 10배가량 많다."[4] 하킨스는 화학 작용이 아닌 원자핵의 구조가 자연에 존재하는 원소의 양을 결정한다는 가정 하에 별의 내부에서 다양한 원소가 가벼운 것부터 순차적으로 생성된다고 생각했다.

별의 내부에서 진행되는 핵융합 반응의 구체적인 과정이 밝혀지면 수소가 헬륨으로 변하는 과정과 '원자량이 짝수인 원소가 더 많은 이유'를 설명할 수 있게 된다. 그러나 이것만으로는 복잡한 원소의 상대적 분포를 설명할 수 없으므로 과학자들은 새로운 이론을 찾아야 했다.

1932년에 영국의 물리학자 제임스 채드윅(James Chadwick, 1891~1974년)은 캐번디시 연구소에서 중성자를 발견하여 핵융합 반응에서 에딩턴이 미처 생각하지 못했던 요소들을 채워 넣을 수 있었다. 양성자는 양전하를 띠고 있기 때문에 한곳에 모아 놓기가 매우 어렵다. 그러나 초고온, 초고압, 초고밀도 상태에서 양성자들이 전기적 반발력을 극복하고 충분히 가까워지면 이들 사이에 '강한' 핵력이 작용하기 시작한다. 핵력은 항상 인력으로 작용하며 핵자(양성자, 중성자)끼리 강하게 묶어 두는 역할을 한다. 반면에 중성자는 전하를 띠고 있지 않아서 서로 가까이 접근하는데 아무런 문제가 없기 때문에 다른 원자핵 속에 당당히 진입하여 쉽게 결합할 수 있다. 여기까지는 아직 새로운 원소가 생성되지 않는다. 다만 중성자가 추가적으로 결합되어 원래 있던 원소의 '동위 원소'가 생겨난다. 그러나 일부 원소의 원자핵에 외부로부터 침투한 중성자는 상태

4. Lang and Gingerich, 1979, 374쪽.

가 불안정해 양성자와 전자로 분해되는데 이때 양성자는 원자핵의 구성원으로 남고 전자는 곧바로 방출된다. 마치 목마 속에 숨어서 성 안으로 침투하여 트로이를 함락시켰던 그리스 병사들처럼 양성자가 중성자로 위장하여 원자핵 속으로 침투한 뒤 본색을 드러내는 것이다.

원자가 중성자의 홍수 속에 노출되어 '중성자 융단 폭격'을 맞으면 전자를 방출하는 원자핵 붕괴가 일어나기도 전에 여러 개의 중성자가 원자핵 속에 흡수될 수 있다. 이 과정은 매우 짧은 시간 안에 일어나며 원자핵에 중성자가 서서히 흡수된 경우와는 전혀 다른 종류의 원자가 생성된다.

흔히 '중성자 포획(neutron capture)'이라고 불리는 이 과정을 거치면 열핵융합으로 생성될 수 없는 많은 원소가 만들어질 수 있다. 중성자 포획으로도 생성될 수 없는 나머지 원소들은 무거운 원자에 고에너지 빛(감마선)이 충돌하여 원자핵이 여러 조각으로 분해되면서 생성된 것으로 추정된다.

✷

대부분의 별은 강력한 에너지를 생산하고 이를 방출하면서 자체 중력에 의한 붕괴를 방지하고 있다. 만일 에너지를 방출하지 않는다면 기체로 이루어진 거대한 구형 천체는 중력으로 인해 곧바로 내파(內破)되고 말 것이다. 별의 중심부에서 모든 수소가 헬륨으로 변환되고 나면 헬륨이 탄소로 변환되는 핵융합 제2라운드가 시작된다. 그 후에는 탄소가 산소로, 산소는 네온으로 변환되고, 이 과정은 철(iron)이 생성될 때까지 계속된다. 원자핵들이 융합해서 새로운 원소를 만들어 내려면 전기적 척력을 극복할 수 있을 정도로 온도가 높아야 하는데 이러한 환경은 별의 내부에서 자연적으로 조성된다. 한 단계의 핵융합 과정이 끝나면 별의 에너지원이 잠깐 가동을 멈추고 내부가 붕괴되고 온도가 상승하면서 다음 단계의 핵융합이 시작될 수 있는 환경이 만들어지는 것이다. 그러나 별의 중심부에서 철이 만들어지고 나면 그다음 융합 과정에 문제가 발생한다. 철보다 가벼운 원자핵들은 서로 융합하는 과정에서는 에너지가 방출되지만 철의 원자핵은 외부에서 에너지가 유입되어야 융합될 수 있다. 따라서 여러 단계의 핵융합을 거쳐 철을 생산한 별은 더 이상 에너지를 방출하지 못하기 때문에 자체 중력으로 인해 붕괴되고 이 과정에서 온도가 급격하게 상승하여 결국은 거대한 폭발을 일으키며 최후를 맞이한다. 폭발이 일어나는 동안 별의 밝기는 수십억 배 이상 밝아지는데 이런 별을 '초신성(supernova)'이라 한다. (내 생각에는 초신성보다 '초절정신성(super-dupernova)'이라는 이름이 더 어울리는 것 같다.)

초신성이 대규모 폭발을 일으키면 다량의 중성자와 양성자 그리고 에너지가 사방으로 흩어지고 이들은 다양한 과정을 거쳐 새로운 원소로 태어난다. 버비지와 파울러 그리고 호일은 (1) 양자 역학의 법칙과 (2) 폭발 과정을 설명하는 물리학, (3) 최신판 충돌 단면적, (4) 원소들의 다양한 변환 과정 그리고 (5) 기본적인 별의 진화 이론에 근거하여, 수소나 헬륨보다 무거운 원소들이 초신성 폭발에서 비롯되었음을 설득력 있게 증명했다.

또한 이들은 초신성 이론 덕분에 또 하나의 의문을 거의 공짜로 해결했다. 별의 내부가 무거운 원소를 생산하는 용광로의 역할을 하고 있다면 결국 우주에 존재하는 모든 행성과 생명체를 이루는 복잡한 원소들도 초신성의 폭발로 생겨났을 것이다. 정말로 그렇다. 우리 인간은 폭발한 별의 잔해에서 탄생했다! 물론 그렇다고 해서 우주와 관련된 모든 화학적 문제가 해결된 것은 아니다. 1937년에 실험실에서 최초로 만들어진 테크네튬(technetium, Tc. 망간족에 속하는 전이 원소, 원자 번호 43)은 아직도 신비에 싸여 있다. ('테크(tech-)'는 '인공적인'이라는 뜻의 그리스 어 'technetos'에서 따온 것이다.) 이 원소는 지구에서 발견된 적이 없고 은하수 안에 존재하는 적색 거성의 일부 대기에서 발견되었을 뿐이다. 테크네튬의 반감기(원소의 집합이 자연적으로 붕괴하여 원래 수의 반으로 줄어드는 데 소요되는 시간. — 옮긴이)는 약 200만 년인데 별의 평균 수명은 이보다 훨씬 길기 때문에 갓 탄생한 별에 이 원소가 섞여 있다면 우주에서 발견되지 않았을 것이다. 테크네튬이 별의 내부에서 생성되는 과정과 적색 거성의 대기에 존재하는 이유는 아직도 미지로 남아 있다. 일부 과학자들이 이것을 설명하는 새로운 이론을 내놓기는 했지만 아직 천체 물리학계에서 정설로 수용되지 않고 있다.

화학적으로 신기한 특성을 갖고 있는 적색 거성은 결코 흔한 천체가 아니지만 이 분야를 연구하는 천체 물리학자들(특히 분광학자들)에게는 지극히 일상적인 연구 과제이다. 내가 개인적으로 흥미를 갖는 분야는 전 세계적으로 배포되었던 《화학적으로 독특한 성질을 가진 적색 거성에 대한 회보(*Newsletter of Chemically Peculiar Red Giant Stars*)》에 나오는 기사와 겹치는 부분이 많다. (이 회보는 거리의 가판대에서 구할 수 없다.) 이 회보에는 학회 관련 뉴스와 당시의 최근 연구 동향이 소개되어 있는데 내용을 읽다 보면 블랙홀이나 퀘이사 또는 초기 우주 등 천체 물리학의 핫이슈보다 화학과 관련된 미스터리에 더욱 큰 흥미를 느끼는 학자들을 쉽게 찾을 수 있다. (이 회보는 1995년 7월을 마지막으로 폐간되었다. — 옮긴이) 그러나 대다수의 독자는 이런 기사를 거의 읽지 않을 것이다. 왜 그런가? 대중 매체가 여론을 일으켜 독자들의 취향을 이미 결정해 놓았기 때문이다. 그래서 "인간의 몸을 이루고 있는 원소들은 어디서 왔는가?"라는 표제는 더 이상 독자들의 흥미를 자극하지 못하는 것 같다.

22장

우주 구름 속으로

우주가 처음 탄생한 후 40만 년 동안 우주 공간은 전자를 거느리지 않은 채 빠르게 움직이는 원자핵들로 가득 차 있었다. (아주 뜨거운 '원자핵 스튜'였다고 생각하면 된다.) 이 무렵에는 가장 단순한 화학 반응조차도 먼 훗날에나 가능한 일이었고 지구라는 행성에 생명체가 등장하려면 100억 년을 더 기다려야 했다.

대폭발에서 탄생한 원자핵의 90퍼센트는 가장 단순한 수소 원자핵(양성자 1개)이었고 나머지의 대부분은 헬륨 원자핵(양성자 2개+중성자 2개)이었으며, 리튬 원자핵(양성자 3개+중성자 3개)이 조금 섞여 있었다. 그 후 우주의 온도가 수조 켈빈에서 3,000켈빈까지 식었을 때 원자핵들이 전자를 포획하여 비로소 지금과 같은 원자가 탄생했으며 도처에서 기초적인 화학 반응이 일어나기 시작했다. 그 후 공간이 계속 팽창하고 온도가 내려가면서 원자들이 한곳에 모여 기체 구름을 형성했는데 그 주성분은 최초의 분자라 할 수 있는 수소(H_2)와 수소화리튬(LiH)이었다. 이 기체 구름에서 탄생한 우주 최초의 별들은 태양의 100배에 달하는 질량을 갖고 있었으며 중심부에서는 장차 다양한 원소를 창출하게 될 열핵융합 반응이 격렬하게 진행되고 있었다.

우주에서 최초로 생성된 거대한 별은 연료를 다 소모한 후 폭발과 함께 산산조각으로 흩어졌고 이 조각들은 또다시 원자가 풍부한 기체 구름이 되어 한곳에 모여들었다. 여기에는 별의 내부에서 최초로 생성된 무거운 원소들이 섞여 있었으므로 우주 최초의 화학 반응도 일어나기 시작했다.

중간 과정은 생략하고 우주의 조직을 관리하고 있는 은하로 넘어가 보자. 처음 생성된 은하는 초기에 폭발한 별의 잔해를 다량 함유하고 있는 기체로 덮여 있었다. 이제 머지않아 은하에서는 별의 폭발이 수시로 일어날 것이고 그 결과로 주기율표에 등장하는 다양한 원소들이 순차적으로 생성될 것이다.

이 웅장한 드라마가 펼쳐지지 않았다면 지구(또는 다른 행성)의 생명체는 탄생하지 못했을 것이다. 생명체의 화학 작용이 진행되려면 무엇보다도 분자가 있어야 한다. 그런데 핵융합이나 대폭발의 와중에는 어떤 분자도 살아남을 수 없다. 분자가 형성되려면 주변 환경이 차갑고 조용해야 한다. 그렇다면 이 우주는 어떻게 '분자들이 판치는 세상'으로 진화할 수 있었을까?

*

여기서 잠시 최초로 생성된 거대한 별의 내부로 들어가 보자.

앞서 말한 대로 온도가 1000만 켈빈에 달하는 별의 중심부에서는 수소 원자핵(양성자)이 빠른 속도로 무작위 운동을 하면서 사방팔방으로 부딪히고 있다. 이런 과정이 반복되다 보면 자연스럽게 핵융합 반응이 일어나면서 별의 성분은 수소에서 헬륨으로 변하고 이와 함께 다량의 에너지가 생성된다. 별이 살아 있는 한 핵융합 반응으로 생성된 에너지가 바깥쪽으로 압력을 가하여 자체 중력으로 붕괴되는 것을 방지하고 있다. 그러나 핵융합 반응의 원료인 수소가 유한하기 때문에 어느 시점에서 원료가 고갈되면 별의 성분이 모두 헬륨으로 바뀌고 더 이상 할 일이 없어진다. 여기서 헬륨 원자핵을 원료 삼아 핵융합이 계속 진행되려면 별의 온도가 10배 이상 높아야 한다.

별의 내부에서 핵반응이 계속되다가 에너지원이 부족해지면 중심부가 수축하면서 다량의 열이 발생한다. 이 온도가 1억 켈빈에 이르면 입자의 속도가 더욱 빨라지면서 헬륨 원자핵이 융합을 일으켜 더 무거운 원자핵으로 변환된다. 즉 핵융합 제2라운드가 시작되는 것이다. 일단 핵융합이 일어나면 적어도 당분간은 중력에 의한 붕괴를 막을 수 있다. 헬륨 원자핵이 융합되면 중간 부산물(베릴륨(Be) 등)을 거쳐 결국에는 3개의 헬륨핵이 결합된 탄소 원자핵으로 변환된다. (나중에 탄소 원자핵이 전자를 획득하여 완전한 탄소 원자로 재탄생하면 주기율표에서 화학 반응이 가장 활발한 원소로 군림하게 된다.)

별의 내부에서 핵융합 반응은 매우 빠르게 진행된다. 얼마 지나지 않아 중심부의 헬륨은 탄소로 바뀌고 그 바깥층을 헬륨이 둘러싸며, 별의 나머지 부분은 외곽층이 에워싸는 형태가 된다. 이때가 되면 별의 중심부가 또다시 중력으로 붕괴되어 온도가 6억 켈빈까지 상승하고 탄소 원자핵이 서로 강력하게 부딪히면서 핵융합 제3라운드가 시작된다. 그리고 이전과 마찬가지로 핵융합에서 방출된 에너지는 별의 자체 붕괴를 방지해 준다. 이런 과정이 반복되면서 질소(N), 산소(O), 소듐(Na), 마그네슘(Mg), 실리콘(Si) 등 무거운 원소가 순차적으로 생성되는 것이다.

그러나 무거운 원소를 향한 진화가 마냥 계속되는 것은 아니다. 대폭발 이후 처음 탄생한 '제1세대 별'의 내부에서 철(Fe)이 만들어지면 핵융합 행진도 막을 내린다. 철(또는 철보다 무거운 원소)의 원자핵이 융합 반응을 일으키려면 가벼운 원소와 달리 외부에서 에너지를 공급해 주어야 한다. 그런데 별은 지금까지 줄곧 에너지를 생산하면서 수명을 유지해 왔으므로 철을 원료 삼아 핵융합을 일으켜야 하는 시점이 오면 더 이상 이전과 같은 광휘를 발휘할 수 없게 된다. 뿐만 아니라 에너지를 생성하지 못하면 외부로 향하는 압력을 가할 수 없기 때문에 자체 중력으로 인해 빠른 속도로 붕괴한다. 단 몇 초 만에 거대한 별이 붕괴되고 온도가 엄청나게 상승하면서 결국은 초대형 폭발을 일으키게 되는데 이것이 바로 앞서 말했던 초신성이다. 초신성이 폭발하면 철보다 무거운 원소가 생성될 정도로 많은 에너지가 방출되며, 다양한 원소를 품고 있는 기체 구름과 별의 잔해들이 사방으로 흩어진다. 기체 구름의 대부분은 수소, 헬륨, 산소, 탄소, 질소 등으로 이루어져 있다. 어디서 많이 들어 본 원소들 아닌가? 그렇다. 화학 반응을 하지 않는 헬륨을 제외하고 이들 모두는 생명체가 형성되고 살아가는 데 없어서는 안 될 원소들이다. 이들은 동종 또는 이종끼리 결합하여 다양한 분자를 형성했으며 결국에는 지구(또는 우리가 모르는 다른 행성)에 생명체를 탄생시키는 쾌거를 이룩해 냈다.

이리하여 우주에는 최초의 분자가 탄생하여 제2세대 별이 탄생할 수 있는 환경이 만들어진 것이다.

*

기체 구름이 분자를 오랜 시간 품고 있으려면 차가운 상태에서 적절한 성분을 확보하고 있어야 한다. 기체 구름의 온도가 수천 켈빈을 상회하면 원자들이 매우 빠른 속도로 충돌하면서 분자가 꾸준하게 생성되지만 한 쌍의 원자들이 서로 결합하며 분자를 이루면 곧바로 다른 원자가 충돌하여 애써 이루어 놓은 결합을 분리시킨다. 핵융합에 큰 도움이 되었던 '고에너지-고속 운동'이 화학 결합에는 방해 요인으로 작용하는 것이다.

내부에서 난류가 일어나지 않는 한 기체 구름은 오랜 시간 유지될 수 있다. 그런데 가끔씩 특정 부분의 운동이 잦아들면서 온도가 내려가는 경우가 있는데 이렇게 되면 중력 에너지가 입자의 에너지보다 커지기 때문에 구름 전체가 안으로 붕괴된다. 사실 분자가 형성되는 과정도 기체 구름의 온도를 낮추는 데 기여한다. 2개의 원자가 충돌하여 서로 달라붙으면 원래 갖고 있던 에너지의 일부가 결합 에너지로 사용되거나 복사 에너지의 형태로 방출되기 때문에 결합하기 전보다 에너지가 낮아진다.

기체 구름의 온도가 내려가면 구성 성분에 커다란 변화가 초래된다. 무엇보다도 원자의 속도가 느려져서 다른 분자와 충돌하면 분자를 분해시키지 않고 그 속에 합류하게 된다. 특히 탄소는 자기들끼리 결합을 잘하기 때문에 탄소를 포함한 분자들은 외부의 탄소 원자를 유입하면서 구조가 점점 더 복잡해진다. 이들 중 일부는 침대 밑의 먼지 덩어리처럼 하나로 뭉치기도 하는데 조건이 맞으면 실리콘을 포함한 분자들도 같은 특성을 보인다. 이들은 외부의 원자들이 느긋하게 들어와서 편안하게 머물 수 있는 장소를 제공하며 유입된 원자는 기존의 분자와 결합하여 더욱 크고 복잡한 분자를 형성한다.

우주의 온도가 수천 켈빈 이하로 떨어졌을 때 2개 또는 3개의 원자로 이루어진 분자가 최초로 탄생했다. 일산화탄소(CO)는 기체 구름 속에 응축되기 전부터 안정된 상태를 유지했고 기체 구름의 주성분은 수소 분자(H_2, 수소 기체)였다. 그 후 물(H_2O)과 이산화탄소(CO_2), 사이안화수소(CN), 황화수소(H_2S), 이산화황(SO_2) 등의 3원자 분자가 탄생했으며, 특히 반응성이 매우 강한 H_3^+는 자신이 갖고 있는 양성자 중 하나를 '배고픈 이웃'에게 건네주기 위해 구름 속을 열심히 배회했다.

기체 구름이 100켈빈(섭씨 −173도) 이하로 식으면서 더욱 큰 분자가 생성되기 시작했는데 이중에는 일반 가정집의 차고나 부엌에서 흔히 발견되는 아세틸렌(C_2H_2)과 암모니아(NH_3), 폼알데하이드(H_2CO), 메테인(CH_4) 등도 포함되어 있었다. 여기서 온도가 더 내려가면 부동액의 주원료인 에틸렌글라이콜과 술(에틸알코올), 방향제(벤젠), 설탕(글라이코알데하이드), 폼산(formic acid) 등이 생성된다. 특히 폼산은 단백질을 이루는 구성원소로서 아미노산과 비슷한 구조를 갖고 있다.

현재 우주 공간을 표류하고 있는 분자는 약 130종으로 추정된다. 그중에서 구조가 가장 복잡한 분자는 안트라센(C_4H_{10})과 피렌($C_{16}H_{10}$)인데, 톨레도 대학교(오하이오 주 소재)의 아돌프 위트(Adolf Witt)와 그 동료가 2003년에 지구에서 2,300광년 떨어진 적색 사각형 성운(Red Rectangle Nebula)에서 발견했다. 안트라센과 피렌은 탄소 원자가 고리 형태로 결합되어 있는 안정된 분자로서 다음절 용어를 좋아하는 화학자들은 '다환성 방향족 탄화수소류(polycyclic aromatic hydrocarbon, PAH)'라는 거창한 이름으로 부르고 있다. 이와 같이 우주에서 가장 복잡한 분자는 탄소에 기초하고 있다. 여기서 한 가지 흥미로운 것은 우리 인간의 몸도 탄소에 기초하고 있다는 점이다.

✷

지금 우리는 우주 공간에 분자가 존재한다는 것을 당연하게 받아들이고 있지만 1963년 이전의 천체 물리학자들은 이 사실을 전혀 모르고 있었다. 이것은 타 분야 과학의 발전상과 비교할 때 참으로 늦은 발견이 아닐 수 없다. 이 무렵에는 DNA의 분자 구조가 이미 알려졌을 뿐만 아니라 원자 폭탄과 수소 폭탄, 탄도 미사일 등도 완벽하게 개발되어 있었으며 달에 사람을 보내는 아폴로 우주 계획이 야심차게 진행되던 시기였다. 그리고 우라늄(U)보다 무거운 11개의 원소도 인공적으로 만들어져서 주기율표의 끝부분에 이미 추가되어 있었다.

천체 물리학의 진보가 이토록 느렸던 이유는 전자기파 중에서 마이크로파를 관찰할 수 있는 창이 비교적 늦게 열렸기 때문이다. 3부에서 언급한 바와 같이 분자가 흡수하거나 방출하는 빛은 주로 마이크로파 영역에 속해 있기 때문에 우주 공간에 다양한 분자가 퍼져 있다는 사실은 1960년대에 마이크로파 망원경이 발명된 후에야 비로소 알려지게 되었다. 1963년에 발견된 수산기(-OH)를 필두로 1968년에는 암모니아가 발견되었고 물은 1969년에 발견되었으며 1970년에는 일산화탄소, 1975년에 에틸알코올 등이 차례로 발견되었다. 1970년대 중반까지 마이크로파 망원경으로 발견된 우주 분자는 40여 종에 이른다.

분자는 명확한 구조를 갖고 있지만, 원자를 서로 결합시키는 전자는 이리저리 흔들리고 꿈틀거리는 등 견고함과 거리가 멀다. 그리고 마이크로파는 바로 이런 활동을 자극하기에 알맞은 에너지를 갖고 있다. (부엌에서 사용하는 전자레인지도 이 원리를 응용한 장치이다. 마이크로파가 음식 속에 들어 있는 물 분자를 자극하여 진동을 유발하면 입자들이 어지럽게 춤을 추면서 서로간의 마찰로 열을 발생시킨다.)

원자와 마찬가지로 우주 공간 속에 퍼져 있는 모든 분자는 자신만의 고유한 스펙트럼을 갖고 있다. 그래서 천문학자들은 관측을 통해 하나의 스펙트럼을 얻은 후 지구의 실험실에 마련되어 있는 기존의 스펙트럼 목록과 비교하여 분자의 정체를 식별하고 있다. 분자의 크기가 클수록 결합하는 원자도 많아지고 결합 부위가 흔들리거나 꿈틀거리는 방식도 다양해지는데 이러한 요동을 거치면서 고유한 파장의 빛이 방출되는 것이다. 개중에는 마이크로파 영역에서 수백 또는 수천 개의 단색광을 방출하는 분자도 있다. 그런데 마이크로파 망원경에는 다양한 분자의 스펙트럼이 섞여 있기 때문에 이중에서 특정 분자의 스펙트럼을 골라내는 것은 결코 쉬운 일이 아니다. 이것은 마치 어린아이들이 소리를 지르며 어지럽게 뛰어 놀고 있는 공원에서 당신 아이의 목소리를 식별하는 것과 비슷하다. 그러나 아무리 어렵다 해도 평소 아이의 목소리를 정확하게 알고 있으면 어떻게든 목소리를 골라낼 수 있을 것이다. 이것을 위해서는 평소 구축된 목소리 데이터의 세밀한 비교가 필요하다.

✷

중력 에너지로 인해 온도가 상승하면 기체 구름이 애써 만들어 놓았던 화학 물질(특히 유기물)들이 분해될 것 같지만 중심부에 속하지 않은 대부분의 분자는 이 가혹한 운명을 피해 갈 수 있다. 새로운 별이 형성되면 그 주변에 '별에 속하지 않은' 구름층이 남게 되고 이들은 별의 중력으로 인해 원반 모양으로 재구성된 후 별의 주변을 공전하게 된다. 이 원반 속에는 과거에 형성된 분자들이 고스란히 살아 있고, 새로운 분자들도 아무런 방해 없이 생성될 수 있다.

이제 조금 있으면 다양한 분자를 소유한 행성과 혜성이 만들어질 것이고 이들이 하나의 닫힌계를 이루는 태양계도 탄생할 것이다. 별에 빨려 들어가지 않은 분자들은 자신의 덩치를 마음껏 부풀려 나갈 수 있다. 물론 덩치만 커지는 것이 아니라 구조도 더욱 복잡해질 것이다. 과연 어디까지 복잡해질 수 있을까? 장차 생물학(biology)이라는 학문이 탄생할 정도로 복잡해진다!

23장

골디락스와 3개의 행성

우리의 태양계는 지금으로부터 약 40억 년 전에 지금과 같은 형태를 갖추었다. 갓 태어난 금성은 태양과 거리가 너무 가까워서 갖고 있던 수분을 모두 빼앗겼고 화성은 태양과 거리가 너무 멀어서 영구적인 얼음층이 형성되었다. 그러나 태양과 적절한 거리를 두고 있던 지구는 물을 고스란히 간직할 수 있었기에 태양계에서 유일한 '생명의 모태'가 되었다. 태양의 주변에서 '거주 가능 영역'을 지구가 독차지한 것이다.

『골디락스와 세 마리 곰(*Goldilocks and Three Bears*)』에 등장하는 골디락스(곰 가족이 외출한 사이 몰래 집에 들어가 수프를 먹고 집안을 어지럽히며 놀다가 결국은 아기 곰의 침대에 누워 잠든 여자아이의 이름. — 옮긴이)도 자신에게 '알맞은 것'을 좋아했다. 곰 가족이 사는 집에 몰래 들어간 그 소녀는 식탁 위에 놓인 세

그릇의 수프를 발견했는데 아빠 곰의 수프는 너무 뜨거웠고 엄마 곰의 스프는 너무 차가웠다. 그래서 골디락스는 적당히 미지근한 아기 곰의 수프를 먹었다. 식사를 마친 후 졸음을 느낀 그녀는 아빠 곰의 침대에 누웠으나 너무 딱딱했고 엄마 곰의 침대는 너무 푹신했다. 그래서 골디락스는 적당하게 푹신한 아기 곰의 침대에 누워 잠이 들었다. 잠시 후 집에 돌아온 곰 가족은 비어 있는 수프 그릇과 아기 곰의 침대에서 자고 있는 여자아이를 발견한다. (이 동화가 어떻게 끝나는지 기억이 가물가물하다. 내가 만일 (먹이 사슬의 꼭대기에 있는) 곰이었다면, 골디락스를 잡아먹었을 것이다.)

만일 골디락스가 갓 태어난 태양계를 방황하고 있었다면 금성과 지구 그리고 화성이 대충 골디락스의 취향에 맞았겠지만 행성에서 생명체가 살아남기 위한 조건은 수프의 온도보다 훨씬 복잡하다. 다량의 물을 함유하고 있는 혜성과 광물질이 풍부한 소행성들은 처음 생성된 40억 년 전보다 속도가 현저하게 느려졌지만 지금도 수시로 행성의 표면으로 떨어지고 있다. 이 우주적 당구 게임이 진행되면서 일부 행성의 궤도는 태양에 더욱 가까워졌고 일부는 이전보다 먼 궤도를 돌게 되었다. 그리고 초기에 생성된 수십 개의 행성 중 일부는 궤도가 불안정하여 태양이나 목성에 충돌하거나 태양계 밖으로 영원히 날아가 버렸다. 지금 남아 있는 8개의 행성(그리고 소행성과 혜성)은 '살아남기에 적절한' 위치를 점유했기 때문에 수십억 년 동안 그 명맥을 유지해 온 것이다.

지구와 태양 사이의 평균 거리는 약 1억 5000만 킬로미터이다. 이 거리에서 지구에 도달하는 에너지는 태양이 방출하는 총 에너지의 10억 분의 1~2에 불과하다. 이 에너지가 지구에 모두 흡수된다고 가정하면 지구의 평균 기온은 280켈빈(섭씨 7도) 정도로서 겨울과 여름의 중간쯤 된다. 상압 조건에서 물의 어는점은 273켈빈이고 끓는점은 373켈빈이므로 지구에 있는 모든 물은 얼거나 증발하지 않고 액체 상태를 유지할 수 있다.

그러나 이것이 전부가 아니다. 과학을 다루다 보면 잘못된 논리로 올바른 답에 도달하는 경우가 종종 있다. 태양에서 지구로 도달하는 에너지의 3분의 1가량은 구름이나 지표면(특히 해수면)에서 반사되기 때문에 실제로 지구가 흡수하는 에너지는 전체의 3분의 2밖에 되지 않는다. 반사를 통한 열 손실을 고려하면 지구의 평균 기온은 255켈빈(섭씨 −18도)으로 뚝 떨어진다. 따라서 현재 지구의 평균 온도를 감안할 때 무언가 다른 열원이 지구를 데우고 있음이 분명하다.

잠깐! 아직 빠진 것이 있다. 별의 생성과 진화를 설명하는 여러 이론에 따르면 지구에 생명체가 최초로 탄생한 40억 년 전에 태양의 밝기는 지금의 3분의 1에 불과했다. 따라서 이 시기에 지구의 기온은 지금보다 훨씬 낮았을 것이다.

먼 옛날에는 지구와 태양 사이의 거리가 지금보다 가까웠을지도 모른다. 그러나 태양계 생성 초기에 격렬한 충돌을 겪은 후, 행성의 궤도가 변할 정도로 심각한 충돌이 있었다는 증거는 발견되지 않았다. 과거에는 온실 효과가 지금보다 크게 작용했을 수도 있지만 이 역시 뚜렷한 증거는 없다. 어쨌거나 지구에 생명체가 탄생하는 데 '태양으로부터의 거리'가 결정적인 역할을 하지 않았던 것만은 분명하다.

외계에 지적 생명체가 존재할 확률을 말해 주는 드레이크 방정식(Drake equation)에 따르면 우리 은하 안에는 적어도 1만 개 이상의 문명이 꽃피우고 있다. 1960년대에 미국의 천문학자 프랭크 도널드 드레이크(Frank Donald Drake, 1930년~)가 이 방정식을 처음 제안했을 때 거주 가능 영역의 개념은 "항성(별)과 적절한 거리에 있어야 한다."라는 수준을 크게 벗어나지 않았다. 드레이크 방정식의 구체적인 형태는 다음과 같다. 일단은 은하에 속해 있는 별의 수(수천억 개)에서 시작한다. 여기에 별이 행성을 거느릴 확률을 곱하고 그 행성이 거주 가능 영역에 놓여 있을 확률을 또 곱한다. 그리고 행성에 생명체가 탄생할 확률과 이들이 지적 생명체로 진화할 확률, 이들이 우리와 통신할 수 있을 정도로 문명을 발전시켰을 확률을 곱하고 마지막으로 별의 수명을 고려하여 이들의 문명이 멸망하지 않고 지금 존재할 확률을 곱하면 '우리와 교신할 수 있는 외계 행성의 개수'가 얻어진다.

작고 차갑고 광도가 낮은 별도 수명이 1000억 년 이상이고, 경우에 따라서는 수조 년을 살 수도 있다. 이 시간이면 주변 행성에 탄생한 생명체가 고도의 문명으로 진화할 시간은 충분하다. 그러나 운 좋게 탄생한 생명체가 목숨을 부지하려면 별과의 거리뿐만 아니라 자전 주기도 적절해야 한다. 만일 행성의 한쪽 면이 항상 태양을 향하고 있다면 그쪽은 사정없이 내리쬐는 태양열 때문에 모든 물이 증발할 것이고 그 반대쪽은 꽁꽁 얼어붙을 것이다. 만약 동화에 나오는 골디락스가 이런 행성에 산다면 영원한 낮과 밤의 경계선을 따라 걸으면서 오트밀을 먹고 있을 것이다.

뿐만 아니라 별 주변에서 생명체가 살아갈 수 있는 거주 가능 영역은 엄청나게 좁다. 거의 무작위로 선택된 행성의 궤도 반지름이 이 영역에 놓일 확률은 0에 가깝다. 이와는 반대로 크고 뜨겁고 밝은 별의 주변에는 거주 가능 영역이 넓게 분포되어 있다. 그러나 이런 별은 극히 드문데다가 수명도 수백만 년에 불과하기 때문에 주변 행성에서 탄생한 생명체가 빠른 속도로 진화하지 않는 한 문명을 꽃피우기 어렵다. 과연 원시시대의 점액물에서 고등 미적분학을 척척 풀어내는 생명체가 곧바로 탄생할 수 있을까? 몇 차례의 기적이 연달아 일어난다 해도 이것만은 어려울 것 같다.

거주 가능 영역을 산출하는 수학적 도구로 드레이크 방정식을 사용할 수도 있다. 그러나 드레이크 방정식을 태양계에 적용하면 거주 가능 영역 중 하나인 화성이 누락된다. 화성의 표면에는 강물이 굽이쳐 흐른 바닥과 삼각주, 범람원 등의 흔적이 뚜렷하게 남아 있으므로 과거에 물이 존재했을 가능성이 높다.

지구의 자매 행성인 금성은 거주 가능 영역의 경계선에 아슬아슬하게 걸쳐 있다. 금성은 두꺼운 구름층으로 싸여 있기 때문에 태양계에서 복사열의 반사가 가장 큰 행성으로 알려져 있다. 금성이 생명체의 거주에 부적절하다는 뚜렷한 증거는 없으나 온실 효과가 너무 커서 그다지 쾌적한 환경이라고는 할 수 없다. 금성의 이산화탄소 대기는 복사열의 대부분을 잡아 두기 때문에 평균 기온이 750켈빈(섭씨 477도)나 된다. 이 정도면 태양계에서 가장 뜨겁지만, 태양과 금성 사이의 거리는 수성보다 2배나 멀다.

지구의 생명체가 수십억 년 동안 온갖 풍파를 견뎌 내면서 꾸준하게 진화해 온 것이 사실이라면 지구 자체가 생명체의 생존을 도왔을 가능성도 있다. 이것이 바로 1970년대에 생물학자 제임스 에프라임 러브록(James Ephraim Lovelock, 1919년~)과 린 마굴리스(Lynn Margulis, 1938~2011년)가 제안했던 '가이아 가설(Gaia hypothesis)'로서 "임의의 시대에 지구에 존재했던 모든 유기체의 집단적인 생명 활동은 대기의 성분과 기후 등 주변 환경을 생존에 적절한 방향으로 (눈에 띄지 않게) 변화시켰다."라는 내용을 골자로 하고 있다. 물이 지구에 꾸준하게 존재해 온 것도 생명체가 그것을 원했기 때문이라는 것이다. 뉴에이지 운동을 펼치는 사람들은 가이아 가설을 전적으로 옹호하는 입장이고, 나 역시 가이아 가설에 개인적으로 큰 관심을 갖고 있다. 그러나 공정하게 생각해 보면 화성인이나 금성인도 수십억 년 전에 이와 비슷한 가설을 주장했을 가능성이 높다.

✷

거주 가능 영역이 되려면 물을 액체 상태로 유지해 주는 에너지원이 주변 어딘가에 존재해야 한다. 목성의 위성 중 하나인 유로파는 표면이 얼음으로 덮여 있는데 목성의 중력장으로부터 조석력(tidal force)에 의한 열이 발생하고 있기 때문에 얼음층의 내부에 물이 존재할 것으로 추정되고 있다. 라켓으로 한동안 두들겨 맞은 후 열이 올라가는 테니스공처럼 목성의 중력이 한쪽 면에 더 강하게 작용하면서 유로파의 온도가 상승하고, 그 결과 수 킬로미터에 달하는 두꺼운 얼음층 속에 거대한 바다가 존재할 수도 있다는 것이다. 단 지구의 바다는 온갖 생명체로 가득 차 있는 반면 유로파의 바다에는 생명체가 존재하더라도 극히 원시적이고 종류도 다양하지 않을 것으로 추정된다.

최근 들어 극단적인 고온이나 저온에서 살아갈 수 있는 호극성 생물이 발견되어 학계의 비상한 관심을 끌고 있다. 만일 이 미생물 중에 생물학자가 있다면 자신을 정상이라고 생각하면서 상온에서 살아가는 다른 생명체를 '극한 생명체'로 분류했을 것이다. 뜨거운 환경을 좋아하는 극한 미생물은 수압이 높고 수온이 일반적인 물의 끓는점보다 높은 해령(海嶺, 4,000~6,000미터 깊이의 바다 밑에 산맥 모양으로 솟은 지형. 해저 산맥. ─ 옮긴이)에서 주로 발견된다. 이곳의 환경은 가스레인지 위에서 끓는 냄비와 비슷하다. 냄비 속은 튼튼한 뚜껑에 의해 압력이 유지되기 때문에 그 속에 담겨 있는 물은 일반적인 물의 끓는점보다 높은 온도에서도 액체 상태를 유지할 수 있다.

차가운 바다의 밑바닥에 있는 거대한 열수 분출공에서는 다양한 광물질이 10층 건물 높이까지 솟아올라 있다. 이 부근에서는 온도의 변화가 매우 급격해서 다양한 종류의 생명체들이 태양이라는 존재를 전혀 모르는 채 살아가고 있는데 이들은 지구 자체의 지열과 알루미늄(^{26}Al), 포타슘(^{40}K)이 자연 붕괴되면서 방출되는 열을 에너지원으로 사용하고 있다.

바다 밑바닥은 가장 안전한 생태계라고 할 수 있다. 거대한 운석이 지구에 충돌하여 표면에 서식하는 모든 생명체가 멸종한다고 해도 심해의 호극성 생물은 아무 일도 없었다는 듯이 태연하게 살아갈 것이다. 그 후로 세월이 충분히 흐르면 이들이 진화하여 지구의 표면을 장악할지도 모를 일이다. 또는 어느 날 태양이 갑자기 사라지고 지구가 공전 궤도를 이탈하여 우주 공간을 표류한다 해도, 호극성 생물의 세계는 이 끔찍한 현실에 아무런 관심도 갖지 않을 것이다. 그러나 앞으로 50억 년이 지나면 태양은 적색 거성이 되면서 태양계의 모든 행성을 잡아먹을 것이다. 이때가 되면 바다는 물론이고 지구 자체도 증발해 버릴 것이므로 호극성 생물도 코앞에 닥쳐온 위험에 관심을 갖지 않을 수 없을 것이다.

호극성 생물이 지구 전역에 분포되어 있다면, 태양계가 형성되던 무렵에 외부로 날아가 버린 행성에도 생명체가 존재할 수 있을지도 모른다. 행성의 지열은 수십억 년 동안 지속될 수 있다. 다른 태양계에서 축출된 수많은 행성은 또 어떤가? 주인(태양) 없이 우주 공간을 떠도는 행성에서도 생명체가 진화하고 있을까? 별의 주변에서 적절한 거리를 유지하지 않더라도 적당량의 빛이 확보되면 생명체는 얼마든지 생존할 수 있다. 그러므로 곰 세 마리가 사는 집이라고 해서 특별할 것은 없다. 돼지 세 마리가 사는 집에서도 식탁 위의 수프는 적당한 온도로 데워져 있을 것이다. 드레이크 방정식에 따르면 거주 가능 영역에 행성이 존재할 확률은 거의 100퍼센트에 가깝다.

이 얼마나 놀랍고도 환상적인 결과인가! 우주에서 행성이 유별난 존재가 아니듯이 생명체도 그다지 희귀한 존재가 아닌 것이다. 적당량의 빛이 내리쬐는 행성에는 생명체가 얼마든지 존재할 수 있다.

앞으로 지구에서 어떤 일이 벌어지건 간에 세균은 향후 50억 년 동안 행복하게 살아갈 것이다.

24장

물, 물, 물

독자들은 건조해 보이는 생소한 행성의 사진을 보면서 물은 지구에 얼마든지 있지만 나머지 은하계에는 거의 존재하지 않는다고 생각할지도 모른다. 그러나 3개의 원자로 이루어진 분자 중에서 가장 흔한 것이 바로 '물(H_2O)'이다. 게다가 수소(H)와 산소(O)는 '우주에서 가장 흔한 원소'의 순위 목록에서 각각 1위와 3위를 점유하고 있다. 따라서 지구에 물이 존재하는 이유를 파고드는 것보다 다른 행성에 물이 없는 이유를 추적하는 것이 훨씬 바람직하다.

태양계에서 물과 대기가 없는 척박한 환경을 찾는다면 멀리 갈 것 없이 달을 관측하는 것으로 충분하다. 달에는 대기가 거의 없기 때문에 기압이 0에 가깝다. 2주 동안 계속되는 낮 시간에는 온도가 섭씨 93도까지 올라가서 물이 있어도 쉽게 증발되고 2주 동안 계속되는 밤에는 온도가 영하 157도까지 떨어지면서 모든 것이 얼어붙는다.

달에 착륙했던 아폴로 우주선의 승무원들은 공기와 물 그리고 냉난방 장치를 반드시 휴대해야 했다. 그러나 먼 훗날에 우주 여행을 하는 사람들은 굳이 이런 장비를 들고 다닐 필요가 없을 것이다. 달을 선회하는 무인 인공 위성 클레멘타인(Clementine) 호는 "달의 북극과 남극 근처의 깊은 분화구 속에 얼어붙은 호수가 숨어 있다."라는 일부 학자들의 주장을 뒷받침할 만한 증거를 발견했다. 그동안 달의 표면에 떨어진 수많은 운석 중에는 다량의 물을 함유하고 있는 커다란 혜성도 있었을 것이다. 과연 얼마나 컸을까? 태양계를 돌아다니는 혜성들 중에는 완전히 녹았을 때 미국 오대호의 이리 호를 가득 채울 정도로 규모가 큰 것도 많이 있다.

거의 100도까지 달궈진 달 표면에 호수가 남아 있을 가능성은 거의 없지만 달의 극지방에 떨어진 혜성이 깊은 분화구 속에 물 분자를 남겨 놓았을 가능성은 얼마든지 있다. 달의 토양 속으로 스며든 물 분자는 태양에 노출될 일이 없기 때문에 영원히 보존된다. ('달의 한쪽 면은 태양빛을 영원히 받지 못한다.'라고 생각하는 사람이 의외로 많은 것 같다. 짐작하건대 1973년에 발매된 핑크 플로이드(Pink Floyd)의 유명한 앨범 「달의 어두운 뒷면(Dark Side of the Moon)」도 이런 오해에서 비롯되었을 것이다.)

북극이나 남극 지방에서는 태양의 고도가 매우 낮다. 이런 곳에 높은 담으로 둘러싸인 깊은 분화구가 있다면 1년 내내 햇빛을 단 한 번도 받지 못할 것이다. 따라서 달의 극지방에 있는 분화구 안에 생명체가 존재한다면 햇빛을 분화구 속으로 산란시킬 만한 대기가 없으므로 영원한 어둠 속에서 살아가고 있을 것이다.

*

얼음은 차갑고 어두운 냉장고 안에서도 서서히 증발한다.(냉동실 속에 얼음을 넣어 둔 채 여행을 갔다가 몇 주 후 집에 돌아와서 냉동실 문을 열어 보면 얼음이 작아졌다는 것을 확인할 수 있다.) 그러나 분화구의 밑바닥은 너무나 차가워서 증발이 거의 일어나지 않는다. 따라서 달에 식민지를 건설한다면 분화구 근처를 선택하는 것이 좋다. 이곳에서는 얼음을 녹여서 물을 공급할 수 있고 물을 수소와 산소로 분해하여 로켓의 연료 및 호흡용으로 사용할 수도 있다. 그리고 임무 수행 도중 시간이 남으면 추출된 물을 얼려서 만든 아이스링크 위에서 스케이트를 즐길 수도 있다.

달에 그토록 많은 운석이 떨어졌다면 지구도 예외는 아니었을 것이다. 지구는 달보다 몸집이 크고 중력도 강하기 때문에 달보다 훨씬 빈번하게 운석의 공격을 받았을 것으로 추정된다. 뿐만 아니라 운석의 충돌은 지구가 처음 태어났을 때부터 지금까지 끊임없이 계속되고 있다. 다들 알다시피 지구는 다른 행성과 마찬가지로 원시 태양의 외곽을 두르고 있던 기체 구름이 뭉치면서 형성되었다. 그 후 지구는 작은 입자를 끌어들이면서 덩치를 키우다가, 광물질이 풍부한 소행성이나 물을 함유하고 있는 혜성의 집중 공격을 받게 된다. 이런 일이 얼마나 자주 일어났을까? 아마도 지구에 바다가 형성될 정도로 많은 혜성이 떨어졌을 것이다. 그러나 이 주장에는 논쟁의 여지가 있다. 지구에 있는 물과 달리, 현재 관측된 혜성의 물에는 다량의 중수소(수소 원자핵에 중성자 하나가 추가된 비정상적인 원소)가 함유되어 있기 때문이다. 만일 혜성이 지구의 바닷물을 배달했다면 태양계의 생성 초기에 지구와 충돌한 혜성들은 독특한 화학 성분을 갖고 있어야 한다.

어느 연구 결과에 따르면 집채만 한 얼음 덩어리가 수시로 지구에 떨어지고 있다고 한다. 이들은 대기층에 진입하면서 공기 마찰로 인해 곧바로 기화되지만 지구의 '물 보유량'에 기여하는 것만은 분명하다. 지난 46억 년간 얼음 덩어리가 지금과 같은 빈도수로 꾸준하게 떨어졌다면 이로부터 바다의 기원을 설명할 수 있다. 여기에 화산에서 분출된 수증기까지 더하면 바닷물의 수량이 거의 정확하게 들어맞는다.

지구의 표면은 3분의 2 이상이 바다로 덮여 있다. 바닷물의 전체 질량은 지구 질량의 5,000분의 1에 지나지 않지만, 이것만 해도 10^{18}톤(10억×10억 톤)이나 된다. 이들 중 2퍼센트는 항상 얼음의 형태로 존재하고 있다. 금성에서 그랬던 것처럼 지구에서도 온실 효과가 계속된다면 대기 중에 태양 에너지가 저장되어 기온이 급등하면서 바닷물은 빠르게 증발할 것이다. 물이 없으면 동물과 식물은 당연히 살아갈 수 없지만 대기 중에 수증기가 다량 유입되면서 대기의 무게가 300배나 무거워진다는 것도 문제이다. 이런 살인적인 대기 속에서 모든 생명체는 당장 뭉개지고 말 것이다.

금성은 태양계의 나머지 행성과 다른 점이 많다. 금성의 이산화탄소 대기는 매우 두껍고 밀도가 높아서 대기압이 지구보다 100배가량 높다. 따라서 지구의 생명체는 금성에서도 사정없이 뭉개진다. 그러나 뭐니 뭐니 해도 금성의 가장 큰 특징은 비교적 최근에 형성된 분화구들이 표면에 거의 균일하게 분포되어 있다는 점이다. 언뜻 듣기에는 그다지 유별난 특성이 아닌 것 같지만 이것은 어느 날 금성에 커다란 변화가 일어나서 기존의 분화구들을 모두 쓸어 버렸고 그 이후 분화구 생성 역사가 새롭게 시작되었음을 의미한다. 행성을 통째로 뒤덮을 정도로 엄청난 홍수나 화산 분출이 아니고서는 금성의 표면을 이 정도로 말끔하게 '리셋(reset)'시키기 어렵다. 만일 화산 분출이 대대적으로 일어났다면 금성은 자동차를 좋아하는 미국인의 이상향인 '표면 전체가 포장 도로인 행성'

이 되었을 것이다. 무엇이 금성의 표면 상태를 리셋시켰건 간에, 그 과정이 갑작스럽게 끝난 것만은 분명하다. 만일 금성에 초대형 홍수가 일어났다면 그 많은 물은 다 어디로 갔을까? 지하로 스며들었을까? 아니면 대기 속으로 증발했을까? 혹시 물이 아닌 다른 물질로 홍수가 났던 것은 아닐까?

*

우리의 관심을 끄는(그리고 우리가 잘 모르는) 행성은 금성뿐만이 아니다. 화성의 표면에 구불구불하게 나 있는 강바닥 흔적과 범람원, 삼각주, 다양한 지류, 강물로 인해 침식된 계곡 등이 남아 있는 것을 보면 한때 화성에도 다량의 물이 존재했음이 분명하다. 누군가가 "지구 이외의 행성들 중 과거에 물이 존재했을 확률이 가장 높은 행성은 무엇인가?"라고 묻는다면 나는 주저 없이 화성을 꼽을 것이다. 그러나 (이유는 알 수 없지만) 현재 화성의 표면은 바싹 말라 있다. 나는 금성과 화성을 볼 때마다 지구의 물도 언제든지 쉽게 사라질 수 있다는 엄연한 사실을 문득 떠올리고는 한다.

퍼시벌 로웰은 화성의 관측 자료에 상상력을 추가하여 "화성인들은 극지방의 얼음을 녹여서 적도 근처의 거주지에 물을 공급했으며 물을 운반하기 위해 거대한 운하를 건설했다."라고 주장했다. (물론 여기에는 잘못된 관측 자료가 큰 몫을 했다.) 그는 화성을 '한때 찬란한 문명을 꽃피웠다가 물 부족으로 멸망한 행성'으로 생각했던 것이다. 1909년에 출판된 로웰의 저서 『생명체의 서식지 화성(*Mars as the Abode of Life*)』에는 화성 문명의 몰락을 안타까워하는 마음이 잘 표현되어 있다.

행성의 소멸 과정은 표면에 서식하는 생명체들이 더 이상 생명 활동을 유지할 수 없을 때까지 계속된다. 이 과정은 매우 느리게 진행되지만, 시간이 흐르면 결국 모든 생명체는 사라질 수밖에 없다. 마지막 불씨가 꺼지고 나면 생명의 진화가 완전히 멈추면서 우주 공간에 '죽음의 행성'으로 남게 된다.[1]

로웰은 잘못된 관측으로 틀린 결론을 내렸지만 한 가지 사실만은 제대로 간파하고 있었다. 만일 화성에 물을 필요로 하는 문명이나 생명체가 존재했다면 과거 어느 시점에서 알 수 없는 이유로 물이 고갈되면서 멸망한 것이 분명하다. 그렇다면 화성의 물은 영구 동토층 밑으로 스며들었을 가능성이 높다. 대형 분화구의 가장자리에 남아 있는 마른 진흙의 흔적이 그 증거이다. 영구 동토층이 매우 두껍게 깔려 있다면 대형 운석만이 물이 있는 깊이까지 파고 들어갈 수 있기 때문이다. 즉 충돌에 의한 에너지가 얼음층을 녹이면서 저장된 물의 일부가 표면으로 분출되었다고 생각할 수 있다. 이런 흔적이 남아 있는 분화구는 극지방으로 갈수록 많아진다. 극지방에서는 영구 동토층과 표면 사이의 거리가 가깝기 때문이다. 지금까지 서술한 가정이 사실이라는 전제 하에 땅 밑에 숨어 있는 물과 극지방의 얼음을 녹여서 표면에 골고루 뿌린다면 화성 전체는 10미터 깊이의 바다로 덮이게 된다. 그러므로 화성에서 생명체의 흔적을 찾고자 한다면 표면만 탐사할 것이 아니라 땅속까지 파고 들어가야 한다.

천체 물리학자들은 물이 액체 형태로 존재하는(즉 생명체가 존재할 만한) 행성을 찾을 때 "별과 적당한 거리에 있어야 한다."라는 조건을 제일 먼저 떠올린다. 너무 가까우면 증발해 버리고 너무 멀면 얼어붙기 때문이

1. Rowell, 1909, 216쪽.

다. 그러나 물은 별이 아닌 다른 에너지원으로 인해 액체 상태로 보존될 수도 있다. 행성의 대기에서 약간의 온실 효과만 일어나도 얼마든지 가능한 일이다. 행성이 생성되는 데 쓰이고 남은 에너지가 내부에 저장되어 있거나 무겁고 불안정한 원소가 꾸준하게 방사능 붕괴를 일으키면서 에너지를 공급한다면 별에서 다소 멀리 떨어져 있는 행성에도 물이 존재할 수 있다. 지구의 경우에도 지질학적 변화는 주로 내부 에너지로 진행되고 있다.

또 다른 에너지원으로 조석력을 들 수 있다. 물론 바닷물이 들어오고 나가는 것도 조석력의 영향이지만 지금 내가 말하는 것은 더욱 일반적인 의미의 조석력이다. 앞에서 말한 바와 같이 목성의 위성 이오는 목성과의 거리가 변할 때 나타나는 조석력 때문에 화산 분출과 땅의 균열, 지각 이동 등 지질학적 현상을 수시로 겪고 있다. 지금까지 알려진 바에 따르면, 이오는 태양계에서 지질학적 변화가 가장 활발한 천체이다. 만일 조석력이 없었다면 태양에서 멀리 떨어져 있는 이오는 영원히 얼어붙은 위성으로 남았을 것이다. 일부 학자들은 현재 이오의 상태가 초기 지구의 상태와 비슷할 것으로 추정하고 있다.

목성의 또 다른 위성인 유로파도 이오 못지않게 우리의 관심을 끈다. 유로파 역시 조석력으로 열이 만들어지고 있는데, 갈릴레오 탐사선이 관측한 자료에 따르면 두꺼운 얼음층이 엄청난 양의 진흙이나 물 위에 떠서 조금씩 이동하고 있다. 그래서 제트 추진 연구소(Jet Propulsion Laboratory, JPL)의 연구원들은 유로파의 표면에 탐사선을 착륙시킨 후 구멍 속으로(구멍이 없으면 얼음을 파거나 녹여서) 잠수용 탐지기를 삽입하여 물의 존재를 확인한다는 계획을 세우고 있다. 지구의 물은 모든 생명의 근원이므로 유로파에서 물의 존재가 확인되면 생명체를 발견할 가능성도 한층 높아질 것이다.

물은 대부분의 물질을 용해시킬 뿐만 아니라 액체 상태로 존재할 수 있는 온도의 폭이 다른 액체보다 넓다. 그러나 내가 보기에 물이 갖고 있는 가장 놀라운 특성은 온도에 따라 밀도가 변해 가는 양상이다. 대부분의 물질은(물을 포함해서) 차가워질수록 부피가 줄어들면서 밀도가 커진다. 그러나 물은 섭씨 4도 이하로 내려갔을 때 부피가 다시 증가하고 밀도가 낮아지는 신기한 성질을 갖고 있다. 섭씨 0도에서 물이 얼음으로 변해도 밀도는 계속 감소하기 때문에 모든 얼음은 물 위에 뜬다. 이것은 배수용 파이프를 파열시키는 원인이 되기도 하지만 물고기에게는 정말로 다행인 일이 아닐 수 없다. 대기의 온도가 영하로 내려가면 수면 근처의 물은 얼어붙지만 따뜻한 물은 밀도가 커서 아래로 가라앉기 때문에 물고기들은 추운 겨울에도 위로 뜬 얼음 아래의 물속에서 안락한 삶을 누릴 수 있다.

물의 밀도는 온도가 내려갈수록 커지다가 섭씨 4도 이하로 내려가면 다시 감소하기 시작한다. 만일 이런 특성이 없다면 기온이 영하로 떨어졌을 때 강바닥에서부터 얼어붙으면서 더운물이 위로 올라올 것이다. 그런데 대기의 온도는 이미 영하이므로 표면으로 올라온 물은 빠른 속도로 얼어붙게 된다. 물의 대류가 이런 식으로 일어난다면 강물 전체가 아래쪽부터 빠르게 얼어붙어서 물고기들은 모두 얼어 죽고 얼음 낚시는 불가능했을 것이다. 또한 아래쪽부터 얼어붙는다면 북극해를 항해할 때 굳이 쇄빙선을 동원할 필요가 없다. 얼어붙은 부분은 모두 바다 속으로 가라앉아 있을 것이므로 얼음을 깰 필요도 없고 빙산을 걱정할 필요도 없다. 1912년 첫 항해 길에서 비극적인 최후를 맞이했던 타이타닉 호도 아무런 사고 없이 뉴욕 시에 도착했을 것이다.

은하 안에서 물이 존재할 수 있는 곳은 행성과 위성뿐만이 아니다. 물을 비롯하여 암모니아, 메테인, 에틸알코올 등은 별 사이에 깔려 있는 기체 구름 속에서 수시로 발견되고 있다. 특히 물분자는 온도가 낮고 밀도가 높은 환경에서 주변의 별로부터 얻은 에너지를 고강도 마이크로파로 변화시키는 능력을 갖고 있다. 이 현상과 관련된 원자 물리학적 과정은 레이저(laser)의 내부에서 가시광선이 겪는 과정과 매우 비슷한데 에너지원으로 가시광선이 아닌 마이크로파가 사용되기 때문에 메이저(MASER, 유도 방출 복사에 의한 마이크로파 증폭 장치를 뜻하는 microwave amplification by the stimulated emission of radiation의 약자이다.)라고 부른다.

지구에서 물은 생명체에게 반드시 필요한 요소이다. 그런데 은하의 다른 곳에서도 과연 이 명제가 성립할 것인가? 뚜렷한 증거는 없지만 '그렇지 않다.'라는 반증도 없으므로 일단은 그렇다고 가정하는 것이 순리일 것 같다. 그러나 화학적 관점을 떠나서 생각해 보면 물은 치명적인 공해 물질이 될 수도 있다. 1997년에 아이다 호의 이글록 중학교에 재학 중이던 14세의 네이선 조너(Nathan Zohner)라는 학생은 "다이하이드로젠 모노옥사이드(dihydrogen monoxide)라는 화학 물질의 사용을 제한하거나 금지해야 한다."라는 탄원서를 내고 서명 운동을 벌였다. 무색무취의 이 화학 물질에 대하여 조너가 나열한 유독성은 다음과 같았다.

* 산성비의 주성분이다.
* 이것과 접촉한 물질은 대부분 용해된다.
* 무의식 중에 사람 몸속으로 들어가면 죽을 수도 있다.
* 기체 상태에서 피부에 닿으면 심각한 화상을 입을 수 있다.
* 말기 암환자의 종양에서도 발견된다.

조너가 한창 서명 운동을 벌일 때 그에게 다가간 50명 중 43명이 탄원서에 서명했고 6명은 우물쭈물했다. "아무리 그래도 다이하이드로젠 모노옥사이드는 반드시 사용되어야 한다."라고 강력하게 주장한 사람은 단 한 명뿐이었다. 다이하이드로젠 모노옥사이드가 무엇인지 아는가? 바로 물(H_2O)이다. 무려 86퍼센트의 사람이 물의 사용을 금지하는 데 찬성한 것이다!

화성의 물도 이런 일을 겪었던 것은 아닐까?

25장
생명의 자리

사람들에게 "어디 출신이냐?"라고 물으면 십중팔구는 자신이 태어났거나 어린 시절을 보낸 도시 이름을 댈 것이다. 물론 이 대답에는 잘못된 구석이 전혀 없다. 그러나 천체 화학적인 관점에서 가장 바람직한 대답은 다음과 같다. "저는 50억 년 전에 어떤 별이 수명을 다하여 폭발하면서 우주 공간에 흩어진 잔해에서 탄생했습니다."

우주 공간은 장구한 역사를 자랑하는 화학 공장이다. 대폭발이 일어난 직후 이 공장은 수소와 헬륨 그리고 소량의 리튬만으로 가동되기 시작했고 별의 내부에서 92종에 달하는 나머지 원소들이 만들어졌다. 모든 생명체의 몸을 이루는 탄소(C), 칼슘(Ca), 인(P) 등의 원소도 별 속의 용광로에서 핵융합 반응을 통해 생성된 것이다. 별 속에 있는 원소들은 아무짝에도 쓸모없지만 별이 죽으면서 우주 공간으로 흩어진 원소들은 기체 구름 속에 유입되어 새로 태어날 별의 모태가 된다.

대부분의 원자는 적절한 온도와 압력 조건에서 서로 결합하여 간단한 형태의 분자가 된다. 그리고 분자는 독특하고 난해한 과정을 거쳐 더욱 크고 복잡한 분자로 성장한다. 사실 우주에서 분자들이 결합하여 생명체가 탄생할 만한 장소는 헤아릴 수 없을 정도로 많다. 아마도 우주의 한구석에서는 그 구조가 너무 복잡하여 자체적으로 의식을 갖고 다른 생명체와 의사 소통을 할 수 있는 분자가 존재할지도 모른다.

인간을 비롯하여 우주에 존재하는 모든 생명체 그리고 그들이 살고 있는 행성이나 위성은 지금처럼 정돈된 모습으로 진화하지 못한 채 별의 잔해로 남을 수도 있었다. 다시 한번 강조하건대 우리 모두는 별이 폭발하면서 흩어진 파편으로부터 탄생했다. 이 사실을 마음속 깊이 받아들이고 스스로 자축하라. 그 희박한 확률을 극복하고 멋진 생명체로 부활하지 않았는가!

*

생명체가 탄생하기 위해 희귀한 성분이 필요한 것은 아니다. 대부분 생명체의 몸은 흔한 원소로 이루어져 있다. 우주에서 가장 흔한 원소 다섯 가지를 순서대로 나열하면 수소, 헬륨, 산소, 탄소 그리고 질소이다. 이들 중에서 다른 원소와의 결합을 원천적으로 거부하는 헬륨을 제외하면 지구 생명체의 몸을 이루는 4종 원소와 일치한다. 이 원소들은 성간 구름 속에 숨어서 때를 기다리다가 온도가 2,000켈빈 이하로 떨어졌을 때 분자를 만들기 시작했다.

가장 먼저 탄생한 것은 일산화탄소(CO)나 수소 분자(H_2)와 같이 2개의 원자로 이루어진 분자들이다. 여기서 온도가 조금 더 떨어지면 물(H_2O)과 이산화탄소(CO_2), 암모니아(NH_3) 등 3~4개의 원자로 이루어진 분자들이 만들어진다. 이들은 비교적 간단한 구조를 갖고 있지만 생명체를 이루는 데 없어서는 안 될 분자들이다. 온도가 더 내려가면 5~6개의 원자로 이루어진 분자들이 형성되는데 화학적으로 가장 넓은 오지랖을 자랑하는 탄소는 거의 모든 분자의 형성 과정에 참여하여 자신의 흔적을 남긴다. 실제로 우주 공간에서 발견되는 분자의 4분의 3이 적어도 하나 이상의 탄소 원자를 포함하고 있다.

그러나 우주 공간은 분자들에게 결코 안전한 장소가 아니다. 별이 폭발하면서 방출된 에너지나 가까운 별에서 방출된 자외선은 어렵게 형성된 분자를 순식간에 분해할 수 있으며 크고 복잡한 분자일수록 쉽게 분해된다. 여기서 운 좋게 살아남은 분자는 우주의 먼지가 되어 표류하다가 소행성이나 혜성, 행성 또는 지구인의 몸의 일부가 될 수도 있다. 별이 방출하는 에너지가 모든 분자를 분해했다고 해도 특정 행성이 형성되는 동안 원자들이 다시 뭉쳐서 복잡한 분자를 만들어 낼 시간은 충분하다. 복잡한 분자의 대표적 사례로는 아데닌(Adenine, DNA를 구성하는 기본 단위 중 하나), 글라이신, 글라이코알데하이드(glycoaldehyde, 탄수화물) 등을 꼽을 수 있다. 이들은 생명체가 형성되기 위해 반드시 필요한 분자로서 지구에만 존재한다는 보장은 어디에도 없다.

*

그러나 밀가루와 물, 이스트, 소금을 무작정 섞는다고 해서 빵이 될 수 없는 것처럼 유기물 분자들이 만들어졌다고 해서 생명체가 곧바로 탄생하는 것은 아니다. 유기물에서 생명체가 만들어지는 과정은 아직 밝혀지지 않았지만 반드시 충족되어야 할 몇 가지 조건은 잘 알려져 있다. 우선 분자들이 오만가지 결합을 시도하는 동안 주변 환경이 이들을 독려하고 보호해야 한다. 가장 필요한 것은 액체인데 그 속에서는 분자들이 쉽게 접촉할 수 있고 이동도 용이하기 때문이다. 주변 환경이 더 많은 화학 반응을 허용할수록 생명체가 탄생할 확률은 높아진다. 그리고 화학 반응이 순조롭게 진행되려면 충분한 양의 에너지가 끊임없이 공급되어야 한다.

지구의 온도와 기압, 산성도, 복사열 등은 생명체가 살아가기에 적절한 값으로 설정되어 있다. 그러나 한 생명체에게 적절한 환경은 다른 생명체에게 지옥이 될 수도 있다. 현재 과학자들은 지구 이외의 다른 곳에서 생명체가 번성하기 위해 필요한 조건을 결정하지 못하고 있다. 이 문제와 관련된 극단적인 사례는 네덜란드의 물리학자 크리스티안 하위헌스가 17세기에 집필한 『우주 이론(*Cosmotheoros*)』에서 찾아볼 수 있다. 그는 이 책에서 "다른 행성에 사는 생명체들도 대마를 재배하고 있음이 분명하다. 그렇지 않으면 바다를 항해할 때 반드시 필요한 밧줄을 어떻게 만들 수 있겠는가?"라고 적어 놓았다.

그로부터 300년이 지난 지금 우리는 한 무더기의 분자만으로 모든 것을 설명하고 있다. 이들을 수억 년 동안 계속해서 흔들어 주면 생명체가 탄생하여 하나의 왕국을 건설할 수도 있다.

*

지구에 서식하는 대부분의 생명체는 놀라울 정도로 왕성한 번식력을 자랑한다. 그러나 지구 이외의 다른 곳에서도 생명체들이 왕성하게 번식하고 있을까? 만일 우주 어딘가에 지구와 비슷한 행성이 있다면 이곳과 비슷한 화학 물질이 동일한 물리 법칙에 따라 결합하여 비슷한 유기물을 만들어 냈을 것이다.

탄소를 예로 들어 보자. 탄소는 다른 탄소나 다른 종류의 원자와 쉽게 결합할 수 있기 때문에 복잡한 분자의 구성 성분에 약방의 감초처럼 등장한다. 좀 더 구체적으로 말하자면 탄소가 포함된 분자의 종류는 탄소가 포함되지 않은 분자의 종류보다 많다. (탄소는 주기율표에 등록되어 있는 92종의 천연 원소 중 하나임을 기억하라.) 원자들이 결합하여 분자를 이루는 가장 흔한 방법은 가장 바깥쪽에 있는 전자를 공유하는 것이다. 이 상황은 열차의 화물칸이 고리를 통해 연결되어 있는 것과 비슷하다. 각각의 탄소 원자는 이런 방법으로 1~4개의 원자와 결합할 수 있다. 그러나 수소 원자는 하나, 산소 원자는 둘, 질소 원자는 원자 셋하고만 결합할 수 있다.

탄소 원자는 다른 탄소 원자와 결합하여 수많은 가지를 가진 긴 체인을 만들 수도 있고 닫힌 고리 모양의 분자를 만들 수도 있다. 이렇게 생성된 유기 분자들은 작은 분자들이 꿈밖에 꿀 수 없는 대단한 일을 해낸다. 예를 들어 이들은 한쪽 끝에서 특정한 일을 하면서 반대쪽 끝에서는 다른 일을 할 수 있으며 다른 분자들과 함께 꼬여서 끝이 없는 무한 반복 구조를 만들 수도 있다. 탄소에 기반을 둔 가장 복잡한 분자는 아마도 DNA일 것이다. 독자들도 잘 알다시피 이중 나선 형태로 꼬여 있는 DNA는 각 생명체의 정체성을 결정하는 핵심적 요소이다.

물의 경우는 어떤가? 생명 활동에 필수적인 물은 대부분의 생물학자도 인정하는 바와 같이 '액체 상태로 존재할 수 있는 온도의 폭'이 매우 넓다. (섭씨 0~100도) 한 가지 문제는 생물학자들이 오직 지구만을 연구 대상으로 삼고 있다는 점이다. 화성의 일부 지역에서는 대기압이 너무 낮아서 물이 액체 상태로 존재할 수 있다. 신선한 물 한 잔을 이곳으로 가져가면 '동시에' 끓기도 하고 얼어붙기도 한다! 그러나 과거 한때는 화성에도 액체 상태의 물이 다량으로 존재했다. 화성에 생명체가 존재했다면 그것은 바로 이 시기였을 것이다.

지구의 표면에는 적당한 양(때로는 살인적인 양)의 물이 분포되어 있다. 이 물은 다 어디서 온 것일까? 앞서 지적한 대로 '혜성이 실어 날랐다.'라고 생각하는 것이 가장 논리적이다. 얼음 덩어리로 이루어진 혜성은 태양계의 도처에 무수히 널려 있다. 개중에는 덩치가 제법 큰 것도 있는데 태양계가 처음 생성되던 무렵에는 이런 혜성들이 지구에 주기적으로 떨어졌을 것이다. 물의 또 다른 공급원으로는 원시 지구의 화산 활동을 통해 분출된 수증기를 들 수 있다. 화산이 폭발하는 것은 마그마가 뜨겁기 때문이 아니라 마그마가 기화시킨 지하의 수증기가 엄청난 압력으로 마그마를 밀어내기 때문이다. 물론 마그마가 분출될 때 수증기도 함께 분출된다. 이 모든 효과를 고려할 때 지구에 지금과 같은 바다가 존재하는 것은 별로 놀라운 일이 아니다.

*

지구의 생명체들은 외견상 다양한 형태를 띠고 있지만 DNA의 구조는 거의 동일하다. 관심 영역이 지구에 한정되어 있는 생물학자들은 지구 생명체의 다양함만으로도 즐거운 비명을 지르고 있지만 우주 생물학자는 훨씬 큰 규모에서 생명체의 다양성을 연구하고 있다. 외계인도 DNA를 갖고 있을까? 아니면 아예 처음부터 전혀 다른 기초에서 생명체가 탄생했을까? 안타깝게도 지구는 생물학적으로 아주 이례적인 경우에 속한다. 그럼에도 불구하고 우주 생물학자들은 지구에서 가장 혹독한 환경에 서식하는 생명체를 연구함으로써 외계 생명체의 대략적인 형태를 추정하고 있다.

호극성 생물은 어디에나 존재하고 있다. 핵폐기물 처리장이나 산성 온천, 오폐수로 가득 찬 강, 화학 물질을 분출하는 해저의 구멍, 해저 화산, 영구 동토층, 용재(鑛滓) 더미 등 아무리 척박한 환경에서도 호극성 생물은 꿋꿋하게 살아간다. 과거의 생물학자들은 다윈이 말한 대로 "최초의 생명은 따뜻하고 조그만 연못에서 탄생했다."[1]라고 생각했다. 그러나 최근 발견된 자료에 따르면 지구에 처음으로 등장한 생명체는 호극성 생물이었던 것으로 추정된다.

다음 장에서 언급하겠지만 태양계는 탄생 후 처음 5억 년 동안 사격 연습장을 방불케 했다. 이 기간 동안 지구는 크고 작은 돌멩이에게 끊임없이 얻어맞아 지표면에 수많은 분화구가 형성되었다. 만일 이 시기에 생명체가 탄생했다면 곧바로 멸종했을 것이다. 지금으로부터 40억 년 전부터 충돌이 잦아들면서 지구의 표면 온도가 내려가기 시작했고 복잡한 화학 물질도 살아남을 수 있는 환경이 조성되었다. 과거에 출판된 책을 보면 태양계가 탄생하고 7억~8억 년이 지난 후 지구에 생명체가 탄생했다고 적혀 있는데 이것은 결코 옳은 서술이 아니다. 생명체의 기원이라 할 수 있는 '무수한 화학 결합 실험'은 운석들이 지표면에 떨어진 후 비로소 시작되었다. 운석의 융단 폭격은 적어도 6억 년 이상 계속되었으므로 책의 내용이 사실이라면 2억 년 이내에 원시 지구의 습지에서 단세포 생물이 출현했다는 이야기인데 확률적으로 볼 때 이렇게 단기간에 생명체가 만들어질 가능성은 매우 희박하다.

*

1. Darwin, 1959, 202쪽.

과거에 천체 화학자들은 우주 공간에 퍼져 있는 분자에 대하여 아무것도 모르고 있었지만 지난 수십 년 사이에 엄청나게 많은 분자가 발견되면서 우주 생명체 연구의 새로운 장이 열렸다. 뿐만 아니라 지난 10년 사이에 천체 물리학자들은 태양계 바깥에 존재하는 다른 태양계에서도 생명체를 구성하는 기본 단위가 이곳과 비슷하다는 사실을 알아냈다. (구성 비율로 따질 때 1위부터 4위까지는 완전히 동일하다.) 별의 표면이 수천 도까지 '차갑게 식어도' 그곳에 생명체가 산다고 생각하는 사람은 없다. 그러나 지구에서는 온도가 수백 도에 달하는 혹독한 환경에서도 생명체가 발견되었다. 이런 사실들을 종합해 볼 때 이 우주는 생소한 곳이 아니라 '우리에게 친숙한 곳'에 가깝다.

그런데 과연 우주는 우리와 얼마나 친숙할까? 외계 생명체의 몸도 탄소 화합물로 이루어져 있을까? 그들도 물에 의지하여 생명 활동을 유지해 나가고 있을까?

우주에서 가장 흔한 원소 'Top 10' 중 하나인 규소(Si)를 예로 들어보자. 주기율표를 보면 규소는 탄소 바로 아래 칸에 자리 잡고 있는데 이는 곧 '규소 원자의 가장 바깥쪽 궤도를 점유하고 있는 전자의 배열 상태는 탄소 원자의 가장 바깥쪽 배열과 같다.'라는 것을 의미한다. 그래서 규소는 탄소와 마찬가지로 1, 2, 3, 또는 4개의 주변 원자와 결합할 수 있으며 조건이 맞으면 기다란 사슬형 분자도 만들 수 있다. 이렇게 탄소와 비슷한 성질을 가졌는데 규소는 왜 생명체의 기본 요소가 되지 못했을까?

가장 큰 문제는 규소의 결합력이 너무 강하다는 점이다. 예를 들어 규소와 산소를 연결시키면 유기 화학 작용이 일어날 겨를도 없이 그냥 단단하게 붙어 버린다. 유기 화합물이 운석의 폭격에서 살아남으려면 단단하게 결합해야 하지만 후속 화학 반응이 일어나지 못할 정도로 결합력이 강하면 생명체가 탄생할 수 없다.

외계 생명체에게 물은 어떤 존재일까? 화학 반응에 적합한 매개체가 과연 물뿐이었을까? 생명체의 한 부분에서 다른 부분으로 영양분을 실어 나를 때 반드시 물을 사용해야 할 이유가 있을까? 생명체들은 대부분 '액체'를 좋아한다. 우주에서 가장 흔한 화합물에 속하는 암모니아와 에탄올도 액체이다. 암모니아가 물과 섞이면 어는점이 섭씨 −87.5도로 낮아지면서 액체를 좋아하는 생명체의 생존 가능성이 크게 높아진다. 그리고 메테인은 상온에서 기체로 존재하지만 태양과의 거리가 멀고 내부 열원도 부족한 행성에서는 액체 상태가 되어 생명체의 발육을 촉진할 수 있다.

*

2005년에 ESA에서 발사한 우주 탐사선 하위헌스 호(누구의 이름을 땄는지 잘 알 것이다.)가 토성의 가장 큰 위성인 타이탄에 상륙했다. 타이탄에는 다량의 생화학 물질이 분포되어 있으며 대기층은 지구보다 10배나 두껍다. 목성과 토성, 천왕성, 해왕성은 몸체의 대부분이 기체로 이루어진 반면 타이탄은 매우 견고한 표면을 갖고 있다. 태양계에서 두꺼운 대기층을 가진 천체는 금성, 지구, 화성, 그리고 타이탄뿐이다.

탐사 대상으로 타이탄이 선택된 데에는 그럴 만한 이유가 있었다. 타이탄에는 물과 암모니아, 메테인, 에테인 그리고 다환성 방향족 탄화수소로 알려진 혼합물이 존재하고 있다. 얼음은 온도가 너무 낮아서 콘크리트처럼 단단하지만, 메테인은 액체 상태로 존재한다. 하위헌스 호가 보내온 사진에는 개울과 강 그리고 호수를 닮은 영상이 또렷하게 나와 있다. 타이탄 표면의 화학 성분은 여러모로 원시 지구와 비슷하다. 그래서 천체 생물학자들은 타이탄을 "지구의 과거를 탐사하는 살아 있는 실험실"이라 부르곤 한다. "타이탄의 대기 성분으로 만들어진 유기물 액체에 물과 약간의 산을 첨가했더니 16가지의 아미노산이 생성되었다."라는 보고도 있다.

최근 들어 생물학자들은 지구의 표면보다 내부에 훨씬 더 많은 생명체가 서식하고 있다는 사실을 깨닫기 시작했다. 그리고 현재 진행되고 있는 연구에 따르면 생명체의 서식지는 뚜렷한 경계가 없다고 한다. 천체 물리학과 생물학, 화학, 지질학, 고생물학 등의 지식을 총동원하여 외계 행성에서 '작고 푸른 인간'을 찾으면서 생명체의 한계를 추적하는 과학자들 자신도 이미 엄청나게 복잡한 생명체가 아니었던가.

26장

외계 생명체

지금까지 태양 이외의 다른 별 근처에서 발견된 행성은 수백 개에 이른다. 이런 기사가 매스컴에 실리면 과학자는 말할 것도 없고 일반인까지 각별한 관심을 갖기 마련이다. 새로운 행성이 발견되었다는 사실 자체보다도 그곳에 지적인 생명체가 살고 있을 가능성이 부각되기 때문이다. 대부분의 매스컴은 이런 사건이 있을 때마다 자세한 분석도 없이 다소 호들갑스러운 보도를 꾸준히 내보낸다. 왜 그럴까? 행성은 결코 우주에서 흔한 천체가 아니기 때문이다. 태양계의 주인인 태양도 거느리는 행성의 수가 단 8개에 불과하다. (명왕성이 퇴출되면서 8개로 줄었다.) 새로 발견된 행성들은 대체로 목성처럼 덩치가 큰 기체 덩어리여서 생명체가 살고 있을 가능성은 별로 없다. 설혹 이런 곳에 외계인들이 거주한다 해도 그 형태는 우리의 짐작과 판이할 것이다.

단 하나의 사례로부터 일반적인 결론을 유도하는 것은 매우 위험한 시도이다. 현재 우리가 알고 있는 '생명의 행성'은 지구 하나뿐이지만 "지구 이외의 행성에도 생명체가 살고 있다."라고 주장하면 대다수의 사람은 귀를 쫑긋 세우고 후속 설명을 기다린다. 대부분의 천체 물리학자는 우주 저편에 생명체가 존재할 가능성을 부정하지 않고 있는데 그 이유는 아주 간단하다. 우리의 태양계가 유별난 시스템이 아니라면 우주에는 지구와 비슷한 행성이 수도 없이 많을 것이기 때문이다. 구체적인 예를 들자면 우주에 존재하는 행성의 개수는 지금까지 지구에 살다간 전 인류가 만들어 낸 각종 소리의 수보다도 훨씬 많을 것이다. 이 우주 안에서 생명체가 살고 있는 행성이 유독 지구뿐이라고 주장하는 것은 지나친 자만이다.

지난 세월 동안 종교계와 과학계를 이끌던 사상가들은 지식의 부족 때문만이 아니라 인간 중심적인 사고 때문에 종종 길을 잃곤 했다. 그러므로 종교적 교리가 확고하지 않거나 관측 자료가 부족할 때에는 "인간은 유별난 존재가 아니다."라는 코페르니쿠스적 관점을 고수하는 것이 안전하다. 다들 알다시피 코페르니쿠스는 16세기 중반에 활동했던 폴란드 출신의 천문학자로서 태양을 지구의 위성에서 태양계의 중심으로 되돌려 놓은 장본인이다. 기원전 3세기경에 그리스의 철학자 아리스타르코스도 태양을 중심으로 한 우주 모형을 제안한 적이 있었지만 그 후로 근 2,000년 동안은 지구 중심의 우주관이 널리 수용되었다. 지구가 우주의 중심이고 모든 천체가 그 주변을 돌고 있음을 주장하는 천동설은 아리스토텔레스와 프톨레마이오스를 거쳐 로마 가톨릭 교회의 교리로 자리 잡았으며 이에 반대하는 것은 교회의 권위에 도전하는 행위로 간주되었다. 사실 맨눈으로 별의 움직임을 관측하다 보면 천동설이 더욱 현실적인 이론으로 느껴진다. 중세 사람들은 이와 같은 하늘의 움직임이 신의 섭리라고 생각했다.

코페르니쿠스적 우주관이 앞으로 영원히 진리로 받아들여진다는 보장은 없지만 적어도 지금까지는 천체의 운동을 정확하게 설명하고 있다. 지구는 더 이상 우주의 중심이 아니며 우리의 태양계도 우리 은하의 중심이 아니다. 그리고 우리 은하 역시 우주의 중심에 있지 않다. 심지어 다중 우주 이론은 우리 우주가 무수히 많은 우주 중 하나에 불과하다고 주장하고 있다. 만약 당신이 우주의 경계선을 특별한 장소로 생각하는 사람이라면, 우리는 어떤 것의 경계선에 살고 있지도 않다는 점을 말해 둔다.

*

지동설이 확고한 진리로 자리 잡은 지금 "생명체는 지구에만 존재한다."라는 주장은 구식으로 느껴진다. "지구 이외의 다른 행성에도 생명체가 존재할 수 있다."라고 주장하는 것이 유연한 사고를 가진 현대인의 태도일 것이다. 그렇다면 외계의 생명체는 어떻게 생겼으며 어떤 성분으로 이루어져 있을까? 직접 만나서 확인하는 것이 최선이겠지만 지금 당장은 지구의 생명체를 분석하면서 실마리를 풀어 가는 수밖에 없다.

생물학자들이 매일 연구실 주변을 걸어 다니면서 생명체의 다양함에 감탄사를 연발하고 있는지는 잘 모르겠지만 적어도 나의 경우에는 그렇다. 지구라는 이 조그만 행성에는 독수리, 딱정벌레, 해면동물, 해파리, 뱀, 콘도르, 거대한 삼나무 등 수많은 생명체가 공존하고 있다. 방금 열거한 일곱 가지 생물은 크기와 성분, 살아가는 방식 등이 너무도 제각각이어서 같은 행성에 살고 있다는 사실이 믿어지지 않을 정도이다. 예를 들어 뱀을 한 번도 본 적이 없는 사람에게 뱀의 특징을 설명한다고 가정해 보자. 나라면 이렇게 말할 것이다. "이봐, 믿기지 않겠지만 지구에는 정말 이상한 동물이 살고 있어. 그놈은 (1) 적외선 탐지기로 먹이를 추적하고, (2) 자기 머리보다 5배나 큰 먹이를 통째로 삼킬 수 있고, (3) 팔이나 다리, 촉수 등 몸에 달려 있어야 할 보조 기관이 하나도 없고, (4) 그런데도 맨땅에서 초속 60센티미터로 움직일 수 있대! 정말 굉장하지?"

지구의 생명체만 해도 이토록 다양한데 우주 전역에 걸쳐 살고 있는 외계인들은 대체 얼마나 다양할까? 하지만 할리우드에서 만들어 낸 외계인들은 우리의 상상력을 충족시켜 주지 못하는 것 같다. 「덩어리(The Blob)」(1958년), 「2001: 스페이스 오디세이(2001: A Space Odyssey)」(1968년), 「콘택트(Contact)」(1997년)에 등장하는 외계인들은 사람의 모습과 크게 다르지 않다. 겉모습은 제법 끔찍하지만 어쨌거나 머리는 하나요, 눈은 둘이요, 코는 하나요, 입도 하나요, 손은 둘이요, 발도 둘이다. 게다가 다른 장소로 이동할 때 두 발을 서로 교차하며 걷는 폼까지 지구인과 똑같다. 영화 제작자는 이들이 외계에서 왔다고 주장하고 있으나 해부학적 관점에서 보면 지구인과 다른 점이 거의 없다. 만일 외계에 생명체가 존재한다면 지능이 있건 없건 간에 적어도 사람과 바퀴벌레 이상으로 달라야 하지 않겠는가?

지구 생명체의 몸을 이루는 구성 성분은 그리 많지 않다. 인간을 비롯한 모든 생명체의 몸은 95퍼센트가 수소와 산소 그리고 탄소 원자로 이루어져 있다. 그중에서 탄소 원자는 자신을 비롯한 여러 종의 원자와 결합할 수 있다. 그래서 지구 생명체의 대부분은 탄소에 기반을 두고 있다. 탄소 원자가 들어 있는 화합물을 '유기물(organic)'이라고 하는 것도 여기서 기인한 것이다. 그러나 외계 생명체를 연구하는 외계 생물학(exobiology, exo-는 바깥 또는 외부를 뜻한다. ― 옮긴이)에서는 '생명체=유기물'이라는 등식이 성립한다는 보장은 없다.

생명체는 화학적으로 특별한 존재인가? 코페르니쿠스적 관점에서 생각해 보면 그럴 이유가 전혀 없을 것 같다. 외계인은 근본적인 단계에서 지구인과 전혀 다른 구조를 갖고 있을 것이다. 앞서 말한 대로 우주에서 가장 흔한 원소 4인방은 수소, 헬륨, 탄소, 산소이다. 이중 헬륨은 다른 원소와 결합하지 않으므로 제외시키고 나머지 3개는 가장 흔하면서도 화학적으로 활동성이 강한 원소들이다. 물론 이들은 지구에서도 생명체의 주성분으로 활동하고 있다. 그렇다면 다른 행성에 사는 생명체도 우리와 비슷한 원소로 이루어져 있을 가능성이 높다. 만일 우리 몸의 주성분이 몰리브데넘과 비스무트 그리고 플루토늄이었다면 "우주에서 유별난 존재"라고 자신 있게 외쳤을 것이다.

다시 코페르니쿠스적 관점으로 돌아가 생각해 보면, 외계인의 몸집이 지구 생명체보다 턱없이 클 이유도 없을 것 같다. 보통 크기의 행성에서 엠파이어스테이트 빌딩만 한 생명체가 활보하는 모습은 영화에서나 볼 수 있을 뿐 현실적으로는 불가능하다. 물론 여기에는 구조 역학적인 이유가 숨어 있지만, 이런 제한 조건을 무시한다 해도 더욱 근본적인 제한이 우리의 상상을 가로막는다. 외계인의 몸에 팔다리나 촉수가 달려 있고 모든 기관이 중추 신경계로 운영된다면 명령 신호가 적절한 시간 내에 도달해야 한다. 몸에 유해한 물질과 접촉했을 때 재빨리 피하지 않으면 생명이 위험하기 때문이다. 그런데 우주 안에서 빛보다 빠른 신호는 없으므로 이 범위 안에서 적절한 크기를 갖고 있어야 한다. 극단적인 예로 어떤 생명체의 몸집이 태양계의 규모와 비슷하다면 머리에 가려움증을 느낀 후 손가락(또는 촉수)이 머리로 갈 때까지 적어도 10시간 이상이 소요된다. 이런 느림보 생명체는 생존에도 불리하지만 진화적 관점에서 봐도 아직은 시기상조일 것이다. 과거 생명체가 진화해 온 속도로 미루어 볼 때 지극히 작은 미생물체가 이 정도로 커지기에는 우주의 나이(137억 년)가 너무 젊기 때문이다.

✷

외계 생명체가 존재한다면 어느 정도의 지능을 갖고 있을까? 할리우드 영화에 등장하는 외계인들은 지구를 방문할 능력이 있으므로 지능도 매우 뛰어날 것이다. 그런데 정작 이들이 하는 행동을 보면 참으로 멍청하다는 생각이 든다. 언젠가 보스턴에서 뉴욕으로 4시간 동안 자동차 여행을 한 적이 있는데 때마침 라디오에서 지구인을 공포로 몰아넣는 외계인 이야기가 흘러나오고 있었다. 그들은 고향 행성에서 수소가 고갈되어(수소로 호흡하는 외계인들이었다.) 지구의 바닷물을 강탈하기 위해 먼 길을 날아왔다고 했다. 물은 H_2O 분자의 집합이니까 이로부터 수소를 얻겠다는 계획이었을 것이다.

하지만 생각해 보라. 이 얼마나 바보 같은 발상인가? 이 외계인들은 지구로 오는 길에 다른 행성은 거들떠보지 않았음이 분명하다. 목성에서 구할 수 있는 수소만 해도 지구 전체 질량의 200배가 넘는다. 또한 그들은 우주에 존재하는 원소의 90퍼센트가 수소라는 사실도 몰랐던 모양이다. 그 먼 곳에서 지구까지 날아올 과학 기술은 있으면서 이런 간단한 사실을 몰랐다니 참으로 희한한 종족이 아닌가?

이뿐만이 아니다. 함대를 거느리고 수천 광년의 거리를 비행할 수 있는 종족이 지구에 착륙하다가 충돌 사고를 내는 것도 참으로 어처구니없는 일이다. 1977년에 개봉한 영화 「미지와의 조우(Close Encounters of the Third Kind)」에 등장하는 외계인은 지구에 착륙하기 전에 일련의 암호를 송신한다. 나중에 해독한 결과 그것은 자기들이 착륙할 지점의 경도와 위도를 미리 알리는 신호였다. 자, 이게 과연 말이 되는 설정일까? 지구의 사정을 전혀 모르는 외계인들이 경도와 위도를 무슨 수로 알고 있다는 말인가? 경도 0인 자오선이 영국의 그리니치 천문대를 지나는 것은 국제 협약에 따라 결정된 사항이며 우리는 이 사실을 우주에 중계 방송한 적이 없다. 뿐만 아니라 지구인들은 경도와 위도를 '한 바퀴를 360등분한' 희한한 단위로 표기하고 있다. 만일 이들이 영어까지 습득했다면 다음과 같은 내용의 통신을 보냈을 것이다. "지구인 들어라. 우리는 잠시 후에 와이오밍 주의 유명한 지형지물 데빌스 타워(Devil's Tower) 근처에 착륙할 예정이다. 그리고 우리는 비행 접시를 타고 있으므로 활주로에 불을 밝히지 않아도 된다!"

그러나 역사상 가장 멍청했던 외계인은 1983년에 방영된 극장판 「스타 트렉」에서 찾아볼 수 있다. 고대인들이 우주의 비밀을 캐기 위해 발사한 탐사선(영화에서는 "V-ger"라는 이름으로 불린다.)이 우주 공간에서 길을 잃었다가 높은 지능의 외계인들에 의해 구조된다. 외계인들은 탐사선을 수리하는 김에 우주 어디서나 임무를 수행할 수 있도록 성능을 개선한 후 다시 우주 공간으로 내보냈고 엄청난 지식을 습득한 탐사선은 임무를 수행하면서 일종의 '의식'을 갖게 된다. 그러던 어느 날 우주를 향해 가던 엔터프라이즈 호가 이 탐사선을 발견했는데 몸체에는 'V'와 'ger'라는 글자만이 희미하게 남아 있었다. 커크 선장은 탐사선을 이리저리 살펴본 후 이것이 20세기 말에 지구에서 발사된 '보이저 6호(Voyager 6)'라는 사실을 알아낸다. 오랜 세월 동안 우주 풍파에 시달리면서 V와 ger 사이에 oya가 지워졌던 것이다. 여기까지는 좋다. 그럴 수도 있다. 그런데 우주에 관한 모든 지식을 습득하고 의식까지 갖게 된 탐사선이 자신의 원래 이름이 보이저였다는 사실을 어떻게 모를 수 있다는 말인가? 탐사선은 그렇다 치고 이렇게 뛰어난 탐사선을 만들 능력이 있는 외계인조차도 그 사실을 몰랐다는 것이 경이로울 뿐이다.

영화 제작자들을 비난할 생각은 없지만 1996년 여름에 개봉된 할리우드 블록버스터 「인디펜던스 데이(Independence Day)」는 한술 더 뜬다. 이 영화에 등장하는 외계인은 뚜렷한 이유도 없이 상당히 공격적인데 외형은 해파리와 귀상어 그리고 사람을 섞어 놓은 듯한 모습을 하고 있다. 게다가 이들이 타고 다니는 비행 접시의 조종석은 무늬가 새겨진 천으로 덮여 있고 양옆에는 팔걸이까지 있다.

다행히 이 영화는 지구인의 승리로 끝난다. 외계인들이 타고 온 모선(질량이 달의 5분의 1에 달한다!)은 외부 공격을 막아 주는 차단막으로 덮여 있는데 컴퓨터에 능한 주인공이 매킨토시 노트북으로 바이러스를 업로드하여 차단막을 제거했다. 그런데 컴퓨터 운영 체제(OS)가 다른 컴퓨터 사이에서 소프트웨어(이 경우에는 바이러스)를 업로드하는 것이 과연 가능할까? 매킨토시 컴퓨터로 만든 바이러스가 효력을 발휘하려면 외계인들도 애플-매킨토시 사가 배포한 운영 체제를 사용하고 있어야 한다.

나의 불만을 끝까지 들어 줘서 고맙다. 이렇게 털어놓고 나니 속이 다 후련하다.

*

논리를 쉽게 풀어 가기 위해 지구에 서식하는 생명체 중에서 인간이 가장 높은 수준의 지능을 갖췄다고 가정해 보자. (그렇다고 해서 인간보다 큰 두뇌를 가진 포유동물을 무시한다는 뜻은 아니다. 다른 동물들은 천체 물리학을 모르고 시도 쓸 수 없지만 이들을 최고 지성의 대열에 포함시켜도 결론은 크게 달라지지 않는다.) 만일 지구의 생명체가 외계 생명체를 찾아서 지적 능력을 측정한다면 지능이 높은 외계 종족은 극히 드물 것이다. 생물학자들의 계산에 따르면 지금까지 지구에서 살다가 멸종되었거나 아직 살고 있는 종(種)의 수는 100억 가지가 넘는다. 따라서 우주에 존재하는 모든 생명체 중에서 우리와 비슷한 지능을 가진 종족은 전체의 100억분의 1을 넘지 않을 것이다. 게다가 이들이 고도의 과학 문명을 창달하고 다른 외계인과 대화를 원할 가능성까지 고려하면 확률은 더욱 낮아진다.

이런 외계 문명이 존재한다면 그들과 대화를 나눌 때 전파를 이용하는 것이 가장 유리하다. 전파는 성간 기체나 먼지 구름 속을 자유롭게 통과할 수 있기 때문이다. 그러나 지구인들이 전자기파의 특성을 이해한 것은 불과 1세기 전의 일이다. 더욱 안타까운 것은 인류 역사의 대부분의 기간은 외계인들이 전파를 지구로 보내왔다 해도 전혀 감지할 수 없었다는 점이다. 그동안 외계인들은 지구로 열심히 신호를 보낸 끝에 "지구에는 생명체가 없다."라는 결론을 내리고 지금쯤 다른 행성을 찾고 있을지도 모른다.

지구에 삶의 근간을 두고 있는 우리는 "다른 곳에 사는 생명체에게도 물이 반드시 필요하다."라는 생각을 떨쳐 버리기 어렵다. 앞에서 지적한 대로 행성이 태양에 너무 가까우면 물이 증발해 버리고 너무 멀면 얼어 버린다. 행성의 물이 액체 상태로 존재하려면 온도가 섭씨 0~100도를 벗어나지 않아야 한다. 『골디락스와 세 마리 곰』에 나오는 세 그릇의 수프처럼 행성의 온도가 적절한 범위 안에서 유지되어야 하는 것이다. 최근에 라디오 방송국의 토크쇼에 출연하여 이 문제를 토론한 적이 있는데 그때 사회자가 나에게 이렇게 말했다. "네……. 선생님께서는 행성에서 제조한 수프를 찾고 계시는군요!"

별과 행성 사이의 거리가 생명체의 생존에 중요한 요인이기는 하지만 '별의 복사열을 취하는 행성의 능력'도 그것에 못지않게 중요하다. 이 '온실 효과'의 전형적인 사례가 바로 금성이다. 태양에서 날아온 가시광선이 금성의 두꺼운 이산화탄소 대기층을 통과한 후 표면에 흡수되어 갇힌 신세가 된다. 그래서 금성의 온도는 섭씨 470도에 육박한다. 금성과 태양 사이의 거리를 고려한다 해도 이것은 지나치게 높은 온도이다. (섭씨 470도에서는 납도 순식간에 녹아 버린다.)

'지적 외계 생명체'에 연연하지 않고 지능이 없는 단순한 생명체(또는 이들이 한때 존재했다는 흔적)를 탐색 대상에 포함시킨다면 성공 확률이 훨씬 높아지고 파급 효과도 지적 생명체의 발견에 못지않을 것이다. 외계인이 등장하지 않는 SF 소설은 썰렁하기 그지없지만 학술적인 관점에서 볼 때 외계 미생물은 엄청난 양의 정보를 담고 있기 때문이다. 이렇게 마음을 먹는다면 관심 있게 지켜볼 만한 장소가 두 군데 있다. 하나는 화성의 표면에 바싹 말라 있는 강바닥으로서 잘하면 과거에 물이 흘렀을 때 서식했던 생명체의 화석이 발견될 수도 있다. 또 하나는 목성의 위성인 유로파인데 표면을 덮고 있는 두꺼운 얼음층 밑에 바다가 존재할 가능성이 있다. 물론 이 경우에도 "생명체는 물 없이 살 수 없다."라는 전제가 깔려 있기는 마찬가지다.

생명체가 오랜 세월에 걸쳐 진화하려면 거주지인 행성이 하나의 별을 중심으로 안정적인 궤도를 유지해야 한다. 쌍성계(binary star system)나 다중성계(multiple star system)를 중심으로 공전하는 행성은 궤도가 매우 길고 혼란스러워서 온도 변화가 크게 나타난다. 은하를 이루는 별 중 절반 이상이 쌍성계나 다중성계를 이루고 있는데 이런 별을 중심으로 공전하는 행성에서는 생명체가 안정적인 삶을 누릴 수 없다. 또한 생명체가 진화하는 데 필요한 시간을 확보하는 것도 문제이다. 다들 알다시피 생물의 진화는 엄청 느리게 진행되기 때문에 에너지를 공급하는 태양의 수명이 충분히 길어야 한다. 질량이 큰 별은 수명이 짧기 때문에(수백만 년 정도) 그 주변의 행성에 사는 생명체는 진화가 진행되는 도중에 멸종하고 말 것이다.

앞서 말한 대로 외계 생명체가 존재할 대략적인 확률은 미국의 천문학자 프랭크 드레이크가 제안한 드레이크 방정식으로 계산할 수 있다. 이 방정식은 은하계 안에 생명체가 존재할 전체적인 확률을 단순한 세부 확률의 조합으로 분해하여 순차적으로 곱해 나가는 형태로 되어 있다. 따라서 각 항목에 해당하는 세부 확률을 결정하고 나면 은하의 내부에 존재하는 문명의 개수를 어렵지 않게 산출할 수 있다. 그러나 방정식을 사용하는 사람의 생물학, 화학, 천문학, 천체 물리학적 지식의 수준에 따라 답은 1개에서 수백만 개까지 천차만별이다.

*

지구에 서식하는 인류는 우주에 존재하는 생명체 중 원시 생명체에 속할 수도 있다. 이런 가능성을 인정한다면 외계에 신호를 내보내는 것보다 외계에서 날아온 신호를 수신하는 데 더욱 심혈을 기울여야 한다. 일반적으로 신호를 송출하는 것보다 수신하는 편이 훨씬 싸게 먹히기 때문이다. 진보된 문명을 가진 외계 종족이 있다면 그들은 별의 에너지를 우리보다 훨씬 효율적으로 사용하고 있을 것이므로 신호를 수신하는 것보다 송출하는 쪽에 더 많은 관심을 갖고 있을 것이다. 외계 생명체를 찾기 위한 프로젝트, 즉 세티(SETI, Search for Extraterrestrial Intelligence)는 다양한 방식으로 진행되고 있는데 수십억 개의 전파 채널을 개설하여 우주에서 날아오는 '의미 있는' 신호를 감지하려는 노력을 기울이기도 했다.

미래의 어느 날 외계 생명체가 발견된다면 우리의 우주관과 생명에 대한 관점은 상상을 초월할 정도로 급변하게 될 것이다. 그러나 모든 외계 생명체가 우리와 비슷한 수준이어서 모두 신호를 수신하는 데에만 집중하고 있다면 어느 누구도 상대방을 찾지 못할 것이다. 부디 이런 상황이 아니기를 간절히 바란다.

27장

라디오 버블

1997년에 개봉된 영화 「콘택트」의 첫 장면에는 가상의 카메라가 지구의 영상을 잡은 후 앵글을 우주 공간으로 확장시키는 장관이 연출된다. 당신이 이 여행의 주인공이라고 가정해 보자. 그리고 당신은 지구에서 송출되는 텔레비전 및 라디오 방송 수신기를 갖고 있으며 우주 공간으로 날아가는 과거의 송출 전파까지 따라잡을 수 있을 만큼 빠르게 움직인다고 가정하자. 그러면 처음에는 수십 개의 라디오 방송을 동시에 듣는 것처럼 요란한 록 음악과 뉴스 앵커의 목소리 그리고 잡음 등이 동시에 들리겠지만 좀 더 바깥으로 나가면 과거에 송출됐던 방송을 들을 수 있게 된다. 과거에는 방송국의 수가 훨씬 적었으므로 음질상의 혼란도 점차 줄어들 것이다. 이런 식으로 여행을 계속하면 현대 방송의 역사를 역으로 추적할 수 있다. 1986년 1월에 발생한 챌린저 호 참사 사건을 청취하고 조금 더 나아가면 1969년 7월 20일에 아폴로 11호의 달 착륙을 알리는 방송과 함께 1963년 8월 28에 마틴 루서 킹(Martin Luther King, 1929~1968년) 목사가 펼쳤던 유명한 연설 「나는 꿈이 있습니다(I Have a Dream)」를 다시 들을 수 있다. 여기서 더 나아가면 1961년 1월 20일에 있었던 존 피츠제럴드 케네디(John Fitzgerald Kennedy, 1917~1963년) 대통령의 취임사와 1941년 12월 8일 미국 의회에서 프랭클린 델러노 루즈벨트(Franklin Delano Roosevelt, 1882~1945년) 대통령의 전쟁 선언을 알리는 방송 그리고 1936년에 독일 나치당원들 앞에서 연설하는 아돌프 히틀러(Adolf Hitler, 1889~1945년)의 목소리까지 들을 수 있다. 이런 식으로 여행을 계속하다가 어느 시점에 이르면 지구에서 송출된 신호는 완전히 사라지고 우주에서 들려오는 전파 잡음만 남게 될 것이다.

꽤 인상적인 여행이 될 것 같지만 '지구 방송 역사 복습 여행'은 이런 식으로 깔끔하게 이루어지지 않는다. 당신의 여행을 방해하는 몇 가지 물리 법칙과 "어떤 물체이건 간에 전파(빛)를 따라잡을 정도로 빠르게 움직일 수 없다."라는 상대성 이론의 대전제를 어떻게든 극복한다 해도 방송된 내용이 완전히 거꾸로 재생되기 때문에 도통 무슨 말인지 알아들을 수 없을 것이다. 게다가 목성 근처를 지날 때 킹 목사의 연설을 들었다는 것은 1963년 8월 28일에 지구를 출발한 빛이 이제야 목성에 도달했음을 의미한다. 그러나 킹 목사의 목소리는 방송된 지 불과 39분 만에 이미 목성을 지나쳤다.

"우주의 전경을 카메라의 줌으로 비추는 것은 불가능하다."라는 사실을 굳이 문제 삼지 않는다면 영화 「콘택트」의 첫 장면은 참으로 시적이고 아름다운 장관임이 분명하다. 그 장면을 보고 있노라면 지구인이 이룩한 문화라는 것을 은하적 규모에서 다시 한번 되돌아보게 된다. 각 방송국에서 송출된 전파는 우주 공간을 향해 빛의 속도로 퍼져 나가고 있는데 이것을 '라디오 버블(radio bubble, 전파 거품)'이라고 한다. 거품의 중심부는 새로운 방송으로 끊임없이 채워지고 있다. 지구에서 라디오 방송국의 역사는 100년 남짓 되었으므로 현재 라디오 버블의 최첨단은 지구로부터 100광년 정도 떨어진 곳까지 가 있을 것이다. 물론 이 전파에는 최초의 방송 내용이 담겨 있다. 또한 가장 오래된(따라서 가장 먼 곳까지 진행한) 라디오 버블 안에는 태양계에서 가장 가까운 별인 센타우루스자리 알파별(Alpha Centauri, 4.3광년 떨어져 있다.)과 밤하늘에서 가장 밝은 별 시리우스(Sirius, 10광년 떨어져 있다.)를 비롯한 수천 개의 별이 포함되어 있으며 이 별들 주변을 공전하고 있을 수많은 행성도 거품의 사정권 안에 들어와 있다.

*

지구에서 방송된 모든 전파가 대기층을 뚫고 나가는 것은 아니다. 진동수가 20메가헤르츠(MHz) 이하인 전파는 80킬로미터 상공에 있는 플라스마 전리층에 반사되어 지표로 되돌아온다. 그래서 이 진동수 대역의 단파를 사용하는 HAM(아마추어 무선 통신)과 AM 라디오 방송은 지평선을 넘어 수천 킬로미터까지 도달할 수 있다.

전리층에 반사되지 않는 전파로 방송을 송출하거나 지구 대기에 이온층이 아예 없다면, 방송국을 떠난 전파의 일부는 직선 경로를 따라 우주 공간으로 날아갈 것이다. 고층 건물 옥상에 전파 송출용 안테나를 설치하면 여러모로 유리한 점이 많다. 키가 170센티미터인 사람에게 보이는 지평선의 거리는 약 5킬로미터에 불과하지만, 엠파이어스테이트 빌딩 옥상에 매달린 킹콩은 80킬로미터까지 내다볼 수 있다. 고층 건물에 방송용 안테나가 설치된 것은 영화 「킹콩(King Kong)」이 상영된 1933년 이후의 일이다. 첫 번째 송출탑으로부터 80킬로미터 떨어진 지점에 똑같은 높이의 송수신 안테나를 설치하면 (원리적으로) 송출 거리를 160킬로미터까지 확장할 수 있다.

FM 라디오나 텔레비전의 신호도 전파의 일종이지만 이들은 전리층에 반사되지 않고 우주 공간으로 날아가 라디오 버블에 합류한다. 앞서 말한 대로 지구 표면에서 이 전파의 도달 거리는 눈에 보이는 지평선을 넘지 못한다. 그래서 상대적으로 인접한 도시들은 지역 방송국을 통해 자체적인 프로그램을 방송하고 있다. 이런 이유 때문에 텔레비전이나 FM 라디오는 정치를 신랄하게 비판하는 AM 라디오의 토크쇼만큼 강한 영향력을 행사하지 못한다. (그래도 텔레비전과 FM 라디오는 다른 이유에서 막강한 영향력을 행사하고 있다.) 방송국에서 송출된 신호의 대부분은 지평선을 향해 나아가지만 일부는 전리층을 뚫고 우주 공간으로 날아간다. 게다가 전자기파의 다른 주파수대에 속하는 빛과 달리 전파는 별들 사이에 퍼져 있는 먼지와 기체의 층도 쉽게 통과한다. 즉 우주로 날아간 텔레비전 및 FM 전파는 대기권이나 별의 방해를 거의 받지 않는다.

지구 방송국에서 송출된 신호의 강도를 좌우하는 요인들, 즉 기지국의 총 개수와 분포 상황, 각 기지국의 송출 강도, 대역폭(bandwidth) 등을 모두 고려하면 지구에서 송출된 전파 중에서 가장 강력한 것은 텔레비전 전파임을 알 수 있다. 한 방송 신호의 대역폭은 좁은 부분과 넓은 부분으로 나눌 수 있는데 이중 좁은 부분은 영상 정보가 담겨 있는 신호로서 총 에너지의 절반 이상이 방송의 내용과 방송국의 채널(2~13번 사이의 채널은 독자들도 익숙할 것이다.)을 결정한다. 대역폭이 500만 헤르츠에 달하는 저강도 광대역 신호(low-intensity broadband signal)는 프로그램 정보를 포함한 채 변조(modulation) 과정을 거쳐 각 가정으로 배달된다.

*

독자들도 짐작하다시피 전 세계를 대상으로 가장 많은 텔레비전 프로그램을 송출하는 나라는 단연 미국이다. 따라서 외계인들이 지구의 전파를 도청한다면 미국의 방송을 가장 먼저 접할 가능성이 높다. 만일 외계인들이 지구에서 날아온 전파에 오랜 시간 동안 꾸준히 관심을 갖는다면 24시간을 주기로 도플러 효과(특히 저주파에서 고주파로 이동하는 현상)가 나타난다는 사실을 깨닫게 될 것이다. 그리고 머지않아 지구의 신호가 동일한 시간 간격으로 강해졌다가 약해진다는 사실도 알게 될 것이다. 외계인들은 처음에 이 현상을 신기하게 여기겠지만 변조된 신호를 분석하다 보면 지구의 문화를 이해하게 될 것이다.

가시광선과 전파 등이 포함되어 있는 전자기파는 매질 없이 공간을 이동할 수 있다. 진공 중에서도 사물이 보인다는 것은 전자기파가 진공에서도 아무런 문제없이 전달된다는 뜻이다. 그러므로 방송실 문 위에 걸려 있는 '방송 중(On the Air)'이라는 붉은 간판은 '우주 공간을 통한(Through Space)'이라는 뜻으로 해석해야 한다. 특히 이 문구는 지구를 탈출하는 텔레비전과 FM 라디오 신호에 어울리는 표현이다.

우주 공간으로 날아간 신호는 멀리 갈수록 '통과한 공간의 부피'가 증가하면서 강도가 점차 약해지다가 결국은 은하에서 방출되는 전파 잡음과 우주 공간에 남아 있는 대폭발의 잔해, 즉 우주 배경 복사에 묻혀 원형을 거의 알아볼 수 없게 된다. 만일 외계인이 이런 지역에 살고 있다면 신호의 출처를 식별하기가 결코 쉽지 않을 것이다.

지구에서 100광년 거리에 살고 있는 외계인이 지구 방송을 수신하려면 아레시보 망원경(Arecibo telescope, 세계 최대의 전파 망원경. 전체 지름은 약 300미터이며, 전파를 수신하는 부분의 지름은 80미터이다. — 옮긴이)보다 15배나 큰 수신 장치가 있어야 한다. 또한 이들이 지구 텔레비전의 프로그램 정보를 해독하여 지구인의 문화를 이해하려고 한다면 지구의 자전과 공전 때문에 나타나는 도플러 효과를 감안해야 하고(그래야 특정 채널에 고정시킬 수 있다.), 반송 신호(carrier signal)를 감지하려면 수신기의 감도를 1만 배쯤 향상시켜야 한다. 이 조건을 만족하는 전파 망원경의 지름은 약 32킬로미터로서, 아레시보 망원경보다 400배 크다.

고도의 기술력을 보유한 외계인이 지구에서 날아온 전파를 수신하여 신호를 해독하는 데 성공했다면 외계 인류학자들은 지구인의 문화에 완전히 매료될 것이다. 그들은 「하우디 두디 쇼(Howdy Doody Show)」(1947년에 처음 방송된 최초의 텔레비전 시리즈. ― 옮긴이)를 보면서 지구인의 언어를 익힌 후, 재키 글리슨(Jackie Gleason)의 「신혼 여행객들(Honeymooners)」과 루실 볼(Lucille Ball)의 「왈가닥 루시(I Love Lucy)」를 보면서 지구의 남녀가 상호 작용을 어떤 식으로 교환하는지 알게 될 것이다. 「고머 파일(Gomer Pyle)」이나 「베벌리 힐빌리스(The Beverly Hillbillies)」 또는 「히 호(Hee Haw)」와 같은 프로그램을 보면서 지구인의 지적 능력을 판단할지도 모른다. 외계인들의 지구 분석 프로젝트가 여기서 멈추지 않고 몇 년 더 계속된다면 시트콤 「올 인 더 패밀리(All in the Family)」의 아키 벙커(Archie Bunker)나 「제퍼슨 가족(The Jeffersons)」의 제퍼슨으로부터 인간 관계에 관한 새로운 정보를 얻을 수 있다. 여기서 몇 년 더 기다리면 「사인펠드(Seinfeld)」와 「심슨 가족(The Simpsons)」에 등장하는 희귀한 인간상도 접하게 될 것이다. (그러나 「비비스와 버트헤드(Beavis and Butthead)」에서 인간의 뛰어난 지혜를 감상하지는 못할 것이다. 이 프로그램은 공중파 방송이 아니라 유선 방송인 MTV에서 방영되었기 때문이다.) 앞에 열거한 프로그램은 당대를 풍미했던 텔레비전 히트작으로서 재방송도 여러 번 했기 때문에 외계인의 수신 장치에 잡힐 가능성이 높다.

텔레비전 프로그램이 재미있는 시트콤만으로 편성되어 있다면 참으로 좋겠지만 현실은 그렇지 않다. 미국은 지난 수십 년 사이에 베트남전과 걸프전, 이라크전을 겪었고 다른 국가들도 크고 작은 전쟁에 연루되어 수많은 인명과 재산을 잃었다. 그리고 용감한 종군 기자들 덕분에 전쟁의 끔찍한 참상이 텔레비전으로 적나라하게 방영되었다. 만일 외계인들이 50년에 걸쳐 지구의 텔레비전 전파를 분석한다면 지구인들을 "매사에 신경질적이고 항상 살인을 갈구하며 여러모로 신체 기능이 부실한 멍청이"로 결론지을 것 같다.

*

요즘은 케이블 텔레비전이 널리 보급되어 있어서, 대기 밖으로 날아가던 공중파 신호들도 케이블을 타고 각 가정으로 배달되고 있다. 앞으로 모든 텔레비전이 케이블로 대치되면 지구의 텔레비전 신호를 분석하던 외계인들은 지구인이 멸종했다고 생각할지도 모른다.

외계인의 전파 탐지기에는 텔레비전 이외의 다른 신호가 잡힐 수도 있다. 우주 왕복선의 승무원들이나 우주 탐사선과의 교신을 위해 지구에서 송출한 전파 중 이들에게 수신되지 않은 전파는 우주 공간으로 한없이 날아간다. 최근에는 신호를 압축하는 기술이 개발되어 교신의 효율성이 크게 향상되었다. 디지털 시대에 살고 있는 독자들은 모든 기술이 '1초당 전송 가능한 바이트 수'로 귀결된다는 사실을 잘 알고 있을 것이다. 만일 당신이 신호의 양을 10분의 1로 줄이는 압축 알고리듬을 개발했다면 다른 사람보다 10배 빠른 통신을 구현할 수 있다. 단 상대방은 압축된 신호를 풀어서 일상적인 정보로 전환하는 알고리듬을 확보하고 있어야 한다. 대표적인 사례로는 음악 파일을 압축하는 MP와 그림 파일을 압축하는 JPEG 그리고 동영상 파일을 압축하는 MPEG 등을 들 수 있다. 이런 압축 알고리듬 덕분에 우리는 하드디스크 드라이버를 책상 위에 늘어놓지 않고서도 다양한 파일을 빠르게 전송하거나 저장할 수 있게 되었다.

그러나 우주 공간을 떠도는 전파 잡음처럼 완전 무작위 정보를 담고 있는 전파는 압축될 수 없다. 여기서 한 가지 짚고 넘어갈 것은 정보가 압축될수록 수신자에게는 더욱 무작위로 보인다는 점이다. 그래서 더 이상의 압축이 불가능할 정도로 완벽하게 압축된 정보는 해독 장치를 통해 원래대로 풀지 않는 한 누구에게나 쓸모없는 잡음으로 인식된다. 이러한 사실은 무엇을 의미하는가? 발달한 문명일수록 그곳에서 송출된 신호는 가십거리로 가득 찬 우주 정보 고속 도로에서 잡음 속에 묻혀 버릴 가능성이 높다는 뜻이다.

에디슨이 발명한 전구가 상용화된 이후로 인류의 문명은 '가시광선 거품'도 만들어 내고 있다. 지구인의 밤 문화를 상징하는 전구는 텅스텐의 백열광에서 출발하여 지금은 당구장의 네온사인이나 길거리의 나트륨 등으로 진화했다. 그러나 배의 갑판 위에서 전등의 셔터를 올렸다 내렸다 하며 모스 부호를 송신하는 경우를 제외하고 일반적으로 지구인들은 가시광선을 신호로 사용하지 않는다. 따라서 '지구 발 가시광선 거품'에는 건질 만한 정보가 하나도 없으며 태양이 내뿜는 가시광선에 파묻혀 보이지도 않을 것이다.

*

별로 수준이 높지도 않은 텔레비전 쇼나 유치한 드라마를 외계인에게 보여 주는 것보다 애초부터 '지구 홍보용'으로 제작된 영상을 보여 주는 편이 훨씬 바람직할 것이다. "지구인은 정말로 지성적이며 평화를 사랑하는 종족이다."라는 내용을 담아서 우주로 날려 보내면 '지구인과 접촉하고 싶은데 얼마나 난폭한 종족일지 몰라서 망설이는' 외계인들을 안심시킬 수 있다. 사실 이와 같은 시도는 과거에 이미 시작되었다. 무인 우주 탐사선 파이오니어 10, 11호와 보이저 1, 2호는 지구에 관한 정보가 새겨진 금판을 싣고 발사되었는데 여기에는 인류의 과학적 지식과 우리 은하에서 지구의 위치 등이 상형 문자로 기록되어 있다. 특히 보이저 호는 인류의 친절함을 알리는 음악까지 싣고 갔는데 얼마나 효력이 있을지는 아직 미지수이다. 이 탐사선들은 지금도 시속 8만 킬로미터(태양계의 탈출 속도보다 빠르다!)로 우주 공간을 여행하고 있다. 그러나 빛의 속도에 비하면 턱없이 느리기 때문에 가장 가까운 별에 도달하려면 앞으로 10만 년을 더 기다려야 한다. 앞으로 이와 같은 탐사선들이 계속 발사된다면 '우주선 거품'이라는 새로운 거품이 형성될 것이다. 물론 우리가 살아 있는 동안에는 별다른 수확이 없을 것이므로 목을 빼고 회신을 기다릴 필요는 없다.

외계인과 교신하는 더 좋은 방법은 은하에서 별이 밀집되어 있는 지역에 고강도 전파 신호를 집중적으로 내보내는 것이다. 1976년에 아레시보 망원경은 자신의 주특기인 수신 기능을 잠시 중단하고 우리가 선택한 지역으로 전파 신호를 송출함으로써 지구 역사상 최초로 '사전 계획된 우주 방송'을 실현시켰다. 이때 송출된 신호는 파이오니어 호와 보이저 호가 싣고 간 정보를 디지털 방식으로 변환한 것으로서 지금쯤 헤라클레스자리 M13 구상 성단을 향해 40광년쯤 날아갔을 것이다. 그런데 여기에는 두 가지 문제가 있다. 구상 성단에는 별이 너무 빽빽하게 분포되어 있어서(50만 개가 넘을 것으로 추정된다.) 행성이 있다 해도 궤도가 매우 불안정할 것이다. 뿐만 아니라 구상 성단에는 행성의 주원료인 무거운 원소가 거의 없어서 행성이 존재할 가능성이 별로 없다. 아레시보 망원경이 신호를 송출하던 무렵에는 이런 사실을 모르고 있었다.

어쨌거나 지구에서 송출된 '사전 계획된 우주 방송'은 현재 40광년의 거리를 진행한 상태이다. (이 신호는 '라디오 버블'이 아니라 '라디오 콘(전파 원뿔)'을 형성하고 있다.) 만일 이 신호가 외계인들에게 접수되어 올바르게 해독된다면 그동안 조잡한 텔레비전 프로그램을 보면서 지구에 대한 선입견을 쌓아 왔던 외계인들에게 새로운 인상을 심어 줄 수 있을 것이다. 부디 우리의 신호가, 과학이 충분히 발달한 외계 종족에게 접수되어 "지구인은 순수한 마음으로 교류를 원하고 있다."라는 사실을 알아주기 바랄 뿐이다.

5부

우주에서 죽음을 맞는다는 것

*

분자들의 사이의 결합력보다
블랙홀의 조석력이 강해지는 시점부터
당신의 몸은 산산이 분해되기 시작할 것이다.
다리와 머리에 작용하는 중력의 차이 때문에
당신의 몸은 허리 부분에서 두 동강 나고,
두 동강 난 상체와 하체 역시 다시 두 조각으로 분리될 것이다.
이 과정이 되풀이되면서 당신의 몸은 분자 단위로,
결국에는 원자 단위까지 분해될 것이다.
블랙홀의 무자비한 분해 과정은 여기서 끝나지 않는다.
원자를 전자, 양성자, 중성자로 분해해
원래 물질이 무엇이었는지 분간조차 할 수 없게 만들 것이다.

28장

태양계의 미래

과학의 가장 큰 특징은 미래에 일어날 사건을 매우 정확하게 예측할 수 있다는 점이다. 인간이 만들어 낸 다른 어떤 분야도 이처럼 정확하게 미래를 예측할 수 없다. 일간 신문을 보면 보름달이 뜨는 날짜와 일출 시간 등이 정확하게 예견되어 있지만 '다음 주 월요일의 주가 지수'나 '다음 주 화요일에 일어날 비행기 사고'가 미리 예고되는 일은 없다. 일반인들은 과학이 무언가를 예측한다는 것을 직관적으로 알고 있지만 사실 과학은 '예측이 불가능하다는 사실' 자체를 예측하기도 한다. 이것이 바로 '혼돈(chaos)'이라는 개념의 기초이며 태양계의 미래가 바로 이 예측 불가능한 부류에 속한다.

독일의 천문학자 요하네스 케플러는 하늘의 혼란스러운 움직임을 끈질기게 분석한 끝에 천체의 움직임을 과학적으로 예견하는 일련의 법칙을 발견하여 1609년과 1619년 두 차례에 걸쳐 세상에 발표했다. 그는 행성의 운동으로부터 경험적으로 유도한 공식을 이용하여 공전 주기로부터 태양-행성 간 평균 거리를 매우 정확하게 예견할 수 있었다. 그 후 영국의 물리학자 아이작 뉴턴은 중력 법칙을 알아낸 후 케플러가 관측을 통해 알아낸 모든 사실을 순전히 이론적 계산으로 유도했으며 이 모든 내용은 1687년에 『프린키피아』라는 책으로 출판되었다.

뉴턴의 중력 법칙은 커다란 성공을 거두었지만 뉴턴 자신은 미래의 어느 날 태양계가 혼돈에 빠질 수도 있음을 염두에 두고 있었다. 그는 1730년에 출간된 『광학(*Optics*)』의 제3권에 다음과 같이 적어 놓았다.

> 태양계의 행성은 태양을 중심으로 동심원을 그리며 각자의 궤도를 돌고 있다. 여기에는 행성 간의 상호 작용에서 생긴 약간의 불규칙성이 함께 존재하는데 이 효과는 장차 태양계의 외형을 뒤바꿀 정도로 커질 수도 있다.[1]

7부에서 다시 언급하겠지만 뉴턴은 자연이 혼돈 상태에 놓일 때마다 신이 개입해 질서를 회복시킨다고 생각했다. 그러나 프랑스의 유명한 수학자이자 물리학자였던 라플라스는 이것과 반대로 우주가 안정적이며 항상 예측 가능하다고 믿었다. 훗날 라플라스는 『확률에 대한 철학적 소론(*Philosophical Essay on Probabilities*)』(1814년)이라는 책에 자신의 생각을 다음과 같이 적어 놓았다.

> 자연에 작용하는 모든 힘을 고려한다면 불확실한 것은 어디에도 없다. 과학

1. Newton, 1730, 402쪽.

의 창을 통해 바라볼 때 자연의 모든 과거와 미래는 우리 눈앞에 그 모습을 드러낸다.[2]

과거의 천체 물리학자들은 연필과 종이로 이론적인 계산을 수행하면서 우리의 태양계가 매우 안정적이라고 생각했을 것이다. 초당 수십억 회의 연산을 아무렇지 않게 해내는 슈퍼 컴퓨터가 출연한 후로는 수억 년 뒤 태양계의 모습을 예측할 수 있게 되었으나, 우주에 대한 이해가 깊어지면서 우리에게 돌아온 대가는 안정이 아닌 '혼돈'이었다.

이미 검증된 물리 법칙을 태양계에 적용하여 미래의 모습을 컴퓨터로 계산해 보면 '혼돈'에 가까운 결과가 얻어진다. 그러나 기상학과 환경학을 비롯하여 복잡한 상호 작용이 교환되는 계에서는 이미 오래전부터 혼돈의 개념이 사용되고 있었다.

혼돈이 태양계에 도입되는 과정을 이해하려면 두 물체 사이의 거리, 즉 '두 물체의 위치상의 차이'라는 것이 우리가 계산해야 할 수많은 변수 중 하나에 불과하다는 것을 알아야 한다. 2개의 천체는 에너지가 다를 수 있고 궤도의 크기나 형태, 기울기 등이 다를 수도 있다. 따라서 '거리'라는 개념은 위치상의 거리뿐만 아니라 다른 물리량의 차이까지 포함하도록 확장시킬 수 있다. 예를 들어 전혀 다른 궤도를 따라 움직이고 있는 두 천체가 공간상에서 (순간적으로) 매우 가깝게 접근했다고 가정해 보자. 여기에 개념상으로 확장된 '거리'를 적용하면, 두 천체는 매우 먼 '거리'를 두고 떨어져 있는 셈이다.

일상적인 혼돈 테스트는 컴퓨터 상의 두 가지 태양계 모형으로부터 시작된다. 두 태양계 모형은 수많은 초기 조건 중 극히 일부만 조금 다르

---

2. Laplace, 1995, 2장 3쪽.

게 설정되어 있다. 예를 들어 둘 중 하나의 모형에서는 지구에 조그만 운석이 충돌해서 공전 궤도에 미세한 변화가 생겼고 다른 모형에서는 이런 사건이 일어나지 않았다고 하자. 이런 경우에 반드시 물어야 할 질문이 하나 있다. "이 2개의 '거의 동일한' 태양계 사이의 '거리'는 시간이 충분히 흐른 후에 어떻게 달라질 것인가?" 두 모형 사이의 (확장된 개념의) 거리는 현재의 값을 유지할 수도 있고 격렬하게 요동치거나 무한대로 발산할 수도 있다. 둘 사이의 거리가 무한히 멀어진다는 것은 시간이 흐르면서 사소한 충돌의 여파가 크게 증폭되었음을 의미한다. 이렇게 되면 우리는 태양계의 미래를 정확하게 예측할 수 없다. 경우에 따라서는 태양계를 이루는 천체의 일부가 우주 공간으로 떨어져 나갈 수도 있다는 뜻이다. 이것이 바로 혼돈계(chaotic system)의 가장 두드러진 특징이다.

혼돈이 존재하는 한 주어진 계의 먼 미래를 정확하게 예측하는 것은 불가능하다. 혼돈 이론을 최초로 제안한 사람은 러시아의 수학자이자 공학자였던 알렉산더 미하일로비치 리아푸노프(Alexander Mikhailovich Lyapunov, 1857~1918년)이다. 그가 1892년 박사 학위 논문으로 제출했던 「운동의 안정성에 관한 일반적 문제(The General Problem of the Stability of Motion)」는 지금까지 혼돈 이론의 고전으로 남아 있다. (그는 러시아 혁명이 일어난 직후 정치적 혼돈 속에서 극적인 죽음을 맞이했다.)

뉴턴의 운동 법칙이 알려진 후로 사람들은 서로에 대해 움직이고 있는 두 천체(예를 들면 쌍성계 등)의 운동 궤적을 완벽하게 예측할 수 있다고 생각했다. 여기에는 불안정성이 끼어들 여지가 없다. 그러나 이 단순한 계에 조그만 물체가 추가되면 시간이 흐를수록 천체의 궤적이 점차 복잡해지면서 초기 조건의 역할이 크게 부각된다. 태양계에서는 태양을 비롯한 9개의 행성과 70개가 넘는 위성 및 소행성, 혜성이 어지럽게 돌아다니고 있다. 이 정도만 해도 꽤 복잡한 시스템이지만 여기서 끝이 아니다. 태양의 중심부에서 일어나는 핵융합 반응은 매초마다 400만 톤의 질량을 에너지로 바꾸고 있는데 이 변화는 행성의 궤도에 적지 않은 영향을 주고 있다. 뿐만 아니라 태양은 다량의 하전 입자를 바깥으로 뿜어내면서(이것을 태양풍이라고 한다.) 서서히 체중을 줄이고 있으며 은하의 중심에 대하여 공전하는 별이 태양계 근처를 지날 때에도 태양계의 중력에 영향을 미치고 있다.

태양계의 역학을 연구하는 학자들이 얼마나 고생하고 있는지 실감하기 위해, 태양계의 모든 천체가 특정 물체에 행사하는 중력을 계산해 보자. 물론 구체적인 답을 구하자는 것이 아니라 정확한 답을 얻으려면 어떤 과정을 거쳐야 하는지 대충 알아보자는 것이다. 우선 각 천체가 행사하는 힘을 일일이 계산한 후 이들을 모두 더한 힘의 총합을 알아내면(이 계산은 컴퓨터로 진행된다.), 그 순간에 물체가 진행하는 방향을 알 수 있다. 그런데 모든 천체는 잠시도 쉬지 않고 끊임없이 움직이고 있기 때문에 바로 그다음 순간에 물체의 이동 방향을 알아내려면 모든 천체가 행사하는 중력을 처음부터 다시 계산해야 한다. 물체의 장기적인 궤적을 알아내려면 이와 같은 과정을 여러 번 반복해야 하는데 경우에 따라서는 수억, 또는 수조 번 반복될 수도 있다. 이 계산을 모두 끝내고 나면 태양계는 혼돈에 가까운 움직임을 보이게 된다. 처음에 가까운 '거리'에 있었던 천체가 무한히 멀어지는 데 지구형 행성(수성, 금성, 지구, 화성)은 약 500만 년, 목성형 행성(목성, 토성, 천왕성, 해왕성)은 약 2000만 년이 걸린다. 따라서 지금부터 1억~2억 년 후에 행성의 궤도가 어떻게 변할지 아무도 알 수 없다.

별로 좋은 소식이 아닌 것 같다. 이번에는 다음과 같은 경우를 생각해 보자. 지구에서 우주선을 발사할 때마다 우주선은 지구를 뒤로 밀어낸다. 지구의 덩치가 우주선보다 훨씬 크기 때문에 당장은 별다른 영향을 받지 않지만 이 효과는 2억 년 후에 지구의 위치를 거의 60도가량 돌려놓는다. 이쯤 되면 지구의 미래는 블랙박스에 감춰진 것이나 다름없다. 뿐만 아니라 하나의 궤도에 속해 있는 소행성은 혼돈스러운 과정을 거쳐 다른 궤도로 집단 이주할 수도 있다. 그런데 앞으로 지구의 궤도가 이들의 궤도와 교차한다면, 그리고 이 사실을 어떤 방법으로도 예측할 수 없다면 '소행성이 지구와 충돌하여 생명체가 멸종할 확률'을 전혀 계산할 수 없게 된다. 이 얼마나 답답하고 위태로운 상황인가?

그렇다면 우주 탐사선을 좀 더 가볍게 만들어야 할까? 아니면 우주개발 계획을 아예 포기해야 할까? 태양의 질량이 시시각각 줄어드는 것을 걱정하면서 살아야 할까? 지구를 향해 수시로 떨어지는 유성들을 일일이 헤아리면서 앞날을 걱정해야 할까? 모든 인류가 지구의 한쪽 면으로 일제히 집결한 후 동시에 땅을 차고 뛰어올라서 그동안 누적된 효과를 상쇄시키는 것은 어떨까? 다 필요 없다. 미세한 변화에서 출발하여 오랜 세월이 흐른 뒤에 나타나는 효과들은 '혼돈'이라는 체계 속에 교묘하게 숨어 있다. 작은 변화를 상쇄시키기 위해 또 다른 변화를 준다면 이 또한 새로운 혼돈의 출발점이 될 수 있다. 경우에 따라서는 혼돈이 온다는 사실을 아예 모르는 편이 더 나을 수도 있다.

의심 많은 사람들은 "복잡한 역학계의 먼 미래를 예측할 수 없는 것은 계산 도중에 소수점 아래 숫자를 반올림하거나, 컴퓨터 칩이 갖고 있는 성능상의 한계 때문에 나타난 결과이다."라고 주장할지도 모른다. 이 주장이 사실이라면 단 2개의 천체로 이루어진 계의 정보를 컴퓨터에 입력한 후 먼 미래의 상태를 계산했을 때 혼돈스러운 결과가 나와야 한다. 그러나 사실은 그렇지 않다. 태양계에서 천왕성 하나를 제거한 후 목성형 행성의 미래를 계산해도 혼돈은 나타나지 않는다. 그렇다면 공전 궤도의 이심률이 유난히 크고 다른 행성과 비교할 때 공전면이 크게 기울어져 있는 명왕성은 어떨까? 명왕성의 궤도를 컴퓨터로 시뮬레이션해 보면 '예측 불가능하지만 무한대로 발산하지 않는' 혼돈이 나타난다. 여기서 중요한 것은 다른 컴퓨터와 다른 계산법을 이용하여 시뮬레이션을 수행해도 먼 훗날의 태양계의 혼돈은 거의 비슷한 시기에 비슷한 형태로 나타난다는 점이다.

지구가 멸망하기를 바라는 사람은 없겠지만, 태양계의 혼돈을 추적하는 연구는 계속 수행할 만한 가치가 있다. 과학자들은 천체의 진화 이론에 입각하여 태양계의 역학을 추적하고 있다. 물론 초기 태양계의 모습은 지금과 사뭇 달랐을 것이다. 태양계가 처음 형성되던 무렵에(약 50억 년 전에) 존재했던 행성 중 상당수는 중력의 복합적인 작용 때문에 태양계 밖으로 퇴출되었을 것이다. 그 후 수십 개로 추려진 행성 중에서 지금 존재하는 8개를 제외한 나머지는 행성 사이의 공간에 '잭인더박스(jack-in-the-box, 뚜껑을 열면 인형이 튀어나오는 상자. — 옮긴이)'와 같은 형태로 사라졌을 것이다.

지난 400년 동안 우주에 대한 인류의 지식은 행성의 운동에 관하여 아무것도 모르는 수준에서 "태양계의 먼 미래는 예측할 수 없다."라는 사실을 아는 수준까지 발전했다. 분명히 앞으로 나아가기는 했지만 왠지 별 소득이 없었다는 느낌이 든다. 나만 그렇게 느끼는 것일까?

29장

소행성의 공습

다들 알다시피 에베레스트 산만 한 크기의 소행성이 지구에 떨어지면 모든 생명체는 멸종한다. 이 사실을 확인하기 위해 굳이 도서관까지 갈 필요는 없다. 발생 확률이 아무리 낮다 해도 시간이 충분히 흐르면 일어날 가능성이 있는 사건은 반드시 일어난다.

소행성에 맞아서 죽을 확률은 비행기 추락 사고로 죽을 확률과 비슷하다. 숫자로 따져 보면 지난 400년 동안 소행성에 맞아 죽은 사람은 약 20명에 불과한데 100년도 되지 않은 비행기의 역사에서 비행기 사고로 죽은 사람은 수천 명이나 된다. 그런데 어떻게 두 확률이 비슷하다는 말인가? 이유는 간단하다. 비행기 사고가 지금과 같은 빈도로 계속된다면 기원후 1000만 년이 되었을 때 사망자 수는 10억 명 정도가 된다. (비행기 사고로 1년에 평균 100명씩 죽는다고 가정했다.) 그리고 10억 명의 사람을 죽일 정도로 큰 소행성은 1000만 년에 한 번꼴로 지구에 떨어진다. 독자들은 이런 의문을 떠올릴지도 모른다. "앞으로 비행기 사고는 꾸준히 일어날 것이고 매번 확률적으로 100명에 가까운 인명이 희생되겠지만, 소행성은 앞으로 수백만 년 동안 아무도 안 죽일 수도 있지 않은가?" 맞는 말이다. 그러나 일단 한 번 떨어지면 당장 수억 명이 죽을 것이고 그 후로 기후가 대변동을 일으키면서 추가로 수억 명이 죽어 나갈 것이다.

태양계의 생성 초기에는 소행성이나 혜성이 행성과 충돌할 확률이 엄청나게 높았다. 행성의 형성 과정을 설명하는 이론에 따르면 다양한 원소들이 섞여 있는 기체에서 분자가 탄생하고 분자가 모여서 먼지 알갱이를 이루며 이들이 모여서 바위나 얼음이 형성된다. 이 단계까지 오면 태양계는 거대한 사격장으로 돌변하여 시도 때도 없이 충돌이 일어나면서 조그만 천체들이 몸집을 키워 나간다. 이중에서 우연히 평균을 조금 넘는 질량을 확보한 천체들은 조금 더 강한 중력을 발휘하여 주변의 다른 물체를 더욱 많이 끌어 모은다. 이런 식으로 덩치를 키워 나가다 보면 전체적인 모양이 구형으로 변한다. (중력은 거리에 의존하기 때문이다.) 바야흐로 행성이 탄생한 것이다! 그 후로 정도는 약해지겠지만 모든 행성은 끊임없이 주변의 물체를 끌어 모으면서 여생을 보내게 된다.

지금도 수십억 개(또는 수조 개)에 달하는 혜성이 명왕성보다 1,000배 큰 궤도를 돌고 있다. 이들은 태양계 밖으로 나갔을 때 다른 별이나 기체 구름의 중력에 영향을 받지만 주기적으로 태양계 내부를 방문하고 있으므로 '옛날에 가출했으나 가끔씩 집에 들어오는' 가족으로 보아야 한다. 그 외에도 수십 개의 혜성은 지구의 궤도와 교차하는 궤도를 돌고 있으며 수천 개의 소행성도 지구와 충돌할 가능성을 항상 안고 있다.

앞에서 나는 "행성이 자체 중력으로 주변의 잡동사니를 끌어 모은

다."라고 완곡하게 표현했지만 사실 이것은 생명체의 멸종을 의미한다. 사실 '태양계의 역사'라는 거시적 관점에서 볼 때 두 표현은 다를 것이 없다. 생명체가 행성에서 만사 풍족하고 행복하게 사는 것은 애초부터 불가능하다. 행성이 화학적으로 풍성해지려면 외부에서 소행성이 유입되어야 하고 공룡과 같은 운명에 처하지 않으려면 소행성이 떨어지지 않아야 한다. 소행성이 갖고 있는 에너지의 일부는 마찰을 통해 대기 속으로 유입되면서 충격파를 만들어 낸다. 음속 폭음(sonic boom)도 충격파의 일종이지만 이것은 주로 비행기가 음속의 1~3배 사이로 비행할 때 나타나며 피해라고 해 봐야 접시나 옷장이 흔들리는 정도이다. 그러나 소행성이 시속 7만 2000킬로미터(음속의 70배)로 떨어지면서 만들어 내는 충격파는 가히 살인적이다.

소행성이나 혜성이 충격파를 견디고 살아남을 정도로 덩치가 크다면 남은 에너지는 고스란히 지표면에 전달된다. 커다란 덩어리가 지면을 강타하면서 그 자신보다 20배나 큰 분화구를 만들어 낸다. 이런 사건이 자주 일어나면 지구는 충돌로 상승된 온도를 식힐 겨를이 없다. 지구와 가장 가까운 천체인 달의 분화구 분포 상태로 미루어 볼 때 지구는 40억 년 전과 46억 년 전 사이에 집중적인 폭격을 받았던 것으로 추정된다. 지구에서 가장 오래된 생명체의 화석은 38억 년 전의 것으로 알려져 있다. 이 생명체가 번성하기 직전에 지구는 가차 없는 폭격에 노출되어 복잡한 분자나 생명체가 만들어질 겨를이 없었다. 이토록 척박한 환경 속에서도 생명체에게 필요한 요소들이 어떻게든 지구로 배달되었으니 운이 나쁜 것만은 아니었다.

그렇다면 생명체가 탄생하는 데 어느 정도의 시간이 소요되었을까? 언뜻 생각하면 46억 년에서 38억 년을 뺀 '8억 년'이 정답일 것 같다. 그러나 이 8억 년 중 6억 년 동안은 화학 반응이 도저히 일어날 수 없을 정도로 온도가 뜨거웠으므로 생명체는 물과 영양이 풍부한 화학 수프 속에서 약 2억 년 만에 탄생했다고 보는 것이 타당하다.

우리가 매일같이 마시는 물의 일부는 약 40억 년 전에 혜성을 통해 지구로 배달되었다. 그러나 태양계가 형성된 이후, 우주 찌꺼기만이 지구에 떨어진 것은 아니다. 화성에서 이탈된 바위 덩어리는 적어도 10회 이상 지구에 떨어졌고 달에서 이탈된 바위가 지구를 때린 횟수는 일일이 헤아릴 수도 없다. 화성이나 달에 떨어진 운석의 에너지가 충분히 크면 충돌 지역에 있던 작은 바위는 탈출 속도(행성의 중력권을 완전히 벗어나는 데 필요한 최소한의 속도. — 옮긴이)보다 빠르게 위쪽으로 튕겨나가게 된다. 이들은 오로지 물리학의 법칙을 따라 나름의 궤적을 그리다가 다른 천체가 길목을 막으면 곧바로 충돌한다. 물론 그 천체는 지구일 수도 있고 다른 행성일 수도 있다. 화성에서 날아온 바위 중 가장 유명한 것은 남극 대륙의 앨런 힐(Alan Hill) 지역에서 1984년에 발견되었다. ALH-84001로 명명된 이 운석에는 수십억 년 전 화성에 단순한 형태의 생명체가 존재하였다는 미약한 증거가 남아 있다. 또한 화성의 표면에는 강바닥과 삼각주, 범람원 등 한때 물이 존재했음을 말해 주는 흔적이 남아 있으며 최근 들어 화성 탐사선 스피릿(Spirit) 호와 오퍼튜니티(Opportunity) 호는 고인 물에서 형성되는 바위와 광물질을 발견하여 과학자들을 들뜨게 했다.

액체 상태의 물은 생명체가 살아가는 데 반드시 필요한 물질이므로 과거 한때 화성에 생명체가 존재했다는 주장은 나름대로 일리가 있다. 그런데 여기서 한 걸음 더 나아가 지구 생명체의 원조가 화성에서 이주해 왔다는 주장도 있다. 과거에 화성의 생명체가 표면을 이탈하여 우주 공간을 배회하다가(아마도 태양계 최초의 '세균 우주인'이었을 것이다.) 우연히 지구에 정착하여 진화를 시작했다는 것이다. 이것을 '포자 가설

(panspermia)'이라고 한다. (범종설, 배종발달설이라고 하기도 한다. — 옮긴이) 누가 알겠는가? 우리 모두는 화성인의 후손일지도 모른다.

지구의 물체가 화성으로 날아가는 것보다 화성의 물체가 지구로 날아올 가능성이 훨씬 높다. 지구의 중력권을 벗어나는 데 필요한 에너지는 화성의 경우보다 2.5배나 크기 때문이다. 뿐만 아니라 지구 대기의 밀도는 화성보다 100배나 높아서 대기권을 벗어나는 것도 만만치 않다. 어쨌거나 지구 생명체의 고향이 정말로 화성이라면 화성을 벗어난 세균은 지구에 도착하기 전까지 무려 수백만 년의 세월을 우주 공간에서 견뎌 낸 셈이다. 그러나 지구에는 생명체가 번성하기 위한 물과 영양분이 원래 풍부했으므로 굳이 포자 가설을 고집할 이유는 없다고 본다. 구체적인 과정은 알 수 없지만, 지구에서 생명체가 처음 출현했을 가능성도 얼마든지 있다.

소행성은 공룡을 비롯한 과거 생명체들을 멸종시킨 강력한 용의자이다. 그렇다면 현대를 살고 있는 우리도 그들과 같은 운명에 처할 수 있지 않을까? 다음 쪽에 제시된 표에는 소행성의 크기와 떨어지는 빈도수 그리고 충돌 에너지가 나열되어 있다. 그리고 마지막 세로줄은 각 소행성의 파괴력을 1945년에 히로시마에 떨어진 원자 폭탄의 개수로 환산한 것이다. 이 자료는 1992년에 NASA의 데이비드 모리슨(David Morrison, 1940년~)이 작성한 그래프에서 발췌했다.

여기 제시된 데이터는 지표면에 남아 있는 충돌의 역사와 달에서 관측된 크레이터(운석의 충돌로 생긴 분화구) 그리고 지구의 궤도와 교차하는 소행성 및 혜성의 수로부터 산출된 것이다.

1908년에 시베리아의 퉁구스카(Tunguska) 강 근처에서 엄청난 폭발이 일어나 수 제곱킬로미터 안의 나무들이 모두 쓰러졌고 폭심지(爆心地, 폭발의 중심 지역)를 중심으로 300제곱킬로미터에 달하는 영역이 잿더미로

충돌 주기	소행성의 지름 (단위=미터)	충돌 에너지 (단위=TNT 100만 톤)	충돌 에너지 (단위=원자 폭탄(개))
1개월	3	0.001	0.05
1년	6	0.01	0.5
10년	15	0.2	10
100년	30	2	100
1,000년	100	50	2,500
10,000년	200	1,000	50,000
1,000,000년	2000	1,000,000	50,000,000
100,000,000년	10,000	100,000,000	5,000,000,000

변했다. 그러나 폭심지로 추정되는 곳에서 크레이터는 발견되지 않았다. 과학자들은 폭발의 원인을 추적한 끝에 지름 60미터짜리 운석(20층 건물의 크기와 비슷하다.)이 지구로 떨어지다가 공중에서 폭발한 것으로 결론지었다. 제시된 표에 따르면 이와 같은 규모의 충돌은 평균 200년에 한 번꼴로 일어난다. 멕시코 유카탄 반도의 칙술루브(Chicxulub) 분화구는 지름 10킬로미터짜리 소행성이 충돌한 흔적으로 추정되고 있다. 제2차 세계 대전 때 히로시마에 투하된 원자 폭탄의 10억 배 파괴력을 가진 소행성은 1억 년에 한 번꼴로 지구에 떨어진다. 칙술루브에 소행성이 떨어진 시기는 약 6500만 년 전이며 이 정도 규모의 소행성은 그 이후로 단 한 번도 떨어지지 않았다. 그런데 이와 비슷한 시기에 티라노사우루스를 비롯한 여러 공룡들이 멸종하면서 작은 포유류가 마음 놓고 번성하기 시작했다.

일부 고생물학자와 지질학자 들은 공룡이 멸종한 원인을 소행성이 아닌 다른 곳에서 찾고 있다. 그들의 주장이 설득력을 가지려면 여러 종(種)을 멸종시킬 정도로 막대한 에너지가 지구로 유입된 경로를 설명해야 한다. 소행성이 지구에 가하는 충격은 『행성과 소행성의 위협(*Hazards Due to Comets and Asteroids*)』[1]이라는 두꺼운 책에 잘 기술되어 있다. 이 책에는 NASA 에임스 연구소(Ames Research)의 데이비드 모리슨과 행성 과학 연구소(Planetary Science Institute)의 클라크 채프먼(Clark Chapman) 그리고 오레곤 대학교의 폴 슬로빅(Paul Slovic, 1938년~)이 분류한 "위협적인 에너지"의 종류와 그 규모가 수록되어 있는데 대략적인 내용은 다음과 같다.

에너지가 10메가톤 이하인 소행성은 대기 중에서 폭발하여 지표면에 흔적을 남기지 않는다. 소행성의 중심부가 철로 되어 있으면 작은 덩어리가 지표면에 도달할 수도 있다.

주성분이 철로 되어 있는 10~100메가톤급 소행성이 떨어지면 땅 위에 선명한 분화구가 남는다. 철이 아닌 암질 소행성이라면 산산이 분해되어 대기 중에 흩어진다. 이런 소행성이 떨어지면 워싱턴 D. C.만 한 영역이 지도에서 사라질 것이다.

1,000~1만 메가톤급 소행성도 지표면에 분화구를 만든다. 이런 소행성이 바다에 떨어지면 엄청난 파도가 일어나고 육지에 떨어지면 델라웨어(Delaware)만 한 영역이 통째로 파괴된다.

10만~100만 메가톤급 소행성이 지구에 떨어지면 오존층이 완전히 붕괴된다. 바다에 떨어지면 가공할 파도가 지구의 절반을 덮고, 육지에 떨어지면 먼지가 성층권까지 피어오르면서 태양열을 차단하여 모든 농작물이 얼어 죽는다. 피해 규모는 프랑스 영토와 비슷하다.

1000만~1억 메가톤급 소행성이 떨어지면 기후 변화가 훨씬 오래 지속되고 지구 전체는 화염에 휩싸이게 된다. 육지에 떨어지면 미국 전체가 붕괴될 것이다.

---

1. Gehrels, 1994.

1억~10억 메가톤급 소행성이 육지나 바다에 떨어지면 그야말로 '대량 멸종'을 피할 수 없다. 6500만 년 전에 칙술루브에 떨어졌던 소행성이 이와 비슷한 규모였는데 이 사건으로 지구에 서식하던 생물 종의 70퍼센트가 졸지에 소멸되었다.

다행히 우리는 지구의 궤도와 교차하는 소행성 중 지름이 1킬로미터 이상인 것들(이 정도면 지구 전체를 위협하는 수준이다.)을 미리 분류하여 '특별 관리'할 만한 시간적 여유를 갖고 있다. NASA는 「스페이스가드 관측 보고서(Spaceguard Survey Report)」를 통해 "소행성으로부터 인류를 보호하는 조기 경보 및 방어 시스템을 구축하자."라고 제안한 바 있다. 믿거나 말거나, 미국 의회 의사당에 설치된 레이더 스크린에는 '요주의 소행성'의 현재 위치가 일목요연하게 나열되어 있다. 그러나 지름 1킬로미터 미만인 소행성은 빛을 충분히 반사하지 않기 때문에 위치를 파악하기가 쉽지 않다. 이들은 아무런 사전 경고 없이 언제라도 지구에 떨어질 수 있다. 그나마 한 가지 다행인 것은 이들이 지구에 떨어져도 인류 전체가 멸종하지는 않는다는 것이다.

물론 소행성의 공격에 노출된 행성은 지구뿐만이 아니다. 수성의 표면에도 분화구가 꽤 많아서 아마추어들이 보면 달과 혼동할 정도이다. 그리고 금성은 짙은 구름으로 둘러싸여 있어서 광학 망원경으로는 잘 보이지 않지만 전파 망원경으로 작성된 지형도를 보면 분화구가 곳곳에 패여 있음을 알 수 있다. 화성은 앞에서 언급한 대로 최근에 만들어진 대형 분화구가 표면을 덮고 있다.

지름이 지구의 10배이고 질량은 무려 300배나 되는 목성은 태양계의 행성 중에서 소행성을 끌어들이는 능력도 단연 최고이다. 지난 1994년 아폴로 11호 달 착륙 25주년을 기념하던 바로 그 주에 20여 개의 조각으로 분해된 슈메이커레비 9 혜성이 목성에 줄줄이 충돌하는 우주쇼가 연출되었다. 뒷마당에 있는 가정용 천체 망원경으로도 충돌의 흔적이 보일 정도였으니 그 규모가 얼마나 컸는지 짐작이 갈 것이다. 목성은 자전 속도가 매우 빠르기 때문에(목성의 하루는 지구의 10시간이다!) 각 조각들은 조금씩 다른 장소에 떨어졌다.

목성에 떨어진 20여 개의 혜성 조각은 하나하나가 칙술루브에 떨어진 소행성과 비슷한 크기였다. 따라서 목성이 어떤 과거를 갖고 있건 간에 1994년 이후로 공룡과 같은 생명체가 존재하지 않는다는 것만은 자신 있게 말할 수 있다!

지구의 화석에는 인간보다 훨씬 전에 살았던 다양한 종의 흔적이 남아 있다. 물론 공룡도 그들 중 하나이다. 공룡과 같은 신세가 되지 않으려면 무엇을 어떻게 준비해야 하는가? 소행성을 향해 핵폭탄을 날려서 공중 폭파시키는 수밖에 없다. 지금까지 인간이 만들어 낸 발명품 중 가장 강한 파괴력을 발휘하는 것이 핵폭탄이기 때문이다. 지구를 향해 다가오는 소행성이 핵폭탄을 맞으면 여러 개의 조각으로 분해되어 목욕탕 샤워처럼 떨어질 텐데 작은 조각은 그다지 위협적이지 않으므로 최소한 인류의 멸종은 막을 수 있다. 공기가 없는 우주 공간에서는 충격파가 발생하지 않으므로 소행성을 파괴하려면 핵탄두로 소행성을 직접 때려야 한다.

또 다른 방법은 중성자탄을 사용하는 것이다. (중성자탄은 건물을 파괴시키지 않고 사람만 '골라서' 죽일 수 있다.) 중성자탄이 폭발하면서 고에너지 중성자를 쏟아내면 소행성의 한쪽 면이 뜨거워지면서 구성 입자를 밖으로 쏟아내고 이 때문에 소행성의 궤도가 바뀌게 된다. 이것보다 좀 더 점잖은 방법은 강력한 로켓을 어떻게든 소행성에 부착시킨 뒤 다른 방향으로 서서히, 그러나 강력하게 밀어붙이는 것이다. 시간적 여유가 충분하다면 이것만큼 좋은 방법이 없다. 그저 충분한 추진력을 발휘할 수 있는 화학 연료만 개발하면 된다. 지구 궤도와 교차하면서 지름 1킬로미터 이상인 소행성을 모두 찾아낼 수만 있다면 정확한 충돌 시기와 충격의 정도 등 구체적인 계산은 컴퓨터가 순식간에 해치울 것이므로 대책을 강구할 시간은 충분하다. 그러나 불행히도 지금의 기술로는 지구와 충돌할 가능성이 있는 소행성을 모두 찾아낼 수가 없다. 모두는커녕 극히 일부만을 알고 있는 상태이다. 게다가 사소한 요인으로부터 발생하는 혼돈이 우리의 예측 능력을 심각하게 방해하고 있다. 이런 식으로는 수백만 또는 수십억에 달하는 위험 요소를 도저히 분류할 수 없다.

지구를 가장 심각하게 위협하는 천체는 공전 주기가 200년 이상인 혜성들이다. 이들이 태양계의 내부로 진입하면 시속 16만 킬로미터의 가공할 속도로 지구 근처를 스쳐 지나간다. 혜성의 위력에 비하면 소행성은 작은 돌멩이에 불과할 정도이다. 더욱 곤란한 것은 혜성에서 방출되는 빛이 너무 희미해서 위치를 추적하기가 쉽지 않다는 점이다. 주기가 긴 혜성이 지구를 향해 돌진해 온다는 사실을 어느 날 문득 알게 되었다면 기금을 마련하고 설계 및 제작 과정을 거쳐 핵폭탄을 발사할 때까지는 수개월에서 2년 정도의 시간이 소요될 것이다. 지난 1996년에 발견된 햐쿠타케(Hyakutake) 혜성은 공전 궤도의 대부분이 태양계를 벗어나 있었기 때문에 근일점(태양과의 거리가 최소인 지점)에 도달하기 4개월 전에 그 존재가 간신히 감지되었다. 당시 햐쿠타케 혜성은 태양으로 가는 도중에 지구를 1600만 킬로미터 간격으로 '아슬아슬하게' 스쳐 지나가면서 밤하늘에 장관을 연출했다.

2029년 4월 13일이 되면(이 날은 금요일이다!) 로스 볼(Rose Bowl) 경기장을 가득 메울 정도로 커다란 소행성이 통신 위성보다 가까운 거리에서 지구를 스쳐 지나갈 예정이다. 이 소행성은 어둠과 죽음을 상징하는 이집트 신의 이름을 따서 '아포피스(Apophis)'라고 명명되었다. 아포피스가 지구에 접근했을 때 '키홀(key-hole)'이라 부르는 좁은 영역을 지나가면 그 다음 방문 연도인 2036년에는 캘리포니아와 하와이 사이의 태평양 수면을 강타하게 된다. 이때 발생할 쓰나미는 북아메리카의 서부 해안 전체를 덮쳐서 하와이를 수장시키고 태평양 연안의 모든 도시를 쓸어 버릴 것이다. 그러나 2029년에 아포피스가 키홀을 벗어나 준다면 그 후 다시 돌아와도 지구에 아무런 영향을 주지 않는다. (2013년 1월 새로운 관측을 통해 99942 아포피스의 지름이 기존 것보다 큰 것이 확인되었고 추정 질량이 1.70퍼센트 가까이 커졌다. 이 결과를 바탕으로 NASA는 2036년 4월 13일 다음 최근접 시기에 이 소행성이 지구와 충돌할 확률은 100만분의 1 이하라고, 실질적 충돌 가능성이 0에 가깝다고 발표했다. — 옮긴이)

소행성과 혜성의 위협으로부터 지구를 보호하기 위해 고성능 미사일을 만들어서 지하 격납고에 비축해 두어야 할까? 가장 시급한 일은 지구와 충돌할 가능성이 있는 천체의 정확한 목록을 작성하는 것이다. 그러나 현재 이 일에 종사하는 과학자는 전 세계를 통틀어 수십 명에 불과하다. 대체 위험이 얼마나 가까이 다가와야 관심을 갖겠다는 것인지, 불안하기 짝이 없다. 만일 인류가 소행성의 충돌로 멸종한다면 우주 생명의 역사상 이보다 더 큰 비극은 없을 것이다. 위험을 극복할 만한 지적 능력을 갖추고서도 선견지명이 부족하여 대파국을 맞이한다면 이 얼마나 안타까운 일이겠는가? 인류가 멸종한 후에 지구를 접수한 생명체들은(어떤 종이 살아남을지는 모르지만) 인간의 유해를 박물관에 수북이 쌓아 놓고 이런 의문을 떠올릴 것이다. "호모 사피엔스는 큰 두뇌를 갖고 있었는데 왜 머리가 작은 공룡들보다 똑똑하게 처신하지 못했을까?"

30장

세상의 종말

대부분의 사람은 이 세상이 언제, 어떻게 끝나는지 굳이 예측하려고 애쓰는 경향이 있는데 그때마다 단골로 등장하는 시나리오는 무자비한 전염병과 핵전쟁, 소행성이나 혜성의 충돌, 환경 파괴 등이다. 각 사건들의 원인은 제각각이지만 한 번 일어나면 인류(또는 다른 종)를 멸종시킬 정도로 대단한 파괴력을 갖고 있다. 사실 "지구를 살리자!"라는 상투적인 구호는 지구라는 행성 자체를 살리는 것보다 지구에 서식하는 생명체를 살리는 데 더 큰 의미를 두고 있다. 인간은 아무리 기를 써도 지구를 죽일 수 없다. 인류가 지구에서 영원히 사라진다 해도 지구는 지금과 같이 태연하게 정해진 궤도를 돌면서 태양계의 일원으로 남을 것이다.

누군가 내게 나름대로의 종말론을 펼쳐 보라고 한다면 나는 "지구의 공전 궤도가 불안정해지면서 종말이 찾아온다."라는 시나리오를 제안하고 싶다. 내 주변에는 이와 같은 종말론을 주장하는 사람이 거의 없다. 내가 지구의 공전 궤도를 문제 삼는 이유는 남들과 다르게 보이고 싶어서가 아니라 천체 물리학적으로 계산이 가능하기 때문이다. 나의 시나리오가 현실로 나타나는 방법은 크게 세 가지가 있다. 태양의 소멸, 우리 은하와 안드로메다 은하의 충돌 그리고 최근 들어 천체 물리학자들의 관심을 끌고 있는 '우주의 총체적 종말'이다.

별의 진화 과정을 구현하는 컴퓨터 프로그램은 생명 보험 회사의 통계표와 닮은 점이 있다. 이 프로그램에 따르면 태양의 기대 수명은 약 100억 년이다. 현재 태양의 나이는 약 50억 살이므로 앞으로 50억 년은 지금처럼 막대한 에너지를 방출하며 건강하게 살 수 있다는 뜻이다. 태양이 수명을 다하여 사라졌을 때 인류가 여전히 지구에 남아 있다면 별의 최후를 목격하는 증인이 될 것이다. 물론 그 후에는 인류도 종말을 피할 길이 없다.

태양의 중심부는 1500만 켈빈이라는 초고온 속에서 수소 원자핵을 융합하여 헬륨 원자핵으로 변환한다. 태양이 지금처럼 안정된 상태를 유지할 수 있는 것은 핵융합 반응의 원료인 수소가 아직 충분히 남아 있기 때문이다. 핵융합으로 생성된 기체 압력이 바깥쪽으로 작용하면서 태양을 내파시키려는 자체 중력과 균형을 이루고 있는 것이다. 태양의 75퍼센트는 수소 원자이지만 중요한 것은 중심부의 상황이다. 중심부의 수소가 모두 소진되면 헬륨 원자만이 남게 되는데 이들이 핵융합 반응을 계속하려면 이전보다 온도가 훨씬 높아야 한다. 그러나 당장은 온도가 낮기 때문에 중심부의 엔진이 가동을 멈출 수밖에 없다. 이렇게 되면 중력이 기체 압력보다 강해지기 때문에 태양은 안으로 수축(내파)되고, 이 과정에서 온도가 1억 켈빈까지 상승하여 헬륨이 탄소로 변하는 '제2차

핵융합 반응'이 시작된다.

그 후 태양은 엄청난 빛을 발하면서 외부층이 확장되어 가장 가까이 있는 수성과 금성을 삼켜 버릴 것이다. 이 무렵에 지구에서 바라본 하늘은 태양으로 완전히 덮일 것이며 결국 태양은 지구의 공전 궤도까지 침범할 것이다. 이렇게 되면 지구의 표면 온도는 태양 외부층의 온도인 3,000켈빈까지 상승하여 바닷물이 모두 증발하고 지구가 태양의 외부층으로 흡수되면서 대기도 완전히 증발하여 더 이상 행성이라 부르기조차 어려워진다. 지구가 태양에 흡수되면 태양을 이루는 기체의 저항력 때문에 공전 속도가 느려지면서 점차 태양의 중심부로 빨려 들어간다. 물론 중심부로 갈수록 온도가 급격하게 상승하면서 지구는 완전히 분해될 것이다. 그리고 얼마 지나지 않아 태양은 핵융합 반응을 완전히 멈추고 지구의 잔해가 섞여 있는 외부층은 우주 공간으로 흩어진다. 태양을 100억 년 동안 유지시켰던 중심부가 겉으로 적나라하게 드러난 채 죽은 별이 되는 것이다.

그러나 지금 당장 걱정할 필요는 없다. 인류는 그전에 다른 이유로 멸종할 것이 분명하기 때문이다.

✷

태양이 지구를 삼킨 후 약간의 시간이 흐르면 우리 은하는 또 다른 문제에 직면하게 된다. 우리 은하에 대한 상대 속도가 비교적 정확하게 알려진 수십만 개의 은하는 대부분 우리로부터 멀어져 가고 있는데 이 중 몇 개는 은하수를 향해 다가오고 있다. 1920년대에 천문학자 에드윈 허블은 은하들이 우리에게서 멀어져 가는 속도를 분석하다가 우주가 팽창하고 있다는 결론에 이르렀다. 그러나 수천억 개의 별로 이루어진 안드로메다 은하는 공간이 팽창하는 속도보다 훨씬 빠르게 우리 은하를 향해 다가오고 있다. 현재 안드로메다 은하와 우리 은하 사이의 거리는 약 240만 광년이며 지금 이 순간에도 초속 100킬로미터의 속도(시속 40만 킬로미터)로 가까워지고 있다. 이런 추세가 계속된다면 앞으로 70억 년 후에 둘 사이의 거리는 0으로 줄어들 것이다.

별들 사이의 공간은 매우 넓고 텅 비어 있으므로 안드로메다 은하의 별이 태양과 충돌하는 일은 없을 것이다. 먼 거리에서 볼 때 두 은하가 충돌하는 광경은 훌륭한 볼거리임이 분명하지만 정작 충돌이 일어나는 현장으로 들어가 보면 별끼리 충돌하는 사건은 거의 일어나지 않는다. 물론 그렇다고 해서 아무 일도 일어나지 않는다는 뜻은 아니다. 안드로메다 은하의 별 중 일부가 태양계에 가까이 접근하여 지구를 비롯한 행성과 수많은 혜성의 궤도에 심각한 영향을 미칠 수도 있다. 컴퓨터 시뮬레이션에 따르면 다른 별이 태양계에 접근했을 때 행성은 궤도를 이탈하여 우주 공간으로 날아가거나 침입자 별에 포획되어 태양이 아닌 엉뚱한 주인을 섬기게 될 수도 있다. 물론 새 주인이 행성을 예전처럼 잘 보살핀다는 보장은 어디에도 없다.

4부에서 골디락스가 곰 가족의 수프를 훔쳐 먹을 때 얼마나 까다롭게 굴었는지 기억할 것이다. 만일 지구가 다른 별에 포획되어 그 별을 중심으로 공전하는 운명에 처한다면 생명체들은 과연 살아남을 수 있을까? 거리가 가까우면 모든 물이 증발할 것이고 너무 멀면 얼어붙을 것이다. 게다가 새로운 별의 에너지가 태양과 다르다면 생존에 적절한 거리도 달라진다. 하긴 '50억 살'이나 먹은 어린아이가 어느 날 졸지에 부모를 잃고 새로운 집에 입양되었는데 잘 적응하기를 바라는 것 자체가 무리일 것이다. 미래에 인류의 과학이 상상을 초월할 정도로 발달해서 태양의 수명을 연장하는 기술이 개발된다고 해도 지구가 궤도를 이탈하여 우주 공간 속의 미아가 된다면 아무런 쓸모가 없다. 근처에 태양과 같은 에너지원이 없으면 지구의 표면 온도는 섭씨 -100도 가까이 곤두박질칠 것이다. 그러면 대기의 주성분인 산소와 질소가 액화되어 지표로 떨어지면서 모든 것을 꽁꽁 얼릴 것이고 지구는 얼음에 뒤덮인 둥근 케이크 신세가 될 것이다. 물론 그 위의 생명체들은 식량이 없어서 굶주리겠지만 굶어 죽기 전에 모두 동사하고 말 것이다. 이런 환경에서는 평소 태양 에너지의 혜택을 전혀 받지 못한 채 지각의 깊은 틈에서 새 나오는 미약한 열에 의지하여 생명 활동을 유지해 왔던 생명체만이 살아남을 수 있다. 그들이 어떤 종이건 인류가 아니라는 것만은 확실하다.

이런 식의 종말을 피하는 유일한 방법은 달팽이집과 같은 우주선을 타고 광속으로 지구를 탈출하는 것이다. 물론 그 후에 인류가 살 만한 행성을 찾지 못한다면 이것도 임시방편에 불과하다.

*

광속 비행이 가능하건 불가능하건 간에 우주 자체의 운명은 피할 수도, 늦출 수도 없다. 당신이 어디에 숨더라도 우주의 파국은 모든 만물을 가차 없이 끝장낼 것이다. 최근 관측된 질량 및 에너지의 밀도와 우주의 팽창 속도로 미루어 볼 때 우리의 운명은 편도 여행임이 분명하다. 우주가 팽창을 멈추고 다시 수축되기에는 우주에 존재하는 중력이 충분치 않기 때문이다.

대폭발과 중력 이론을 연결시켜서 우주의 기원을 가장 정확하게 기술한 이론은 아인슈타인의 일반 상대성 이론이다. 앞으로 7부에서 언급하겠지만 초기의 우주는 1조 도라는 초고온에서 물질과 에너지가 마구 섞인 총체적 혼란 상태였다. 그 후 140억 년 동안 팽창하면서 우주 공간의 온도는 2.7켈빈(섭씨 -270.3도)까지 식었다. 우주는 지금도 팽창하고 있으므로 결국 온도는 0켈빈까지 내려갈 것이다.

우주 공간이 이토록 냉골임에도 지구는 태양 덕분에 생명체에게 적절한 온도를 유지하고 있다. 그러나 성간 기체들로부터 별이 계속 만들어지다 보면 언젠가는 별의 원재료인 기체가 고갈되고 말 것이다. 현재 우주에 존재하는 은하 중 절반이 이와 같은 상태에 있다. 이런 은하에서 얼마 남지 않은 초대형 별들이 붕괴되어 사라지면 두 번 다시 생성되지 않을 것이다. 어떤 별은 초신성 폭발을 일으키면서 자신의 파편을 은하 전역에 흩뿌린다. 이 파편이 성간 기체 속에 섞여서 다음 탄생할 별의 모태가 되는 것이다. 그러나 태양을 비롯한 대부분의 별은 중심부의 연료를 모두 소모한 후 잠시 적색 거성이 되었다가 차가운 우주 공간 속에서 희미한 빛을 발하는 작은 덩어리로 남을 것이다.

죽은 별의 명단은 독자들에게도 익숙할 것이다. 블랙홀, 펄서, 백색왜성 등은 각기 다른 진화 과정을 거친 후 수명을 다한 별을 일컫는 용어이다. 이들은 우주의 순환에 더 이상 아무런 공헌도 할 수 없다. 모든 별이 핵융합 반응을 끝내고 죽은 별이 되었을 때 이들을 대신할 만한 새로운 별이 탄생하지 않는다면 우주는 거대한 공동 묘지가 될 것이다.

지구는 어떤가? 우리의 삶은 태양에 전적으로 의존하고 있다. 태양에서 공급되는 에너지가 어느 날 갑자기 끊어진다면 지구의 표면과 내부에서 진행되던 모든 역학 및 화학적 과정은 서서히 줄어들다가 결국은 완전히 멈출 것이다. 역학 법칙에 따라 움직이던 만물은 마찰로 인해 운동을 멈출 것이고 움직임이 전혀 없는 지구는 하나의 균일한 온도로 통일될 것이다. 별 없는 하늘 아래 홀로 남은 지구는 팽창하는 우주 속에서 꽁꽁 얼어붙은 신세가 될 것이다. 그러나 지구 혼자 이런 종말을 겪는 것은 아니다. 앞으로 1조 년 동안 우주가 계속 팽창한다면 그야말로 '세상 만물'이 꽁꽁 얼어붙게 된다. 이 시점이 되면 지옥까지 얼어붙을 것이므로 로켓을 타고 지구를 탈출한다고 해도 생명을 유지할 방법이 없다.

이것이 바로 우주의 종말이다. 우주는 거대한 폭발로 장렬하게 끝나는 것이 아니라 혹한 속에 고립된 조난자처럼 서서히 얼어 죽게 될 것이다. 이것은 대폭발이 일어나던 순간부터 이미 정해진 운명이다.

31장

은하의 엔진

은하는 여러 가지 면에서 정말로 놀라운 존재이다. 은하는 우주에서 눈에 보이는 물질들이 모여 있는 기본 조직체이다. 우주에는 이런 은하가 수천억 개나 존재하고 있으며 개개의 은하는 수천억 개의 별로 이루어져 있다. 이들은 전체적인 구조에 따라 나선 은하, 타원 은하 등으로 구분되며 아무런 형태가 없는 부정형 은하도 있다. 또한 은하는 사진발을 잘 받는 것으로 유명하다. 망원경의 성능만 좋으면 어떤 은하를 찍어도 감탄을 자아낼 만한 풍경을 연출한다. 대부분의 은하는 텅 빈 공간에 홀로 떠 있지만 개중에는 중력으로 연결된 쌍을 이루거나 은하군, 은하단 또는 초은하단을 이루는 것도 있다.

천체 물리학자들은 다양한 은하에 못지않게 다양한 용어를 사용하고 있는데, 예를 들어 활동 은하(active galaxy)란 중심부에서 특정 주파수의 빛을 강하게 방출하는 은하를 뜻한다. 은하의 중심부는 은하의 모든 움직임을 관장하는 엔진으로서 질량이 엄청나게 큰 블랙홀이 들어앉아 있는 것으로 추정되고 있다. 활동 은하의 천태만상은 축제용 복주머니(grab bag, 파티에서 선물을 뽑는 주머니나 그릇. — 옮긴이)를 연상케 한다. 폭발적 항성 생성 은하(starburst galaxy), BL 라세테 은하(BL lacertae galaxy), 세이퍼트 은하(seyfert galaxy, I형과 II형이 있다.), 블레이저(blazar), N은하, 라이너스(LINERS), 적외선 은하, 전파 은하, 퀘이사 등은 모두 활동 은하에 속한다. 이들의 중심부에서 뿜어져 나오는 엄청난 빛의 근원은 아직도 미스터리로 남아 있다.

천체 물리학자들의 호기심을 가장 강하게 자극하는 천체는 단연 퀘이사이다. 퀘이사는 1960년대에 처음 발견된 후로 지금까지 4,000개가량 발견되었는데 개중에는 태양계보다 작으면서 우리 은하를 모두 합한 것보다 1,000배나 밝은 빛을 방출하는 퀘이사도 있다. 또 한 가지 신기한 것은 모든 퀘이사가 한결같이 지구로부터 아주 먼 거리에 분포되어 있다는 점이다. 가장 가까운 퀘이사까지의 거리는 약 15억 광년이다. 즉 이 퀘이사에서 방출된 빛이 지구에 도달하려면 15억 년이 걸린다는 뜻이다. 대부분의 퀘이사는 덩치가 작고 워낙 멀리 떨어져 있기 때문에 광학 망원경으로는 퀘이사와 별을 구별하기 어렵다. 실제로 가장 오래된 퀘이사는 광학 망원경이 아닌 전파 망원경을 통해 발견되었다. 대부분의 평범한 별에서 방출되는 전파는 강도가 미미하기 때문에 강한 전파를 방출하는 천체는 '별인 척'하고 있는 퀘이사일 가능성이 높다. '눈에 보이는 대로 이름 붙이기'에 능숙한 천체 물리학자들은 이 비정상적인 천체에 '준성 전파원(Quasi-Stellar Radio Source)'을 뜻하는 '퀘이사'라는 이름을 붙여 주었다.

퀘이사는 어떤 천체인가? 정체가 무엇이기에 그토록 강렬한 빛을 뿜어내고 있는가?

사람들은 새로운 현상을 설명할 때 이미 알고 있는 과학적 지식의 범주를 벗어나지 못한다. 18세기에 살던 사람이 어느 날 갑자기 시간 터널을 통과하여 20세기로 날아와서 자동차를 구경한 후 다시 원래의 세계로 되돌아갔다고 가정해 보자. 과연 그는 친구들에게 자동차를 어떻게 설명할 것인가? 아마도 흥분에 들떠서 이렇게 말할 것 같다. "이봐, 믿기 어렵겠지만 내가 미래에 잠깐 갔다 왔는데 말이지, 200년 후의 후손들은 말(馬) 없는 마차를 타고 다니더라고. 그리고 그 마차의 머리에는 촛불이 켜져 있는데 희한하게도 섬광은 없었어!" 내연 기관과 전기에 대한 지식이 없는 한 자동차를 올바르게 설명할 수는 없을 것이다. 퀘이사의 경우도 마찬가지이다. 관측 결과를 아무리 열심히 분석한다 해도 결국은 우리가 알고 있는 범주 안에서 설명하는 수밖에 없다. 퀘이사를 설명하는 '표준 모형'에 따르면 퀘이사의 중심부에는 블랙홀이 위치하고 있다. 앞에서 말한 대로 블랙홀은 활동 은하의 모든 움직임을 좌우하는 엔진 역할을 한다. 블랙홀의 외곽은 시공간의 경계면(이것을 '사건 지평선'이라고 한다.)으로 에워싸여 있으며 그 내부는 밀도가 너무 높아서 빛조차도 빠져 나오지 못한다. 블랙홀의 중력권을 탈출하는 데 필요한 속도가 빛의 속도보다 빠르기 때문이다. 다들 알다시피 빛의 속도는 우주 만물이 다다를 수 있는 궁극의 속도이므로 무엇이든지(심지어는 빛조차도) 블랙홀 속으로 빨려 들어가면 바깥 세계와 영원히 단절된다.

*

그렇다면 당장 다음과 같은 의문이 떠오른다. 퀘이사의 중심부에는 빛조차도 탈출할 수 없는 블랙홀이 있다는데 무슨 수로 그토록 밝은 빛을 방출하고 있을까?

1960년대 말에서 1970년대에 걸쳐 블랙홀의 다양한 특성이 발견되면서 천체 물리학 이론은 새로운 전환기를 맞이했다. 기체가 압축되면서 블랙홀에 가까워지면 온도가 올라가고, 사건 지평선보다 작아지기 전에 다량의 복사를 방출한다. 즉 중력에 의한 위치 에너지가 효율적인 변환 과정을 통해 열로 전환되는 것이다.

중력 위치 에너지가 열로 전환되는 광경은 일상 생활 속에서도 쉽게 접할 수 있다. 부엌에서 설거지를 하다가 접시를 떨어뜨리거나 높은 담에서 뛰어내리면 위치 에너지의 위력을 실감할 수 있다. 중력 위치 에너지란 물체가 현재의 위치에서 더 낮은 곳으로 떨어졌을 때 발휘되는 에너지로서 평상시에는 겉으로 드러나지 않기 때문에 '잠재 에너지(potential energy)'라고 부른다. 다들 알다시피 높은 곳에서 물체가 추락하면 점차 속도가 빨라진다. 그러나 떨어지는 도중에 무언가에 부딪쳐서 운동이 멈추면 물체가 갖고 있던 모든 에너지가 다른 형태의 에너지로 바뀐다. (이 에너지는 보통 물체를 박살내거나 흩어지게 하는 데 사용된다.) 높은 건물에서 뛰어내릴수록 다칠 위험이 커지는 것은 이런 이유 때문이다.

물체가 떨어질 때 무언가가 속도의 증가를 방해하는 경우에는 위치 에너지가 주로 열에너지로 변환된다. 대표적인 사례로는 지구로 귀환하는 우주선이나 운석이 대기권을 통과할 때 열이 발생하는 현상을 들 수 있다. 이들의 몸에는 중력이 작용하므로 속도가 더 빨라져야 하지만 공기 저항이 그것을 방해한다. 중력 위치 에너지가 열로 전환되는 과정을 규명한 사람은 19세기 영국의 물리학자 제임스 프레스콧 줄(James Prescott Joule, 1818~1889년)이다. 그는 물이 가득 찬 통 속에 팔이 달린 회전축을 설치하고 회전축의 위쪽 끝에 (도르래를 통해) 무거운 물체를 매달았다. (물체가 중력으로 인해 낙하하면 팔 달린 회전축이 물속에서 회전하도록 만들었다.) 그리고는 물체의 낙하 거리에 따른 물의 온도 변화를 측정했다. 여기서 잠시 줄의 설명을 들어보자.

> 회전축에 달린 팔(paddle)은 물속에서 커다란 저항을 받으며 움직이기 때문에 축에 매달린 물체(4파운드)는 자유 낙하할 때보다 훨씬 느린 속도(초속 1피트)로 떨어진다. 물체의 초기 고도는 12야드였다. 물체가 다 떨어지면 다시 줄을 감아서 처음부터 다시 떨어뜨렸다 같은 실험을 16차례 반복한 결과, 물의 온도가 항상 동일하게 증가한다는 사실을 확인했다. …… 따라서 열과 역학적 에너지는 서로 등가(等價)임이 입증된 셈이다. …… 나의 계산이 옳다면, 나이아가라 강물은 160피트 추락할 때마다 5도씩 올라간다.[1]

물론 나이아가라 강물의 온도가 상승한다는 것은 현지에서 확인한 사실이 아니라 줄의 머릿속에서 진행된 '사고 실험(thought experiment)'의 결과였다. 만일 그가 블랙홀의 존재를 알고 있었다면 다음과 같이 말했을 것이다. "기체가 자체 중력으로 인해 10억 킬로미터만큼 수축하면(추락하면) 블랙홀의 온도는 수백만 도까지 상승한다."

*

독자들의 짐작대로 블랙홀은 근처로 다가오는 별을 사정없이 먹어 치운다. 은하가 밝은 빛을 발하려면 중심부에 있는 블랙홀의 식성이 왕성해야 한다. 은하를 가동시키는 엔진의 생명은 사건 지평선 근처로 다가

---

1. Shamos, 1959, 170쪽.

오는 별을 무자비하게 분해시키는 블랙홀의 능력에 달려 있다. 달의 조석력이 바닷물이 높고 낮은 조수를 만들어 내는 것처럼 블랙홀의 조석력은 근처에 있는 다른 별의 형태를 변화시킨다. 별(또는 기체 구름)의 일부분이던 기체는 단순히 속도가 빨라지면서 블랙홀로 빨려 들어가는 것이 아니다. 이전에 분해된 별에서 쏟아져 나온 기체가 자유 낙하를 방해하기 때문이다. 그 결과 별의 중력 위치 에너지는 엄청난 양의 열과 복사로 전환된다. 물론 중력이 강할수록 위치 에너지가 커서 열에너지와 복사 에너지의 양도 많아진다.

천문학자 제라르 드 보쿨레르(Gerard de Vaucouleurs, 1918~1995년)는 은하의 형태에 따른 명명법이 한계에 다다랐음을 지적하면서 "자동차가 사고를 당해 찌그러졌다고 해서, 갑자기 다른 차가 되지는 않는다."라고 주장했다. 그 후 보쿨레르의 '자동차 철학'은 활동 은하의 표준 모형으로 발전했다. 예를 들어 자체 중력으로 수축되는 기체는 사건 지평선 이하로 작아지기 전에 종종 불투명하면서 회전하는 원반의 형태를 띠게 된다. 이때 밖으로 흘러나가는 복사가 원반을 투과하지 못하면 원반의 위쪽과 아래쪽에서 물질과 에너지가 강력하게 분출된다. 그런데 이 분출물의 진행 방향이 관측자 쪽을 향하게 되면 지구의 망원경에는 실제와 전혀 다른 모습으로 나타나게 된다. 물론 기체 구름의 형태는 원반의 화학성분과 두께 그리고 별이 분해되는 속도에 따라 달라 보이기도 한다.

퀘이사가 생명을 유지하려면 중심부의 블랙홀이 매년 10개의 별을 먹어 치워야 한다. 활동성이 비교적 약한 은하에서는 2년에 단 몇 개의 별이 소모될 뿐이다. 퀘이사 중에는 밝기가 매일 또는 매 시간 달라지는 것도 있다. 예를 들어 퀘이사의 활동적인 부분이 우리 은하의 크기와 비슷하고(10만 광년) 이 부분이 동시에 빛을 발한다면 우리로부터 먼 쪽에서 방출된 빛은 가까운 쪽에서 방출된 빛보다 10만 년이나 늦게 도달할 것이다. 다시 말해서, 퀘이사의 모든 부분이 동시에 빛을 발했다는 사실을 알아차리는 데 10만 년이 소요된다는 뜻이다. 따라서 매 시간마다 밝기가 변하는 퀘이사는 크기가 몇 광시(빛이 1시간 동안 가는 거리)에 지나지 않는다. 이 정도면 태양계의 크기와 비슷하다.

모든 진동수 대역의 빛을 세밀하게 분석하면 퀘이사를 구성하는 물질의 3차원 분포도를 (대략적으로나마) 그릴 수 있다. 예를 들어 엑스선이 매 시간 변하고 붉은색 빛은 일주일 단위로 변한다면, 활동 은하에서 붉은빛을 방출하는 부분이 엑스선을 방출하는 부분보다 훨씬 크다는 것을 의미한다. 다양한 진동수 대역에 대하여 이와 같은 분석을 실시하면 천체의 구체적인 형태를 추측할 수 있다.

멀리 있는 퀘이사의 활동이 주로 우주 초기에 일어난 것이라면 지금은 왜 그런 현상이 일어나지 않는 걸까? 소형 퀘이사는 왜 발견되지 않는가? 수명을 다하고 죽은 퀘이사들이 우리 주변에 숨어 있는 것은 아닐까?

이 질문에는 적절한 해답을 제시할 수 있다. 소형 은하의 중심부에 엔진을 먹여 살릴 별이 고갈되면, 즉 블랙홀 근처에서 서성대는 별이 모두 잡아먹혀서 씨가 말랐다면 더 이상 빛을 방출하지 못하고 죽는 수밖에 없다. 식량이 떨어지면 무언가를 밖으로 토해 내지도 못할 것이다.

소형 은하가 갑자기 사라지는 현상은 다른 방식으로 설명할 수 있다. 블랙홀의 질량이 증가하면(또는 사건 지평선의 규모가 커지면) 조석력에 변화가 생긴다. 5부의 끝부분에서 다시 언급하겠지만 물체가 느끼는 전체 중력과 조석력 사이에는 아무런 관계도 없다. 중요한 것은 거리가 변하면서 나타나는 '중력의 변화량'이다. 언뜻 생각하면 덩치가 큰 블랙홀이 작은 블랙홀보다 강한 조석력을 발휘할 것 같지만 사실은 그 반대이다. 태양은 달과 비교가 안 될 정도로 강한 중력을 지구에서 행사하고 있지만 다들 알다시피 바다의 조수간만은 태양이 아닌 달이 좌우한다.

따라서 블랙홀이 왕성한 식욕을 발휘하여 사건 지평선의 규모가 충분히 커지면 조석력이 약해지기 때문에 더 이상 주변의 별을 분해할 수 없게 된다. 이 시기가 되면 모든 별의 중력 위치 에너지가 운동 에너지로 바뀌면서 속도가 빨라지고 사건 지평선을 지나치면서 가차 없이 블랙홀에 빨려 들어간다. 이렇게 되면 열에너지도 없고 복사도 방출하지 못하여 블랙홀은 태양의 10억 배까지 덩치를 키우게 된다.

지금까지 서술한 아이디어를 적용하면 많은 부분을 체계적으로 설명할 수 있다. 통일된 관점에서 보면 퀘이사를 비롯한 활동 은하는 은하 중심부의 일생에서 '유아기'에 해당한다. 이것이 사실이라면 퀘이사 주변은 '주인 은하'의 존재를 알리는 먼지층으로 덮여 있어야 한다. 이 사실을 관측으로 확인하는 것은 태양계 안에서 태양의 강렬한 빛에 가려 보이지 않는 행성을 찾는 것과 비슷하다. 퀘이사는 그 주변을 에워싼 은하보다 훨씬 밝기 때문에 퀘이사 이외의 다른 무언가를 찾아내려면 특별한 차폐 기술을 사용해야 한다. 지금까지 촬영된 고해상도 사진에는 퀘이사 주변에 은하 먼지가 선명하게 나타나 있지만 그중 몇 개의 퀘이사에는 이런 흔적이 없어서 표준 모형을 무색케 하고 있다. 확실하지는 않지만 주인 은하가 관측 한계를 넘어선 곳에 존재할 가능성도 있다.

이론을 통합해 보면 퀘이사의 수명에는 한계가 있다. 그렇지 않다면 가까운 곳에서도 퀘이사가 발견되어야 하는데 이런 사례는 아직 보고된 적이 없다. 또한 은하의 중심부가 활동적이건 아니건 간에 중심부에 있는 블랙홀은 공통된 특성을 갖고 있어야 한다. 중심부에 질량이 엄청 크면서 비활성 상태인 블랙홀을 갖고 있는 근거리 은하들은 매달마다 길이가 길어지고 있는데 우리 은하도 여기에 속한다. 이들의 존재는 블랙홀을 향해 다가가는 (그러나 너무 가까이 접근하지 않는) 별의 빠른 속도 덕분에 관측되었다.

과학적 현상을 설명하는 다양한 모형은 언제나 우리의 마음을 사로잡는다. 그러나 이 모형들이 정말로 우주의 진리를 담고 있는지, 아니면 다양한 변수를 적절히 짜 맞춰서 만들어진 것인지에 따라 신뢰도는 크게 달라진다. 그동안 우리는 우주를 이해할 정도로 똑똑했는가? 우주의 비밀을 풀어 줄 획기적인 발견이 아직 이루어지지 않은 것은 아닐까? 이 딜레마를 잘 알고 있었던 영국의 물리학자 데니스 윌리엄 시아후 시아마(Dennis William Siahou Sciama, 1926~1999년)는 다음과 같은 말을 남겼다.

> "특정 형태를 설명하는 적절한 모형이 쉽게 발견되지 않는다면 자연이 스스로 그것을 찾기는 쉽기 않을 것이다." 이 말 속에는 자연이 인간보다 똑똑할지도 모른다는 가능성이 무시되어 있다. 그리고 미래의 인간이 지금의 인간보다 똑똑해질 수 있다는 가능성도 배제되어 있다.[2]

2. Sciama, 1971, 80쪽.

32장

지구 종말의 시나리오

공룡의 뼈가 발견된 후로 과학자들은 공룡의 멸종을 설명하는 가설을 수도 없이 늘어놓았다. "기후가 너무 뜨거워져서 물이 모두 말랐다." "화산이 폭발하여 용암이 땅을 뒤덮고 대기 중에 유독 기체가 퍼졌다." "지구의 공진면과 자전축이 갑자기 기울어지면서 빙하기가 도래했다." "초기 포유류들이 공룡의 알을 대부분 먹어 치웠다." "육식 공룡들이 초식 공룡들을 모두 잡아먹어서 생태계가 붕괴되었다." 등등 일일이 나열하기가 번거로울 정도이다. 또는 공룡들이 물을 찾아 대거 이동하면서 치명적인 전염병을 퍼뜨렸거나 거대한 지각 변화로 대륙 자체가 이동하면서 생태계에 큰 변화가 초래되었을 수도 있다.

앞에서 열거한 가설들은 멸종의 원인을 지구에서 찾는다는 공통점을 갖고 있다.

그러나 '위를 올려다볼 줄 아는' 과학자들은 외계의 방랑자가 지구에 유입되어 공룡이 멸종했다는 가설을 떠올렸다. 거대한 유성이나 소행성이 지구에 떨어졌다면 얼마든지 가능한 일이다. 애리조나 사막에 나 있는 지름 1.6킬로미터의 배린저 운석공도 유성이 떨어진 흔적으로 알려져 있다. 1950년대에 미국의 지질학자 유진 슈메이커와 그의 동료는 아주 빠른 시간에 엄청난 압력이 가해지면서 형성된 바위를 발견했다. 그들은 모든 가능성을 분석한 끝에 "아주 빠른 속도로 지표면에 충돌한 운석만이 이와 같은 바위를 만들어 낼 수 있다."라는 결론에 도달했다. 그 후 지질학자들은 지구 표면에 나 있는 대형 분화구들이 충돌의 흔적임을 인정하게 되었으며 슈메이커의 발견은 19세기에 유행했던 '대재앙(catastrophism)'의 시나리오를 부활시켰다. "아주 짧은 순간에 강력하고 파괴적인 사건이 발생해서 지구 표면이 커다란 변화를 겪었다."라는 주장이 바로 그것이다.

'외계 천체의 지구 습격'이라는 참신한 아이디어가 제시된 후 사람들은 무언가 거대한 천체가 지구에 떨어지면서 공룡이 멸종했다는 시나리오에 관심을 갖기 시작했다. 예를 들어 이리듐(Ir)은 금속성 소행성에 풍부하게 함유되어 있지만 지구에서는 거의 찾아보기 힘든 원소이다. 그런데 6500만 년 전에 해당되는 지층에는 전 세계에 걸쳐 이리듐이 거의 균일하게 깔려 있다. 공룡이 멸종한 것도 거의 이 무렵으로 지구를 덮고 있는 이리듐층은 백악기 말에 일어났던 공룡의 멸종 사건과 밀접하게 연관되어 있을 것이다. 유카탄 반도에 있는 폭 200킬로미터짜리 칙술루브 분화구를 생각해 보자. 이 분화구의 생성 연대도 약 6500만 년 전으로 추정되고 있다. 컴퓨터 시뮬레이션에 따르면 이 정도의 분화구를 만들 수 있는 소행성은 대기 중에 다량의 파편을 흩날려서 전 세계의 기후를 변화시킬 수 있다고 한다. 이 이상 어떤 증거가 더 필요하겠는가? 우리는 범죄 현장을 발견했고 증거를 확보했으며 결국 범인을 색출하는 데 성공했다.

이로써 공룡 멸종 사건의 수사는 종결되었다.

잠깐……, 과연 그럴까?

이치에 맞는 설명이 제시되었다고 해도 과학적 탐구는 계속되어야 한다. 일부 고생물학자들과 지질학자들은 공룡의 멸종과 칙술루브 분화구를 연결하는 데 회의적인 생각을 품고 있다. "칙술루브 분화구는 공룡이 멸종하기 훨씬 전에 생성되었다."라는 것이 그들의 주장이다. 뿐만 아니라 500만 년 전에는 화산 활동이 매우 활발했다. 공룡이 멸종할 정도로 엄청난 재앙이 닥쳤다면, 분화구나 이리듐층도 자취를 감췄을 것이다. 그리고 지구로 떨어지는 운석 중에는 대기 중에서 폭발하여 표면에 흔적을 남기지 않는 것도 있다.

그렇다면 충돌을 제외하고 지구 생명체를 멸종시킬 만한 사건에는 어떤 것이 있을까?

*

지난 5억 년 동안 지구에는 생명체가 멸종할 만한 사건이 여러 번 일어났는데, 그중 피해 규모가 큰 대형 사고는 4억 4000만 년 전(오르도비스기), 3억 7000만 년 전(데본기), 2억 5000만 년 전(페름기), 2억 1000만 년 전(트라이아스기) 그리고 6500만 년 전(백악기)에 발생했다. 그리고 비교적 규모가 작은 사건은 거의 1000만 년 간격으로 꾸준히 일어났다.

학자들 중에는 대형 사고가 평균 2500만 년 간격으로 일어났다고 주장하는 사람도 있다. 하늘을 바라보며 대부분의 시간을 보내는 사람은 긴 시간 간격을 두고 반복되는 사건에 대하여 위협을 덜 느끼는 경향이 있다. 그래서 천체 물리학자들은 지구와 충돌할 가능성이 있는 소행성에 일일이 이름까지 붙여 가면서 여유로운 시간을 보내고 있다.

태양과 짝을 이루는 희미한 별이 아주 먼 거리에 존재한다고 가정해 보자. 이 별의 궤도는 아주 길게 늘어져 있어서 주기가 2500만 년에 달하고 지구에서 관측되지 않을 정도로 먼 거리에서 대부분의 시간을 보낸다고 가정하자. 그러면 태양계를 한참 벗어나 이 근처를 지나는 혜성은 궤도에 심각한 변화를 일으킬 것이고 그 결과 지구와 충돌할 가능성이 크게 증가할 수도 있다. 실제로 이것은 1980년대에 일부 천문학자들이 제기했던 가설이다.

사람들은 이 별에 '네메시스(Nemesis)'라는 이름을 붙여 주었다. (네메시스는 그리스 신화에 등장하는 '복수의 여신'이다.) 그 후 가능한 종말 시나리오를 면밀히 분석한 결과 대재앙이 찾아오는 평균 시간 간격은 '주기적'이라고 말하기에 너무 길다는 사실이 밝혀졌다. 그러나 이 가설은 당시 수년 동안 커다란 뉴스거리로 세간에 회자되었다.

외계에서 파견된 재앙의 전령이 주기적으로 찾아온다는 가설도 두렵지만 한 번 찾아오면 지구 전체가 파멸된다는 주장은 더욱 끔찍하다. 영국의 천체 물리학자 프레드 호일 경과 그의 연구 동료 찬드라 위크라마싱헤(Chandra Wickramasinghe, 1939년~. 지금은 스리랑카 마타라에 있는 루후나 대학교(University of Ruhuna)의 교수이다.)는 지구가 가끔씩 미시 생명체로 가득 차 있는 성간 구름이나 혜성이 뿌린 먼지 속을 통과할 수도 있다고 생각했다. 이 과정에서 치명적인 병균이나 바이러스가 지구에 침투하여 여러 생명체를 멸종시킬 수도 있다. 그러나 바이러스처럼 복잡한 생명체가 행성 간 구름 속에서 생성되는 과정은 아무도 설명하지 못했다.

더 알고 싶은가? 천체 물리학자들이 제시하는 비극적 시나리오는 한도 끝도 없다. 우리 은하와 안드로메다 은하는 2400만 광년의 거리를 두고 서로를 향해 맹렬하게 돌진하고 있다. 앞서 말한 바와 같이 앞으로 70억 년 후에는 '우주적 열차 충돌 사건'이 일어나면서 별들이 산지사방으로 흩어질 것이다. 이때 어느 별 하나가 태양계 가까이 접근하면 무력한 행성들은 중력적 혼란을 겪으면서 어두운 우주 공간 속으로 내동댕이쳐질 것이다.

생각만 해도 끔찍한 일이다.

그러나 우리 태양은 두 은하가 충돌하기 20억 년 전에 적색 거성이 되어 지구를 포함한 근거리 행성들을 모두 먹어 치운 후 죽은 별이 될 것이다.

이건 더 끔찍하다.

그리고 만일 블랙홀이 다가오기라도 한다면 그 무자비한 조석력으로 인해 지구는 가루가 될 것이고 긴 꼬리를 그리면서 블랙홀의 사건 지평선을 넘어 순식간에 빨려 들어갈 것이다.

그러나 지구의 지질학적 연대기에 따르면 지난 50억 년 동안 블랙홀과 마주친 사례는 없다. 지구 근처에는 블랙홀이 존재하지 않으므로(제발 사실이기를 바란다.), 다른 재난에 대비하는 것이 급선무일 것이다.

✷

폭발하는 별에서 쏟아져 나온 고에너지 입자들과 전자기파 복사가 지구를 덮친다면 어떻게 될까?

대부분의 별은 외부층의 기체를 우주 공간으로 서서히 흘려보내면서 평온하게 죽어 간다. 그러나 '초신성'이라 불리는 질량이 태양보다 7~8배 큰 별은(이런 별은 1,000개 중 1개꼴로 존재한다.) 엄청난 폭발을 일으키며 요란한 최후를 맞이한다. 지구로부터 30광년 이내의 거리에 이런 별이 존재한다면 지구는 치사량의 우주선(cosmic ray, 거의 광속으로 이동하는 고에너지 입자빔)으로 샤워를 하게 될 것이다.

첫 번째 희생양은 오존 분자다. 성층권의 오존(O_3)은 태양에서 날아오는 자외선 복사를 흡수하여 산소(O)와 산소 분자(O_2)로 분해되고 이 산소 원자는 주변의 다른 산소 원자와 결합하여 오존을 재생산한다. 평상시에는 자외선이 분해하는 오존의 양과 재생산하는 오존의 양이 거의 같아서 오존층이 현상 유지를 하고 있다. 그러나 성층권에 우주선이 쏟아지면 오존의 분해 속도가 갑자기 빨라져서 자외선을 차단해 주던 오존층이 사라지게 된다.

우주선이 오존층을 파괴하면 태양의 자외선이 지표면에 그대로 도달하여 산소 분자와 질소 분자를 원자 단위로 분해시키는데 이것은 포유류를 비롯한 대부분의 생명체에게 매우 안 좋은 소식이다. 자유를 얻은 산소 원자와 질소 원자는 쉽게 결합하여 이산화질소(NO_2)를 만들고 이것이 대기 중에 퍼지면 지구 전체가 어두컴컴해지면서 온도가 급격하게 떨어질 것이다. 다시 말해서 자외선이 지표면에 도달하면 새로운 빙하기가 도래할 수도 있다는 뜻이다.

*

그러나 극초신성(hypernova)이 뿜어내는 감마선(에너지가 가장 높은 전자기파)에 비하면 초신성의 폭발과 함께 쏟아지는 자외선은 새 발의 피에 불과하다.

지금도 우주의 어딘가에서는 초신성 1,000개와 맞먹는 엄청난 에너지의 감마선이 적어도 하루에 한 차례 이상 방출되고 있다. 감마선 폭발은 1960년대에 미국 공군이 쏘아 올린 위성이 처음으로 발견했다. 미국과 (구)소련은 1963년에 핵실험 금지 조약(Limited Test Ban Treaty)을 체결했으나 (구)소련의 약속을 믿지 못한 미국의 정치가들이 핵무기 실험 여부를 몰래 감시하기 위해 스파이 위성을 띄우기로 결정했고 그 역할을 공군이 담당했다. 그런데 이 위성이 엉뚱하게도 우주에서 날아온 감마선을 감지한 것이다.

감마선 폭발이 처음 관측되었을 당시에는 아무도 그 정체를 파악하지 못했고 얼마나 먼 곳에서 일어난 사건인지도 알 수 없었다. 더욱 이상한 것은 폭발의 징후가 은하수 평면을 따라 날아오지 않고 산지사방에서 날아왔다는 점이다. 마치 감마선이 우주 전역에서 쏟아져 내리는 것 같았다. 그러나 이것은 우리 은하의 반지름 이내에서 일어난 현상임이 분명했다. 그렇지 않고서야 이토록 엄청난 에너지가 어떻게 지구로 도달할 수 있다는 말인가?

1997년에 이탈리아 엑스선 망원경의 관측 결과가 알려지면서 논란은 일단락되었다. "감마선 폭발은 지극히 먼 곳에서 엄청난 질량을 가진 별이 폭발했다는 증거이며, 그 여파로 블랙홀이 탄생했다."라는 쪽으로 의견이 모인 것이다. 이 망원경에 포착된 엑스선은 GRB 970228이 남긴 '잔광(afterglow)'이었는데, 사실 이것은 도플러 효과로 인해 진동수가 작은 쪽으로 이동된 결과였다. 이 자료를 분석하면 폭발 지점까지의 거리를 계산할 수 있는데 1997년 2월 28일에 망원경에 포착된 GRB 970228의 잔광은 수십억 광년의 거리에서 날아온 빛이 분명했다. 그다음 해에 프린스턴 대학교의 천체 물리학자 보던 파친스키(Bohdan Paczynski, 1940~2007년)는 이 천체에 '극초신성'이라는 이름을 부여했다. 나라면 '초절정 초신성(super-duper supernova)'이라고 이름지었을 것이다.

극초신성은 초신성 10만 개와 맞먹는 양의 감마선을 방출하는 천체로서, 태양이 1조 년 동안 방출할 에너지를 한순간에 뿜어낸다. 아직 발견되지 않은 물리 법칙을 감안한다 해도 이 정도 규모의 에너지가 관측되려면 폭발에서 생긴 모든 충격이 오직 한 방향으로 뻗어 나가야 한다. 이 상황은 서치라이트의 불빛이 포물경(포물선 모양의 거울)에 반사되어 한 줄기로 뻗어 나가는 것과 비슷하다. 우연히 이 길목에 자리 잡은 천체는 극초신성이 폭발하면서 방출된 에너지를 고스란히 뒤집어쓰겠지만 길목에 벗어나 있는 천체는 어디서 무엇이 폭발했는지 전혀 알 수 없다. 에너지 줄기의 폭이 좁을수록 에너지 밀도는 더욱 높아지고 폭발의 영향을 받는 천체의 수는 줄어들 것이다.

이토록 강력한 레이저빔이 방출되면 무슨 일이 일어날 것인가? 에너지의 원천이었던 엄청난 질량의 별을 생각해 보자. 이 별은 연료를 소진하여 생애를 끝내기 직전에 외부층을 밖으로 내버리면서 거대한 구름층을 외투처럼 두르게 된다. 그 후 별이 안으로 붕괴되면서 폭발을 일으키면 막대한 양의 물질과 에너지가 외부로 방출되는데 이때 처음 방출된 물질/에너지가 기체층의 가장 약한 부분을 뚫고 나오면 이곳이 '탈출 통로'가 되어 연속 방출이 이루어진다. 이 상황을 컴퓨터 시뮬레이션으로 재현해 보면 기체층의 가장 약한 지점은 남극과 북극임을 알 수 있다. 미국 공군이 우주 공간에 띄웠던 스파이 위성은 우연히 이 연장선상을 정찰하다가 감마선을 감지했던 것이다.

캔자스 대학교의 천문학자 에이드리언 루이스 멜롯(Adrian Lewis Melott, 1947년~)과 그의 동료는 "오르도비스기에 있었던 대량 학살은 가까운 곳에서 일어난 감마선 폭발 때문이며 이 사건으로 지구 생명체의 4분의 1이 소멸되었다."라고 주장했다. 이 정도의 파괴력을 가진 소행성이 지구에 떨어진 흔적은 아직 발견되지 않았으므로 멜롯의 주장은 나름대로 설득력이 있다.

*

망치 든 사람에게는 모든 사물이 못으로 보이듯이 공룡의 멸종 원인을 찾는 행성학자의 눈에는 소행성이 가장 유력한 용의자로 보일 것이다. 또한 지질학자는 화산의 폭발에서 그 원인을 찾을 것이고 성간 구름 속에서 생명체를 찾는 우주 생물학자는 우주 바이러스가 침투해 공룡을 멸종시켰다고 생각할 것이다. 그러므로 극초신성을 연구하는 학자들이 멸종의 원인을 감마선 폭발에서 찾는 것은 지극히 당연한 일이다.

누구의 주장이 옳건 간에 한 가지만은 분명하다. 지구 생명체는 단 하나의 사건만으로 대부분 소멸될 수 있다.

최후의 생존자는 누구일까? 덩치가 작고 적응력이 뛰어난 생명체일수록 대재앙 속에서 살아날 확률이 높으므로 유력한 후보는 미생물이다. 우주적 재앙이 닥쳤을 때 살아남기 위해서는 바다 밑이나 땅속의 갈라진 바위틈 또는 농장이나 숲의 토양 속으로 무조건 숨는 것이 상책이다. 아마 땅속에 사는 미생물은 대부분 살아남아서 새로운 진화를 시작할 것이다.

33장
블랙홀 옆에서

두말할 것도 없이 우주에서 가장 완전하게 죽는 방법은 블랙홀의 내부로 빨려 들어가는 것이다. 블랙홀의 무자비한 중력에 걸려들면 몸이 원자 단위로 산산이 분해되고, 생명이라고 부를 만한 흔적은 남김없이 사라진다. 우주에서 이토록 완벽한 살생을 저지를 수 있는 존재는 블랙홀뿐이다.

블랙홀이란 '엄청난 중력 때문에 시간과 공간이 크게 뒤틀려서 자기 자신으로 되돌아오는 지역'을 말한다. 이렇게 되면 중력의 탈출구조차 중력권 안에 갇혀 있기 때문에 탈출이라는 것 자체가 원칙적으로 불가능하다. 일반적으로 어떤 천체의 중력권을 영원히 벗어날 수 있는 속도를 '탈출 속도'라고 하는데 블랙홀의 탈출 속도는 광속보다 빠르다. 3부에서 언급한 바와 같이 빛의 속도는 진공 중에서 초속 299,792,458미터이며 어떤 물체이건 간에 빛보다 빠르게 움직일 수는 없다. 따라서 빛이 어떤 천체의 중력권을 탈출할 수 없다면 다른 물체는 두말할 것도 없다. 그리고 그 천체는 빛을 전혀 방출하지 않으므로 우주 공간에서 완전히 검게 보일 것이다. '블랙홀(black hole, 검은 구멍)'이라는 이름이 붙은 것은 바로 이런 이유 때문이다.

지구의 탈출 속도는 약 초속 11킬로미터이다. 이보다 빠른 속도로 발사된 물체는 지구의 중력을 영원히 탈출하여 우주 공간으로 날아간다. 물론 빛은 '휘파람을 불며 여유있게' 지구를 탈출할 수 있다. 만일 당신 주변에서 "위로 던져진 물체는 반드시 아래로 떨어진다."라고 주장하는 사람이 있으면 탈출 속도의 개념을 일깨워 주기 바란다.

1916년에 발표된 알베르트 아인슈타인의 일반 상대성 이론은 강한 중력이 작용하는 공간의 기이한 특성을 잘 보여 주었다. 그 후 미국의 물리학자 존 아치볼드 휠러(John Archibald Wheeler, 1911~2008년)와 그의 동료는 블랙홀이 근처 공간에 미치는 영향을 수학적으로 규명했다. (휠러는 '블랙홀'이라는 명칭을 가장 먼저 사용한 사람으로 알려져 있다.) 예를 들어 블랙홀 주변에서 빛의 탈출 가능성이 좌우되는 정확한 경계선을 '사건 지평선'이라고 하는데 이것은 우주 공간과 영원한 미지의 영역을 구별하는 경계선이기도 하다. 또한 사건 지평선은 수학적으로 정확한 계산이 가능하기 때문에 '블랙홀의 크기'로 통용되고 있다. 그러나 사건 지평선 내부에 있는 모든 내용물은 무한히 작은 블랙홀의 중심에 똘똘 뭉쳐 있다. 따라서 블랙홀은 '죽은 천체'라기보다 '죽은 공간'에 가깝다.

그럴 가능성은 별로 없지만 사람이 블랙홀에 접근하면 어떤 일이 일어나는지 알아보자.

당신이 블랙홀과 마주쳐서 다리부터 빨려 들어간다고 가정해 보자.

중심부에 가까워질수록 블랙홀의 중력은 천문학적으로 커진다. 그러나 신기하게도 당신은 이 엄청난 중력을 느낄 수 없다. 자유 낙하하는 동안에는 무게가 느껴지지 않기 때문이다. 그 대신 중력보다 훨씬 끔찍한 느낌이 온몸을 휘감을 것이다. 당신의 두 다리는 당신의 머리보다 블랙홀의 중심에 더 가깝기 때문에 머리보다 다리가 훨씬 빠르게 가속된다. 흔히 '조석력'으로 알려진 이 차이는 중심으로 다가갈수록 크게 나타나서 당신의 몸을 산산이 분해시킬 것이다. 지구를 비롯한 일상적인 천체에서도 조석력이 작용하기는 하지만 사람의 키만 한 거리에서는 무시할 수 있을 정도로 약하기 때문에 거의 느끼지 못한다. 그러나 당신을 끌어들이는 상대가 블랙홀이라면 이야기는 달라진다.

만일 당신의 몸이 고무로 되어 있다면 조석력의 영향을 받아 길게 늘어날 것이다. 그러나 인간의 몸은 뼈와 근육, 생체 조직 등 탄성이 거의 없는 물질로 이루어져 있기 때문에 분자들 사이의 결합력보다 블랙홀의 조석력이 강해지는 시점부터 당신의 몸은 산산이 분해되기 시작할 것이다.

처음에는 다리와 머리에 작용하는 중력의 차이 때문에 몸이 허리 부분에서 두 조각으로 잘려 나가겠지만 중심부에 가까워질수록 조석력이 강해지면서 이미 분리된 상체와 하체가 또다시 두 조각으로 분리될 것이다. 그리고 시간이 흐름에 따라 같은 과정이 되풀이되면서 조각의 수는 1, 2, 4, 8, 16, 32, 64, 128개 하는 식으로 늘어난다. 이런 식으로 분리되다 보면 당신의 몸은 분자 단위로 분해되고 그 후에도 조석력이 계속 작용하여 결국에는 원자 단위까지 분해될 것이다. 물론 분해 과정은 여기서 끝나지 않는다. 블랙홀의 무자비한 조석력은 원자를 기본 입자(전자, 양성자, 중성자)로 분해하여 원래의 물질이 무엇이었는지 분간조차 할 수 없게 될 것이다.

처참한 시나리오는 그 후에도 계속된다.

분해된 모든 조각은 블랙홀의 중심에 있는 '한 점'으로 집중되기 때문에, 당신의 몸을 이루던 모든 구성 성분은 튜브 속에 들어 있는 치약처럼 시간과 공간 속으로 스며들 것이다.

이쯤 되면 죽는 방법을 나타내는 단어 목록(타살, 자살, 감전사, 질식사)에 '스파게티사(-死, spagettification)'라는 단어를 추가해야 할 것 같다. (스파게티 면발처럼 길게 늘어나 죽는다는 뜻. — 옮긴이)

✷

블랙홀이 주변 물체를 잡아먹으면 질량이 증가하고, 지름은 질량에 비례해 늘어난다. 예를 들어 블랙홀이 주변에 서성이는 별을 닥치는 대로 먹어치워서 질량을 3배로 키웠다면 지름도 3배로 커진다. 그래서 우주 도처에 존재하는 블랙홀은 일정한 크기가 없다. 게다가 모든 블랙홀이 사건 지평선을 넘기 전에 주변 물체를 무조건 빨아들이는 것도 아니다. 오직 '작은' 블랙홀만이 이런 횡포를 부리고 있다. 왜 그럴까? 앞서 말한 대로 빨려 들어간 물체가 산산이 분해되는 것은 블랙홀의 조석력 때문이다. 그리고 일반적으로 당신의 몸에 작용하는 조석력은 '블랙홀의 중심에서 당신이 있는 곳까지의 거리'보다 '몸의 길이'가 더 길 정도로 가까이 접근했을 때 최대가 된다.

간단하면서도 극단적인 예를 들어 보자. 여기, 키가 180센티미터인 사람이 반지름 180센티미터짜리 블랙홀에 다리부터 빨려 들어가고 있다. (사건 지평선의 반지름이 180센티미터라는 뜻이다.) 이 사람의 다리가 사건 지평선에 도달했을 때 블랙홀의 중심에서 다리까지의 거리는 머리까지의 거리보다 2배나 가깝기 때문에, 다리에 작용하는 중력과 머리에 작용하는 중력은 커다란 차이를 보이게 된다. 만일 블랙홀의 반지름이 18만 센티미터였다면 중심에서 다리까지의 거리는 중심에서 머리까지의 거리보다 불과 0.1퍼센트 가까울 뿐이므로 조석력도 그만큼 약할 것이다.

그렇다면 다음과 같은 질문을 던져 보자. "두 물체가 점점 가까워질 때 중력은 얼마나 빠르게 변하는가?" 중력 방정식에 따르면 중력의 크기는 물체의 중심에 접근할수록 빠르게 변한다. 블랙홀의 크기가 작을수록 사건 지평선에 도달했을 때 중심과의 거리가 가깝기 때문에 조금만 이동해도 중력이 엄청나게 강해진다.

일상적인 블랙홀의 질량은 태양의 몇 배나 되지만 사건 지평선의 지름은 겨우 수 킬로미터에 불과하다. 이것은 대부분의 천체 물리학자에게 가장 만만한 대화 소재이다. 당신이 이런 블랙홀에 빨려 들어간다면 중심에서 160킬로미터 떨어진 곳에서부터 몸이 분해되기 시작할 것이다. 그다음으로 흔히 거론되는 것은 질량이 무려 태양의 10억 배이고 크기는 태양계 전체와 맞먹는 블랙홀이다. 이런 블랙홀은 주로 은하의 중심부에 숨어 있다. 이들이 발휘하는 전체 중력은 상상을 초월하지만 사건 지평선 근처에서 당신의 다리와 머리에 작용하는 중력의 차이는 상대적으로 작다. 실제로 이런 블랙홀은 조석력이 약하기 때문에 멀쩡한 몸으로 사건 지평선을 통과할 수 있다. 다만 이 여행에서 살아 돌아와 친구들에게 무용담을 들려줄 수 없을 뿐이다. 그리고 외부에 있는 사람은 당신의 몸이 블랙홀의 중심에 접근하여 산산이 분해되는 광경을 볼 수 없다. 앞에서 언급한 대로 블랙홀에서는 빛이 전혀 방출되지 않기 때문이다.

내가 아는 한 인간이 블랙홀에 잡아먹힌 사례는 지금까지 단 한 번도 없었다. 그러나 블랙홀이 주변의 별이나 기체 구름을 잡아먹고 있다는 증거는 여러 차례 발견되었다. 구름은 블랙홀이 주변으로 다가와도 똑바로 빨려 들어가지 않는다. 다리부터 떨어지는 사람과 달리 기체 구름은 분해되기 전에 일반적으로 궤도 운동을 하는데 이때 블랙홀에 가까운 부분은 먼 부분보다 회전 속도가 빠르기 때문에(이것을 '차등 회전(differential rotation)'이라 한다.) 일종의 층밀림(shearing) 현상이 나타난다. 그 결과 사건 지평선에 가까운 기체층은 내부 마찰로 인해 온도가 수백만 도까지 올라간다. 이 정도면 그 어떤 별보다도 뜨거운 상태이며 기체층은 푸른빛을 발하면서 자외선과 엑스선을 방출하는 에너지원이 된다. 처음에는 혼자 고립되어 있던 블랙홀이 고에너지 복사를 방출하는 기체에 둘러싸이게 되는 것이다.

별은 100퍼센트 기체이므로 방금 서술한 기체와 같은 운명에 처할 수도 있다. 예를 들어 쌍성계(2개의 별이 질량 중심에 대해 각각 공회전하고 있는 천체)를 이루는 2개의 별 중 하나가 블랙홀이 되었다고 가정해 보자. 이 블랙홀은 당장 식욕을 과시하지 않고 파트너 별이 적색 거성으로 진화할 때까지 기다렸다가 적절한 시기가 오면 자신을 에워싸고 있는 파트너를 양파 껍질 벗기듯이 단계적으로 먹어 치운다. 파트너가 아니라 블랙홀의 주변에 우연히 접근한 별이라 해도 가혹한 종말을 피할 수 없다. 이런 별은 블랙홀의 엄청난 조석력으로 인하여 산산이 분해된 후 기체 구름처럼 차등 회전을 일으킨다. 그리고 이 과정에서 온도가 급상승하여 밝은 빛을 사방으로 방출하게 될 것이다.

이론 천체 물리학자들은 좁은 공간에 존재하는 에너지원을 설명할 때 질량이 큰 블랙홀을 자주 언급한다. 앞장에서 언급했던 퀘이사가 대표적인 사례이다. 신비의 천체 퀘이사는 수백, 또는 수천 개의 은하를 한데 모아 놓은 것과 맞먹을 정도로 엄청난 양의 빛을 뿜어내고 있는데 정작 에너지가 방출되는 영역은 태양계의 규모와 비슷하다. 따라서 퀘이사 중심부에 초대형 블랙홀이 있다고 가정하지 않으면 달리 설명할 방법이 없다.

은하의 중심부에는 거대한 블랙홀이 자리 잡고 있는데 이중 밝기에 비해 크기가 매우 작은 은하는 앞의 논리를 뒷받침하고 있다. 그러나 중심부의 실제 밝기는 블랙홀 주변에 존재하는 별이나 기체 구름의 양에 따라 좌우된다. 앞서 말한 대로 블랙홀은 스스로 빛을 발하지 않기 때문이다. 중심부의 빛이 그다지 밝지 않은 은하는 블랙홀이 주변의 별을 이미 다 먹어치운 상태일 것이다. 그러나 이런 은하에서도 중심부에 가까운 별들은 이동 속도가 서서히 빨라지고 있다.

은하의 중심에서 별까지의 거리와 이동 속도를 분석하면 해당 궤도를 돌고 있는 별의 총 질량을 계산할 수 있다. 그리고 이 결과로부터 중심부의 질량이 블랙홀이 되기에 충분한지를 알아낼 수 있다. 지금까지 알려진 가장 큰 블랙홀은 처녀자리 은하단에서 가장 큰 은하인 M87의 중심부에 위치하고 있으며 질량은 태양의 10억 배에 달한다. 그리고 우리의 이웃인 안드로메다 은하의 중심부에는 질량이 태양의 3000만 배인 블랙홀이 자리 잡고 있다.

우리 은하도 태양 질량의 400만 배짜리 소형 블랙홀을 소유하고 있다. 그렇다고 "왜 우리 블랙홀만 이렇게 작아?"라며 실망할 필요는 없다. 블랙홀의 질량이 얼마이건 그들이 어떤 천체를 어떻게 잡아먹건 우리와는 상관없는 일이다.

6부

과학과 문화

*

천체 물리학은 과학 중에서도 가장 '겸손한' 분야에 속한다.
우주의 방대함은 매일같이 우리의 자만심을 억누르고
인간은 저항할 수 없는 힘 앞에서 무력함을 느낄 수밖에 없다.
2만 달러짜리 고성능 천체 망원경이 있어도
구름이 조금만 끼면 천체 관측은 물 건너간다.
과학자들은 자연을 탐구하기 위해 오늘도 동분서주하고 있지만
자연이 자신의 모습을 '인간들 앞에 드러내 주기로' 인심을 쓰지 않는 한
인간은 마냥 기다릴 수밖에 없는 수동적 관찰자에 불과하다.
우주를 제대로 이해하려면 잡티가 끼지 않은 깨끗한 창문 너머로 바라봐야 한다.
그러나 사회가 문명화되고 과학 기술이 널리 보급될수록
우주를 향한 창문은 더욱 희미해진다.
무언가 특단의 조치를 취하지 않으면
우주 발견을 방해하는 인공 빛이 지구를 뒤덮을 것이다.

34장

뜬소문의 전당

아리스토텔레스는 행성들이 별을 배경 삼아 움직이고 있으며 유성과 혜성, 일식 등은 일시적으로 나타나는 예외적 변화라고 생각했다. 그가 생각했던 하늘과 별은 영원불멸의 존재였고 지구는 모든 천체가 동경하는 '우주의 중심'이었다. 그로부터 25세기가 지난 지금 우리는 아리스토텔레스의 우주관이 틀렸다는 사실을 잘 알고 있다. 그러나 이것은 우리가 그보다 똑똑해서가 아니라 자연을 관측하는 방법이 크게 개선되었기 때문이다.

아리스토텔레스의 주장은 여기서 끝나지 않는다. 그는 무거운 물체가 가벼운 물체보다 빠르게 떨어진다고 선언했다. 하긴 어느 누가 감히 그 선언에 반기를 들 수 있었겠는가? 바위가 나뭇잎보다 빠르게 떨어지는 것은 너무도 당연한 사실이다. 그러나 아리스토텔레스는 여기서 한 걸음 더 나아가 "물체의 떨어지는 속도는 무게에 비례한다."라고 주장했다. 즉 무게가 10파운드인 물체는 1파운드짜리 물체보다 10배 빠르게 떨어진다는 뜻이다.

물론 이것은 완전히 틀린 생각이었다.

작은 돌멩이와 큰 돌멩이를 동일한 높이에서 동시에 떨어뜨리면 아리스토텔레스의 주장을 간단히 검증할 수 있다. 돌멩이는 나뭇잎과 달리 공기 저항에 큰 영향을 받지 않기 때문에 무게와 상관없이 거의 동시에 떨어진다. 이 실험은 특별한 기술이나 도구가 없어도 누구나 쉽게 수행할 수 있다. 그러나 아리스토텔레스는 이 간단한 실험을 단 한 번도 해 보지 않았으며 그의 가르침은 훗날 가톨릭 교회의 교리로 채택되기까지 했다. 아리스토텔레스의 철학적 가르침에 교회의 권위가 더해지면서 유럽 인들은 그의 주장을 아무런 비판 없이 수용했다. 그들은 진실이 아닌 것을 다른 사람에게 가르쳤을 뿐만 아니라 간단한 실험으로 입증될 수 있는 명백한 사실을 '교리에 위배된다.'라는 이유로 애써 무시해 버린 것이다.

자연 현상을 과학적인 방법으로 탐구할 때 '맹신'은 치명적인 방해 요인으로 작용한다. 그러나 맹신보다 더 나쁜 것은 '부정적인 자세'이다. 1054년, 황소자리에 속한 어느 별이 갑자기 100만 배 이상 밝아지는 일대 사건이 있었다. 당시 중국과 중앙아시아의 천문학자들은 이 사건을 기록으로 남겨 놓았으며 아메리카 대륙의 남서부에 살고 있었던 원주민들은 바위에 새겨 놓았다. 기록에 따르면 이 별은 수 주일 동안 대낮에도 환하게 빛났다고 한다. 그러나 유럽 인들은 누가 봐도 명백한 이 천재지변에 대해 아무런 기록도 남기지 않았다. (현대에 와서 이 사건은 7,000년 전에 폭발한 초신성의 섬광이 그 무렵에 지구에 도달한 것으로 밝혀졌다.) 당시 중세의 암흑기에 묻혀 있었던 유럽 인들은 '교리상으로 허용되는' 우주적 사건만을 기록해 놓았다. 예를 들어 1066년에 훗날 핼리 혜성으로 알려진 천체가 하늘에 나타난 사건도 1100년경에 제작된 바이외 태피스트리(Bayeux tapestry, 바이외에 있는 노트르담 성당을 장식하기 위해 제작된 마제 벽걸이. — 옮긴이)에 그림으로 간략하게 표현되어 있을 뿐이다. 성경에는 별이 변하지 않는다고 적혀 있고 아리스토텔레스도 별은 "영원불변한 존재"라고 주장했다. 또한 절대적 권위의 상징이었던 교회도 이와 동일한 관점을 고수했다. 이리하여 대중은 간단한 관측으로 확인할 수 있는 사실조차 부정하면서 철학과 종교의 그릇된 주장에 세뇌되었던 것이다.

현대를 살고 있는 우리도 가끔씩 맹신적인 태도를 고수하는 경우가 있다. 수많은 사람이 주장하는 내용을 일일이 검증할 수 없기 때문이다. "양성자는 반입자 짝(반양성자)을 갖고 있다."라는 입자 물리학자들의 주장을 직접 검증하려면 10억 달러짜리 실험실을 지어야 한다. 그러므로 일단은 물리학자들의 말을 수용하는 것이 속 편하다. 개중에는 회의적인 생각을 갖는 사람도 있겠지만 물리학자는 그런 것에 신경 쓰지 않는다. 아니, 가능한 한 의심을 버리지 않는 것이 바람직한 태도이다. 근처에 입자 가속기를 운용하는 연구소가 있다면 직접 방문해서 반입자의 존재를 확인해 볼 것을 권한다. 그런데 값비싼 실험 자재를 동원해도 확인할 수 없는 주장은 어떻게 판단해야 할까? 독자들은 "현대와 같이 계몽된 사회에서 간단한 검증으로 확인할 수 있는 거짓말은 대중에게 먹혀들지 않는다."라고 생각할지도 모른다. 과연 그럴까?

아니다. 실상은 전혀 그렇지 않다.

예를 들어 다음과 같은 주장을 생각해 보자. "밤하늘에서 가장 밝은 별은 북극성이다." "태양은 노란색 별이다." "위로 올라가는 것은 반드시 아래로 떨어진다." "밤에는 맨눈으로 수백만 개의 별을 볼 수 있다." "우주 공간에는 중력이 작용하지 않는다." "나침반의 바늘은 항상 북쪽을 가리킨다." "겨울에는 낮이 짧아지고 여름에는 길어진다." "개기 일식은 자주 일어나지 않는다." 등등.

앞에서 나열한 주장은 모두 사실이 아니다.

간단한 실험으로 거짓임을 입증할 수 있음에도 많은 사람(아마도 대부분의 사람)은 이들 중 적어도 하나 이상을 사실로 알고 있으면서 다른 사람들에게 전파했을 것이다. 자, 지금부터 독자들을 '뜬소문의 전당'으로 정식 초대하는 바이다. 앞에서 열거한 주장들이 왜 틀렸는지 하나씩 짚어 보기로 하자.

북극성은 밤하늘에서 가장 밝은 별이 아니다. 가장 밝기는커녕, 밝은 별 상위 랭킹 40위 안에도 들지 못한다. 별에 관한 한 사람들은 '유명세'와 '밝기'를 동일시하는 경향이 있다. 그러나 밤 시간에 북쪽 하늘을 바라보면 북두칠성(큰곰자리)을 이루는 7개의 별 중에서 북극성보다 밝은 별을 무려 3개나 찾을 수 있다. (이중 하나가 대표적인 길잡이별(pointer star)이다.) 오늘 밤에 당장 확인해 보라. 백문이 불여일견이다!

그리고 태양에 관해서 사람들이 당신에게 무슨 말을 했건 간에 태양은 노란색 별이 아니라 '하얀색 별'임을 명심하기 바란다. 인간의 색상 인지는 매우 복잡한 과정을 거쳐 이루어지지만 만일 태양이 전구처럼 노란색 빛을 발하고 있다면 눈과 같이 하얀 물질도 노랗게 보여야 할 것이다. 그런데 왜 사람들은 태양이 노랗다고 말하는 것일까? 대낮에 태양을 직접 바라보면 눈을 상하기 쉽다. 그러나 해가 서쪽 지평선에 걸리면 대기에 의한 푸른빛의 산란 현상이 최고조에 이르면서 햇빛의 강도가 크게 약해진다. 따라서 이 시간이 되면 태양빛 스펙트럼에서 푸른색은 거의 사라지고 주로 노란색과 오렌지색 빛이 시야에 들어온다. 그런데 태양을 제대로 바라볼 수 있는 시간이 바로 이 무렵이기 때문에, 대부분의 사람이 태양을 '노란색 별'로 착각하고 있는 것이다.

위로 올라간 물체가 반드시 아래로 떨어진다는 것도 잘못된 상식이다. 인류가 달 표면에 버리고 온(사실 달로 '쏘아 올린') 온갖 장비들이 다시 지구로 떨어질 것 같은가? 천만의 말씀이다. 그 물건들은 누군가가 직접 가서 수거해 오지 않는 한 영원히 그곳에 남아 있을 것이다. 위로 올라간 후 두 번 다시 떨어지기 싫다면 지표면에서 초속 11.2킬로미터로 출발하면 된다. 이것이 바로 지구의 중력권을 탈출하기 위해 최소한으로 요구되는 속도, 즉 탈출 속도이다. 모든 물체는 위로 올라갈수록 속도가 느려지지만 탈출 속도보다 빠르게 출발하면 속도가 0으로 줄어들기 전에 지구의 중력권을 벗어날 수 있다.

당신의 눈동자가 쌍안경 렌즈보다 크지 않은 한 당신의 눈에 들어오는 별의 수는 날씨와 위치에 상관없이 5,000~6,000개를 넘을 수 없다. 우리의 은하에는 1000억 개 이상의 별이 존재하고 있지만 사람 눈의 해상도가 그것을 다 분리해 낼 만큼 높지 않기 때문이다. 이것도 직접 나가서 확인해 보라. 때마침 보름달이라도 떠 있다면 달빛이 희미한 별을 집어삼켜서 가장 밝은 수백 개밖에 보이지 않을 것이다.

1960년대에 아폴로 계획의 일환으로 달 탐사선이 발사되던 날 모든 상황을 생중계하던 텔레비전 아나운서가 흥분에 가득 찬 어조로 이렇게 말했다. "이제 막 승무원들이 지구의 중력장을 벗어났습니다!" 과연 그럴까? 승무원들은 지구와 달을 연결하는 연장선상에 있고 달은 지구의 중력을 구심력 삼아 공전하고 있으므로, 지구의 중력은 '적어도' 달이 있는 곳까지 작용하고 있다. 사실, 지구를 비롯한 모든 물체의 중력은 무한히 먼 곳까지 작용한다. 다만 거리가 멀어질수록 (거리의 제곱에 반비례하여) 줄어드는 것뿐이다. 우주 공간의 모든 지점에는 우주에 존재하는 모든 물체의 중력이 종합적으로 작용하고 있으므로 '중력이 0인 지점'이란 존재하지 않는다. 따라서 아나운서의 말은 "달의 중력이 지구의 중력보다 커지는 지점을 방금 통과했다."라는 의미로 해석되어야 한다. 3단으로 이루어진 새턴 5호 로켓의 초기 속도는 이 지점까지 날아갈 수 있을 정도로 충분히 빨랐다. 일단 이 지점을 통과하면 애써 가속하지 않아도 달의 중력으로 인해 끌려가게 된다. 다시 한번 강조하건대 중력은 '모든 곳에' 작용하고 있다.

2개의 자석을 가까이 마주 대면 같은 극끼리는 밀쳐 내고 다른 극끼리는 잡아당긴다. 이것은 어린아이들도 알고 있는 기본 상식이다. 그러나 나침반의 바늘은 N극이 지자기의 북극(N극)을 가리키도록 만들어졌다. 뭔가 이상하지 않은가? 나침반의 바늘도 자석이고 지구도 거대한 자석인데, 어떻게 같은 극끼리 잡아당긴다는 말인가? 그렇다. 사실 지구의 지리적 북극은 지자기의 남극에 해당한다!(따라서 지자기의 북극은 지리적으로 남극 근처에 위치하고 있다.) 그러나 "나침반의 남극(S극)이 가리키는 방향이 지구의 북쪽(N)이다."라고 사실대로 말하면 필요 없는 혼동을 일으킬 소지가 있어서 둘 다 북극으로 통일한 것뿐이다. 뿐만 아니라 물체의 자기극과 지리적 남북극이 반드시 일치할 이유도 없다. 실제로 지자기의 북극과 지리적 북극은 무려 1,280킬로미터나 떨어져 있다.

다들 알다시피 겨울이 시작되는 동지는 1년 중 낮이 가장 짧은 날이다. 따라서 본격적인 겨울이라 할 수 있는 1~2월에는 낮의 길이가 조금씩 '길어진다!' 마찬가지로 여름이 시작되는 하지는 1년 중 낮이 가장 긴 날이므로, 7~8월에는 낮이 조금씩 짧아진다. 그러나 대다수의 사람은 부지불식간에 사실과 정반대로 말하고 있다.

개기 일식은 평균적으로 2년에 한 번 일어난다. 그런데 이 광경을 볼 수 있는 장소가 매번 달라지기 때문에 한곳에 붙어사는 사람들에게는 '아주 드물게 일어나는 현상'처럼 느껴지는 것이다. 따지고 보면 개기 일식은 올림픽보다도 자주 나타나는 현상이다. 일간지의 헤드라인에서 "아주 희귀한 올림픽, 드디어 올해 개최되다!"라는 기사를 본 적이 있는가? 2년에 1회이면 결코 희귀한 현상이라 할 수 없다. 지구 상의 한 지점에서 개기 일식을 관측한 후 같은 장소에서 개기 일식을 또 관측하려면 무려 500년을 기다려야 한다. 그러나 이런 이유로 개기 일식을 '드물게 일어나는 현상'이라고 말하는 것은 이치에 맞지 않는다. 1회 올림픽이 그리스의 아테네에서 개최된 후(1896년) 또다시 아테네에서 올림픽을 유치할 때(2004년)까지 무려 108년이 걸렸지만 그리스 사람들은 올림픽을 '108년마다 개최되는 행사'라고 생각하지 않을 것이다.

사람들이 맹신하는 '뜬소문'을 좀 더 알고 싶은가? "정오에 태양은 머리 위로 떠오른다." "태양은 동쪽에서 뜨고 서쪽으로 진다." "달은 밤에 뜬다." "춘분과 추분에 낮과 밤의 길이는 12시간으로 같다." "남십자성은 아름다운 별자리이다." 이것도 모두 잘못된 주장이다.

미국 전역에서는 1년 중 태양이 머리 위(天頂, 지구 상의 한 점에서 연직 방향으로 올라갔을 때 천구와 만나는 점)에 뜨는 날이 단 하루도 없다. 태양이 천정에 위치하면, 똑바로 서 있는 물체는 그림자가 생기지 않는다. 이 광경을 보려면 북위 23.5도~남위 23.5도 이내에 살고 있어야 하며 그것도 1년에 단 두 번만 볼 수 있을 뿐이다. '하이 눈(high noon, 정오)'이라는 말은 북극성이 제일 밝다거나 태양이 노랗다는 주장처럼 일반 대중 사이에 널리 퍼져 있는 뜬소문에 불과하다.

당신이 지구 상의 어느 곳에 있건 간에 태양이 정동에서 떠서 정서 방향으로 지는 날은 1년에 단 이틀(춘분과 추분)뿐이다. 그 외의 날에는 정동에서 뜨지 않고 정서로 지지도 않는다. 만일 당신이 적도에 있다면 연중 일출 지점은 동쪽 지평선상에서 47도까지 변할 것이다. 뉴욕(북위 41도, 마드리드와 베이징도 같은 위도 상에 있다.)에서는 일출 지점이 1년 동안 60도까지 변하고, 런던(북위 51도)에서는 거의 80도까지 변한다. 그리고 북극이나 남극점에서는 태양이 북쪽이나 남쪽에서 뜰 수도 있다. (즉 일출 지점이 연중 180도까지 변한다.)

한 달 중 절반은 하늘에서 달과 태양을 동시에 볼 수 있다. 대낮에 떠 있는 반달을 본 적이 있을 것이다. 사실 달이 낮에 떠 있는 광경은 밤에 떠 있는 광경과 거의 같은 빈도로 관측할 수 있다.

춘분과 추분에 낮과 밤의 길이가 정확하게 같다는 것도 잘못된 상식이다. 봄과 가을이 시작되는 날(춘분과 추분)에 신문에서 일출 시간과 일몰 시간을 확인해 보면 낮과 밤이 정확하게 12시간 간격으로 나뉘지 않는다는 것을 알 수 있다. 정확하게 말하자면 낮이 항상 길다. 그 차이는 위도에 따라서 조금씩 달라지는데 적도에서는 낮이 7분가량 길고 극지방으로 가면 거의 30분이나 길다. 왜 이런 차이가 생기는 것일까? 태양빛이 우주 공간을 날아오다가 지구 대기 속으로 진입하면 특정 각도로 굴절되고 이로 인해 눈에 보이는 태양은 실제의 태양보다 몇 분 정도 일찍 뜨는 것처럼 보인다. 이와 마찬가지로 실제의 태양은 눈에 보이는 태양보다 몇 분 먼저 서쪽 지평선으로 사라진다. 통상적으로 일출 시간이란 태양의 윗부분이 지평선 위로 나타나는 순간이며 일몰 시간은 태양의 윗부분이 지평선 너머로 사라지는 시간을 의미한다. 그런데 뜨는 태양의 윗부분과 지는 태양의 윗부분은 서로 반대쪽에 위치하고 있기 때문에 일출/일몰 시간을 계산할 때 '태양의 폭만큼 이동하는 시간'이 오차를 유발하는 것이다.

남십자성은 88개의 별자리 중에서 가장 '과장된' 별자리이다. 남반구에 있는 국가들(오스트레일리아, 뉴질랜드, 서사모아, 파푸아뉴기니 등)의 국기에는 남십자성이 또렷하게 새겨져 있고 그곳 사람들의 대화에는 북반구에 사는 사람들이 상대적인 박탈감을 느낄 정도로 남십자성이 자주 언급된다. 그러나 그 속사정을 들여다보면 부러워할 이유가 전혀 없다. 무엇보다 중요한 것은 남반구로 가지 않아도 남십자성을 볼 수 있다는 점이다. 플로리다 주의 마이애미에서도 (고도가 낮긴 하지만) 남십자성을 어렵지 않게 볼 수 있다. 이 별자리는 팔을 뻗었을 때 주먹 하나로 모두 가려질 정도로 작다. 그렇다고 생긴 모습이 유별난 것도 아니다. 각 별을 직선으로 연결하면 그저 평범한 사각형이 나타날 뿐이다. 이 사각형의 대각선이 만나는 곳에 또 하나의 별이 있을 법도 하지만 사실 남십자성은 4개의 별로 이루어져 있다. 외곽선을 이어 놓은 도형은 마치 연이나 삐뚤어진 상자를 연상케 한다. 서방 세계에서 별자리와 관련된 대부분의 전설은 바빌로니아 칼데아, 그리스와 로마 사람들의 상상력이 낳은 산물이다. 그런데 이 나라가 모두 북반구에 있었기 때문에 남반구에서 보이는 별은 흥미로운 전설에서 소외되었다. (별자리의 이름 중 상당수는 지난 250년 사이에 명명되었다.) 북반구에도 5개의 별로 이루어진 '북십자성(Northern Cross)'이 있다. 이것은 훨씬 큰 '백조자리(Cygnus)'의 일부로서 오늘도 은하수를 따라 하늘을 가로지르고 있다. 백조자리는 남십자성보다 거의 12배 이상 크다.

사람들이 '쉽게 반증될 수 있는 거짓'을 사실로 믿는 이유는 내면의 신뢰를 구축하는 데 '증거의 역할'을 과소 평가하고 있기 때문이다. 그 이유는 분명치 않지만 아무튼 사람들은 순수한 추론에 기초를 둔 생각이나 관념에 집착하는 경향이 있다. 물론 항상 그런 것은 아니다. 가끔씩은 '절대로 틀릴 수 없는 사실'을 말할 때도 있다. 그중에서 내가 가장 좋아하는 것은 "Wherever you go, there you are."이라는 말이다. "당신이 가는 곳에는 항상 당신이 있다."라는 뜻이다. 중국 선불교에도 이와 비슷한 말이 있다. "우리 모두가 이곳에 있을 때 저곳에는 우리가 없다!"

35장

숫자 공포증

인간의 두뇌에서 진행되는 모든 사고 과정을 전기 화학적 회로도로 나타낼 수 있을까? 부분적으로는 가능할 수도 있겠지만 전체적인 회로도를 그리는 것은 영원히 불가능할 것 같다. 한 가지 분명한 사실은 인간이 논리적 사고와 별로 친하지 않다는 것이다. 그렇지 않다면 수학은 옛날부터 초·중·고등학교에서 가장 쉬운 과목으로 취급되었을 것이다.

우리가 살고 있는 우주에서 수학은 굳이 가르칠 필요가 없을 정도로 자명한 학문이다. 아무리 이해가 느린 학생이라 해도 수학적 논리만은 쉽게 이해할 수 있을 것 같다. 그러나 이상하게도 현실은 완전히 딴판이다. 물론 훈련을 거듭하면 가끔 논리적 사고를 할 수 있다. 드물기는 하지만 개중에는 항상 논리적 사고를 하는 사람도 있다. 이런 면에서 보면 인간의 두뇌는 참으로 유연한 기관이다. 그런데 한 가지 신기한 것은 특별한 훈련을 받지 않아도 누구나 감정적인 사고에 쉽게 빠진다는 점이다. 우리는 태어나자마자 울기 시작했고 말보다 웃음을 먼저 배웠다.

우리는 어머니의 뱃속에서 사물의 개수를 헤아리며 태어나지 않았다. 인간 두뇌의 회백질 속에 수직선(數直線)이 그려져 있을 리 없다. 애초에 인간은 수학적인 존재가 아니었으나 삶과 사회가 점차 복잡해지면서 수직선의 필요성을 느끼게 된 것이다. 헤아릴 수 있는 대상에 대하여 우리 모두는 2+3=5라는 데 이견을 달지 않는다. 그런데 2-3은 얼마인가? "그런 것은 아무런 의미가 없다."라는 궁색한 대답 말고 제대로 된 답을 구하려면 '음수'의 개념이 도입되어야 한다. 또한 10의 절반이 5라는 것도 누구나 알고 있다. 그렇다면 5의 절반은 얼마인가? 이 질문에 답하려면 수직선 위에 '분수'라는 새로운 부류의 수를 도입해야 한다. 이런 식으로 연산의 종류를 늘려 나가다 보면 무리수, 허수, 초월수, 복소수 등 다양한 종류의 수들이 순차적으로 도입된다. 물론 이들은 물리적 세계에서 확실한 응용 분야를 갖고 있다.

역사상 두 번째로 오래된 직업인 천문학자의 한 사람으로서 나는 인류가 우주의 진리를 탐구하면서 모든 종류의 숫자를 적극적으로 수용하고 활발하게 사용해 왔음을 자신 있게 증언할 수 있다. 또한 우리는 크고 작은 숫자를 일상적인 언어 속에 자연스럽게 접목시켜 왔다. '엄청나게 큰 양'을 표현할 때 사람들은 '생물학적'이라거나 '화학적'이라는 표현을 쓰지 않는다. 다들 알다시피 이런 경우에는 '천문학적'이라는 표현이 사용된다. 따라서 나는 천체 물리학자들이 숫자를 두려워하지 않는다고 자신 있게 말할 수 있다.

지난 수천 년간 이루어 온 문화의 토대 위에서 우리 사회는 수학으로부터 무엇을 배웠는가? 우리에게 주어진 수학 성적표에는 과연 어떤 점수가 적혀 있는가? 인간의 사고는 수학의 논리를 과연 얼마나 수용하고 있는가?

비행기를 예로 들어 보자. 미국의 콘티넨털 항공사(Continental Airline)의 비행기를 타 본 사람이라면 중세 사람들이 싫어했던 '13'이라는 숫자가 현대에도 여전히 위력을 발휘하고 있음을 느꼈을 것이다. 이 회사의 비행기 좌석 번호는 12에서 14로 건너뛴다. 13번 줄이 아예 없는 것이다. 도시의 건물은 또 어떤가? 맨해튼의 브로드웨이를 따라 서 있는 건물 중 70퍼센트는 13층이 없다. 미국 전역을 대상으로 통계를 낸 적은 없지만 내 경험에 따르면 13층이 없는 건물이 전체의 반 이상인 것 같다. 독자들도 엘리베이터를 타고 건물을 올라갈 때 램프가 12층에서 14층으로 건너뛰는 광경을 자주 목격했을 것이다. 낡은 건물이건 새로 지은 건물이건 거의 예외가 없다. 개중에는 엘리베이터를 '1~12층 전용'과 '14층 이상 전용'으로 나누어 운용하면서 '13을 회피하는 나약한 모습을 애써 감추려는' 건물도 있다. 나는 어린 시절에 뉴욕 시 브롱크스에 있는 20층짜리 아파트에서 살았다. 그곳에는 홀수층 전용과 짝수층 전용으로 2대의 엘리베이터가 운용되고 있었는데 홀수층 엘리베이터는 11층 다음이 15층이었고 짝수층 엘리베이터는 12층 다음이 16층이었다. 아마도 홀수층만 이빨을 빼먹기가 뭣해서 짝수층의 이빨까지 함께 빼놓았던 것으로 추정된다. 따라서 이 건물의 꼭대기층은 이름만 22층이었을 뿐 사실은 20층이었다.

또 어떤 건물에 가면 지하층수가 B, SB, P, LB, LL 등으로 매겨져 있다. 아마도 엘리베이터 안에서 하릴없이 서 있는 사람들에게 무언가 생각할 거리를 주려는 의도인 것 같다. 숫자 배열의 규칙을 따르면 지하층은 -1, -2, -3, … 등 음수로 매겨 놓아야 할 것이다. 여기저기 수소문해서 알아본 결과 이 약자들은 '지하(Basement)', '지하의 아래(Sub-Basement)',

'주차장(Parking)', '더 낮은 지하(Lower Basement)' 그리고 '바닥층(Lower Level)'이라는 뜻이었다. 물론 지상에는 이런 희한한 이름을 붙이지 않는다. 각 층의 이름을 1, 2, 3, 4, 5, …가 아니라 G(Ground), AG(Above Ground), HG(High Ground), VHG(Very High Ground), SR(Sub-Roof), R(Roof), …… 등으로 매긴 건물을 상상해 보라. 사실 음수 자체는 두려움의 대상이 아니다. 스위스 제네바의 드 론 호텔(Hotel de Rhone)에 가면 지하가 -1, -2층으로 적혀 있고 모스크바의 나티오날 호텔(National Hotel)에도 0층과 -1층이 버젓이 존재한다.

음수를 거부하는 미국인들의 습성은 자동차를 살 때에도 여실히 드러난다. 자동차 판매상은 고객에게 "차 값에서 1,000달러를 빼 드립니다."라고 말하면 될 것을 굳이 "1,000달러를 되돌려 받으실(cash back) 수 있습니다."라고 말한다. 그런가 하면 회사의 회계 장부에도 음수에 대한 거부감이 짙게 깔려 있다. 1,000달러가 지출되었으면 "-1,000$"라고 쓰면 그만인 것을, 번거롭게 "(1,000$)"로 표기하고 있는 것이다. 장부의 어디를 뒤져 봐도 음수 부호는 없다. 1985년에 출간되어 크게 히트했던 브렛 이스턴 엘리스(Bret Easton Ellis, 1964년~)의 소설 『0보다 작은 것(*Less Than Zero*)』도 비슷한 사례이다. 이것은 로스앤젤레스의 젊은이들이 인생의 막다른 길로 추락하는 과정을 실감나게 표현한 소설인데, 내용 자체가 지극히 부정적임에도 『음(*Negative*)』이라는 제목을 쓰지 않았다.

현대인들, 특히 미국인들은 음수뿐만 아니라 소수점의 사용도 꺼리는 경향이 있다. 뉴욕 증권 거래소에서는 1달러 이하의 액수를 끈질기게 분수로 표기해 오다가 최근 들어 소수점 표기법을 도입했다. 또한 미국의 화폐 단위는 십진법에 기초하고 있지만 사람들은 그런 식으로 생각하지 않는다. 예를 들어 물건 값이 1.50$였다면 길게 늘여서 "1달러와 50센트(one dollar and fifty cents)"라고 말한다. 이러한 습성은 십진법을 기피하는 영국인들의 파운드-실링(pounds and shillings) 단위 체계와 무관하지 않다.

우리 딸이 생후 15개월이 되었을 때 나는 사람들에게 반 농담 삼아 "내 딸은 1.25살입니다."라고 말하고 다녔다. 그러면 사람들은 이상한 고성을 듣고 있는 강아지처럼 고개를 갸우뚱거리곤 했다.

일상적인 대화 속에 '확률'의 개념이 도입되는 경우에도 '소수점 터부'는 여지없이 그 모습을 드러낸다. 대부분의 사람은 확률을 말할 때 "몇 대 일"이라는 표현을 사용한다. 이렇게 말하면 누구나 직관적으로 쉽게 이해할 수 있다. "벨몬트 경마장의 제9경주에서 내가 찍은 말이 이길 확률은 2:1이고, 두 번째로 찍은 말이 이길 확률은 7:2다." 좋다. 행운을 빈다. 그런데 왜 "몇 대 일"이라는 통상적인 표현을 쓰지 않고 굳이 '7:2'라고 하는가? 만일 이것을 '3.5:1'로 표현한다면 경마장 전체가 조용해질 것이다. 다들 소수를 정수로 바꾸기 위해 머릿속이 복잡할 것이기 때문이다.

소수점을 기피하고 고층 건물의 층수를 빼먹고 지하실의 층수를 이상한 문자로 표기한다고 해도 사람이 살아가는 데 큰 지장은 없다. 그러나 대부분의 사람이 커다란 수에 대해 거의 아무런 감이 없다는 것은 정말로 심각한 문제이다.

1초당 숫자 하나씩 센다고 했을 때 100만까지 세려면 12일이 걸리고 10억까지 세려면 32년이 걸린다. 그리고 1조까지 세려면 3만 2000년이 걸리는데 이 세월은 인류가 최초로 동굴에 벽화를 그린 후로 지금까지 흐른 시간과 맞먹는다.

전 세계에 흩어져 있는 맥도널드 햄버거 체인점에서 지금까지 팔려나간 햄버거는 무려 1000억 개에 이른다고 한다. 이들을 일렬로 늘어세우면 지구를 230바퀴 돈 후 달까지 왕복할 수 있다.

로또 복권 1등에 당첨될 확률은 약 800만 대 1이다. 복권 추첨은 매주 한 번씩 진행되므로 800만 주(週) 동안 한 번도 빠짐없이 복권을 구입해야 한 번 정도 당첨될 수도 있다. 그런데 800만 주를 해로 환산하면 약 15만 3000년으로서 앞에서 말한 '인류가 최초로 동굴에 벽화를 그린 후로 지금까지 흐른 시간'의 5배에 가까운 시간이다.

이 정도는 천체 물리학자들에게 간단한 연습 문제에 불과하지만 일반 독자들은 별로 생각해 본 적이 없을 것이다. 천체 물리학자가 큰 수에 대한 감이 없다면 그야말로 천문학적인 손해를 끼치게 된다. NASA는 1969년부터 20년 동안 행성 탐사 계획을 수행하면서 파이오니어, 보이저, 바이킹 등 유명한 탐사선을 우주 공간에 띄워 보냈다. 화성 탐사선 마스 옵저버(Mars Observer) 호도 이 시기에 발사되었으나 화성의 대기권에 진입하면서 실종되었다.

우주선 하나를 설계하려면 몇 년의 시간이 소요되며, 제작 과정에는 국민 혈세 10억~20억 달러가 투입된다. 개발 비용에 부담을 느낀 NASA는 1990년대에 "더 빠르게, 더 저렴하게, 더 좋게."라는 구호 아래 대대적인 비용 절감 운동을 벌였고 그 결과 우주선 제작 비용을 1억~2억 달러로 낮출 수 있었다. 과거의 우주선과는 달리 저렴하게 제작된 우주선은 매우 구체적이고 세부적인 임무를 빠른 시간 내에 수행할 수 있도록 설계되었다. 이렇게 하면 임무 수행에 실패하더라도 재정적 손해를 줄일 수 있고 다른 개발 계획에 미치는 영향도 최소화할 수 있기 때문이다.

그러나 1999년에 추진된 화성 탐사 계획이 두 번 연속 실패로 끝나면서 2억 5000만 달러를 우주 공간에 날린 꼴이 되었다. 당시 미국인들은 10억 달러 규모의 마스 옵저버가 실종되었을 때처럼 신랄한 비난을 퍼부었고 매스컴은 2억 5000만 달러가 얼마나 큰돈인지를 강조하면서 NASA의 운영 체계에 문제가 있음을 지적했다. 결국 NASA의 책임자들은 의회 청문회장에 소환되어 잘못을 시인해야 했다.

NASA의 실패를 두둔할 생각은 없지만 2억 5000만 달러는 케빈 코스트너(Kevin Costner, 1955년~)가 감독과 주연을 맡았던 영화 「워터월드(Waterworld)」의 제작 비용과 비슷하다. 또한 이 비용은 우주 왕복선이 이틀 동안 임무를 수행하는 데 필요한 비용이며 마스 옵저버 호 제작비의 5분의 1에 해당된다. 이와 같이 비용을 비교 분석하지 않는다면 그리고 우주 개발 계획의 실패가 "더 빠르게, 더 저렴하게, 더 좋게."라는 구호에 부합된다는 점을 인식하지 못한다면, 100만 달러는 10억 달러와 다를 것이 없고 10억 달러는 1조 달러와 다를 것이 없어진다. "그나마 NASA의 비용 절감 캠페인 덕분에 손해를 2억 5000만 달러로 막을 수 있었다."라는 것이 나의 입장이다.

"미국인 한 사람당 1달러씩 모으면 2억 5000만 달러가 된다."라는 사실을 굳이 주장하는 사람은 없다. 이 돈을 모두 1센트짜리 동전으로 바꿔서 길거리에 쌓아 놓아도 사람들은 허리를 굽혀 일일이 줍는 것보다 빨리 일터에 나가 돈을 버는 편이 낫다고 생각할 것이다.

36장

당혹스러운 과학

일반 대중은 과학자들이 자신에 차서 열변을 토하는 모습보다 막다른 길에 이르러 당황하는 모습을 더 보고 싶어 한다. 그래서 작가들이 우주에 대한 글을 쓸 때에는 자신이 인터뷰한 천체 물리학자들이 최근 이슈로 떠오른 주제에 대하여 당황하는 모습을 구체적으로 서술하곤 한다.

'과학적 당혹감'은 기자들에게도 흥미로운 소재이다. 1999년 8월《뉴욕 타임스》에는 스펙트럼이 해석되지 않은 미지의 천체에 관하여 한 장짜리 기사가 실렸는데[1] 당시 최고의 권위를 자랑하던 천체 물리학자들

1. Wilford, 1999.

도 그 정체를 규명하지 못해 애를 먹었다. 관측 데이터 자체는 매우 깔끔했지만, (이 데이터는 하와이에 있는 세계 최대의 케크 광학 망원경을 통해 수집되었다.) 스펙트럼의 패턴은 지금까지 알려진 그 어떤 행성이나 별, 또는 은하와도 일치하지 않았다. 이것은 마치 권위 있는 생물학자가 새로운 유전자를 눈앞에 놓고 그것이 식물인지 동물인지조차 판별하지 못하는 상황과 비슷했다. 2,000여 개의 단어로 이루어진 그 기사에는 어떠한 분석도, 결론도 없었다.

결국 그 천체는 "예외적인 은하"로 판명되었다. 그러나 일반 대중은 이 사건 덕분에 천체 물리학자들이 "도저히 모르겠습니다."라고 말하는 모습을 원 없이 볼 수 있었다. 모르는 것이 없을 것만 같았던 저명한 학자들이 자신의 '무식함'을 고백하는 모습을 보면서 일반인은 일종의 카타르시스를 느꼈던 것 같다. 그러나 이 기사를 쓴 기자가 내막을 잘 알고 있었다면 저명한 학자들이 당황하는 모습을 굳이 강조하지 않았을 것이다. 연구 과제가 세간의 관심을 끌건 그렇지 않건 간에 '당황과 좌절'은 천체 물리학자들이 매일같이 겪는 일상사이기 때문이다. 과학자가 당혹스러운 상태에 있지 않다면 그는 연구의 첨단을 달린다고 말할 수 없다. 모든 발견은 연구 대상에 대한 당혹감에서 시작되기 때문이다.

20세기를 대표하는 물리학자 리처드 파인만은 이런 말을 한 적이 있다. "물리학의 법칙을 알아내는 것은 규칙을 전혀 모르는 채 체스를 두는 것과 비슷하다. 우리는 게임이 진행되는 과정을 연속적으로 볼 수 없다. 그저 말이 움직이는 길을 간간이 볼 수 있을 뿐이다. 과학자의 역할은 이 단편적인 지식으로부터 게임의 규칙을 유추해 내는 것이다." 체스 경기를 끈질기게 관찰하다 보면 "비숍(bishop)은 항상 같은 색 바닥 위에서 있고, 폰(pawn)은 아주 천천히 이동한다. 그리고 퀸(queen)은 상대편의 공격을 무조건 피해야 한다."라는 등 부분적인 규칙을 조금씩 파악하게 될 것이다. 그런데 게임의 후반부에 가서 폰 몇 개만 남았다면 어떻게 될 것인가? 당신이 잠시 자리를 비웠다가 돌아와 보니 폰 하나가 사라지고 죽었던 퀸이 되살아났다고 가정해 보자. 그사이에 어떤 일이 어떤 일이 일어난 것일까? 여기에는 어떤 규칙이 적용되었을까? 비슷한 상황을 계속 관찰하다 보면 언젠가는 내막을 알게 될 것이다. 이런 식으로 체스의 규칙을 모두 파악하려면 꽤 긴 시간이 소요된다. 그러나 우주를 지배하는 법칙은 체스 규칙과 비교가 안 될 정도로 복잡다단하며 당혹스러움을 양산하는 '마르지 않는 샘'이다.

*

최근에 알게 된 사실인데 모든 과학자가 천체 물리학자들처럼 언제나 당혹감 속에서 헤매지는 않는 것 같다. 천체 물리학자들이 다른 분야의 과학자들보다 특별히 멍청하기라도 한 것일까? 그럴 수도 있겠지만 가장 큰 이유는 그들의 연구 대상인 우주가 워낙 거대하고 복잡하기 때문이다. 이런 점에서 볼 때 천체 물리학자는 신경학자와 비슷한 점이 많다. 신경학자에게 "인간의 마음에 대해 얼마나 많이 알고 있습니까?"라고 물으면 그 즉시 "아는 것보다 모르는 것이 훨씬 많습니다."라는 대답이 돌아올 것이다. 현실이 이러하기에 우주와 인간의 마음에 관한 교양 잡지는 대부분 1년에 한 번 출간된다. 책을 자주 내 봐야 새로운 내용이 거의 없기 때문이다. '무식쟁이 클럽'에는 기상학자도 빠질 수 없다. 날씨에 영향을 주는 변수들이 너무 많아서 무언가를 예보한다는 것 자체가 신기할 정도이다. 텔레비전에서 날씨를 예보하는 기상 캐스터들은 될 수 있는 대로 정확한 정보를 주기 위해 애를 쓰지만 결국에는 "내일 비가 올 확률은 50퍼센트입니다."라는 두루뭉술한 예보로 마무리할 수밖에 없다.

그러나 당신의 삶이 당혹감과 혼란에 빠질수록 새로운 아이디어가 떠오를 가능성은 그만큼 높아진다. 못 믿겠다고? 여기 그 증거가 있다.

내가 PBS 방송국의 「찰리 로스(Charlie Rose)」 토크쇼에 출연했을 때 "ALH84001 운석에 외계 생명체의 흔적이 남아 있는가?"라는 주제로 저명한 생물학자와 논쟁을 벌인 적이 있다. 생긴 모양이나 크기가 감자와 비슷한 이 소형 운석은 커다란 유성이 화성에 떨어졌을 때 화성 표면에서 튕겨 나온 것으로 추정된다. 이것은 어린아이가 침대 위에서 발을 구를 때 치리오스(Cheerios, 아이들이 먹는 시리얼의 일종. — 옮긴이)가 공중으로 튕겨 나가는 현상과 비슷하다. 어쨌거나 졸지에 고향을 떠난 이 운석은 행성 사이를 수천만 년 동안 배회하다가 지구의 남극 대륙으로 떨어졌고 그곳에서 근 1만 년 동안 얼음 속에 묻혀 있다가 1984년에 우연히 발견되었다.

1996년에 데이비드 스튜어트 맥케이(David Stewart McKay, 1967~2016년)와 그의 동료는 ALH84001에 생명체가 살고 있었음을 보여 주는 일련의 정황 증거를 정리해서 논문으로 발표했다. 이들이 제시한 각 항목은 유기 화학적 과정과 다소 거리가 있었으나 모든 증거를 종합하여 "과거 화성에 생명체가 존재했다."라는 결론을 설득력 있게 도출해 냈다. 맥케이는 이 논문에서 고해상도 현미경으로 촬영한 사진을 공개했는데 거기에는 지구에 서식하는 가장 작은 지렁이보다 10배나 작은 초소형 지렁이의 흔적이 뚜렷하게 남아 있었다. 나는 이 사진을 보고서 몹시 흥분했지만 나와 함께 토크쇼에 출연했던 그 생물학자는 끝까지 회의적인 관점을 고수했다. 그는 "특별한 사실을 주장하려면 특별한 증거를 제시해야 한다."라는 칼 세이건의 명언을 여러 차례 인용하면서 "지렁이 형상을 한 물체는 세포벽의 흔적이 없고 덩치도 너무 작기 때문에 생명체일 가능성이 없다."라고 주장했다.

글쎄, 과연 그럴까?

우리가 문제 삼고 있던 물체의 고향은 지구가 아닌 화성이었다. 그러나 그 생물학자는 실험실에서 형성된 고정 관념을 떨쳐 버리지 못하는 것 같았다. 아니, 어쩌면 나의 사고 방식이 지나치게 개방적인지도 모르겠다. 사실 일부 사람들이 비행 접시나 외계인 납치와 같은 속설을 의심 없이 믿는 이유는 생각이 짧기 때문이 아니라 사고 방식 자체가 개방적이기 때문이다. 나와 그 생물학자는 똑같이 대학교를 다녔고 대학원 과정도 졸업했다. 우리는 각자의 분야에서 박사 학위를 받았으며 과학적 탐구에 거의 모든 시간을 할애하고 있다. 그럼에도 불구하고 두 사람의 의견이 그토록 다른 이유는 무엇이었을까? 일반적으로 생물학자들은 자연 선택에서 살아남은 생명체의 다양성에 깊은 경외감을 갖고 있으며 종을 구별하는 DNA 구조에 대해서도 해박한 지식을 갖고 있다. 그러나 이 지식이라는 것이 지구에 한정되어 있어서 다른 행성의 생명체를 분석하는 데는 별로 도움이 되지 않는다.

*

지구 이외의 다른 행성에 생명체가 존재한다면 그들과 지구 생명체의 차이는 지구에서 가장 판이한 두 생명체(예를 들면 지렁이와 코끼리)의 차이보다 더 클 것이다. 그런데 천체 물리학자들이 갖고 있는 데이터는 태양계의 행성뿐만 아니라 우주 전역을 대상으로 수집된 것이다. 그러므로 외계 생명체가 머리, 몸통, 팔, 다리를 갖고 있다는 생각은 일찌감치 버리는 게 좋다.

지구의 고대 생명체를 연구한다고 해서, 외계 생명체에 대한 이해가 깊어지는 것은 아니다. 굳이 외계 생명체와 비교하고 싶다면 20세기의 지구에 살고 있는 생명체만으로도 충분하다. 이런 종류의 연구는 그동안 충분히 수행되었다.

뉴턴을 비롯한 과거의 물리학자들은 우주를 '태엽을 감아 놓은 시계'로 생각했다. 초기에 태엽이 감긴 상태를 알고 있으면 우주의 모든 미래를 알아낼 수 있다는 것이다. 그들이 생각하는 우주는 '결정 가능한' 우주였고 일련의 물리 법칙들이 그 사실을 입증하고 있었다. 그러나 20세기에 접어들면서 막스 플랑크와 베르너 하이젠베르크를 비롯한 물리학자들은 가장 작은 규모의 우주(원자 세계)에서 일어나는 모든 현상이 '결정 불가능'하다는 놀라운 사실을 발견했다. 일상의 규모에서는 모든 사건이 결정 가능한 것처럼 보이지만 미시 세계에서는 하이젠베르크의 불확정성 원리가 물리적 세계의 운명을 좌우하고 있었다.

천문학자들도 밤하늘에서 관측되는 별이 '우주의 모든 것'이라고 생각하던 시절이 있었다. 그러나 에드윈 허블은 흐릿한 나선형 천체가 수천억 개의 별을 소유한 또 하나의 은하라는 사실을 알아냄으로써 우주의 영역을 엄청나게 넓혀 놓았다. 맨눈으로 봤을 때 조그만 별에 불과했던 천체가 은하수보다 훨씬 방대한 '독립적 우주'였던 것이다.

천문학자들이 우주의 형태와 크기를 대충 알아냈다고 생각하고 있을 때 허블은 끈질긴 관측을 통하여 "최고 성능의 망원경으로 관측할 수 있는 가장 먼 곳에서도 은하가 존재하고 있으며 우주는 빠른 속도로 팽창하고 있다."라는 사실을 발견했다. 그런데 우주가 팽창한다는 것은 과거 어느 시점에 우주가 탄생한 날이 존재한다는 것을 의미한다. 그전까지만 해도 우주의 탄생이 과학적 관점에서 거론된 적은 단 한 번도 없었다.

아인슈타인의 일반 상대성 이론이 발표된 후로 사람들은 우주에 작용하는 모든 중력을 설명할 수 있다고 생각했다. 그러나 칼텍의 천체 물리학자 프리츠 츠비키(Fritz Zwicky, 1898~1974년)가 암흑 물질을 발견한 후 상황은 달라졌다. 암흑 물질은 우주에 작용하는 모든 중력의 90퍼센트를 발휘하는 신비의 물질로서 일상적인 물질과 상호 작용을 하지 않고 빛을 방출하지도 않는다. 암흑 물질의 정체는 아직도 미지로 남아 있다. 후에 프리츠 츠비키는 초신성의 정체를 규명하기도 했다. 앞에서 언급한 대로 초신성이란 태양의 수천억 배에 달하는 빛을 방출하면서 '폭발하는 별'을 의미한다.

초신성의 폭발과 관련된 물리적 과정이 어느 정도 파악되었을 무렵에 누군가가 우주의 끝에서 뿜어져 나오는 엄청난 양의 감마선을 발견했다. "초신성보다 강한 에너지를 방출하는 천체는 없다."라고 믿었던 천체 물리학자들은 이 발견으로 인해 우주관을 또 한 번 수정해야 했다.

천체 물리학자들이 암흑 물질의 정체를 파악하지 못한 상태에 어느 정도 익숙해졌을 무렵, 버클리 대학교의 솔 펄머터(Saul Perlmutter, 1959년~)가 이끄는 연구팀과 애덤 리스(Adam Reiss, 1969년~)와 브라이언 슈미트(Brian Schmidt, 1967년~)이 이끄는 연구팀은 각기 독자적으로 또 하나의 놀라운 사실을 발견했다. 우리의 우주는 팽창할 뿐만 아니라 팽창하는 속도가 점점 빨라지고 있었던 것이다! 가속 팽창의 원인은 과연 무엇일까? 연구팀은 진공 속에서 중력이 작용하는 반대 방향으로 어떤 압력이 작용하고 있다는 증거를 발견했다. 그렇다면 압력의 원인은 무엇인가? 이것은 암흑 물질보다 더 큰 미스터리로 남아 있다.

지금까지 열거한 것은 지난 100년 동안 천문학자들을 괴롭혀 왔던 수많은 문제 중 극히 일부에 불과하다. 이쯤에서 멈출 수도 있지만 다른 건 몰라도 '중성자별(neutron star)의 발견'을 언급하지 않으면 직무태만일 것 같다. 중성자별은 지름 수 킬로미터 안에 태양과 맞먹는 질량이 압축되어 있는 괴물 같은 천체이다. 지구에서 이 정도의 밀도를 구현하려면 코끼리 5000만 마리를 재봉용 골무 속에 우겨 넣어야 한다.

물론 나는 중성자별의 존재를 굳게 믿고 있다. 여기에는 의심의 여지가 없다. 나의 마음과 사고 방식은 생물학자와 전혀 다르게 형성되어 있으므로 화성의 운석에 남아 있는 생명체의 흔적에 대하여 두 사람이 정반대의 의견을 주장하는 것은 너무나도 당연한 일이다. 그렇다고 해서 과학자들의 주장이 사람마다 중구난방이라는 뜻은 아니다. 과학적 지식 중에는 의혹의 여지없이 사실로 판명된 부분이 압도적으로 많으며 모든 과학자는 여기에 동의하는 사람들이다. 모든 대학 교재의 앞부분에는 '사실로 판명된' 내용이 서술되어 있고 일반 대중이 생각하는 '이 세상이 돌아가는 이치'도 과학적 사실에 근거하고 있다. 그러나 이런 것들은 너무도 당연하여 흥미로운 연구 주제가 될 수 없기 때문에 매스컴에는 '최근에 발견된 미스터리'가 주로 소개되고 있는 것이다. 이런 뉴스를 자꾸 접하다 보면 "대체 과학에서 확실한 것은 무엇인가?"라는 의문을 떠올리기 쉽다. 다시 한번 강조하건대 현대 과학에서는 미스터리보다 확실하게 판명된 사실이 압도적으로 많다.

언젠가 나는 '만물 이론(theory of everything)'을 주제로 한 토론 프로그램에서 사회를 맡은 적이 있다. 만물 이론이란 자연에 존재하는 네 종류의 힘을 하나의 통일된 체계에서 설명하는 이론으로서 모든 이론 물리학자들이 추구하는 궁극의 성배(聖杯)이다. 당시 스튜디오에는 특별히 초청된 5명의 저명한 물리학자가 앉아 있었는데 토론이 한창 무르익었을 때 이들 중 한 사람이 금방이라도 주먹을 날릴 듯이 흥분하는 바람에 필사적으로 뜯어말려야 했다. 물론 이것은 얼마든지 있을 수 있는 일이었기에 나 역시 마음에 두지 않았다. 그런데 여기서 우리는 한 가지 사실을 알 수 있다. 과학자들이 열을 올리며 논쟁을 벌이는 이유는 토론

주제에 대하여 잘 알고 있기 때문이 아니라 '아는 것이 거의 없기 때문' 이라는 것이다. 토론에 참여했던 물리학자들은 지구의 공전 궤도나 심장 박동의 원리 또는 구름에서 비가 떨어지는 이유 등을 놓고 싸운 것이 아니다. 그들은 이론 물리학의 첨단이라 할 수 있는 끈 이론의 장단점에 대해 토론을 벌이고 있었다.

37장

과학의 모래밭에 찍힌 발자국

뉴욕 시에 있는 미국 자연사 박물관 로스 센터 헤이든 천문관의 매점에는 플라스틱제 우주 왕복선과 국제 우주 정거장, 냉장고 자석용 모형, 우주선 승무원들이 사용하는 펜 등 우주와 관련된 온갖 종류 기념품이 진시되어 있다. 개중에는 수분을 제거한 우주인용 아이스크림이나 우주 모노폴리 게임판, 토성 모양 소금통같이 유별난 물건도 있다. 좀 더 희귀한 기념품을 원한다면 허블 우주 망원경 모양을 본뜬 연필 지우개와 먹을 수 있는 우주 지렁이를 권한다. 아무튼 이 매장에는 우주와 관련하여 여러분이 상상할 수 있는 거의 모든 물건이 진열되어 있다. 그러나 여기에는 눈에 보이는 것 이상의 의미가 숨어 있다. 지난 50년에 걸친 미국 과학의 발견사가 이 매장에 고스란히 담겨 있는 것이다.

20세기에 미국의 과학자들은 은하를 발견했고 우주가 팽창하고 있다는 사실을 알아냈으며 초신성, 퀘이사, 블랙홀, 감마선 폭발, 원소의 기원, 마이크로파 배경 복사 그리고 태양계를 배회하는 소행성들을 발견했다. 화성 탐사는 러시아의 과학자들이 미국보다 먼저 성공했지만 수성과 금성, 목성, 토성, 천왕성, 해왕성의 탐사는 미국 과학자들의 손으로 이루어졌다. 또한 미국은 화성과 에로스 소행성에 무인 탐사선을 착륙시켰고 달에는 사람의 발자국을 남겼다. 그런데 요즘 미국인들은 이러한 사실을 당연하게 생각하면서 전 세계의 우주 개발사에 미국이 남긴 업적을 피부로 느끼지 못하는 것 같다.

미국의 슈퍼마켓에는 온갖 종류의 시리얼이 진열대를 가득 메우고 있다. 물론 슈퍼마켓에 갔을 때 미국인들은 이것을 보며 무덤덤해 하겠지만, 외국인에게는 결코 익숙한 풍경이 아니다. 유럽 여행을 갔을 때 이탈리아의 슈퍼마켓에서 다양한 파스타를 보거나, 중국 또는 일본의 시장에서 온갖 종류의 쌀을 보면 그들도 놀랄 것이다. 평소 무심코 지나치는 것들이 외국인에게는 흥미로운 구경거리가 될 수 있다. 외국 여행을 가면 모국 문화의 특이함을 새삼 깨달으면서 자국의 문화에 대해 무심한 채 살아가는 사람들을 만나게 된다.

수천 년의 역사를 자랑하는 유럽과 아프리카 그리고 아시아의 여러 나라들과 비교할 때 미국의 역사는 거론하기 어색할 정도로 짧다. 그래서 외국인들은 미국의 '초간단 역사'와 '무례한 문화'를 도마 위에 올려놓고 마음껏 조롱하면서 나름대로 스트레스를 푼다. 그러나 앞으로 500년쯤 지나면 전 세계의 역사학자들은 20세기를 '미국의 독주 시대'로 기록할 것이다. 이 시기에 이루어진 과학적 발견과 기술 혁신의 상당 부분이 미국인에 의해 이루어졌기 때문이다.

물론 미국이 과학 분야에서 항상 최고였던 것은 아니다. 그리고 미국의 우월성이 앞으로 계속된다는 보장도 없다. 과학 기술의 중심이 한 국가에서 다른 국가로 옮겨 가면 과학의 한 시대가 끝나고 새로운 시대가 열리겠지만 과학사에 남긴 업적은 아무리 세월이 흘러도 지워지지 않는다. 지금의 역사책이 그러하듯이 훗날 출간될 역사책에는 한 시대의 과학을 이끌었던 국가와 그 문명이 매우 커다란 비중으로 소개될 것이다.

✷

한 국가가 과학사에 기록될 만한 족적을 남기려면 여러 가지 요인이 충족되어야 한다. 강한 리더십과 풍부한 지적 자원도 중요하지만 감정과 문화, 지적 능력 등 국가적 자원을 한곳에 집중하는 능력도 있어야 한다. 그런데 이런 국가에서 태어난 사람들은 자신이 이룬 업적을 당연하게 여기면서 모든 것이 지금과 같은 상태로 영원히 지속될 것이라는 안이한 생각에 빠지기 쉽다. 그러나 어떤 과학 기술을 만들어 낸 문화권은 그 기술을 언제든지 폐기할 수도 있다.

700년대에 창업한 아바스 왕조(바그다드를 도읍으로 한 이슬람 왕조. — 옮긴이)는 이후 400년 동안 이슬람 세계를 예술과 과학 그리고 첨단 의학의 중심지로 발전시켰다. (이때 유럽의 광신적 기독교도들은 이교도를 학살하는 데 열을 올리고 있었다.) 이때 이슬람교의 천문학자들과 수학자들은 천문대를 건설하고 정교한 시간 측정용 도구를 발명했으며 수학적 계산법과 새로운 분석법을 개발했다. 또한 이들은 고대 그리스의 과학을 아랍 어로 번역하여 적극적으로 수용했고 기독교 및 유태인 학자들과 공동 연구를 수행하여 바그다드를 세계 문명의 중심으로 발전시켰다.

이 시기에 이슬람 문명은 전 세계에 지대한 영향을 미쳤고 그 흔적은 지금까지 남아 있다. 예를 들어 천동설과 관련하여 프톨레마이오스가 남긴 불후의 명저(기원전 150년경에 그리스에서 저술되었다.)는 지금까지도 『알마게스트』('위대한 자'라는 뜻이다.)라는 아랍 어 제목으로 출판되고 있다.

이라크의 수학자이자 물리학자였던 무하마드 이븐무사 알콰리즈미(Muhammad ibn Musa al-Khwarizmi, 780?~850?년)는 '알고리듬'과 '대수학(algebra)'이라는 용어를 창시했다. (알고리듬은 그의 이름 '알콰리즈미'에서 따온 것이고 대수학을 뜻하는 algebra는 그가 저술한 대수학 서적의 제목 'al-jabr'에서 유래되었다.) 오늘날 전 세계적으로 사용되고 있는 숫자 0, 1, 2, 3, 4, 5, 6, 7, 8, 9는 힌디 어에서 유래되었지만 이 표기법을 전 세계적으로 퍼뜨린 주인공은 단연 아랍 인이었다. 뿐만 아니라 아랍 인들은 숫자 체계에 '0'을 최초로 도입하여 표기법과 계산법을 획기적으로 발전시켰다. 그래서 지금도 이 숫자를 '아라비아 숫자'로 부르고 있는 것이다.

*

아랍 인들은 고대에 사용되었던 아스트롤라베(astrolabe, 기원전 200년경 육분의(sextant)가 발명되기 전에 그리스 천문학자들이 사용했던 천체 관측 기구. — 옮긴이)를 개량하여 휴대 가능하고 예술적 가치도 높은 신형 아스트롤라베를 만들었다. 이 장치는 둥그런 하늘을 평면에 투영하여 온갖 별자리를 새겨 넣은 것으로 회전이 가능한 여러 개의 층으로 이루어져 있다. (언뜻 보면 고색창연한 '할아버지 시계'와 비슷하다.) 아스트롤라베를 사용하면 전문가가 아니더라도 달이나 별의 위치를 쉽게 알 수 있고 이로부터 정확한 시간을 계산할 수 있는데, 특히 신에게 제사를 지낼 때 유용하다. 아스트롤라베는 지구와 우주를 연결하는 중요한 도구로서 지금도 그 영향이 곳곳에 남아 있다. 예를 들어 밤하늘에서 가장 밝은 별의 거의 3분의 2가 아랍 어로 된 이름을 갖고 있다.

오리온자리의 가장 밝은 별인 리겔(Rigel)의 원래 이름은 알 리질(Al Rijl, '다리(足)'라는 뜻이다.)이고 베텔게우스(Betelgeuse)는 야드 알 자우자(Yad al Jauza, '위대한 자의 손'이라는 뜻이다.)였다. 독수리자리에서 가장 밝은 별인 알타이르(Altair)는 '날아가는 자'를 뜻하는 아랍 어 앗타이르(At-Ta'ir)에서 유래되었으며, 페르세우스자리에서 두 번째로 밝은 별인 변광성 알골(Algol)은 '식시귀(食屍鬼)'를 뜻하는 알굴(Al-Ghul)에서 유래되었다. (페르세우스자리는 제우스 신의 아들 페르세우스가 메두사의 잘린 머리를 들고 있는 모습인데 알골은 메두사의 번쩍이는 눈에 자리 잡고 있다.) 그리고 별로 유명하지는 않지만 아스트롤라베가 한창 사용되던 무렵에 전갈자리로 알려졌던 천칭자리의 두 별 주벤엘게누비(Zubenelgenubi, '북쪽 발톱'을 뜻하는 아즈주반 아시샴리(Az-Zuban ash-Shamli)에서 유래했다.)도 아랍 인들이 붙인 이름이다.

11세기부터 400년 동안 이슬람 세계는 세계 과학의 중심으로 전성기를 구가했다. 이슬람교도로서 최초로 노벨상을 수상했던 무함마드 압두스 살람(Muhammad Abdus Salam, 1926~1996년)은 이슬람 문화의 전성기를 그리워하며 다음과 같은 말을 남겼다.

> 오늘날 전 세계에서 과학이 가장 낙후된 지역은 이슬람 국가이다. 이점에 대해서는 이견의 여지가 없다. 과학 기술은 사회가 건강하게 유지되기 위해 반드시 필요한 요소이므로 이슬람 국가의 낙후성은 정말로 심각한 문제가 아닐 수 없다.[1]

*

1. Hassan and Lui, 1984, 231쪽.

아랍 이외의 다른 국가들도 과학의 전성기를 누린 적이 있다. 경도의 기준선을 수립한 영국을 예로 들어 보자. 다들 알다시피 경도 0도인 자오선은 지구의 동쪽과 서쪽을 구분하는 기준선이다. 지구는 구형이면서 자전까지 하고 있으므로 경도 0도인 지점은 어느 곳에 잡아도 상관없다. 그런데 현재 전 세계가 인정하는 경도 기준선은 템스 강의 남쪽 둑에 있는 런던 그리니치 천문대의 천체 망원경이 서 있는 곳을 지나간다. 뉴욕도 아니고 모스크바도 아니고 베이징도 아닌 런던을 통과하고 있는 것이다. 이 기준선은 1884년 워싱턴 D. C.에서 열린 국제 경도 회의(International Meridian Conference)에서 결정되었다.

19세기 말에 그리니치 천문대(1675년에 설립되었다.)의 천문학자들은 수천 개에 달하는 별의 정확한 위치를 관측하여 역사에 길이 남을 '별자리 지도'를 완성했다. 당시 그리니치의 천문학자들이 사용하던 망원경은 동서 방향으로 고정된 채 북극점-천정-남극점을 연결하는 자오선을 따라 움직이도록 설정되어 있었기 때문에, 망원경의 동서 방향 시야각은 자전하는 지구를 따라 이동했다. (이와 같은 관측 도구를 흔히 '자오의(transit instrument)'라고 한다.) 이런 망원경을 사용하면 별이 시야에 들어왔을 때 정확한 시간을 알 수 있다. 왜 그런가? 망원경의 시야에 들어온 별의 '경도'가 그 순간의 항성시(sidereal time)와 같기 때문이다. 요즘은 시간을 원자 시계에 맞추고 있지만 당시에 가장 믿을 만한 시간 기준은 '지구의 자전'이었다. 그리고 지구가 자전하는 상황을 가장 확실하게 파악하는 방법은 머리 위를 지나는 별을 확인하는 것이었으며, 이 관측을 가장 정확하게 수행할 수 있는 곳이 그리니치 천문대였다.

17세기에 대영제국은 경도를 파악하는 기술이 부족하여 바다에서 많은 배를 잃었다. 그중 가장 비극적인 사건으로는 1707년에 영국 해군의 제독 클라우데슬리 쇼벨(Clowdesley Shovell, 1650~1707년) 경이 겪었던 참사를 들 수 있다. 그는 함대를 이끌고 콘월 반도의 서쪽에 있는 실리(Scilly) 제도 근처를 항해하다가 항로를 잘못 계산하여 네 척의 배와 선원 2,000명을 잃었다. 이 사고에 충격을 받은 영국 왕실은 급히 경도 위원회(Board of Longitude)를 설립하고 항해용 크로노미터(chronometer, 경도 측정용 기구로서 일반적으로 정밀한 시계가 요구된다.)를 최초로 제작하는 사람에게 2만 파운드의 상금을 주겠다고 선언했다. 당시 고도로 정확한 시계는 군대와 무역 상인들에게 없어서는 안 될 도구였다. 크로노미터의 시계를 그리니치의 표준 시간에 맞춰 놓으면 항해 중인 배의 현재 경도를 매우 정확하게 알 수 있다. 크로노미터의 시간에서 지역 시간(태양이나 별의 위치로부터 계산할 수 있음)을 뺀 값이 현재 위치의 경도에 해당한다. (단, 경도의 단위를 도가 아닌 시간 단위로 환산해야 한다. 360도=24시간. — 옮긴이)

경도 위원회가 걸었던 포상금은 1735년에 손바닥만 한 크기의 휴대 가능한 시계를 제작한 영국의 기계공 존 해리슨(John Harrison, 1693~1776년)에게 돌아갔다. 이것은 뱃머리에서 전방을 주시하는 항해사 못지않게 중요한 역할을 하는 물건이었기에 '워치(watch)'라는 이름으로 불렸다.

18~19세기에 천문학과 항해술을 가장 적극적으로 지원한 국가는 단연 영국이었으므로 그리니치 천문대가 '경도 0도'라는 영예를 차지한 것은 당연한 일이었다. 이에 따라 경도가 180도인 지점(태평양에 위치한다.)이 날짜 변경선으로 지정되었으나 한 국가 안에서 이동했을 때 날짜가 달라지는 불편을 없애기 위해 자오선이 아닌 묘한 모양을 하고 있다.

*

19세기에 영국이 지구 표면의 공간 좌표계를 설정해 과학의 모래밭에 발자국을 남겼다면 시간 좌표계(태양의 운동에 기초한 달력 체계)에 발자국을 남긴 주인공은 로마 시대의 가톨릭 교회였다. 이 시대에 달력을 중요하게 취급한 이유는 천문 관측 때문이 아니라 이른 봄에 찾아오는 부활절 기간을 정확하게 지키기 위해서였다. 교황 그레고리우스 13세(Pope Gregorius XIII, 1502~1585년)는 이 문제를 해결하기 위해 바티칸 천문대를 설립하고 예수회의 유능한 사제들을 고용하여 정확한 시간과 날짜를 측정하라는 특명을 내렸다. 그 후 부활절은 춘분이 지나고 첫 번째 보름달이 뜬 후에 찾아오는 첫 번째 일요일로 결정되었다. 이런 식으로 정하면 성목요일(Holy Thursday, 예수의 사망 전날)과 성금요일(Good Friday, 부활절 직전의 금요일. 예수가 십자가에서 당한 고난과 죽음을 기념하는 날) 그리고 부활절이 달에 기초한 달력(음력)의 특별한 날과 겹치는 것을 피할 수 있다. 단 이 법칙은 봄의 첫날(춘분)이 3월에 있다는 전제하에 적용된다. 가이우스 율리우스 카이사르(Gaius Julius Caesar, 기원전 100~44년)가 제정했던 율리우스력은 정확성이 크게 떨어져 16세기가 되었을 때에는 춘분이 3월 21일이 아니라 4월 1일까지 밀려났다. 율리우스력에서는 4년마다 한 번씩 윤달을 끼워 넣어서 날짜를 보정했는데 사실 이것은 정확한 보정이 아니었기 때문에 작은 오차가 오랜 세월 동안 누적되어 10일까지 차이가 난 것이다.

그레고리우스 교황은 1582년에 달력과 관련된 모든 작업을 끝내고 10월 4일의 다음날을 10월 15일로 선포함으로써 율리우스력에서 초과된 10일을 과감하게 잘라 버렸다. 그리고 연도가 400으로 나누어떨어지지 않는 해에는 윤달을 삭제하여 '과도한 보정에 의한 오차'를 줄이기로 했다.

그레고리력은 20세기에 더욱 정확하게 수정되어 앞으로 1만 년 동안은 특별한 수정이 필요 없게 되었다. 인류 역사상 가장 정확한 달력이 탄생한 것이다. 가톨릭 교회와 적대 관계에 있는 사람들(영국 개신교와 미국 식민지 등)은 새로운 달력을 거부했으나, 세월이 흐르면서 전 세계가 (음력을 사용하던 국가들까지) 그레고리력을 사용하게 되었으며 지금은 정치, 경제, 상업 등 모든 분야에서 전 세계의 표준력으로 사용되고 있다.

*

영국에서 산업 혁명이 시작된 후로 과학 기술은 유럽 문화의 일부가 되었으며 과학이 없는 삶은 상상할 수 없게 되었다. 특히 에너지에 대한 이해가 깊어지면서 공학자들은 특정 형태의 에너지를 다른 형태의 에너지로 변환시킬 수 있게 되었다. 결국 산업 혁명은 사람이 하던 일을 기계가 대신 하도록 생산 시스템을 개조함으로써 생산의 효율성을 높였을 뿐만 아니라 전 세계인에게 부를 축적할 수 있는 기회를 제공했다.

에너지와 관련된 대부분의 용어는 이 분야에서 괄목할 만한 업적을 남긴 과학자들의 이름에서 비롯되었다. 스코틀랜드의 공학자 제임스 와트(James Watt, 1736~1819년)는 1765년에 증기 기관을 발명하여 세계적인 명사가 되었는데 그의 이름은 오늘날에도 전구를 사용하는 모든 가정에서 수시로 거론되고 있다. 전구의 밝기, 즉 전구가 단위 시간당 소모하는 에너지의 양을 나타내는 단위(전력의 단위)가 바로 '와트(watt, W)'이기 때문이다. 제임스 와트가 몸담고 있던 글래스고 대학교는 공학 분야에서 당시 세계 최고 수준을 자랑했다.

영국의 물리학자 마이클 패러데이(Michael Faraday, 1791~1867년)는 1831년에 전자기 유도 현상을 발견하여 전기 모터의 이론적 기반을 확립했다. 전기 전하를 보관하여 기전력을 발휘하는 축전기의 용량은 '패럿(farad, F)'이라는 단위로 나타내는데 물론 이것도 패러데이의 이름에서 따온 것이다. 그러나 패러데이는 일개 축전지나 전기 모터와는 비교가 안 될 정도로 과학사에 막대한 업적을 남겼다. '패럿'이라는 용어를 접할 때마다 그가 과소 평가되고 있다는 느낌이 들 정도이다.

독일의 물리학자 하인리히 헤르츠도 1888년에 전자기파를 발견하여 유명 인사의 대열에 합류했다. 지금 우리가 사용하고 있는 전파 통신은 그의 이론에서 출발한 것이다. 현재 그의 이름은 '킬로헤르츠(kilohertz, kHz)', '메가헤르츠(megahertz, MHz)', '기가헤르츠(gigahertz, GHz)' 등 전자기파의 진동수를 나타내는 단위로 사용되고 있다.

이탈리아의 물리학자 알레산드로 볼타(Alessandro Volta, 1745~1827년)는 전기적 위치 에너지의 기본 단위인 '볼트(volt, V)'를 통해 자신의 이름을 남겼고, 프랑스의 물리학자 앙드레마리 앙페르(Andre-Marie Ampere, 1775~1836년)는 전류의 단위인 '암페어(ampere, A)'의 원조가 되었다. (전류 단위는 간단하게 'amp'라고도 하는데, 이것은 전류를 증폭하는 '앰프(amp)'와 다른 의미이다.) 그리고 영국의 물리학자 제임스 프레스콧 줄의 이름은 에너지의 단위인 '줄(joule, J)'로 우리 곁에 남아 있다. 과학자의 이름에서 유래된 물리 용어는 이밖에도 엄청나게 많다.

이 시기에 미국에서는 벤저민 프랭클린(Benjamin Franklin, 1706~1790년)이 끈질긴 실험을 통해 피뢰침을 발명한 사례가 있지만, 대부분의 미국인은 영국으로부터 갓 독립한 조국을 재건하느라 과학에 신경 쓸 겨를이 없었다. 그들은 실용적인 사고 방식을 경제 논리에 적용하여, 노예를 이용한 경제 부흥에 온갖 노력을 기울이고 있었다. 이제 와서 과거를 돌아보면, 미국의 과학 발전에 기여한 것은 텔레비전 드라마 시리즈로 유명한 「스타 트렉」뿐이다. 산업 혁명의 진원지는 영국의 스코틀랜드 지방이었고, 「스타 트렉」에서 우주 모함 엔터프라이즈 호를 지휘하는 선장의 이름은 '스코티(Scotty)'이다. 이게 과연 우연의 일치일까?

영국발 산업 혁명의 바람이 최고조에 이르렀던 18세기 말, 프랑스에서는 시민 혁명이 일어나 왕정이 붕괴되었다. 이 사건으로 주권을 되찾은 프랑스 인들은 그동안 과학과 무역에 막대한 지장을 초래해 왔던 엉터리 도량형을 모두 폐기하고, 전 세계적으로 통용될 수 있는 국제 표준 도량형을 제정했다. 당시 프랑스 과학 아카데미를 이끌던 학자들은 지구의 형태를 정확하게 측량하여 "지구는 정확한 구형이 아니라 적도가 약간 부풀어 있는 편구형(偏舊形)이다."라고 자신 있게 선언했다. 그리고 지구의 북극에서 적도를 잇는 경도선 길이의 1000만분의 1을 1미터로 제정했다. 그런데 길이의 표준이 된 경도선은 어디를 지나는 경도선이었을까? 두말하면 숨차다. 당연히 파리를 지나는 경도선이었다! 이때 제정된 1미터의 표준 길이는 백금과 이리듐을 섞어서 만든 막대 위에 눈금으로 표시했다. 이밖에 프랑스는 다른 단위의 표준도 제정했는데(시간과 각도의 단위는 제외), 미국과 서아프리카의 라이베리아 그리고 정치적으로 불안정한 미얀마 등을 제외하고 거의 모든 나라가 사용하고 있다. 프랑스에서 제정한 모든 단위 표준은 파리 근처에 있는 국제 도량형국에 보관되어 있다.

*

1930년대 말부터 미국은 핵물리학 연구의 본기지로 부상했다. 핵물리학의 석학들이 나치의 폭정을 피해 미국으로 대거 이주했기 때문이다. 그리고 세계를 제패하겠다는 히틀러의 야심을 꺾기 위해, 순수한 학문이었던 핵물리학은 워싱턴의 재정적 지원 하에 핵무기 개발로 이어졌다. 소위 '맨해튼 프로젝트(Manhattan Project)'로 알려진 이 개발 계획은 막대한 인력과 투자에 힘입어 단기간에 완성되었고 결국 독일이 아닌 일본 본토에 투하되어 제2차 세계 대전을 끝내는 데 결정적인 역할을 했다. '맨해튼'이라는 이름이 붙은 이유는 당시 대부분의 연구가 맨해튼에 있는 컬럼비아 대학교의 퓨핀 연구소(Pupin Laboratory)에서 진행되었기 때문이다.

원자 폭탄은 막대한 인명을 살상하면서 방사능 오염 등 수많은 후유증을 낳았지만, 미국의 핵물리학자들은 그 덕분에 수십 년간 많은 혜택을 누릴 수 있었다. 1930년대와 1980년대 사이에 미국에서 건설된 입자 가속기는 규모나 출력 면에서 단연 세계 최고였다. 기본 입자의 경주용 트랙이라 할 수 있는 입자 가속기는 물질의 근본적인 구조를 들여다보는 창문과 같다. 강한 자기장이 걸려 있는 가속기의 내부로 전하를 띤 입자를 발사하면 원운동을 하게 되는데 여기에 전기장을 적절히 걸어주면 입자의 속도가 점차 빨라져서 거의 빛의 속도까지 가속시킬 수 있다. 이렇게 가속된 입자를 다른 입자와 충돌시켜서 산산이 분해한 후 그 파편을 분석하면 새로운 입자를 발견할 수 있고, 운이 좋으면 새로운 물리 법칙을 발견하기도 한다.

미국에 있는 핵물리학 연구소는 다른 국가의 연구소에 비해 세간에 잘 알려진 편이다. 로스앨러모스(Los Alamos), 로런스 리버모어(Lawrence Livermore), 브룩헤이븐(Brookhaven), 로런스 버클리(Lawrence Berkeley), 페르미 연구소(Fermi Labs), 오크리지(Oak Ridge) 등의 이름은 한 번쯤 들어본 적이 있을 것이다. 이런 곳에서 근무하는 물리학자들은 새로운 입자와 새로운 원소를 발견하거나 입자 물리학의 새로운 모형을 상정해 노벨상을 받는 등 전 세계의 입자 물리학과 핵물리학을 선도하고 있다.

미국이 물리학사에 남긴 족적은 원소 주기율표의 끝 부분에 영원히 기록되었다. 원자 번호 95번인 아메리슘(americium, Am)과 97번 버클륨(berkelium, Bk), 103번 로렌슘(lawrencium, Lr. 세계 최초로 입자 가속기를 제작한 미국의 물리학자 어니스트 올란도 로런스(Ernest Olando Lawrence, 1901~1958년)의 이름에서 유래했다.), 106번 시보귬(Seaborgium, Sg. 버클리 대학교 연구소에서 우라늄보다 무거운 원소 10종을 발견한 미국의 물리학자 글렌 시어도어 시보그(Glenn Theodore Seaborg, 1912~1999년)의 이름에서 유래했다.)은 주기율표에 영원히 남아 미국 물리학의 업적을 후대에 전할 것이다.

*

물리학자들은 크고 강력한 입자 가속기를 선호한다. 가속기의 출력이 클수록 우주의 먼 곳(멀어져 가고 있는 우주의 경계)을 탐사할 수 있기 때문이다. 대폭발 이론에 따르면 기본 입자들은 우주가 매우 작고 뜨거운 응축물 속에 똘똘 뭉쳐 있다가 거대한 폭발을 일으킬 때 탄생했다. 따라서 고에너지 입자 가속기를 사용하면 우주의 초기 상태를 재현할 수 있다. 1980년대에 미국 물리학자들이 이런 가속기를 만들자고 제안했을 때, 미국 의회는 흔쾌히 재정 지원을 수락했고(이 가속기는 훗날 초전도 초대형 충돌기(Superconducting Super Collider)라는 이름으로 불리게 된다.) 미국 에너지부의 감독 하에 공사가 시작되었다. 텍사스의 평원에 지름 80킬로미터짜리 원형 터널이 뚫린 것이다. (워싱턴 D. C. 외곽 순환 도로의 규모와 비슷하다.) 물리학자들은 우주의 끝을 탐사할 그날을 기다리며 가속기의 완공을 눈이 빠지게 기다렸다. 그러나 공사가 진행되면서 초기 예산은 눈덩이처럼 불어났고, 비용에 부담을 느낀 미국 의회는 고심 끝에 110억 달러짜리 프로젝트를 철회했다. (1993년의 일이었다.) 미국인이 선출한 미국의 대표들이 세계 입자 물리학을 선도할 수 있는 기회를 스스로 포기해 버린 것이다.

이제 차세대 입자 물리학을 선도하려면 유럽으로 눈길을 돌려야 한다. 과학 역사상 가장 강력한 입자 가속기인 '대형 강입자 충돌기(Large Hadron Collider, LHC)'가 CERN에 건설되고 있기 때문이다. (유럽 입자 물리 연구소(European Center for Particle Physics는 'CERN'이라는 과거의 약칭으로 더 잘 알려져 있다.) 물론 이곳에도 미국의 물리학자들이 일부 파견되어 있지만, 앞으로 미국은 과거의 다른 나라들이 그랬던 것처럼 타국이 첨단 과학을 선도하는 모습을 먼발치에서 바라보는 신세가 될 것이다.

38장

어둠이 있으라!

천체 물리학은 과학 중에서도 가장 '겸손한' 분야에 속한다. 우주의 방대함은 매일같이 우리의 자만심을 억누르고 인간은 저항할 수 없는 힘 앞에서 무력함을 느낄 수밖에 없다. 2만 달러짜리 고성능 천체 망원경이 있어도 구름이 조금만 끼면 천체 관측은 물 건너간다. 과학자들은 자연을 탐구하기 위해 오늘도 동분서주하고 있지만 자연이 자신의 모습을 '인간들 앞에 드러내 주기로' 인심을 쓰지 않는 한 인간은 마냥 기다릴 수밖에 없는 수동적 관찰자에 불과하다. 우주를 제대로 이해하려면 잡티가 끼지 않은 깨끗한 창문 너머로 바라봐야 한다. 그러나 사회가 문명화되고 과학 기술이 널리 보급될수록 우주를 향한 창문은 더욱 희미해진다. 무언가 특단의 조치를 취하지 않으면 우주 발견을 방해하는 인공 빛이 지구를 뒤덮을 것이다.

천체 관측에 가장 방해가 되는 요인은 길거리에 서 있는 가로등이다. 비행기를 타고 야간 여행을 하면서 도시의 휘황찬란한 불빛을 보고 감탄한 적이 있을 것이다. 원래 야간 조명은 땅에 붙어사는 인간들을 위한 것인데 이 빛이 하늘에서도 보인다는 것은 조명등에서 방출된 빛이 땅만 비추지 않고 상당 부분 우주 공간으로 날아간다는 뜻이다. 특히 갓을 씌우지 않은 가로등이 가장 많은 빛을 낭비한다. 가로등을 이런 식으로 설계하면 방출된 빛의 절반이 하늘로 날아가기 때문에 쓸데없이 전력만 소비하게 된다. 뿐만 아니라 허공으로 날아간 빛은 천체 관측에 막대한 지장을 초래한다. 1999년에 개최된 천문 관측 하늘 보호 심포지엄에 참석했던 학자들은 "지구에서 어두운 밤하늘이 사라져 간다."라며 일제히 한숨을 내쉬었다. 한 학자는 비효율적인 조명등 때문에 1년간 낭비되는 비용을 도시별로 정리했는데 이 자료에 따르면 빈이 연간 72만 달러, 런던은 2900만 달러, 워싱턴 D. C.는 4200만 달러, 뉴욕 시는 무려 1억 3600만 달러를 낭비하고 있다.[1] 특히 뉴욕 시는 런던과 인구가 비슷함에도 불구하고 낭비되는 비용은 5배에 가깝다.

조명 빛이 우주로 날아가는 것은 경제적으로 큰 손실이지만 천체 물리학자의 입장에서 볼 때 그다지 심각한 문제는 아니다. 대기 중에 섞여 있는 수증기나 먼지 또는 다양한 오염 물질이 우주로 날아가는 조명 빛을 반사시켜서 땅으로 되돌려 보내는 것이 문제이다. 이렇게 되면 도시 조명의 영향으로 하늘까지 빛을 발하여 거의 모든 별빛이 차단된다. 도시의 야경이 밝을수록 시민들이 우주를 접할 기회는 그만큼 줄어드는 것이다.

---

1. Sullivan and Cohen, 1999, 363~368쪽.

대기의 반사가 천체 관측에 미치는 영향은 실로 막대하다. 캄캄한 거실에서 만년필형 회중 전등을 맞은편 벽에 비추면 작고 흰 점이 선명하게 나타나지만 거실 조명을 켜면 밝았던 점이 시야에서 완전히 사라진다. 이와 마찬가지로 대기가 빛으로 '오염'되면 혜성이나 성운, 은하 등과 같이 희미한 천체들은 하늘에서 거의 자취를 감춘다. 나는 뉴욕 시에서 태어나 지금까지 이곳에서 살고 있는데 그동안 은하수를 맨눈으로 본 적이 단 한 번도 없다. 은하수를 보려면 조명이 없는 시골이나 천문대로 가야 한다. 요즘 현란한 조명으로 환하게 빛나는 타임스 스퀘어에서 밤하늘의 별을 헤아리면 10개를 넘기 어렵다. 그러나 과거 식민지 시대에 뉴욕 시의 마지막 총독이었던 페터 스토이베산트(Peter Stuyvesant, 1610~1672년)가 거리를 활보하던 당시에는 수천 개의 별이 밤하늘을 수놓았을 것이다. 옛날 사람들은 '하늘의 문화'를 공유하고 있었지만 현대인들은 별에 무심한 채 저녁 시간의 대부분을 텔레비전과 함께 보내고 있다. 20세기 들어 전깃불이 도시를 뒤덮으면서, 도시 외곽의 언덕 위에 있던 천문대는 카나리아 제도나 칠레의 안데스 산맥 또는 하와이의 마우나케아 산 등 도시에서 한참 떨어진 곳으로 '피난'을 가야 했다. 애리조나에 있는 키트 피크 국립 천문대(Kitt Peak National Observatory)도 80킬로미터 거리에 있는 투손(Tucson) 시의 불빛 때문에 피난을 가야 할 처지였으나, 이곳의 천문학자들은 도망가는 대신 '투쟁'을 선택했다. "외부 조명등은 돈을 낭비할 뿐이다!"라는 구호를 외치며 투손 시의 사람들을 설득했던 것이다. 이들의 작전은 의외로 상당한 효력을 발휘하여 투손 시의 가로등은 효율적인 디자인으로 교체되었고 천문학자들은 어두운 하늘을 되찾을 수 있었다. 투손/피마 카운티의 외부 조명 관리법 8210조를 보면, 이곳의 시장과 경찰서장 그리고 교도소장까지도 모두 천문학자인 것 같은 착각이 들 정도이다. 8210조 1항은 법령의 의도를 다음과 같이 설명하고 있다.

> 이 법령은 천체 관측에 방해가 되지 않도록 외부 조명의 조도를 규격화하는 것을 목적으로 한다. 관할 구역 안에 있는 모든 외부 전기 조명 장치의 형태와 종류, 구조 및 설치는 안전성과 실용성 그리고 생산성을 훼손하지 않는 한도 내에서 에너지 소모량을 최소화하여 누구나 밤하늘의 장관을 즐길 수 있도록 해야 한다.

그 뒤로 이어지는 13개 항목에는 외부 조명등의 규격이 구체적으로 제시되어 있으며 그다음에 등장하는 15항은 단연 압권이다.

> 본 법령을 지키지 않으면 경우를 막론하고 위법 행위로 간주한다. 또한 처벌을 받은 뒤에 동일한 위법 행위를 반복하는 경우에는 매번 동일한 처벌을 가한다.

보다시피 투산 시에서는 제아무리 평화를 사랑하는 시민이라 해도 천문학자의 망원경에 빛을 비추면 람보 같은 무법자로 취급받는다. 농담처럼 들리는가? 전 세계 모든 곳에서 필요 없이 하늘로 방출되는 조명 빛을 최소화하기 위해 '국제 어두운 밤하늘 협회(International Dark-Sky Association, IDA)'라는 단체까지 설립되었다. 이 협회의 구호는 로스앤젤레스 경찰차의 옆면에 새겨져 있는 글귀와 비슷하다. "도시의 밤 환경과 우리의 자산인 어두운 하늘을 보호하고 보존한다." 만일 당신이 밤하늘을 빛으로 오염시키면 고속 도로에서 순찰차가 쫓아오듯이 '밤하늘 단속반'이 들이닥칠 것이다.

농담이 아니다. 그들은 정말로 우리의 뒤를 쫓고 있다. 로스 센터 우주 박물관이 일반인에게 처음 공개되던 날, 나는 IDA의 전무 이사로부터 한 통의 편지를 받았다. 건물 입구 바닥에 설치해 놓은 상향등이 쓸데없이 하늘을 비춘다며 우리를 고소하겠다는 경고문이었다. 아닌 게 아니라 이 건물의 입구에는 화강암으로 지은 본관을 비추기 위해 40개의 조명등이 설치되어 있었는데(전력 소모량은 매우 적었다.), 사실은 조명이라기보다 일종의 장식물에 가까웠다. IDA의 이사는 이 조그만 램프가 뉴욕 시의 하늘을 가렸다고 비난하는 것이 아니라 전 세계의 모든 사람에게 경각심을 일깨우기 위해 본보기로 로스 센터를 걸고 넘어졌던 것이다. 조금 창피한 이야기지만 이 상향등은 아직도 그 자리에서 로스 센터 입구를 비추고 있다.

물론 인공 불빛만이 천체 관측에 지장을 주는 것은 아니다. 인공 조명이 거의 없는 한적한 시골에 보름달이 떴을 때, 맨눈으로 보이는 별의 수는 수천 개에서 수백 개로 줄어든다. 보름달은 밤하늘에서 가장 밝은 별보다 10만 배 이상 밝다. 그리고 반사각을 고려하면 보름달은 반달보다 10배 이상 밝다. 지구에 유성이 샤워처럼 쏟아질 때에도 달이 떠 있으면 극히 일부밖에 볼 수 없다. (구름까지 끼어 있다면 하나도 보이지 않는다.) 대형 천체 망원경을 끼고 사는 천문학자에게 보름달이 뜬 밤은 문자 그대로 '공치는 날'이다. 달은 지구의 생명체가 진화하는 데 커다란 공헌을 했지만 현대의 천문학자들에게는 관측을 방해하는 장애물일 뿐이다.

몇 년 전에 나는 모 회사의 마케팅 담당자로부터 황당한 전화를 받은 적이 있다. 그녀는 달에 불빛을 비춰 자기 회사의 로고를 만들고 싶다며 방법을 알려 달라고 했다. 나는 순간적으로 부아가 치밀어 당장 수화기를 내려놨다가, 잠시 후에 다시 전화를 걸어서 그것이 왜 바람직하지 못한 생각인지를 설명해 주었다. 사실 그동안 다양한 단체로부터 "반지름 1마일에 걸쳐 빛을 쏘아 올려서 특정 구호를 하늘에 새기고 싶다."라는 부탁을 여러 차례 받았지만 한 번도 수락한 적이 없었다. 이런 대형 배너 광고를 하늘에 새기면 그 즉시 '밤하늘 단속반'이 들이닥칠 것이기 때문이다. 비행기에 긴 배너 광고를 달고 날아가는 것은 용납되지만 빛을 사용하여 특정 문구를 밤하늘에 새기는 것은 인류의 우주 탐구를 방해하는 행위이기 때문이다.

현대인의 삶 속에 깊이 침투한 '빛 공해'는 가시광선에 국한된 이야기가 아니다. 전자기파의 다른 진동수 영역에서도 엄청난 공해가 난무하고 있다. 전파 망원경으로 천체를 관측하거나 마이크로파를 탐지하는 천문학자들도 사정이 어렵기는 마찬가지다. 요즘 현대인은 휴대 전화를 비롯하여 창고용 자동문, 원거리 자동차 시동 장치, 마이크로파 중계기, 라디오/텔레비전 송신 장치, 워키토키, 경찰용 레이더 총, 위성 항법 장치(Global Positioning System, GPS), 위성 통신 네트워크 등에서 방출되는 온갖 종류의 전자기파를 뒤집어쓰면서 살아가고 있기 때문에 지구에서 전파를 통해 천체를 관측할 수 있는 진동수 대역이 점차 좁아지고 있다. 그나마 얼마 남지 않은 '무공해 주파수'마저 통신 공해로 뒤덮인다면, 우주 탄생의 비밀을 간직하고 있는 우주 배경 복사와 전파 방출 천체는 전파 망원경의 시야에서 완전히 사라질 것이다. 지금의 추세라면 그렇게 될 가능성이 농후하다.

지난 50년 동안 전파 천문학자들은 펄서와 퀘이사, 우주 공간의 분자 그리고 대폭발의 증거인 마이크로파 배경 복사 등 다양한 발견을 이루어 냈다. 그러나 요즘은 현대인의 생활을 지배하고 있는 무선 통신 때문에 천체 관측에 막대한 지장을 받고 있다. 전파 망원경은 매우 예민한 장치여서, 달에 있는 두 우주인이 무선 전화로 통화할 때 발생하는 전파는 전파의 세계에서 가장 '밝은' 광원에 속한다. 만일 화성인들이 무선 전화를 사용한다면 지구에 있는 전파 망원경으로 쉽게 도청할 수 있다.

미국 정부의 연방 통신 위원회(Federal Communication Commission, FCC)도 날이 갈수록 북적대는 통신 주파수 대역을 염두에 두고 있다. FCC의 연구원들은 통신의 효율성과 유연성을 개선하기 위해 전자기파의 사용 대역과 관련 법규를 수시로 점검하고 있다. FCC의 위원장인 마이클 케빈 파월(Michael Kevin Powell, 1963년~)은 2002년 6월 19일에 《워싱턴 포스트》와의 인터뷰에서 "FCC의 운영 철학은 명령-제어 체계에서 시장을 고려한 체계로 바뀌어야 한다."라고 선언했다. 앞으로 FCC는 전파 주파수의 할당과 통신 대역 사이의 간섭도 관리하게 될 것이다.

미국 천체 물리학자들의 모임인 미국 천문학회는 정책 입안자들을 일일이 만나면서 "전파의 특정 주파수대는 천문 관측 전용으로 비워 두어야 한다."라고 설득하고 있다. IDA가 최선을 다해 밤하늘을 지키고 있지만 학자들의 열정도 결코 IDA에 뒤지지 않는다. 환경 보호 운동가들이 자주 쓰는 구호로 패러디를 하자면 "전자기파의 미개척지를 보존하자!"라거나 "전자기파 국립 공원을 건설하자!"로 표현할 수 있다. 천문 관측소가 외부의 방해를 받지 않으려면 지리적으로 고립된 곳에 있어야 할 뿐만 아니라 인간이 만들어 낸 모든 종류의 전파 신호에도 노출되지 않아야 한다.

가장 어려운 문제는 우리 은하 안에서 멀리 있는 천체일수록 파장이 길어지고 전파 주파수는 낮아진다는 점이다. 흔히 도플러 효과라 불리는 이 현상은 우주가 팽창하고 있음을 보여 주는 가장 뚜렷한 증거이다. 이 효과는 천체의 거리에 따라 다르게 나타나기 때문에 관측 전용 주파수 대역을 범우주적으로 결정할 수도 없다. 엎친 데 덮친 격으로 팽창하는 우주마저 관측을 방해하고 있는 것이다.

현재 전자기파의 모든 진동수 대역을 가장 이상적으로 관측할 수 있는 장소는 지구가 아닌 달이다. 그러나 달에서 지구를 바라보고 있는 쪽은 방해 요인이 너무 많아서 이곳에 망원경을 설치하느니 차라리 지구에 설치하는 편이 낫다. 달에서 바라본 지구는 지구에서 바라본 달보다 13배 크고 50배나 밝다. 게다가 지구는 뜨거나 지지 않고 항상 그 자리에 있는 데다 지구인들이 통신 신호를 시도 때도 없이 남발하고 있기 때문에 전파 망원경으로 바라본다면 지구만큼 밝은 별을 찾아보기 힘들 것이다. 천문학자들에게 가장 좋은 장소는 달의 뒷면이다. 이곳으로 가면 지구가 시야에서 완전히 사라지기 때문이다.

달의 뒷면에 망원경을 설치하면 지구에서 방출된 전자기파의 방해 없이 눈에 보이는 모든 방향을 관측할 수 있다. 그리고 달의 밤은 거의 15일 동안 계속되기 때문에 관측 가능한 시간도 훨씬 길다. 뿐만 아니라 달에는 대기가 없으므로 날씨의 영향을 받지 않고 언제든지 관측이 가능하다. 지구의 천문학자들은 날씨의 제한을 극복하기 위해 정지 궤도에 허블 우주 망원경을 띄워 놓았지만 달에서는 굳이 그럴 필요가 없다. 달의 표면에 일반 망원경을 설치하기만 하면, 허블 우주 망원경과 거의 동일한 성능을 발휘할 것이다.

이것뿐만이 아니다. 달에는 태양빛을 산란시킬 대기가 없기 때문에 낮이 찾아와도 거의 밤처럼 어둡다. 즉 달에서 낮 시간에 하늘을 바라보면 태양과 별들이 함께 보인다는 뜻이다. 이 정도면 최상의 관측 장소로서 부족함이 없다.

지구의 천문학자들에게 달은 방해 요인일 뿐이지만 막상 달에서 우주를 관측한다면 지구만큼 성가신 천체도 없다. 달을 탓하기 전에 지구에서 방출되는 전자기파 공해를 줄이는 것이 공동체(태양계)의 일원으로서 지켜야 할 의무가 아닐까?

39장
할리우드의 밤

영화를 좋아하는 사람들이라면 "영화보다 책이 낫다."라고 주장하는 친구를 데리고 극장에 가고 싶지 않을 것이다. 이런 친구와 영화를 보면 원작 스토리가 더 치밀하다는 둥, 원작의 인물 묘사가 더 구체적이라는 둥 하면서 영화가 상영되는 내내 김빠지는 말만 늘어놓기 일쑤다. 영화광들을 위해서라도 이런 친구들은 극장에 가지 말고 집에서 책을 읽는 편이 훨씬 낫다. 내가 보기에 이것은 순전히 금전에 관한 문제이다. 싼 가격에 빠른 결말을 보고 싶은 사람은 영화를 보면 되고, 제대로 된 스토리를 음미하고 싶다면 거금을 투자하여 책을 구입한 후 며칠에 걸쳐 느긋하게 읽으면 된다. 사실 영화 관람은 독서보다 다소 가벼운 행동이기 때문에 SF 영화를 보면서 굳이 과학적 오류를 짚어내는 것도 그다지 바람직한 태도는 아니다. 그런데 나는 타고난 직업병인지, 그런 장면을 보면 입이 간지러워서 참을 수가 없다. 영화 마니아들이 볼 때 나 같은 사람은 영화관에 와서 원작 운운하는 책벌레 못지않게 짜증나는 존재일 것이다. 지난 몇 년 동안 나는 할리우드 영화에서 우주에 관한 어처구니없는 오류를 수집해 왔는데 이제 그 내용을 공개할 수 있는 절호의 기회가 왔다!

내가 작성한 리스트는 딱히 실수라고 말하기 어렵다. 실수란 영화 연출가나 시나리오 작가가 제작 과정에서 무언가를 놓치는 바람에 사실과 다르게 표현한 것을 말하는데, 이런 내용들은 편집을 거치면서 대부분 수정된다. 내가 수집한 것은 '우주적 오류'로서 영화 제작에 참여한 사람들도 그것이 오류임을 모르고 있는 경우가 대부분이다. 이런 오류가 담겨 있는 영화를 시사회장에 내놓은 작가와 제작자 그리고 감독은 아마도 대학 시절에 천문학 과목을 수강하지 않았을 것이다.

그럼 첫 번째 사례부터 살펴보자.

1977년 말에 개봉된 디즈니 사의 영화 「블랙홀(Black Hole)」은 많은 사람이 '최악의 영화 Top 10'에 꼽을 정도로 혹평을 받았다. (나도 여기에 동의한다.) 이 영화에서는 H. G. 웰시안(H. G. Wellsian) 우주선이 조종 능력을 잃고 블랙홀로 빨려 들어가는 장면이 나온다. 과연 영화 제작자들은 이 장면을 어떤 식으로 연출했을까? 지금부터 조목조목 따져 보자. 블랙홀의 엄청난 조석력 때문에 우주선과 승무원들의 몸이 갈가리 찢어지는 장면이 나왔는가? 아니다. 그런 장면은 없었다. 상대성 이론의 시간 지연 효과로 "밖에서 수십억 년이 흐르는 동안 승무원들은 순식간에 빨려 들어간다."라는 것을 암시하는 장면이 있었는가? 이것도 없었다. 블랙홀의 주변에서 빠르게 회전하는 원반형 기체가 있었는가? 이것은 있었다. 우주선이 빨려 들어갈 때 기체도 같이 빨려 들어가는 장면이 등장하기는 한다. 그러나 이 원반형 기체의 양쪽 면에서 물질과 에너지가 빠른 속도로 분출되는 장면은 있었는가 하면, 없었다. 우주선이 블랙홀로 빨려 들어간 후 다른 시간, 다른 장소 또는 아예 다른 우주에 나타났는가? 아니다. 제작자들은 과학적으로 타당하고 시각적 효과도 뛰어난 이런 장면들을 넣는 대신, 블랙홀의 내부를 '불꽃이 석순과 종유석 모양으로 타오르는 동굴'로 표현했다. 마치 칼즈배드 캐번(Carlsbad Cavern, 뉴멕시코 주 칼즈배드 국립 공원에 있는 지하 동굴. — 옮긴이)을 구경하는 기분이었다.

개중에는 이렇게 생각하는 사람도 있을 것이다. "사실과는 다르더라도 그 정도는 제작자가 시적, 예술적 상상력을 발휘하여 얼마든지 만들어 낼 수도 있지 않은가? 그 정도의 상상력도 없이 어떻게 영화를 만들 수 있겠는가?" 그러나 '실제로 존재하면서 물리적 특성도 거의 규명된' 블랙홀을 이런 식으로 표현했다는 것은 과학에 대한 제작자의 무지를 드러낸 것에 지나지 않는다. 과학자가 무언가를 예술적으로 표현할 때 예술의 기본을 무시하고 상상의 나래를 펴는 것을 허용하는 일종의 '면허 제도'가 있다고 가정해 보자. 그래서 어떤 과학자가 가슴이 셋 달리고 발가락이 일곱이며 귀가 얼굴 한가운데 달려 있는 여자를 그렸다고 하자. 과연 예술가들이 이런 그림을 별다른 잔소리 없이 수용해 줄까? 이 정도까지는 아니라고 해도, 무릎이 잘못된 방향으로 꺾여 있고 각 골격의 길이 비율도 전혀 맞지 않는 인물화를 그렸다면 예술가들이 "무식한 과학자들의 그림이니 이해해 주자."라며 넘어갔을까? 이런 그림이 (피카소의 입체주의 작품처럼) 새로운 예술 사조를 낳지 않는 한 예술가는 과학자에게 이렇게 말할 것이다. "이봐, 당장 학교로 돌아가서 미술과 기본 해부학부터 다시 공부하고 와!"

루브르 박물관에 걸려 있는 대가들의 작품 중에는 여러 그루의 나무에 드리워진 그림자가 한 지점을 향하고 있는 그림도 있다. 혹시 이 화가는 "수직으로 서 있는 물체의 그림자는 서로 평행하다."라는 사실을 몰랐던 것은 아닐까? 뿐만 아니라 그림에 등장하는 달은 대부분 보름달 아니면 초승달이다. 내가 보기에 이것은 "예술가는 과학을 사실대로 표현하지 않아도 좋다."라는 일종의 면책 특권인 것 같다. 보름달도 아니고 초승달도 아닌 달이 하늘에 떠 있는 기간은 한 달 중 보름이나 된다. 화가들은 과연 눈에 보이는 광경을 있는 그대로 그렸는가? 아니면 자신이 '보고 싶은' 광경을 그렸는가? 1990년 프랜시스 포드 코폴라(Francis Ford Coppola, 1939년~)의 「대부 3(Godfather III)」이 영화로 만들어지던 무렵에 촬영 기사가 내 사무실을 찾아와 맨해튼의 스카이라인에서 보름달을 촬영할 수 있는 날짜와 시간을 물어 왔다. 나는 "상현달이나 보름달을 향해 차고 있는 달을 촬영해도 좋지 않겠느냐."라고 권했으나 그의 관심은 오직 보름달뿐이었다.

예술가들에게 '과학적 사실을 어느 정도 왜곡할 수 있는' 예술적 특권이 주어지지 않는다면 그들의 창의성은 커다란 제한을 받게 된다. 이런 융통성이 없었다면 인상파나 입체파와 같이 한 시대를 이끌었던 미술 사조도 탄생할 수 없었을 것이다. 그러나 '예술적인 왜곡'과 '무지의 소치'는 엄연히 다른 문제이다. 예술가가 창조력을 발휘하기 전에 충분한 정보를 갖고 있지 않았다면 그의 왜곡된 그림은 결코 용납될 수 없다. 이 문제를 가장 적절하게 지적한 사람은 마크 트웨인(Mark Twain, 1835~1910년)이었다.

> 우선 사실을 파악하라. 일단 이것이 선행되면 그것을 어떻게 주물러도 상관없다.[1]

---

1. Twain, 1899, 2권 37장.

1997년에 개봉되어 공전의 히트를 기록한 할리우드 블록버스터 「타이타닉(Titanic)」의 감독이자 제작자인 제임스 캐머런(James Cameron, 1954년~)은 특수 효과뿐만 아니라 배의 호화로운 실내장식을 원형 그대로 되살리는 데에도 엄청난 노력을 기울였다. 그는 3.5킬로미터 해저에 가라앉은 타이타닉 호의 인양 작업에 직접 참여하여 선실의 벽에 달려 있는 촛대에서 중국 도자기의 무늬에 이르기까지 모든 소품을 일일이 확인했으며 자신이 확인한 사실들을 영화에 그대로 재현했다. 뿐만 아니라 그는 1912년에 유행했던 사회적 관습과 의상 등을 철저히 고증하여 당시의 인물상을 사실 그대로 생생하게 표현했으며, 4개의 굴뚝 중 3개만이 엔진에 연결되어 있었다는 사실까지 알아내 나머지 하나의 굴뚝에서는 연기를 뿜지 않는 치밀함까지 보였다. 우리는 타이타닉 호가 영국의 사우샘프턴(Southhampton)에서 첫 출항한 날짜를 알고 있고 침몰한 지점의 경도와 위도도 정확하게 알고 있다. 물론 매사에 주도면밀한 캐머런 감독이 이 사실을 몰랐을 리 없다.

캐머런 감독이 영화의 고증에 이토록 세심한 주의를 기울였다면 배에서 바라본 별자리도 날짜를 정확하게 계산하여 사실 그대로 그릴 수 있었을 것이다. 그 정도의 열정이라면 얼마든지 가능한 일이다.

그러나 그는 하늘의 별자리를 엉터리로 그려 놓았다.

영화에 등장하는 밤하늘의 별자리들은 사실과 완전히 달랐다. 게다가 영화의 후반부에서 여주인공이 널빤지에 올라탄 채 저체온증에 시달리며 무의식중에 노래를 흥얼거릴 때, 그녀의 시야에 들어온 북대서양의 하늘이 화면에 펼쳐지는 장면이 있는데, 이때 화면의 오른쪽과 왼쪽에 나타난 별의 배열은 마치 거울에 비친 것처럼 똑같다. 영화에 막대한 예산을 쏟아 부은 캐머런 감독이 과연 필름 값을 아끼기 위해 이런 트릭을 썼을까?

한 가지 이상한 것은 캐머런 감독이 은접시와 쟁반을 철저하게 고증하여 원형 그대로 재현했지만 이 사실을 알아챈 사람이 거의 없다는 점이다. 그런데 북대서양의 하늘은 어땠을까? 별자리에 관심 있는 사람이라면 영화에 나온 북대서양의 하늘이 사실과 다르다는 것을 금방 알 수 있다. 그리고 요즘은 임의의 시간, 임의의 장소에서 별자리의 위치를 그려 주는 컴퓨터 프로그램이 수십 종이나 판매되고 있으며 개당 가격은 50달러 안팎이다.

그러나 캐머런 감독은 영화 곳곳에서 '예술가로서의 면책 특권'을 행사했다. 타이타닉 호가 침몰한 후 달도 없는 북대서양에는 수많은 사람이 허우적거리거나 이미 사망한 채 떠다니고 있었다. 이런 상황에서는 눈앞에서 자신의 손을 흔들어도 잘 보이지 않는다. 그러나 캐머런 감독은 관객들에게 이 상황을 보여 줘야 했기에 별도의 조명을 추가했다. 그래서 이 극적인 장면에서는 출처가 불분명한 광원이 드리운 어색한 그림자를 곳곳에서 볼 수 있다.

어쨌거나 영화 「타이타닉」에서 드러난 '별자리 오류'는 결국 올바르게 수정되었다. 세간에 알려진 바와 같이 캐머런 감독은 현대판 탐험가로서 과학적 프로젝트를 중요하게 생각하는 사람이다. 그는 타이타닉 탐사를 비롯한 여러 개의 탐사 프로젝트를 진행했으며 여러 해 동안 NASA의 고문으로 일해 왔다. 최근에 《와이어드(*Wired*)》는 뉴욕 시에서 그의 탐험 정신을 기리고 업적을 표창하는 만찬을 개최한 적이 있는데, 나도 그 자리에 초대받아 영화 편집자와 캐머런 감독을 직접 만나는 행운을 누렸다. 영화 「타이타닉」에 나타난 별자리의 오류를 지적할 수 있는 절호의 기회를 잡은 것이다. 그는 나의 불평을 근 10분 동안 참을성 있게 들은 후 다음과 같이 항변했다. "타이타닉의 제작비와 부대 비용을 모두 합하면 무려 10억 달러가 넘습니다. 여기에 밤하늘의 별까지 사실대로 표현하려면 엄청난 비용이 또 들어갔을 거라고요!"

나는 할리우드의 거장을 의기소침하게 만들고 싶지 않아서 조용히 입을 다물었다. 그리고 테이블로 돌아와 디저트를 먹으면서 "내가 공연한 트집을 잡았나?"라며 내심 후회하고 있었다. 그로부터 두 달이 지난 어느 날, 캐머런 감독의 컴퓨터 영상 기술자가 사무실로 전화를 걸어와서 "DVD로 제작될 한정판에는 밤하늘의 별자리를 올바르게 그려 넣기로 결정했습니다. 침몰 당일의 정확한 별자리 위치를 알려 주실 수 있겠습니까?"라고 물어 왔다. 물론 나는 흔쾌히 별자리 지도를 보내 주었고 이 영상은 한정판 필름에 그대로 반영되었다.

*

내가 직접 편지를 보내서 오류를 지적한 사례도 있다. 1991년에 스티브 마틴(Steve Martin, 1945년~)이 각본을 쓰고 제작에 주연까지 맡았던 로맨틱 코미디 영화 「L. A. 이야기(L. A. Story)」가 개봉되었다. 이 영화에서 마틴은 달이 변해 가는 모습을 통해 시간의 흐름을 표현했는데 사실과 다른 부분이 곳곳에서 눈에 띄었다. 우주 현상을 이용하여 시간을 표현한 마틴의 노력은 높이 사는 바이지만 이 할리우드식 달은 분명히 잘못된 방향으로 차고 있었다. 지구의 북반구에서 볼 때, 달은 오른쪽에서 왼쪽으로 차올라야 한다.

초승달이 떴을 때, 태양은 달에서 오른쪽으로 20~30도 옮겨 간 곳에 위치하고 있다. 그 후 달이 지구 주변을 공전함에 따라 초승달과 태양 사이의 각도가 커지고, 그 결과 달의 덩치도 서서히 증가하여 약 15일이 지나면 보름달이 된다. (경우에 따라서는 월식이 일어나기도 한다.)

스티브 마틴의 달은 왼쪽에서 오른쪽으로 차오르고 있었다. 나는 이 사실을 지적하는 편지를 공손한 문체로 작성하여 마틴에게 보냈으나 답장을 받지 못했다. 당시 나는 일개 대학원생에 불과했으므로, 그의 관심을 끌기에는 역부족이었을 것이다.

1983년에 상영된, 시험 비행사의 영웅담을 그린 영화 「필사의 도전(The Right Stuff)」도 잘못된 내용으로 가득 차 있다. 이 영화에서 비행기를 타고 사상 최초로 음속을 돌파한 척 엘우드 예거(Chuck Elwood Yeager, 1923년~)는 2만 4000미터 상공을 날아가면서 최고 고도와 최고 속도를 또 한 차례 경신한다. 그런데 이 부분에서 솜털처럼 탐스러운 고적운(高積雲)이 비행기를 스치고 지나가는 장면이 여러 차례 등장한다. 이 영화를 기상학자에게 보여 주면 당장 이맛살을 찌푸릴 것이다. 고적운은 6,000미터 아래에서만 생성되는 구름이기 때문이다.

이 영화의 감독이었던 필립 카우프만(Philip Kaufman, 1936년~)은 선택의 여지가 있었다. 높은 고도에서 형성되는 권운이나 아름다운 야광운으로 대신했다면 훨씬 실감나는 장면이 되었을 것이다. 높은 고도에 올라가 본 적이 없는 사람은 잘 모르겠지만 구름의 형태는 고도에 따라 크게 달라진다. 카우프만은 비행기의 속도감을 표현하는 데 집중한 나머지 평범한 사실을 간과했던 것이다.

1983년에 발표된 칼 세이건의 동명 소설을 영화화한 「콘택트」(1997년)도 곳곳에서 오류가 눈에 띈다. (나는 원작 소설을 읽지 않고 영화만 봤다. 소설을 읽은 사람의 대부분은 한결같이 "영화보다 소설이 낫다."라고 주장하고 있다.) 이 영화는 지구인이 외계의 지적 생명체와 교신을 주고받으며 그들과 접촉한다는 내용을 담고 있는데 여주인공이자 천체 물리학자인 조디 포스터(Jodie Foster, 1962년~)가 수학적으로 심각하게 틀린 내용을 읊는 장면이 있다. 그녀는 세계에서 가장 큰 전파 망원경 앞에서 열정에 찬 목소리로 매슈 매코너헤이(Matthew McConaughey, 1969년~)에게 말한다. "우리 은하 속에 4000억 개의 별이 있다고 하고 그중 100만 개 가운데 하나꼴로 행성을 거느리고 있다고 가정해 볼까요? 그리고 행성 100만 개 중 하나에 생명체가 살고 있고, 그런 행성 100만 개 중 하나에 지적인 생명체가 산다고 가정해 보자고요. 이렇게 따져도 우리 은하에 지적인 생명체가 사는 행성은 100만 개가 넘어요." 아니다. 이 계산은 완전히 틀렸다. 그녀의 말대로라면 지적인 생명체가 사는 행성의 수는 100만 개가 아니라 0.0000004개에 불과하다. 물론 영화 대사로는 "10개 중 하나"보다 "100만 개 중 하나"가 훨씬 극적으로 들리지만 그렇다고 나눗셈의 기본 법칙을 마음대로 바꿀 수는 없다.

사실 조디 포스터의 대사는 '은하에 존재하는 별의 개수에서 시작해서 일련의 확률을 곱해 나감으로써 지적 생명체가 존재할 확률을 계산하는' 드레이크 방정식에 근거를 두고 있다. 그래서 이 대사는 영화 전체를 통틀어 가장 유명한 대사로 알려져 있다. 그렇다면 이 오류는 누구의 책임인가? 대본을 쓴 작가를 비난해야 할까? 아니다. 내가 보기에는 포스터에게도 책임이 있다. 그녀는 주연 배우로서 관객들에게 최종적으로 전달되는 대사를 사전에 점검할 의무가 있다. 포스터는 예일 대학교를 나왔으므로 그곳에서 분명히 기본적인 수학 교육을 받았을 것이다.

1970~1980년대에 방영된 텔레비전 드라마 「돌고 도는 세상(The World Turns)」의 오프닝 크레디트(등장 인물을 소개하는 드라마의 첫 장면)에는 떠오르는 태양이 화면에 등장한다. 드라마의 전체적인 분위기를 전달하는 데에는 아주 적절한 선택이었다고 본다. 그러나 안타깝게도 이 화면은 일몰 장면을 촬영해 거꾸로 재생한 것이다. 북반구에서 뜨는 태양은 계절에 상관없이 항상 지평선에서 오른쪽으로 기울어진 궤적을 그리며 떠오른다. 그리고 지는 해도 오른쪽 아래로 기울어진 궤적을 따라 지평선 아래로 사라진다. 그런데 드라마에 등장한 태양은 지평선에서 왼쪽 위로

기울어진 궤적을 따라 떠올랐다. 아마도 제작진이 아침 일찍 일어나기가 힘들었거나 남반구에서 촬영한 장면일 수도 있다. 만일 이들이 천체 물리학자에게 약간의 조언만 구했다면 이런 어이없는 실수를 하지 않았을 것이다. 일몰을 일출로 바꾸고 싶다면 일단 화면의 좌우를 뒤집은 후 거꾸로 틀면 된다.

물론 천문학적 오류가 텔레비전과 영화 그리고 루브르 박물관에만 있는 것은 아니다. 뉴욕 시에 있는 그랜드 센트럴 터미널의 천장에는 유명한 별자리들이 푸른 바탕에 고색창연한 그림으로 표현되어 있다. 그런데 이 별자리들은 한결같이 좌우가 바뀌었다. 왜 그랬을까? 과거 르네상스 시대의 천문가들은 하늘의 별자리를 지구본과 비슷하게 생긴 천구의(天球儀)의 표면에 새겨 넣었기 때문에 마치 관측자가 하늘이 '바깥'에 있는 것처럼 그릴 수밖에 없었다. 만일 이 천구가 투명한 재질로 되어 있고 그 안에 사람이 들어갈 수 있다면 제대로 된 별자리가 보일 것이다. 그러나 그랜드 센트럴 터미널의 천장 벽화를 디자인한 화가는 '천구'가 아닌 '천장'에 이와 같은 기법을 사용했다. 다시 말해서 거대한 천구가 천장에 걸려 있고 바닥을 걷는 사람들이 그것을 '올려다보는' 희한한 관점이 형성된 것이다. 화가가 그림을 그릴 때 별자리 도안을 천장 쪽으로 치켜들고 확인했어야 하는데 평소 하듯이 도안을 아래쪽에 놓고 천장에 그림을 그리는 바람에 좌우가 뒤바뀌는 '불상사'가 초래된 것이다.

예술가의 무지가 왜곡하는 분야는 천체 물리학뿐만이 아니다. 모르기는 몰라도 박물학자들의 불만은 과학자를 훨씬 능가할 것 같다. "이 식물들은 이 지역에 서식하지 않는다."라거나 "이런 지형에서는 이와 같은 바위가 형성될 수 없다."라거나 "이 지역에 서식하는 거위들은 그런 식으로 울지 않는다."라거나 "한겨울에 단풍나무 잎이 그대로 달려 있다니 어불성설이다." 등등 일일이 나열하자면 끝도 없을 것이다.

앞으로 여건이 허락한다면 '예술을 위한 과학'을 가르치는 학교를 세워서 창의력이 풍부한 사람들에게 과학적 소양을 심어 주고 싶다. 이 과정을 마친 예술가들은 단순히 '무지' 때문에 자연을 왜곡하는 실수를 범하지 않을 것이며, 사실과 다르게 표현된 작품에는 그에 합당한 '예술적 사연'이 존재할 것이다. 영화 감독과 제작자, 세트 디자이너, 촬영 감독 등 영화 제작과 관련된 모든 사람들이 이 과정을 밟고 나면 '문학 및 예술 분야 자연 왜곡 인증 학회(Society for Credible Infusion of Poetic and Artistic License, SCIPAL)'라는 단체가 만들어질지도 모르겠다.

7부

과학과 종교

*

당신이 누구이건 간에
"세상 만물은 언제, 어떻게 시작되었는가?"라는
질문에 답을 찾는 행위 속에는 감정이 개입되기 마련이다.
누군가가 태초의 비밀을 알아냈다면 그를 중심으로
어떤 종교 단체나 막강한 권력 단체가 형성될 것이다.
"나는 어디로 가고 있는가?"를 아는 것도 중요하지만
"나는 어디서 왔는가?"를 아는 것도
그에 못지않게 중요한 문제이기 때문이다.

40장
태초에……[1]

물리학은 우주 내의 물질과 에너지, 시간과 공간 그리고 이들 사이의 상호 작용을 서술하는 과학이다. 지금까지 과학자들이 알아낸 바에 따르면 모든 생물학적, 화학적 현상은 앞에 열거한 네 가지 요소에 따라 결정된다. 그리고 우리에게 친숙한 삼라만상은 물리학의 법칙을 따르고 있다.

물리학을 비롯한 모든 과학적 탐구 활동에서 선구적인 발견은 극단적인 실험을 통해 이루어진다. 블랙홀의 주변과 같이 극단적인 상황에서 중력은 시공간을 심각하게 왜곡시키고, 별의 중심부와 같은 초고에

1. 미국 물리학회 주최 과학 에세이 공모전(2005년) 당선작.

너지 상태에서는 수천만 도에 달하는 온도 속에서 핵융합 반응이 일어난다. 우주가 갓 탄생했을 무렵에는 온도와 밀도 등 주변의 모든 환경이 이처럼 극단적인 상태에 놓여 있었다.

그러나 우리 주변의 일상적인 환경은 전혀 '극단적'이지 않다. 매일 아침 당신은 침대에서 일어나 집안을 분주하게 돌아다니다가 아침 식사를 하고, 옷을 차려입은 후 급하게 출근한다. 저녁때가 되면 가족들은 당신이 아침에 출근할 때와 똑같은 모습으로 되돌아올 것을 믿어 의심치 않는다. (간혹 넥타이가 풀어지거나 얼굴색이 달라진 채 돌아올 수 있지만 이 정도의 오차는 대체로 허용된다.) 그러나 당신이 사무실에 출근한 후, 과열된 회의실에 들어가다가 당신의 몸에 있는 모든 전자가 공중으로 날아갔다고 상상해 보라. 또는 이것보다 상황이 더 안 좋아서 몸을 이루는 모든 분자가 낱개로 분해되었다고 상상해 보라. 또는 당신이 책상 앞에 앉아 있는데 누군가가 강력한 빛을 발사하여 당신의 몸이 이리저리 벽에 부딪히다가 창문 밖으로 날아갔다고 상상해 보라. 또는 씨름을 관람하러 경기장에 갔는데 동그랗게 생긴 두 선수가 강하게 부딪힌 후 갑자기 사라지면서 두 줄기의 빛으로 변했다고 상상해 보라.

무슨 뚱딴지같은 가설이냐고? 이런 일이 일상적으로 일어난다면, 당신은 난해하기로 악명 높은 현대 물리학을 초등학교용 자연 도감을 읽듯이 술술 이해할 수 있다. 그리고 당신의 가족은 당신이 출근하는 것을 필사적으로 막을 것이다. 아침 때와 동일한 모습으로 귀가할 가능성이 거의 없기 때문이다. 그런데 우주의 초창기에는 이런 일들이 시도 때도 없이 일어났다. 이 상황을 머릿속에 그리면서 이해하려면 기존의 상식을 모두 버리고 극단적인 온도와 밀도 그리고 극단적인 압력에 적용되는 물리학 법칙을 새로운 직관으로 받아들여야 한다.

자, 지금부터 $E=mc^2$의 세계로 들어가 보자.

이 유명한 방정식은 알베르트 아인슈타인이 1905년에 발표한 논문 「움직이는 물체의 전기 동역학에 관하여(Zur Elektrodynamik bewegter Körper)」에 처음으로 등장했다. 지금은 '특수 상대성 이론(special theory of relativity)'이라는 이론을 처음 소개한 것으로 잘 알려진 이 논문은 시간과 공간에 관한 기존의 개념을 완전히 바꿔 놓았다. 당시 26세에 불과했던 젊은 아인슈타인은 몇 달이 지난 후에 이 간단한 방정식을 주제로 한 또 한편의 논문 「물체의 관성은 에너지에 따라 달라지는가?(Ist die Trägheit eines Körpers von seinem Energiehalt abhängig?)」를 발표하여 물리학계를 뒤숭숭하게 만들었다. 독자들은 이 논문을 읽을 시간도 없고 실험으로 확인하기도 어려울 것이므로, 간단하게 결론만 알고 넘어갈 것을 권한다. 논문 제목의 질문에 대한 답은 "예!"이다. 여기서 잠시 논문의 일부를 읽어 보자.

> 임의의 물체가 복사의 형태로 에너지 E를 방출한다면 질량은 E/c^2만큼 줄어든다. …… 물체의 질량은 에너지로부터 계산될 수 있으며, 그 반대도 가능하다. 물체의 에너지가 E만큼 변하면 질량도 그에 해당되는 양(E/c^2)만큼 변한다.[2]

그러나 아인슈타인은 자신의 주장이 절대로 옳다는 확신이 없었기에 다음과 같은 글을 덧붙여 놓았다.

> (라듐염과 같이) 물체에 함유되어 있는 에너지의 양이 시간에 따라 크게 변하는 물질을 이용하면 이 이론을 실험적으로 검증할 수 있을 것이다.[3]

---

2. Einstein, 1952, 71쪽.

이것으로 우리는 에너지를 질량으로, 또는 질량을 에너지로 환산해주는 방정식을 얻게 되었다. 아인슈타인은 자신도 모르는 사이에 임의의 시간, 임의의 장소에 적용될 수 있는 강력한 방정식, $E=mc^2$을 탄생시킨 것이다.

우리에게 가장 친숙한 에너지는 질량이 없는 빛의 입자, 즉 광자이다. 우리는 태양과 달, 별, 조명등, 난로 등으로부터 끊임없는 광자 세례를 받고 있다. 그런데 왜 일상 생활 속에서 $E=mc^2$을 경험할 수 없는 것일까? 가시광선 광자의 에너지는 질량이 가장 작은 기본 입자의 에너지보다 훨씬 낮기 때문이다. 그래서 광자는 다른 입자들보다 비교적 평온한 삶을 누리고 있다.

좀 더 극적인 사례를 알고 싶은가? 가시광선 광자보다 20만 배나 높은 에너지를 함유하고 있는 감마선 광자를 예로 들어 보자. 사람의 몸이 감마선에 노출되면 당장 병에 걸려서 결국에는 암으로 사망하겠지만 그보다 먼저 감마선이 도달한 곳에서 한 쌍의 전자(하나는 입자(물질)이고 하나는 반입자(반물질)이다. 우주에 존재하는 모든 종류의 입자는 각자 짝에 해당하는 반입자를 갖고 있다.)가 생성되는 광경을 보게 될 것이다. 이들을 계속 관찰하면 물질-반물질 쌍이 서로 충돌하여 사라지면서 감마선 광자가 다시 생성되는 모습도 볼 수 있다. 여기서 빛의 에너지를 2,000배로 높이면 멀쩡한 사람을 헐크로 만들 수 있을 정도로 강력한 감마선이 방출된다. (정말로 헐크가 된다는 뜻은 아니다. — 옮긴이) 이 감마선 광자들이 쌍을 이루면 양성자나 중성자(그리고 반양성자나 반중성자)와 같이 비교적 무거운 입자들이 생성될 수도 있다.

고에너지 광자는 아무 곳에나 존재하지 않지만 생성 조건이 그리 까

3. 앞의 글, 71쪽.

다로운 것도 아니다. 어떤 물체이건 간에 온도가 수십억 도까지 올라가면 감마선을 방출할 수 있다. 입자는 에너지 덩어리로 변환될 수 있고 에너지 덩어리도 입자로 변환될 수 있다는 사실이 알려지면서 현대 물리학은 총체적으로 새로운 국면을 맞게 되었다. 우주 공간은 대폭발 이후로 지금까지 계속 팽창하고 있는데 마이크로파 배경 복사로 측정한 공간의 평균 온도는 약 2.72켈빈(섭씨 -270.72도)에 불과하다. 가시광선 광자가 그랬듯이 마이크로파 광자도 $E=mc^2$을 통해 입자로 변환되기에는 에너지가 너무 작다. 마이크로파 에너지가 입자로 변환된 사례는 지금까지 단 한 건도 보고된 적이 없다. 그러나 어제의 우주는 오늘의 우주보다 조금 더 작았으므로 온도도 조금 더 높았을 것이다. 과거로 거슬러 갈수록 우주 공간은 작아지고 온도는 높아진다. 시계를 왕창 되돌려서 대폭발이 일어났던 137억 년 전으로 거슬러 가면 천체 물리학적으로 흥미로운 사건이 도처에서 일어날 정도로 초고온 상태가 된다.

우주의 팽창과 온도의 하강에 따른 시간과 공간, 물질과 에너지의 행동 양식은 역사 이래 지금까지 거론된 이야기 중 규모가 가장 크다. 우주의 용광로에서 일어난 사건을 논리적으로 설명하려면 자연에 존재하는 네 종류의 힘을 하나로 통일하는 방법부터 알아야 한다. 그리고 미시 세계의 현상을 설명하는 양자 역학과 거시 세계의 행동 방식을 설명하는 일반 상대성 이론을 조화롭게 결합시켜야 한다.

20세기 중반에 양자 역학과 전자기학을 성공적으로 결합시키면서 한껏 사기가 오른 물리학자들은 내친김에 양자 역학과 일반 상대성 이론을 하나로 통일하겠다는 야망을 불태웠다. (이것을 양자 중력 이론(quantum gravity theory)이라고 한다.) 그러나 여기에는 정말로 물리치기 어려운 복병이 도사리고 있었다. 이 문제는 아직 해결되지 않았으나 무엇이 걸림돌인지는 확실하게 알려져 있다. 바로 '플랑크 시기(Planck's era)'가 모든 문제의 시발점이다. 플랑크 시기란 시간적으로는 10^{-43}초(1조×1조×1조×1000만분의 1초) 이내, 공간적으로는 10^{-35}미터(1조×1조×1000억분의 1미터)이하의 작은 시공간을 말한다. 이것은 독일의 물리학자 막스 플랑크의 이름을 딴 용어인데, 그는 1900년에 에너지가 양자화되어 있다는 양자 가설을 제안하여 양자 역학의 서막을 열었던 사람이다. 이 미세한 시공간 안에서 일반 상대성 이론과 양자 역학은 물과 기름처럼 섞이지 않는다.

중력과 양자 역학이 충돌을 일으켰다고 해서 현재의 우주에 당장 문제가 발생하는 것은 아니다. 일반 상대성 이론과 양자 역학을 각기 다른 영역에 적용하면 아무 문제가 없다. 대폭발이 일어난 직후 시간과 공간이 플랑크 영역 안에 있을 무렵 중력과 양자 역학은 조화롭게 공존하고 있었다. 그러나 시간이 흐르면서 이들 사이의 조화는 무너졌고 지금은 어떤 물리 법칙을 동원해도 이들을 화해시킬 수 없다.

우주 탄생 후 시간이 '플랑크 시간'만큼 흘렀을 때 중력은 다른 힘들로부터 꿈틀거리며 빠져 나와 '별도의 이론으로 설명해야 하는' 독립된 힘으로 자리 잡았다. 그 후 시간이 10^{-35}초까지 흘렀을 때 전자기약력과 강한 핵력이 별개의 힘으로 갈라져 나왔으며 그 후에는 전자기약력도 전자기력과 약한 핵력으로 분리되어 총 네 종류의 힘이 우주를 지배하게 되었다. 약한 핵력은 방사능 붕괴에 관여하는 힘이고 강한 핵력은 핵자(양성자와 중성자)를 강하게 결합시키는 힘이며, 전자기력은 분자를, 중력은 커다란 물체를 결합시키는 힘이다. 원래 하나였던 힘이 4개로 갈라지기는 했지만 아직 우주의 나이는 '수조분의 1초'에 불과했다.

우주 탄생 후 '1조분의 1초'가 지났을 때 물질과 에너지가 상호 작용하기 시작했다. 그리고 이것보다 조금 전에 강력과 약전자기력이 분리되면서 쿼크와 렙톤(lepton, 경입자) 그리고 이들 사이의 상호 작용을 매개하는 보손이 우주를 가득 메우게 되었다. 이들은 더 이상의 세부 구조를 갖지 않는 근본적인 입자로서(elementary particle, 흔히 기본 입자 또는 소립자(素粒子)라고 부른다.) 특성에 따라 몇 가지 종류로 분류할 수 있다. 빛의 입자인 광자는 보손에 속하고 렙톤 중에서 가장 잘 알려진 입자로는 전자와 중성미자(뉴트리노)를 들 수 있다. 그리고 쿼크 중에서 가장 잘 알려진 것은 …… 없다. 모든 쿼크가 다 생소하다. 쿼크도 종류에 따라 고유의 이름을 갖고 있는데 이것은 단순히 구별을 위한 방편일 뿐 이름 자체에는 아무런 의미도 없다. 목록을 나열하다면 위 쿼크(up quark), 아래 쿼크(down quark), 야릇 쿼크(strange quark), 맵시 쿼크(charm quark), 꼭대기 쿼크(top quark), 바닥 쿼크(bottom quark)이다.

'보손'이라는 이름은 인도의 과학자 사티엔드라나트 보스(Satyendranath Bose, 1894~1974년)의 이름 뒤에 입자를 뜻하는 접미사 '-on'을 붙인 것이고 렙톤은 '가벼운 것' 또는 '작은 것'을 뜻하는 그리스 어 leptos를 변형시킨 것이다. 그런데 쿼크는 조금 색다른 어원을 갖고 있다. 1964년에 쿼크의 존재를 최초로 예견했던 머리 겔만(Murray Gell-Mann, 1929년~)이 제임스 조이스(James Joyce, 1882~1941년)의 소설 『피네건의 경야(*Finnegans Wake*)』에 등장하는 '쿼크'라는 단어를 입자의 이름으로 붙인 것이다. (당시 겔만은 쿼크의 종류가 세 가지라고 생각했다.) 단어가 좀 희한하게 생기긴 했지만, 사실 용어라는 것은 철자가 짧고 읽기 쉬우면 그만이다. 화학자나 생물학자 그리고 지질학자 들이 애용하는 길고 어려운 전문 용어들과 비교할 때, 참으로 '모범적인' 이름이 아닐 수 없다.

쿼크는 참으로 희한한 입자이다. 전하가 +1인 양성자나 −1인 전자와 달리, 쿼크는 분수로 표현되는 전하를 갖고 있다. 또한 쿼크는 다른 쿼크와 결합된 상태로만 존재한다. 혼자 돌아다니는 쿼크는 지금까지 단 한 번도 발견된 적이 없다. 강하게 결합된 2개(또는 그 이상)의 쿼크 사이를 강제로 벌려 놓으면 마치 초강력 핵 고무줄에 묶인 것처럼 이들 사이의 결합력은 더욱 강해진다. 쿼크 사이의 간격이 어느 이상으로 멀어지면 고무줄은 결국 끊어지는데 이때 고무줄 속에 담겨 있던 에너지 E가 질량 m으로 전환되면서($E=mc^2$) 고무줄의 양끝에서 새로운 쿼크가 탄생한다. 그리고 이 쿼크는 기존의 쿼크와 결합하여 처음 상태로 되돌아가기 때문에 같은 과정을 아무리 반복해도 '혼자 동떨어진 쿼크'는 결코 생성되지 않는다.

그러나 우주가 쿼크와 렙톤으로 가득 차 있던 태초에는 공간의 밀도가 너무 높아서, 혼자 돌아다니는 쿼크 사이의 평균 거리와 결합 상태에 있는 쿼크 사이의 거리가 거의 비슷했다. 이런 상황에서는 이웃 쿼크에 의한 영향을 정확하게 정의할 수 없으며, 쿼크는 서로 결합하지 않고 입자들 사이를 자유롭게 돌아다닐 수 있다. 이른바 '쿼크 수프(quark soup)'라 불리는 이러한 상태는 2002년에 브룩헤이븐 국립 연구소의 물리학자들이 처음 알렸다.

강력(핵력)을 설명하는 이론에 따르면 우주 초기에 하나의 힘이 여러 개로 갈라져 나오면서 우주 전체의 대칭성이 붕괴된 것으로 추정된다. 즉 이 사건을 계기로 물질을 이루는 입자와 반물질을 이루는 입자의 비율이 1,000,000,001 : 1,000,000,000(10억 1 대 10억) 정도로 기울어졌다는 것이다. 그러나 당시에는 쿼크와 반쿼크, 전자와 반전자(양전자), 중성자와 반중성자의 생성과 소멸이 끊임없이 반복되고 있었으므로 입자와 반입자 개수의 미세한 차이는 별로 중요한 문제가 아니었다. 모든 입자는 자신의 반입자 짝을 만나 언제든지 소멸될 수 있었다.

그러나 이런 상태는 그리 오래가지 않았다. 대폭발 후 100만분의 1초가 지났을 때 우주는 태양계만 한 크기까지 팽창했고 온도는 수조(10^{12}) 켈빈까지 떨어졌다.

이렇게 미지근하고 밀도가 낮은 우주에서 고립된 쿼크는 더 이상 존재할 수 없다. 그래서 쿼크들이 일제히 파트너를 찾아 결합하면서 무거운 하드론(hadron, 또는 강입자. '강하다.'라는 뜻의 그리스 어 'hadros'에서 유래했다.)을 형성했으며 그 결과 양성자와 중성자를 비롯한 무거운 입자들이 만들어졌다. 그리고 이 과정에서 물질과 반물질 사이의 미세한 양적 차이는 엄청난 결과를 초래했다.

우주가 식어 가면서 기본 입자가 자발적으로 생성되는 데 필요한 에너지는 급격하게 줄어들었다. 하드론이 전성 시대를 누리는 동안, 광자는 더 이상 $E=mc^2$을 통해 쿼크-반쿼크 쌍을 만들어 낼 수 없게 되었다. 뿐만 아니라 한 쌍의 입자가 충돌해 소멸하면서 생성된 광자는 우주의 팽창과 함께 에너지를 잃으면서 더 이상 하드론-반하드론 쌍을 생성할 수 없게 되었다. 쌍소멸 과정이 10억 회 일어날 때마다 10억 개의 광자가 생성되었고 그럴 때마다 평균적으로 단 하나의 하드론만 살아남을 수 있었다. 지금 우주에 존재하는 모든 물질(은하, 별, 행성, 인간 등)은 이때 살아남은 하드론으로부터 생성된 것이다.

물질 대 반물질 비율이 10억 1 대 10억이 아니라 정확하게 같았다면 우주의 모든 질량은 모두 소멸되고 오직 광자들만이 텅 빈 공간을 돌아다니는 '썰렁한 우주'가 되었을 것이다.

대폭발이 일어나고 1초가 지났을 때, 우주는 수 광년까지 팽창했다. 이 정도면 태양을 중심으로 가장 가까운 별자리의 거리에 해당된다. 이 시점에서 온도는 수십억 도까지 식었지만 전자와 반전자가 갑자기 생성되거나 소멸하기에는 충분한 온도였다. 그러나 우주의 팽창이 계속되는 한 이들의 전성 시대도 곧(수 초 이내에) 끝날 운명이었다. 하드론과 마찬가지로 전자도 10억 개 중 하나가 살아남고 나머지는 광자의 바다 속에서 반전자와 만나 소멸되었다.

이때부터 모든 양성자와 전자는 더 이상 사라질 염려 없이 '영원한 생명'을 확보했다. 그리고 우주의 온도가 1억 도까지 식으면서 양성자끼리(또는 양성자와 중성자가) 융합하여 헬륨 원자핵을 만들었다. 그래서 우주에는 75퍼센트의 수소 원자핵(양성자)과 25퍼센트의 헬륨 원자핵 그리고 극소수량의 중수소, 삼중수소, 리튬의 원자핵이 존재하게 되었다.

이제 우리는 대폭발이 일어나고 2분이 지난 시점에 도달했다. 그 후 38만 년 동안은 여전히 뜨거운 온도에서 자유 전자가 광자와 수시로 충돌할 뿐 별다른 사건은 일어나지 않았다.

그러나 이 모든 자유는 우주의 온도가 3,000켈빈(태양 표면 온도의 절반)까지 떨어지면서 갑자기 사라졌다. 모든 전자가 자유로운 양성자와 결합하기 시작한 것이다. 이들의 결합은 엄청난 양의 가시광선 광자를 낳았으며, 원시 우주에서 입자와 원자의 분포를 결정했다.

우주가 계속 팽창함에 따라 광자의 에너지가 점차 줄어들면서 가시광선은 적외선으로, 또는 마이크로파로 변환되었다.

앞으로 자세히 언급하겠지만 지금까지 관측된 우주 전역에는 '원자가 형성되기 전의 물질의 분포 상태'의 흔적이 온도 2.73켈빈(-270도)짜리 마이크로파 광자로 남아 있다. (이것을 '마이크로파 배경 복사'라고 한다.) 우리는 이 사실로부터 우주의 나이와 형태 등 많은 정보를 얻을 수 있다. 그리고 오늘날 원자는 일상 생활의 일부분이 되었지만 아인슈타인의 $E=mc^2$으로 알아낼 수 있는 정보는 아직도 사방에 널려 있다. 에너지장에서 입자-반입자 쌍이 수시로 생성되는 입자 가속기나, 매초마다 4.4톤의 물질이 에너지로 전환되는 태양의 중심부 그리고 다른 별의 중심부에서 일어나는 사건 등은 질량-에너지 등가 원리로 설명될 수 있다.

$E=mc^2$은 블랙홀에도 적용된다. 사건 지평선의 외곽에서는 블랙홀의 막대한 중력 에너지로 인해 입자-반입자 쌍이 수시로 생성되고 있다. 스티븐 호킹은 1975년에 이 과정을 이론적으로 설명함으로써 블랙

홀의 질량이 서서히 증발한다는 사실을 최초로 증명했다. 다시 말해서 "블랙홀은 완전히 검지 않다."라는 것이다. 오늘날 '호킹 복사(Hawking radiation)'로 알려진 이 현상은 $E=mc^2$이 적용될 수 있는 미개척지 중 하나로 남아 있다.

그런데 대폭발 이후를 논하다 보면 항상 떠오르는 질문이 하나 있다. "대폭발이 일어나기 전에는 무엇이 있었는가?"

세계적인 천체 물리학자들도 이 질문에는 속수무책이다. 지금의 과학 수준으로는 대폭발 이전의 우주를 탐색할 방법이 없다. 일부 종교인은 모든 힘을 초월하는 '절대적인 힘'이 우주 만물을 창조했다고 주장하지만 검증이 불가능하므로 과학적인 답이 될 수 없다. 그들이 주장하는 절대적인 힘이란 두말할 것도 없이 신(神)이나 창조주를 의미한다. 그러나 우주는 (예를 들자면) 다중 우주와 같은 형태로 항상 그 자리에 존재했을 수도 있고 입자처럼 무(無)에서 갑자기 탄생했을 수도 있다.

물론 이런 대답에 만족할 사람은 없다. 그렇기 때문에 천체 물리학이 아직도 존재하는 것이다. 다들 알다시피 무지는 첨단 과학을 이끌어 가는 원동력이다. 모든 것을 알고 있다고 자부하는 사람은 아무것도 탐색하지 않을 것이고, 앞으로 우주의 변방에서 무엇이 발견될지 궁금하지도 않을 것이다. "우주가 탄생하기 전에는 무엇이 있었는가?"라는 질문이 제기되면 "우주는 항상 거기에 있었다."라는 주장은 더 이상 설득력을 잃는다. 그런데 유독 "태초 이전에 무엇이 있었는가?"라는 종교적 질문은 "신은 항상 그곳에 있었다."라는 답으로 말끔하게 해결된다.

당신이 누구이건 간에 "세상 만물은 언제, 어떻게 시작되었는가?"라는 질문에 답을 찾는 행위 속에는 감정이 개입되기 마련이다. 누군가가 태초의 비밀을 알아냈다면 그를 중심으로 어떤 종교 단체나 막강한 권력 단체가 형성될 것이다. "나는 어디로 가고 있는가?"를 아는 것도 중요하지만 "나는 어디서 왔는가?"를 아는 것도 그에 못지않게 중요한 문제이기 때문이다.

41장

성전(聖戰)

지난 몇 년 동안 나는 공개 석상에서 강연을 여러 차례 해 왔는데 강의가 막바지에 이르면 으레 질문 공세가 쏟아지곤 한다. 이럴 때 시간 조절에 각별한 주의를 기울이지 않으면 제한 시간을 초과하기 십상이다. 강연 주제에 따라 약간의 차이는 있지만 청중들이 하는 질문은 대개 예측이 가능하다. 일단은 강연 내용과 직접적으로 관련된 문제를 거론하다가 결국에는 블랙홀이나 퀘이사, 대폭발같이 흥미를 자극하는 질문으로 집중된다. 게다가 강연 장소가 미국이고 시간도 충분하다면 우리의 대화는 결국 '신'으로 귀결된다. 청중들이 흔히 하는 질문은 "과학자들은 신의 존재를 믿습니까?" "당신은 신을 믿습니까?" "천체 물리학을 연구하면서 좀 더 종교적인 사람으로 변하지는 않았습니까?" 등이다.

출판업자들은 '신'을 주제로 한 이야기가 돈이 된다는 것을 경험을 통해 잘 알고 있다. 특히 과학자가 저술한 책의 제목에 과학과 종교가 '동시 출현'하면 베스트셀러 목록에 오를 가능성이 높다. 로버트 재스트로(Robert Jastrow, 1925~2008년)의 『신과 천문학자(*God and the Astronomers*)』, 리언 맥스 레더먼(Leon Max Lederman, 1922년~)의 『신의 입자(*The God Particle*)』, 프랭크 제닝스 티플러(Frank Jennings Tipler, 1947년~)의 『영원의 물리학: 현대 우주론, 신 그리고 죽은 자의 부활(*The Physics of Immorality: Modern Cosmology, God and the Resurrection of the Dead*)』, 그리고 폴 데이비스(Paul Davies, 1946년~)의 『신과 새로운 물리학(*God and the New Physics*)』과 『신의 마음(*The Mind of God*)』 등이 대표적인 사례이다. 그런데 이 책을 쓴 저자들은 종교학자가 아니라 저명한 물리학자 또는 천체 물리학자이기 때문에 내용 자체는 별로 종교적이지 않다. 다만 독자들이 '신'이라는 존재를 독서등처럼 옆에 켜 놓고 책을 읽어 주기를 바라는 마음에서 이와 같은 제목을 붙였을 것이다. 불가지론을 주장하면서 신다윈주의자들의 무신론에 반기를 들었던 스티븐 제이 굴드의 『오래된 반석: 충만한 삶의 과학과 종교(*Rocks of Ages: Science and Religion in the Fullness of Life*)』도 마찬가지이다. 이런 종류의 책이 베스트셀러가 된 것을 보면 확실히 미국에서는 '과학자가 신에 대해 자유롭게 서술한 책'이 잘 팔리는 것 같다.

티플러는 그의 대표작 『영원의 물리학』에서 "사람이 죽어도 영혼은 계속 존재하는가?"라는 의문에 물리학적인 접근을 시도했으며 이 책을 출간한 후 여러 개신교 단체에 초빙되어 고액을 지급받고 강연을 했다. 특히 최근에는 돈 많기로 유명한 템플턴 재단의 이사장 존 템플턴(John Templeton, 1912~2008년)이 과학과 종교의 화합에 관심을 가지면서 이런 종류의 강연이 고소득 부업으로 떠오르고 있다. 템플턴 재단은 과학과 종교에 관한 강연을 재정적으로 후원할 뿐만 아리나 '종교적인 과학자'를 대상으로 매년 상과 함께 거액의 상금을 수여하고 있는데, 금전적인 면에서는 노벨상을 훨씬 능가한다.

강연은 얼마든지 그럴듯하게 할 수 있겠지만 사실 과학과 종교 사이에는 아무런 공통점도 없다. 역사학자이자 19세기 말에 코넬 대학교 총장을 지냈던 앤드루 딕슨 화이트(Andrew Dickson White, 1832~1918년)의 저서 『과학과 기독교의 전쟁사(*A History of the Warfare of Science with Theology in Christendom*)』를 읽어 보면 정확한 답을 알 수 있을 것이다. 이 책에서 화이트는 "시대에 따라 사회적 주도권이 오락가락하긴 했지만 과학과 종교의 적대 관계는 오랜 세월 동안 계속되어 왔다."라고 지적하고 있다. 과학과 종교는 접근 방법 자체가 근본적으로 다르다. 과학자들의 주장은 실험적 사실에 기초하는 반면 신학자들의 주장은 믿음에 뿌리를 두고 있다. 사정이 이러하기에 앞으로 이들이 언제, 어디서 만나건 간에 논쟁은 결코 끝나지 않을 것이다. 그러나 대화를 단절하고 자신들만의 아집에 빠지는 것보다는 차라리 만나서 싸우는 편이 낫다고 본다.

과학과 종교가 분열된 것은 이들을 하나로 합치려는 과거의 시도 때문이 아니다. 2세기경에 활동했던 프톨레마이오스부터 17세기의 뉴턴에 이르기까지, 그동안 수많은 대가가 자연의 특성을 철학적 관점에서 서술하려고 노력해 왔다. 실제로 뉴턴은 죽음이 임박했을 때 물리 법칙보다는 신과 종교에 관하여 훨씬 많은 글을 남겼다. 심지어는 성경에 등장하는 일화로부터 자연 현상을 예견하려는 시도까지 했을 정도이다. 만일 그의 연구가 성공했다면 오늘날 과학과 종교는 거의 구별이 불가능할 정도로 통일되었을 것이다.

논지는 간단하다. 지금까지 나는 종교적인 논리로 자연 현상을 성공적으로 예견하거나 추론한 사례를 단 한 번도 본 적이 없다. 비단 나뿐만 아니라 다른 대부분의 과학자도 마찬가지일 것이다. 만일 누군가가

"성공 사례가 있다."라고 주장한다면 나는 그의 논리를 얼마든지 반박할 수 있다. 지금까지 제기되었던 '종교적 도그마가 개입된 과학적 예견'은 한결같이 틀린 것으로 판명되었다. 여기서 말하는 '예견'이란 물리적 사물이나 자연 현상이 변화를 일으키기 '전에' 미리 예측한다는 뜻이다. 변화가 이미 일어난 후에 설명이 뒤따른다면, 그것은 예측(prediction)이 아니라 기측(postdiction)이다. 대부분의 창조 설화와 러디어드 키플링(Rudyard Kipling, 1865~1936년, 1907년도 노벨 문학상 수상자. — 옮긴이)의 『그럴듯한 이야기(*Just So Stories*)』는 바로 이러한 '기측'을 기반으로 하고 있다. 그러나 과학에서는 수백 개의 기측보다 하나의 예측이 훨씬 중요하다.

*

세간에 잘 알려져 있는 종교적인 예견들은 대부분 이 세상의 종말과 관련되어 있는데, 물론 사실로 판명된 것은 하나도 없다. (하긴 이중 하나라도 사실대로 판명되었다면 세상은 이미 끝났을 것이다.) 그리고 종말과 무관한 종교적 주장이나 예견은 과학의 진보에 역행하는 내용이 대부분이다. 그 대표적인 예가 바로 갈릴레오를 심판했던 종교 재판이다. (나는 이것을 '세기의 재판'으로 꼽고 싶다.) 이 재판에서 갈릴레오는 실제의 우주가 가톨릭 교회에서 주장하는 우주와 근본적으로 다르다는 것을 입증했다. 사실 지구가 우주의 중심이라는 우주관도 나름대로 관측 결과와 일치하는 면이 있기는 있었다. 별을 배경으로 움직이는 행성의 실제 궤적은 당시 사람들이 절대적으로 믿었던 천동설과 모순되는 점이 거의 없었다. 그래서 천동설은 한 세기 전에 코페르니쿠스가 지동설을 주장했음에도 여전히 위력을 떨치고 있었다. 지구가 우주의 중심이라는 주장은 가톨릭 교회의 가르침과 일치했을 뿐만 아니라 구약 성경의 「창세기」에 나오는 '창조의 순서'와도 일맥상통했다. 「창세기」에 따르면 창조주는 태양이나 달을 만들기 전에 제일 먼저 지구(땅)부터 창조했다. 인간과 땅이 가장 먼저 만들어졌다면 당연히 인간은 나중에 창조된 피조물들의 '중심'에 있어야 한다. 그곳 말고 어떤 자리가 가능하겠는가? 뿐만 아니라 태양과 달은 매끄러운 구형이어야 할 것이다. 전지전능하고 완벽한 창조주라면 당연히 그랬을 것이다. 구(球)는 모든 도형 중에서 가장 완벽한(가장 높은) 대칭성을 갖고 있기 때문이다.

그러나 이 모든 가설은 망원경이 발명되면서 틀린 것으로 판명되었다. 새로운 광학 기구에 비친 우주는 결함 없이 완벽하고 신성한 지구 중심의 우주가 전혀 아니었다. 달의 표면은 온갖 암석으로 울퉁불퉁했으며 태양의 표면에 나 있는 점은 이리저리 움직이고 있었다. 뿐만 아니라 목성은 자신만의 위성을 거느리고 있었고, 금성은 특정 주기를 두고 달처럼 모양이 변했다. 이 사실이 알려지면서 커다란 충격을 받은 교회는 당사자인 갈릴레오를 종교 재판에 회부하여 유죄를 선언하고 가택 연금형을 선고했다. 지금 생각하면 참으로 어이없는 판결이지만 당시로서는 꽤 관대한 처분이었다. 그보다 수십 년 전에 "지구 이외의 다른 곳에 생명체가 존재할 수도 있다."라고 주장했던 조르다노 브루노는 신성 모독이 적용되어 화형에 처해졌다.

그렇다고 해서 과학적 방식을 따르는 유능한 과학자들의 주장이 항상 옳은 것은 아니다. 그들도 얼마든지 틀릴 수 있다. 과학의 첨단 분야에서 제기되는 주장은 데이터상의 오류나 논리상의 실수로 인해 틀린 것으로 판명되는 경우가 태반이다. 그러나 과학적 접근법은 새로운 아이디어와 이론의 원천이므로 잘못이 수정되면 그 즉시 바른 길로 나아갈 수 있다. 우주의 특성을 설명하는 문제에 관한 한 인간의 사고가 낳은 그 어떤 행위도 과학만큼 성공을 거두지 못했다.

과학계는 "폐쇄적이고 고집이 센 집단"이라는 말을 자주 듣는다. 특히 과학자가 점성술이나 초자연적 현상, 새스콰치 목격담 등 '일반인의 흥미를 자극하지만 증거가 부족한' 주장을 부인할 때 사람들의 비난은 더욱 강해진다. 그렇다고 해서 과학자들을 위로할 필요는 없다. 그들은 전문적인 학술지에서 이에 못지않게 회의적인 자세를 고수하고 있기 때문이다. 1989년에 유타 대학교의 화학자 바비 스탠리 폰스(Bobby Stanley Pons, 1943년~)와 마틴 플라이시만(Martin Fleischmann, 1927~2012년)이 "상온에서 핵융합을 성공시켰다."라고 발표했을 때 대부분의 과학자는 회의적인 반응을 보였다. 그리고 며칠이 지난 후, 폰스와 플라이시만이 주장했던 상온 핵융합은 재현될 수 없는 실험임이 입증되었고 그들의 논문은 곧 철회되었다. 이와 비슷한 사건은 첨단 과학 분야에서 수시로 발생하고 있다.

*

과학자들은 기본적으로 회의주의자이지만 누군가가 기존의 확고한 패러다임에서 오류를 발견하면 쌍수를 들고 환영하며 칭찬을 아끼지 않는다. 물론 우주를 이해하는 새로운 방법을 발견한 사람에게도 동일한 찬사가 쏟아진다. 세계적인 명성을 떨쳤던 대부분의 과학자는 죽은 후가 아니라 살아 있는 동안 명예를 누렸다. 과학 이외의 다른 분야(특히 종교)와 비교할 때 참으로 대조되는 부분이 아닐 수 없다.

물론 그렇다고 해서 종교적인 과학자가 없다는 뜻은 아니다. 최근에 수학자와 과학자를 대상으로 얻은 통계 자료에 따르면,[1] 수학자의 65퍼

1. Larson and Witham, 1998.

센트가 "나는 종교적인 사람"이라고 응답했고(최고 기록), 물리학자와 천문학자 중에서 이와 같은 대답을 한 사람은 22퍼센트였다. (최저 기록) 전체적으로는 응답자의 40퍼센트가 스스로를 종교적인 사람이라고 생각했는데 이 비율은 지난 한 세기 동안 거의 변하지 않은 것으로 밝혀졌다. 또 다른 통계 자료에 따르면 미국인의 90퍼센트가 자신을 종교적인 사람이라고 생각하고 있다. (선진국 중에서 단연 1위이다.) 따라서 나머지 비종교적인 사람들이 '종교를 위협하는' 과학에 몰두하고 있다는 뜻이다.

그런데 '종교적인 과학자'란 어떤 사람을 말하는가? 성공한 과학자는 자신의 종교적 믿음에서 과학적 논리를 유추하지 않는다. 과학은 도덕이나 윤리, 영감, 아름다움, 사랑, 증오, 미학 등 모든 문화와 종교의 핵심을 이루는 분야에 아무런 기여도 하지 않았다. 과학자들은 "무엇이 과학적 대상인가?"라는 질문을 놓고 논쟁을 벌이지 않는다. 과학적 대상이 될 수 없는 것을 제외하고 나면 나머지 일은 자연스럽게 해결되기 때문이다.

나중에 다시 거론하겠지만 과학자들이 신을 언급하는 것은 그들의 지식이 한계에 이르렀을 때뿐이다. 경외감이 지식을 압도할 때 과학자는 갑자기 겸손해지면서 신의 섭리에 의존한다.

'현왕(賢王)'으로 잘 알려진 13세기 스페인의 왕 알폰소 10세(Alfonso X, 1221~1284년)는 천동설에 기반을 둔 프톨레마이오스의 우주론이 너무 복잡하다고 불평하면서 다음과 같은 명언을 남겼다. "태초에 만물이 창조될 때 내가 그곳에 있었다면 훗날 우주의 섭리를 찾아 헤맬 인간들을 위해 약간의 실마리를 남겨 놓았을 것이다."[2]

알폰소의 당혹스러운 심정을 십분 이해했던 알베르트 아인슈타인은

---

2. Carlyle, 2004, 2권 7장.

동료에게 보낸 편지에서 "만일 신이 이 세상을 창조한 것이 사실이라면 그는 행여 인간이 자신의 창조 원리를 이해하지 않을까 노심초사했음이 분명하다."라고 적어 놓았다.[3] 또한 그는 결정론이 지배하는 우주에 양자 역학의 확률 논리가 개입되는 것을 내심 불편하게 여기면서 다음과 같은 명언을 남겼다. "신이 쥐고 있는 카드 패를 훔쳐보기는 쉽지 않다. 그러나 그가 피조물을 대상으로 주사위 놀이(확률 게임)를 한다는 것만은 도저히 상상할 수 없다."[4] 그리고 자신의 새로운 중력 이론(일반 상대성 이론)과 상충되는 실험 결과가 발표되자 "신은 오묘하지만 해로운 존재는 아니다."라고 했다.[5] 당시 그의 경쟁 상대였던 덴마크의 물리학자 닐스 헨리크 다비드 보어(Niels Henrik David Bohr, 1885~1962년)는 참다못해 "제발 신 타령 좀 그만 하라."라며 불쾌한 마음을 표출했다.[6]

요즘도 천체 물리학자들에게 "모든 물리 법칙은 어디서 왔는가?"라거나 "대폭발 이전에는 무엇이 있었는가?"라는 질문을 던지면 십중팔구 신과 관련된 대답이 돌아온다. 다들 알다시피 최첨단 이론과 관측 자료를 총동원한다 해도 이런 질문에는 답할 수 없다. 그렇다고 해서 대책이 전혀 없는 것은 아니다. 급팽창 우주론(inflationary cosmology)과 끈 이론 등 새로운 대안이 근본적인 의문을 풀어 줄지도 모른다. 지금 당장은 정확히 답을 제시할 수 없지만 답을 향해 나아가고 있는 것만은 분명하다.

나는 개인적으로 갈릴레오의 생각에 동의한다. 그는 종교 재판을 받으면서 "성경은 하늘로 가는 길을 알려줄 뿐 하늘이 운영되는 섭리를 알

---

3. Einstein, 1954.

4. Frank, 2002, 208쪽.

5. 앞의 책, 285쪽.

6. Gleick, 1999.

려 주지는 않는다."라고 선언했다.[7] 또한 1615년에 토스카나 대공비에게 쓴 편지에는 다음과 같이 적어 놓았다. "신은 제 마음속에 두 권의 책을 남겨 주셨습니다. 그중 하나는 모든 가치와 윤리의 기준을 결정하는 성경이고, 나머지 하나는 우주를 탐구하는 인간에게 관측과 실험을 가능하게 하는 '자연의 책'입니다."[8]

나는 무엇이건 실제로 작동하는 것을 믿는다. 신념이 아닌 증거만을 따라가는 것은 일견 '회의적인 자세'로 보이기도 하지만 의심하는 마음이 없으면 과학은 앞으로 나아갈 수 없다. 만일 성경에 과학적인 답이 제시되어 있다면 우주를 탐구하는 과학자들은 매일같이 성경을 파고들었을 것이다. 과학적 영감은 종교적인 신념과 여러 면에서 일맥상통한다. 나는 우주에 존재하는 만물과 그들이 만들어 내는 자연 현상을 탐구하면서 겸손한 마음을 배운다. 경이로운 우주 속으로 깊이 들어갈수록 시야는 흐려지지만 경외감은 더욱 깊어진다. 미지의 계곡을 신이 만들어 놓았다 해도 과학이 진보하면 결국 모든 계곡에는 환한 빛이 드리워질 것이다. 이런 날이 올 것임을 굳게 믿고 있기에 나는 과학적 자세를 고수할 수 있는 것이다.

---

7. Drake, 1957, 186쪽.

8. 앞의 책, 173쪽.

42장

무지의 주변

수세기 전의 과학자들은 우주의 신비나 신의 피조물을 서술할 때 시적인 표현을 자주 사용했다. 과학과 문학이 친한 사이는 아니지만, 이따금 과학자들이 감성적으로 변하는 것은 그다지 놀라운 일이 아니다. 그러나 오늘날의 과학자들과 마찬가지로 당시의 과학자들도 나름대로 확고한 신념을 갖고 있었다.

과거에 출판된 우주 관련 서적을 주의 깊게 읽어 보면 저자의 지식이 한계에 이르렀을 때에만 신이 언급되었음을 알 수 있다. 그들은 나름대로 논리적인 길을 가다가 무지의 바다에 이르렀을 때 초월적인 존재를 언급했으며 도저히 이해할 수 없는 현상을 논할 때 신의 섭리를 개입시켰다. 그러나 자신이 확실하게 알고 있는 사실을 언급할 때에는 굳이 신이나 초월적인 존재를 끌어들이지 않았다.

가장 유명한 과학자들부터 살펴보자. 아이작 뉴턴은 인류 역사상 가장 뛰어난 천재 중 한 사람이다. 17세기에 그가 발견한 운동 법칙과 중력 법칙은 철학자들이 지난 수천 년 동안 이해하지 못했던 우주적 현상을 명쾌하게 설명해 주었다. 이 법칙을 이용하면 천체들 사이에 작용하는 중력과 각 천체의 궤도를 매우 정확하게 계산할 수 있다.

질량을 가진 두 물체 사이에 작용하는 인력은 뉴턴의 중력 법칙으로 계산할 수 있다. 여기에 제3의 물체를 도입하면 각 물체는 자신을 제외한 나머지 두 물체에 인력을 행사하고, 궤도의 계산은 훨씬 어려워진다. 여기에 계속해서 다른 물체를 끼워 넣으면 우리의 태양계와 비슷한 시스템이 만들어지는데, 그 복잡함이란 말로 표현하기 어려울 정도이다. 태양과 지구가 서로 당기고 목성도 지구를 끌어당기고, 토성도 지구를 끌어당기고, 화성도 지구를 끌어당기고, 그 와중에 목성은 토성도 끌어당기고, 토성은 지구의 달을 끌어당기고, …… 길게 나열해 봐야 머리만 복잡해질 뿐이다.

뉴턴은 복잡하게 작용하는 인력 때문에 태양계가 불안정해지지 않을까 걱정스러웠다. 그의 방정식에 따르면 행성들은 이미 오래전에 태양의 중력에 끌려 추락하거나 태양계 밖으로 날아갔어야 했다. 그러나 태양계는 예나 지금이나 안정된 상태에서 질서정연하게 운영되고 있다. 이것은 태양계뿐만 아니라 우주 전체도 마찬가지이다. 그래서 뉴턴은 불후의 명작 『프린키피아』에 "우주의 질서를 유지하는 신"의 존재를 넌지시 언급해 두었다.

> 태양을 중심으로 공전하는 6개의 행성은 공전 방향과 공전면(공전 궤도를 포함하는 평면)이 거의 일치한다. …… 그러나 이토록 질서정연한 움직임이 단지

역학 법칙만으로 유지된다고 보기는 어렵다. 태양과 행성 그리고 혜성으로 이루어진 이 아름다운 태양계가 지금과 같이 완벽한 형태로 유지될 수 있는 것은 지적이고 초월적인 존재(powerful Being)가 보살피고 있기 때문이다.[1]

'실험에 바탕을 둔 철학'과 '가설'을 엄격하게 구별했던 뉴턴은 『프린키피아』에 다음과 같이 적어 놓았다. "형이상학이건 물리학이건, 또는 초자연적이건 역학적이건 간에 가설은 실험적 철학의 범주에 들 수 없다."[2] 그가 원했던 것은 자연 현상에서 얻어진 '관측 데이터'였다. 그러나 관측 데이터가 주어져 있지 않은 경우에는 천하의 뉴턴도 신의 섭리에 의존할 수밖에 없었다.

영원불멸하고 무한하며 전지전능하고 모든 것을 알고 있는 존재 …… 그는 모든 것을 다스리며 지금까지 행해졌거나 앞으로 행해질 모든 일을 알고 있다. …… 인간은 자연의 법칙과 결과를 통해 그의 의도를 어렴풋이 짐작하면서, 그의 완벽함에 감탄을 자아낸다. 그러나 우리가 그를 동경하는 것은 우리의 삶이 그의 지배권 안에 들어 있기 때문이다.[3]

그로부터 한 세기가 지난 후, 프랑스의 천문학자이자 수학자였던 라플라스는 뉴턴이 걱정했던 '불안정한 태양계' 문제를 신의 섭리가 아닌 과학적 방법으로 해결했다. 그는 1799년에 발표한 『천체 역학 개론』 제1권에서 "태양계는 뉴턴이 예견했던 것보다 훨씬 긴 시간 동안 안정된 상태

1. Newton, 1992, 544쪽.

2. 앞의 책, 547쪽.

3. 앞의 책, 545쪽.

를 유지한다."라는 사실을 증명했다. 이 과정에서 그는 여러 개의 작은 힘이 축적된 결과를 계산하기 위해 '섭동 이론'이라는 새로운 수학 테크닉을 개발했는데, 이 이론은 지금도 물리학의 여러 분야에서 요긴하게 사용되고 있다. 약간의 과장은 있겠지만 전해지는 이야기에 따르면 라플라스가 자신의 책을 나폴레옹 보나파르트(Napoleon Bonaparte, 1808~1873년)에게 헌정했을 때 나폴레옹이 "우주가 수학으로 다 설명된다면 신의 역할은 무엇인가?"라고 묻자 "폐하, 저에게는 신이라는 가설이 필요 없습니다."라고 대답했다고 한다.[4]

*

라플라스의 고고한 과학적 자세와 달리 대다수의 과학자는 자신의 이해력이 한계에 부딪힐 때마다 신을 끌어들였다. 2세기에 활동했던 알렉산드리아의 천문학자 프톨레마이오스를 예로 들어 보자. 그는 행성의 움직임을 서술할 수는 있었으나 행성의 운동을 관장하는 법칙에 대해서는 아는 바가 전혀 없었다. 『알마게스트』는 그리스 천문학을 집대성한 프톨레마이오스의 대표작으로 꼽히지만 그가 남긴 다른 문헌에서는 신에게 의지하고 싶은 그의 답답한 마음을 읽을 수 있다.

> 나는 인간이 단명하는 존재임을 잘 알고 있다. 그러나 천체의 움직임을 추적할 때 나의 발은 더 이상 땅을 딛고 있지 않다. 하늘의 섭리를 탐구하는 나는 제우스 신 앞에 서서 영감을 얻는다.

---

4. DeMorgan, 1872.

실용적인 진자 시계를 최초로 설계하고 토성의 고리를 발견했던 17세기 네덜란드의 천문학자 크리스티안 하위헌스는 어땠을까? 1698년에 출간된 그의 대표작 『천문의 세계(*The Celestial Worlds Discover'd*)』를 보면 각 장(章)이 시작되는 부분에 행성의 형태와 크기, 궤도, 상대적인 밝기, 강도 등이 자세하게 서술되어 있다. 또한 별도로 집어넣은 책장 속에는 태양계의 전체적인 형태가 실감나는 그림으로 표현되어 있다. 뉴턴의 운동 법칙이 알려지기 전까지만 해도 태양계는 신비의 대상이었지만, 그로부터 1세기 후에 출간된 하위헌스의 책에서는 신이 단 한 번도 언급되지 않았다.

하위헌스는 『천문의 세계』에서 태양계에 존재하는 생명체에 대해 언급하다가 '생명체의 복잡성'이라는 지독한 수수께끼에 직면했다. 그런데 17세기의 생물학은 물리학보다 훨씬 뒤쳐져 있었기 때문에 그는 생물학을 논하면서 "신의 손길"이라는 단어를 사용할 수밖에 없었다.

> 동물과 식물의 생명은 누가 부여한 것인가? 제아무리 회의적인 사람이라 해도, 그 신비함 앞에서는 입을 다물 수밖에 없다. 무생물과 비교할 때 생명은 너무도 복잡하고 정교한 장치이다. …… 그 안에는 전능한 신의 손길과 오묘한 섭리가 작용하고 있음이 분명하다.[5]

오늘날, 종교를 갖고 있지 않은 철학자들은 '미지의 대상에 신을 개입시키는 행위'를 가리켜 "지식의 틈을 메워 주는 신(God of the gaps)"이라고 부른다. 인간은 자신의 지식에 틈이 생길 때마다 신을 불러들여서 부족한 부분을 메워 왔다. 사실 이것은 독실한 신앙심의 발로라기보다 입장

---

5. Huygens, 1698, 20쪽.

이 난처해졌을 때 항상 써먹을 수 있는 편리한 도구에 가깝다.

*

하위헌스를 비롯한 당대 최고의 과학자들은 뉴턴 못지않게 경건한 마음으로 신을 대했으나 자연 현상을 설명할 때는 경험적 사실에 크게 의존했다. 그들은 새로 발견된 자연 현상이 기존의 관념과 상충되면 무리한 논리를 전개하지 않고 자연 현상을 있는 그대로 받아들였는데, 이것은 당시의 사회적인 분위기를 고려할 때 결코 쉬운 일이 아니었다. 갈릴레오는 망원경으로 관측한 사실이 성경과 '상식'에 위배된다는 이유로 교단으로부터 쏟아지는 격렬한 비난을 감수해야 했다.

갈릴레오는 일찍부터 과학과 종교의 역할을 엄격하게 분리해 왔다. 그가 생각하는 종교는 영혼을 구원하는 수단이었고 과학은 눈앞에 주어진 관측 결과와 진실을 밝히는 수단이었다. 갈릴레오가 1615년에 토스카나 대공비에게 쓴 편지에는 그의 입장이 잘 표현되어 있다.

> 성경을 해석하면서 문법적인 의미에 집착한다면 잘못된 해석을 내리기 쉽습니다. …… 성경에 적혀 있는 단어는 더욱 넓은 의미가 저변에 숨어 있기 때문에 겉으로 드러난 내용만 보고 과학적인 의문을 품는 것은 올바른 태도가 아니라고 생각합니다. 그러나 우리에게 오감과 이성 그리고 지성을 부여한 신이 존재한다면 그는 인간이 그것의 사용을 절제하기를 바라지는 않을 것 같습니다.[6]

---

6. Venturi, 1818, 222쪽.

대부분의 과학자가 그랬듯이 갈릴레오는 미지(未知)를 '신이 관장하는 영원한 신비의 세계'가 아니라 '인간의 지적 능력을 통해 탐사되어야 할 영역'이라고 생각했다.

천구(天球)를 신의 영역으로 간주한다면 "단명하는 인간은 하늘의 섭리를 이해할 수 없다."라는 주장은 강한 설득력을 갖는다. 그러나 16세기 이후로 코페르니쿠스, 케플러, 갈릴레오, 뉴턴 그리고 맥스웰과 하이젠베르크, 아인슈타인 등 물리학의 근본적인 법칙을 발견한 석학들은 신에 의지하지 않은 채 오로지 논리적 사고만으로 다양한 자연 현상을 설명할 수 있었다. 그리고 이러한 사례들이 점차 쌓이면서 우주는 '이해 가능한 과학적 대상'으로 변해 갔다.

*

과학의 위상이 종교를 위협하는 수준까지 상승했을 무렵, 일단의 성직자와 종교학자는 "물리학의 법칙 자체가 신이 이 세상을 주관한다는 증거이다."라고 주장하면서 과학의 독립성을 부정하고 나섰다.

17~18세기에는 우주를 '태엽이 감긴 시계'로 간주하는 사조가 유행처럼 퍼져 나갔다. 태초에 신이 우주라는 시계의 태엽을 끝까지 감아 놓았으며, 그 후 우주는 태엽이 풀리면서 신이 정해 놓은 물리 법칙을 따라 작동되고 있다는 것이다. 과거의 망원경은 가시광선만을 볼 수 있었으므로 눈에 보이는 것 이상의 정보를 얻을 수 없었다. 달은 지구를 중심으로 공전하고 지구를 비롯한 다른 행성들은 태양 주변을 공전하여 별은 빛나고 성운은 우주 공간을 자유롭게 떠다니고 있었다.

19세기 말에 물리학자들은 가시광선이 '전자기 복사(electromagnetic radiation)'의 일부에 지나지 않는다는 놀라운 사실을 알게 되었다. 전자기파는 다양한 진동수 대역에 걸쳐 넓게 퍼져 있으며 인간의 눈으로 볼 수 있는 빛(가시광선)은 그중 극히 일부에 불과했다. 적외선은 1800년에 처음으로 발견되었고 자외선은 1801년, 전파는 1888년, 엑스선은 1895년 그리고 감마선은 1900년에 발견되었다. 그 후 20세기에 새로운 망원경(엑스선 망원경, 전파 망원경 등)이 발명되면서 그전에는 볼 수 없었던 천체를 관측할 수 있게 되었다. 우주의 진정한 모습이 이제야 비로소 우리 눈앞에 펼쳐진 것이다.

일부 천체는 가시광선보다 훨씬 많은 양의 비가시광선을 방출하고 있다. 이런 빛을 새로운 망원경으로 관측하면서 천문학자들은 우주 전역에 걸쳐 엄청난 파괴가 진행되고 있다는 놀라운 사실을 알게 되었다. 괴물 같은 감마선 폭발과 치명적인 펄서, 물질을 으깨 버리는 강한 중력장, 주변에 있는 별을 사정없이 먹어치우는 블랙홀, 중심부에서 핵융합 반응을 일으키고 있는 별 등 우리의 우주는 단 한시도 조용할 날이 없었다. 그리고 초대형 광학 망원경이 속속 만들어지면서 더욱 많은 파괴 현장이 관측되었다. 2개의 은하가 충돌하여 서로 상대방을 먹어 치우기도 하고, 엄청난 질량을 가진 별이 폭발하면서 주변의 별과 행성의 궤도를 엉망으로 만들어 놓기도 한다. 뿐만 아니라 앞서 언급했던 대로 우리의 태양계는 위험천만한 소행성과 혜성이 사격 연습장을 방불케 할 정도로 어지럽게 돌아다니면서 행성과 수시로 충돌하고 있다. 이중 하나가 지구에 떨어지면 모든 동물과 식물은 순간에 멸종할 것이다. 이 모든 사실을 고려할 때 우리의 우주는 '태엽이 풀리면서 조용하게 돌아가는 시계'가 아니라, 언제 어떻게 죽을지 모르는 위험천만한 아수라장에 가까운 것 같다.

물론 지구도 결코 안전한 행성이 아니다. 땅에서는 회색곰이 당신을 위협하고 바다에서는 상어가 당신을 잡아먹으려고 한다. 휘몰아치는 눈보라는 우리의 몸을 꽁꽁 얼게 하고 사막의 폭염은 몸의 수분을 빼앗아 가며, 지진과 화산도 수시로 당신의 생명을 위협하고 있다. 이뿐만이 아니다. 당신은 바이러스에 감염될 수도 있고 기생충 때문에 몸이 허약해질 수도 있으며 암에 걸릴 수도 있다. 또는 과거 유럽의 페스트처럼 치명적인 전염병이 지구를 휩쓸 수도 있다. 앞에 열거한 질병과 재해를 당신이 운 좋게 피해간다 해도 어느 날 갑자기 메뚜기 떼가 날아와 식량을 거덜 낼 수도 있고 쓰나미가 밀려와 당신의 가족을 쓸어갈 수도 있으며 허리케인이 마을 전체를 초토화시킬 수도 있다.

*

우주는 틈만 나면 우리를 죽이려고 한다. 그러나 지금까지 그래 왔듯이 앞으로도 이런 골치 아픈 문제는 잊기로 하자.

과학의 첨단에는 수많은 질문이 산적해 있다. 이중에는 지난 수십 년 동안 가장 뛰어난 전문가들조차 답을 구하지 못한 난제도 있다. 그런데 오늘날 미국에서는 "고도의 지성적 존재가 모든 수수께끼를 해결해 준다."라는 고전적인 사고 방식이 부활하고 있다. '지식의 틈을 메워 주는 신'이 '지적 설계(intelligent design)'로 대체된 것이다. 이것은 곧 과학이 설명하지 못하는 물리적 세계의 모든 사물과 현상을 인간보다 월등한 존재가 창조하고 관리한다는 것을 의미한다.

제법 흥미로운 가설이다.

그러나 우리는 왜 설명할 수 없는 신비하고 복잡한 존재에 몰두하면서 인간을 초월한 지성에 의지하려고 하는가? 이 세상에는 엉성하고 비현실적인 것도 얼마든지 있다. 과연 그런 것을 보면서도 초월적인 지성을 떠올릴 수 있을까?

인간을 예로 들어 보자. 우리는 머리에 있는 '입'이라는 단 하나의 기관으로 먹고, 마시고, 숨쉬고, 심지어는 말까지 하고 있다. 그래서 무언가를 먹다가 기도가 막혀서 질식사하는 사고가 종종 발생하는데, 이것은 미국인을 사망에 이르게 하는 원인 중 4위에 랭크되어 있다. 사망 원인 5위에 올라 있는 익사는 어떤가? 지구 표면의 4분의 3이 물로 덮여 있음에도 인간은 육지에서 사는 생명체로 진화했다. 아무런 도구 없이 물속에서 몇 분 동안 머물러 있으면 호흡 곤란으로 사망하게 된다.

이뿐만이 아니다. 인간의 몸에는 필요 없는 기관이 너무도 많다. 발톱은 대체 왜 달려 있는가? 맹장은 유아기 후에 모든 기능을 멈추고 성인이 되면 맹장염을 유발할 뿐인데 왜 우리의 몸속에 아직도 남아 있는가? 불필요한 부분은 심각한 문제를 일으킬 수도 있다. 그래서 요즘 사람들은 무릎 뼈에 이상이 발견되면 애써 고치려고 노력하지 않고 인공 관절로 대치하곤 한다. 등뼈의 통증으로 고통 받는 사람들을 위해 머지않아 인공 척추도 개발될 것이다.

말없이 찾아와서 갑자기 목숨을 앗아 가는 치명적인 살인마도 있다. 미국인 사망자 1,000명 중 10명의 사인은 고혈압이나 결장암 또는 당뇨병으로 알려져 있는데, 이런 병은 자각 증세가 나타나기 전에 미리 예방하기가 쉽지 않다. 우리의 몸속에 이상 징후를 미리 알려주는 생체 경보기가 달려 있다면 얼마나 좋겠는가? 싸구려 자동차에도 엔진의 상태를 나타내는 계기판이 달려 있는데 사람의 몸에는 그런 것이 전혀 없다. 사람의 눈은 생물학의 기적이라고 불릴 만큼 정교하고 예민한 광학 장치지만, 천체 물리학자가 보기에는 '그저 그런 감지기'에 불과하다. 웬만한 천체 망원경은 사람의 눈보다 집광 능력이 뛰어나고 눈에 보이지 않는 빛(비가시광선)도 감지할 수 있기 때문이다. 사람의 눈이 자외선과 적외선을 볼 수 있다면 일몰 풍경은 지금보다 훨씬 아름다울 것이며 라디오 방송 중계국에서 발송되는 신호를 눈으로 볼 수 있을 것이다. 어두운 밤에 도로에서 경찰관이 조준하고 있는 스피드건을 미리 감지할 수 있다면 얼마나 좋을까?

만일 인간의 머릿속에 자철광이 들어 있어서 항상 북쪽을 인지할 수 있다면 낯선 도시를 여행할 때에도 길을 잃지는 않을 것이다. 또한 인간이 허파와 아가미를 모두 갖고 있거나, 8개의 팔을 갖고 있다면 여러모로 편리할 것이다. 자동차를 운전하면서 휴대 전화로 통화를 하고, 그 와중에 라디오 주파수를 바꾸면서 화장을 고치고 음료수를 마시면서 왼쪽 귀를 긁는 모습을 상상해 보라.

비합리적인 설계가 자연의 잘못은 아니지만, 이와 비슷한 사례는 도처에서 발견할 수 있다. 그런데도 사람들은 우리의 몸과 마음 그리고 우주가 가장 이상적인 형태라고 생각하는 경향이 있다. 흥미로운 생각이기는 하지만 그것은 과학이 아니다. 과거에도 그랬고 지금도 그러하며 앞으로도 결코 과학이 될 수 없을 것이다.

*

비과학적인 태도는 무지를 수용하는 자세에서도 찾아볼 수 있다. "나는 이것이 무엇인지 전혀 모르고, 어떻게 작동되는지도 모른다. 내가 이해하기에는 너무 복잡하다. 그러므로 이것은 인간보다 훨씬 지성적인 존재가 만든 것이 분명하다."라는 식이다.

당신이라면 어떻게 할 것인가? 당신의 능력으로 풀 수 없는 문제가 주어지면 (사람이 아니더라도) 인간보다 월등한 존재에게 의지할 것인가? 그리고 학생들에게는 풀 수 있는 문제만 공략하라고 가르칠 것인가?

우주를 이해하는 인간의 능력에는 분명히 한계가 있다. 그러나 "지금 당장 내 능력으로 해결할 수 없는 문제는 이 세상 어느 누구도 해결할 수 없으며, 앞으로도 해결될 가능성이 없다."라고 믿는 것은 정말로 주제넘은 태도가 아닐 수 없다. 만약 뉴턴이 이런 생각을 하지 않았다면 라플라스가 풀었던 문제를 한 세기 전에 해결했을 것이고, 라플라스는 그 다음 단계의 문제에 전념할 수 있었을 것이다.

과학은 '발견의 철학'이며 지적 설계는 '무지의 철학'이다. "이 세상 어느 누구도 이 문제를 해결할 수 있을 만큼 현명하지 않다."라는 가정 하에서는 새로운 발견이 이루어질 수 없다. 과거 한때 인간들은 바다의 신 넵튠(Neptune)이 바다 폭풍을 일으킨다고 믿은 적이 있다. 오늘날 우리는 이 폭풍을 '허리케인'이라고 부른다. 물론 허리케인이 언제 어떻게 발생하는지 그리고 에너지원이 무엇인지도 알고 있으며, 어떤 원인으로 소멸하는지도 알고 있다. 지구 온난화 현상을 연구하는 사람들은 무엇이 온난화를 가속시키고 있는지 잘 알고 있다. 아직도 허리케인을 '신의 행위'라고 부르는 일부 사람은 자연 재해 속에서 일종의 보험을 찾고 있는 것에 불과하다.

*

천재적인 과학자들과 위대한 사상가들이 신성한 존재에 의지하면서 이룩해 온 역사를 부정하는 것은 정직하지 못한 행동이다. 학문의 세계에서 지적 설계론이 발을 붙일 곳은 분명히 존재한다. 종교와 철학 그리고 심리학 등이 그 대표적인 사례이다. 따지고 보면 지적 설계론이 발을 붙이지 못하는 곳은 오직 과학뿐이다.

만일 당신이 학술적인 논쟁에 흔들리지 않는 사람이라면 재정적인 문제를 생각해 보라. 과학 교과서와 강의실, 실험실 등에서 지적 설계론을 허용한다면 첨단 과학에 지출되는 비용은 천문학적으로 늘어날 것이다. 나는 장차 혁신적인 에너지 재활용이나 장거리 우주 여행을 구현할 학생들이 학교에서 아무도 이해하지 못하는 원리를 배우는 것을 원치 않는다. 만일 이렇게 된다면 우리 모두는 전혀 이해하지 못하는 기반 위에서 언제 어떻게 죽을지 모르는 삶을 살게 될 것이다.

2008년판
옮긴이 후기

나는 유인 우주선 아폴로 11호가 처음으로 달에 착륙했던 1969년 7월 20일을 아직도 생생하게 기억한다. 닐 암스트롱이 고요의 바다에 첫 발을 내딛던 그날은 한국에서도 임시 공휴일로 지정되어, 당시 초등학생이었던 나는 텔레비전이 있는 이웃집에서 숨을 죽여 가며 역사적인 착륙 장면을 지켜보았다. 그 후로 한동안 '우주'는 지구촌에서 단연 최고의 화젯거리로 떠올랐고, 우주 식민지 개척 시대가 코앞에 다다른 것처럼 느껴졌다. 당시의 분위기로 봐서는 유인 우주선이 금성이나 화성에 도착할 날도 멀지 않은 것 같았다.

그러나 그것으로 끝이었다. 아폴로 11호가 쾌거를 이룬 후로 근 40년이 지났음에도 불구하고, 유인 우주선의 최장 거리 도달 기록은 아직 깨지지 않고 있다. 그동안 태양계를 탐험하는 다양한 탐사선들이 발사되긴 했지만, 사람을 태우지 않은 무인 우주선은 아폴로 11호만큼 사람들의 관심을 끌지 못했다. 그 후 몇 차례의 달 탐사가 추가로 이루어졌지만 "별로 새로운 것이 없다."라는 이유로 미국 정부와 국민들에게 철저하게 외면당했다. 만일 아폴로 11호가 채취해 온 샘플에서 생명체의 흔적이 발견되었다면, 유인 우주 탐사의 역사는 완전해 달라졌을 것이다. 우주가 아무리 방대하고 다양하다 해도, 어쨌거나 그것을 탐사하는 주체는 '인간'이기 때문에, 탐사자나 탐사 대상에 생명체가 결부되지 않으면 세간의 관심을 끌기 어렵다.

우리는 세상 만사, 아니 우주 만사를 '생명 중심'으로 생각하려는 경향이 있다. 매사에 무생물보다 생물을 우위에 두는 것은 물론이고, 우주에 대한 궁금증을 나열하다 보면 결국 질문은 '외계인의 존재 여부'로 귀결된다. 심지어는 가까운 상공에 떠 있는 구름을 바라볼 때에도 그곳에서 굳이 사람이나 동물의 형상을 떠올리려고 애를 쓴다. 무생물을 주로 다루는 자연 과학보다 인간의 삶이 연루된 철학이나 인문 과학에 더 많은 관심을 갖는 것도 이러한 성향과 무관하지 않다. 어차피 우리 모두는 생명체로 태어났으므로 생명을 가진 유기체에 관심을 갖는 것은 당연한 이치이다. 그러나 모든 생명과 물질의 원천인 '우주'를 대할 때만은 생명 중심적 성향을 자제할 필요가 있다. 우주는 생명체를 위해 존재하지 않으며, 생명체의 안위 따위에는 눈곱만큼의 관심도 없기 때문이다.

인간이 어떤 목적으로 어떠한 삶을 영위하건 간에, 우주는 언제나 정해진 법칙을 따라 자신의 길을 갈 뿐이다. '인간적인' 범주를 벗어나지 못하는 것은 인간이 만든 언어와 논리일 뿐, 우주는 그런 것을 한참 넘어서 있다. 대부분의 SF 소설이나 영화가 비논리적이고 유치하게 보이는 것은 이런 점을 신중하게 고려하지 않았기 때문이다. (26장 참조) SF에서 '인간적인' 요소를 제거하면 흥미가 현저하게 반감되기 때문에 논리상의 허점에도 불구하고 인간을 닮았거나 유창한 영어를 구사하는 희한한 외계인을 등장시키곤 하는데, 이렇게 '인간 중심적 문화'에 매여 있는 한, 우주에 대한 우리의 상상력은 크게 제한될 수밖에 없다.

이 책은 천체 물리학의 전도사로 활발하게 활동 중인 닐 디그래스 타이슨이 1995년부터 2005년까지 《자연사》라는 잡지에 「우주」라는 제목으로 기고했던 원고를 모아 편집한 것이다. 저자인 타이슨은 '인간 중심적' 우주관을 경계하면서도, 한편으로는 우주의 비밀을 파헤쳐 온 인간의 역사를 매우 중요하게 다루고 있다. 그러나 이것은 우주를 탐구하는 방식이 인간의 한계를 벗어날 수 없기 때문이지, 우주 자체에 인간적 요소가 담겨 있음을 의미하지는 않는다. 저자의 말대로, 과학자는 아는 것이 없을 때 신을 운운하는 등 다분히 인간적인 감상에 빠지곤 하지만, 무언가를 알고 있을 때에는 지극히 논리적인 사람으로 돌변한다. 다시 말해서, 우주에 대한 지식이 많아질수록 더욱 중립적인 관점을 취할 수 있다는 뜻이다. 인간의 사고가 우주의 실체에 도달하려면 지식의 한계에 다다랐을 때 다른 샛길을 찾지 말고 과학적 사고로 정면 돌파를 시도해야 한다. 과학은 어렵다는 이유만으로 소수 학자들의 점유물처럼 인식되고 있지만, 사실 과학처럼 여러 사람이 공유할 수 있는 언어도 드물다. 깊은 명상으로 우주의 섭리를 터득한 붓다의 경지를 체험하는 것보다는 급팽창 이론을 이해하는 것이 훨씬 쉽다. 인간이 모든 생-무생물보다 우월하다는 '지구적인' 사고의 틀에서 잠시 벗어나 동등한 피조물의 입장에서 이 책을 대한다면, 우주를 향한 상상의 나래를 훨씬 자유롭게 펼칠 수 있을 것이다.

박병철

2018년판
옮긴이 후기

10년 전에 번역했던 닐 타이슨의 책이 ㈜사이언스북스의 이름을 달고 다시 출간된다니, 반가운 마음 금할 길이 없다. 뉴욕 헤이든 천문관의 소장인 타이슨은 텔레비전 다큐멘터리 「코스모스: 시공간 오디세이(Cosmos: A Spacetime Odyssey)」와 내셔널 지오그래픽의 「스타토크(StarTalk)」를 진행하는 등, 과학 대중화에 주력하고 있는 대표적 인물이다. (명왕성을 태양계에서 퇴출시키는 데에도 한몫했다.) 과학계의 광대를 자처하는 그는 천체 물리학의 학술적인 면을 강조하지 않고 첨단 우주 이론을 일상적인 언어로 쉽게 풀어내는 '타고난 이야기꾼'으로, 천체 물리학 전도사로 한 시대를 풍미했던 칼 세이건과 닮은 점이 많다. (실제로 타이슨은 어린 시절에 천체 물리학자가 되기로 마음먹고 칼 세이건의 집을 직접 찾아가 조언을 듣기도 했다.) 기존의 천체 물리학 교양 도서에 어려움을 느낀 독자라면, 이 책을 통해 훨씬 가까워진 우주를 느낄 수 있을 것이다.

지난 10년 사이에 우주에 대하여 새롭게 밝혀진 사실은 별로 없지만, 우주로 진출하는 방법에는 커다란 변화가 있었다. 가장 눈에 띄는 것은 NASA가 주도해 왔던 우주 개발 사업의 상당 부분이 스페이스 X(Space X)와 블루 오리진(Blue Origin) 등 민간 기업으로 이전되었다는 점이다. 이들의 계획대로라면 2018년에 우주 관광이 실현되고 2025년에는 화성 기지가 건설될 예정이다. 우주가 막연한 동경의 대상이 아니라, 직접 방문하여 보고 느끼는 체험의 장으로 변하고 있는 것이다. 이와 같은 추세에서 우주와 우리의 간극을 좁혀 주는 타이슨의 책은 시기적절한 매개체가 되어 줄 것이다. 사전 지식 같은 것은 필요 없다. 해외 여행을 떠나기 전에 관광 명소를 소개하는 안내 책자를 훑어보는 기분으로 필요한 부분만 골라 읽어도 좋다. 원래 이 책은 그런 목적으로 출간되었기 때문이다.

박병철

참고 문헌

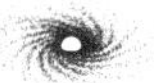

역사적 문헌의 경우에는 가능한 한 최신 출간본을 참고했다.

Aristotle. 1943. *On Man in the Universe*. New York: Walter J. Black.

Aronson, A., and T. Ludlam, eds. 2005. *Hunting the Quark Gluon Plasma: Results from the First 3 Years at the Relativistic Heavy Ion Collider (RHIC)*. Upton, NY: Brookhaven National Laboratory. Formal Report: BNL-73847.

Atkinson, R. 1931. Atomic Synthesis and Stellar Energy. *Astrophysical Journal* 73:250-95.

Aveni, Anthony. 1989. *Empires of Time*. New York: Basic Books.

Baldry, K., and K. Glazebrook. 2002. The 2dF Galaxy Redshift Survey: Constraints on Cosmic Star-Formation History from the Cosmic Spectrum. *Astrophysical Journal* 569: 582.

Barrow, John D. 1988. *The World within the World*. Oxford: Clarendon Press.

[Biblical passage] *The Holy Bible*. 1611. King James Translation.

Brewster, David. 1860. *Memoirs of the Life, Writings, and Discoveries of Sir Isaac Newton,* vol. 2. Edinburgh: Edmonston.

Braun, Werner von. 1971. *Space Frontier* [1963]. New York: Holt, Rinehart and Winston.

[Bruno, Giordano] Dorothea Waley Singer. 1950. *Giordano Bruno (containing On the Infinite Universe and Worlds [1584]).* New York: Henry Schuman.

Burbidge, E. M.; Geoffrey. R. Burbidge, William Fowler, and Fred Hoyle. 1957. The Synthesis of the Elements in Stars. *Reviews of Modern Physics* 29:15.

Carlyle, Thomas. 2004. *History of Frederick the Great* [1858]. Kila, MT: Kessinger Publishing.

[Central Bureau for Astronomical Telegrams] Brian Marsden, ed. 1998. Cambridge, MA: Center for Astrophysics, March 11, 1998.

Chaucer, Geoffrey. 1964. Prologue. *The Canterbury Tales* [1387]. New York: Modern Library.

Clarke, Arthur C. 1961. *A Fall of Moondust.* New York: Harcourt.

Clerke, Agnes M. 1890. *The System of the Stars.* London: Longmans, Green, & Co.

Comte, Auguste. 1842. *Coups de la Philosophie Positive,* vol. 2. Paris: Bailliere.

———. 1853. *The Positive Philosophy of Auguste Compte,* London: J. Chapman.

Copernicus, Nicolaus, 1617. *De Revolutionibus Orbium Coelestium (Latin),* 3rd ed. Amsterdam: Wilhelmus Iansonius.

———. 1999. *On the Revolutions of the Heavenly Sphere (English).* Norwalk, CT: Easton Press

Darwin, Charles. 1959. Letter to J. D. Hooker, February 8, 1874. In *The Life and Letters of Charles Darwin.* New York: Basic Books.

———. 2004. *The Origin of Species.* Edison, NJ: Castle Books.

DeMorgan, A. 1872. *Budget of paradoxes.* London: Longmans Green & Co.

de Vaucouleurs, Gerard. 1983. Personal communication.

Doppler, Christian. 1843. On the Coloured Light of the Double Stars and Certain Other Stars of the Heavens. Paper delivered to the Royal Bohemian Society, May 25, 1842. *Abhandlungen der Königlich Böhmischen Gesellschaft der Wissenschaften,* Prague, 2: 465.

Eddington, Sir Arthur Stanley. 1920. *Nature* 106: 14.

———. 1926. *The Internal Constitution of the Stars.* Oxford, UK: Oxford Press.

Einstein, Albert. 1952. *The Principle of Relativity* [1923]. New York: Dover Publications.

———. 1954. Letter to David Bohm. February 10. Einstein Archive 8-041.

[Einstein, Albert] James Gleick. 1999. Einstein, *Time,* December 31.

[Einstein, Albert] Phillipp Frank. 2002. *Einstein, His Life and Times* [1947]. Trans. George Rosen. New York: Da Capo Press.

Faraday, Michael. 1855. *Experimental Researches in Electricity*. London: Taylor.

Ferguson, James. 1757. *Astronomy Explained on Sir Isaac Newton's principles*, 2nd ed. London: Globe.

Feynman, Richard. 1968. What is Science. *The Physics Teacher* 7, no.6: 313-20.

———. 1994. *The Character of Physical Law*. New York: The Modern Library.

Forbes, George. 1909. *History of Astronomy*. London: Watts & Co.

Fraunhofer, Joseph von. 1898. *Prismatic and Diffraction Spectra*. Trans. J. S. Ames. New York: Harper & Brothers.

[Frost, Robert] Edward Connery Lathem, ed. 1969. *The Poetry of Robert Frost: The Collected Poems, Complete and Unabridged*. New York: Henry Holt and Co.

Galen. 1916. *On the Natural Faculties* [c. 180] Trans. J. Brock. Cambridge, MA: Harvard University Press.

[Galileo, Galilei] Stillman Drake. 1957. *Discoveries and Opinions of Galileo*. New York: Doubleday Anchor Books.

Galileo, Galilei. 1744. *Opera*. Padova: Nella Stamperia.

———. 1954. *Dialogues Concerning Two New Sciences*. New York: Dover Publications.

———. 1989. *Sidereus Nucius* [1610]. Chicago: University of Chicago Press.

Gehrels, Tom, ed. 1994. *Hazards Due to Comets and Asteroids*. Tucson: University of Arizona Press.

Gillet, J. A., and W. J. Rolfe. 1882. *The Heavens Above*. New York: Potter Ainsworth & Co.

Gregory, Richard. 1923. *The Vault of Heaven*. London: Methuen & Co.

[Harrison, John] Dava Sobel. 2005. *Longitude*. New York: Walker & Co.

Hassan, Z., and Lui, eds. 1984. *Ideas and Realities: Selected Essays of Abdus Salaam*. Hackensack, NJ: World Scientific.

Heron of Alexandria. *Pneumatica* [c. 60].

Hertz, Heinrich. 1900. *Electric Waves*. London: Macmillan and Co.

Hubble Heritage Team. *Hubble Heritage Images*. http://heritage.stsci.edu.

Hubble, Edwin P. 1936. *Realm of the Nebulae*. New Haven, CT: Yale University Press.

———. 1954. *The Nature of Science*. San Marino, CA: Huntington Library.

Huygens, Christiaan. 1659. *Systema Saturnium (Latin)*. Hagae-Comitis: Adriani Vlacq.

———. Christiaan. 1698. *[Cosmotheoros,] The Celestial Worlds Discover'd (English)*. London:

Timothy Childe.

Impey, Chris, and William K. Hartmann. 2000. *The Universe Revealed*. New York: Brooks Cole.

Johnson, David. 1991. *V-1, V-2: Hitler's Vengeance on London*. London: Scarborough House.

Kant, Immanuel. 1969. *University Natural HIstory and Theory of the Heavens* [1755]. Ann Arbor: University of Michigan.

Kapteyn, J. C. 1909. On the Absorption of Light in Space. *Contrib. from the Mt. Wilson Solar Observatory,* no.42, *Astrophysical Journal* (offprint), Chicago: University of Chicago Press.

Kelvin, Lord. 1901. Nineteenth Century Clouds over the Dynamical Theory of Heat and Light. In *London Philosophical Magazine and Journal of Science* 2, 6th Series, p. 1. Newcastle, UK: Literary and Philosophical Society.

———. 1904. *Baltimore Lectures*. Cambridge, UK: C. J. Clay and Sons.

Kepler, Johaness. 1992. *Astronomia Nova* [1609]. Trans. W. H. Donahue. Cambridge, UK: Cambridge University Press.

———. 1997. *The Harmonies of the World* [1619]. Trans. Juliet Field. Philadelphia: American Philosophical Society.

Lang, K. R., and O. Gingerich, eds. 1979. *A source Book in Astronomy & Astrophysics*. Cambridge: Harvard University Press.

Laplace, Pierre-Simon. 1995. *Philosophical Essays on Probability* [1814]. New York: Springer Verlag.

Larson, Edward J., and Larry Witham. 1998. Leading Scientists Still Reject God. *Nature* 394:313.

Lewis, John L. 1997. *Physics & Chemistry of the Solar System*. Burlington, MA: Academic Press.

Loomis, Elias. 1860. *An Introduction to Practical Astronomy*. New York: Harper & Brothers.

Lowell, Percival. 1895. *Mars*. Cambridge, MA: Riverside Press.

———. 1906. *Mars and Its Canals*. New York: Macmillan & Co.

———. 1909. *Mars as the Abode of Life*. New York: Macmillan and Co.

———. 1909. *The Evolution of Worlds*. New York: Macmilan and Co.

Lyapunov, A. M. 1892. *The General Problem of the Stability of Motion*. PhD thesis, University of Moscow.

Mandelbrot, Benoit. 1977. *Fractals: Form, Chance, and Dimensions*. New York: W. H. Freeman & Co.

Maxwell, James Clerke. 1873. *A Treatise on Electricity and Magnetism*. Oxford, UK: Oxford University Press.

McKay, D. S., et al. 1996. Search for Past Life on Mars. *Science* 273, no. 5277.

Michelson, Albert A. 1894. Speech delivered at the dedication of the Ryerson Physics Lab, University of Chicago.

Michelson, Albert A., and Edward W. Morley. 1887. On the Relative Motion of Earth and the Luminiferous Aether. In *London Philosophical Magazine and Journal of Science* 24, 5th, Series. Newcastle, UK: Literary and Philosophical Society.

Morrison, David. 1992. The Spaceguard Survey: Protecting the Earth from Cosmic Impacts. *Mercury* 21, no.3: 103.

Nasr, Seyyed Hossein. 1976. *Islamic Science: An Illustrated Study*. Kent: World of Islam Festival Publishing Co.

Newcomb, Simon. 1888. *Sidereal Messenger* 7:65

———. 1903. *The Reminiscences of an Astronomer*. Boston: Houghton Mifflin Co.

[Newton, Isaac] David Brewster. 1855. *Memoirs of the Life, Writings, and Discoveries of Sir Isaac Newton*. London: T. Constable and Co.

Newton, Isaac. 1706 *Optice (Latin)* 2nd ed. London: Sam Smith & Benjamin Walford.

———. 1726. *Principia Mathematica (Latin)*, 3rd ed. London: William & John Innys.

———. 1728. *Chronologies*. London: Pater-noster Row.

———. 1730. *Optiks,* 4th ed. London: Westend of St. Pauls.

———. 1733. *The Prophesies of Daniel*. London: Pater-noster Row.

———. 1958. *Papers and Letters on Natural Philosophy*. Ed. Bernard Cohen. Cambridge, MA: Harvard University Press.

———. 1962. *Principia Vol. Ⅱ:the System of the World* [1687]. Berkeley: University of California Press.

———. 1992. *Principia mathematica (English)* [1729]. Norwalk, CT: Easton Press.

Norris, Christopher. 1991. *Deconstruction: Theory & Practice*. New York: Routledge.

O'Neill, Gerard K. 1976. *The High Frontier: Human Colonies in Space* New York: William Morrow & Co.

Planck, Max. 1931. *The Universe in the Light of Modern Physics*. London: Allen & Unwin Ltd.

———. 1950. *A Scientific Autobiography (English)*. London: Williams & Norgate, Ltd.

[Planck, Max] 1996. Quoted by Fredrich Katscher in The Endless Frontier. *Scientific Amercian*, February. p. 10.

Ptolemy, Claudius. 1551. *Almagest*[c. 150]. Basilieae. Basel.

Salam, Abdus. 1987. The Future of Science in Islamic Countries. Speech given at the Fifth Islamic Summit in Kuwait, http://www.alislam.org/library/salam-2.

Schwippell, J. 1992. Christian Doppler and the Royal Bohemian Society of Sciences. in *The Phenomenon of Doppler*. Prague.

Sciama, Dennis. 1971. *Modern Cosmology*. Cambridge, UK: Cambridge University Press

Shapley, Harlow, and Heber D. Curtis. 1921. *The Scale of the Universe*. Washington, DC: National Academy of Sciences.

Sullivan, W. T. Ⅲ, and B. J. Cohen, eds. 1999. *Preserving the Astronomical Sky*. San Francisco: Astronomical Society of the Pacific.

Taylor, Jane. 1925. *Prose and Poetry*. London: H. Milford.

Tipler, Frank J. 1997. *The Physics of Immortality*. New York: Anchor.

Tucson City Council. 1994. *Tucson/Pima County Outdoor Lighting Code*, Ordinance No.8210. Tucson, AZ: International Dark Sky Association.

[Twain, Mark] Kipling, Rudyard. 1899. An Interview with Mark Twain. *From Sea to Sea*. New York: Doubleday & McClure Company.

Twain, Mark. 1935. *Mark Twain's Notebook*.

van Helden, Albert, trans. 1989. *Sidereus Nuncius*. Chicago: University of Chicago Press.

Venturi, C. G., ed. 1818. *Memoire e Lettere*, vol. 1. Modena: G. Vincenzi.

Wells, David A., ed. 1852. *Annual of Scientific Discovery*. Boston: Gould and Lincoln.

White, Andrew Dickerson. 1993. *A History of the Warfare of Science with Theology in Christendom* [1896]. Buffalo, NY: Prometheus Books.

Wilford, J. N. 1999. Rarely Bested Astronomers Are Stumped by a Tiny Light. *The New York Times*, August 17.

Wright, Thomas. 1750. *An Original Theory of the Universe*. London: H. Chapelle.

찾아보기

나

다

라

마

바

사

아

자

차

카

타

파

하

옮긴이 박병철

연세 대학교와 같은 대학교 대학원 물리학과를 졸업하고 한국 과학 기술원(KAIST)에서 이론 물리학으로 박사 학위를 받았다. 30년 가까이 대학에서 학생들을 가르쳤으며, 현재 과학 전문 작가 및 번역가로 활동하고 있다. 2005년에 한국 출판 문화상을, 2016년에 미래창조과학부 장관상(번역 부문)을 수상했다. 번역서로는 『엘러건트 유니버스』, 『페르마의 마지막 정리』, 『파인만의 여섯 가지 물리 이야기』, 『우주의 구조』, 『평행 우주』, 『퀀텀 스토리』, 『신의 입자』, 『마음의 미래』, 『모든 것의 기원』 등 70여 권이 있으며, 저서로는 어린이 과학 동화 『라이카의 별』이 있다.

사이언스 클래식 33

블랙홀 옆에서

1판 1쇄 펴냄 2018년 4월 30일
1판 2쇄 펴냄 2022년 5월 31일

지은이 닐 디그래스 타이슨
옮긴이 박병철
펴낸이 박상준
펴낸곳 ㈜사이언스북스

출판등록 1997. 3. 24.(제16-1444호)
(06027) 서울특별시 강남구 도산대로1길 62
대표전화 515-2000, 팩시밀리 515-2007
편집부 517-4263, 팩시밀리 514-2329

www.sciencebooks.co.kr

ISBN 978-89-8371-900-3 03400